国家重点研发计划"固废资源化"重点专项支持
固废资源化技术丛书

典型复合固废
解构原理与再生技术

吴玉锋　章启军
刘功起　殷晓飞　等　著

科学出版社
北　京

内 容 简 介

本书以废荧光灯、废阴极射线管、废液晶面板等典型复合固废循环利用为主线，系统阐述了典型复合固废中若干复合氧化物、复合硫化物、复合溴化物等解构原理与再生技术研究进展，内容主要包括废荧光灯钇铕等复合氧化物解构与稀土金属再生、废阴极射线管锌钇等复合硫化物解构与稀土金属再生、废液晶面板铟锡等复合氧化物解构与稀散金属再生、废线路板烟灰铜铅等复合溴化物解构与稀贵金属再生等相关的理论与技术研究。

本书可作为固体废物领域科研工作者、工程人员、技术人员的参考书，亦可作为高等院校环境、材料、化工、循环经济等相关专业的本科生和研究生参考书。

图书在版编目（CIP）数据

典型复合固废解构原理与再生技术/吴玉锋等著. —北京：科学出版社，2024.2

（固废资源化技术丛书）

ISBN 978-7-03-075749-4

Ⅰ. ①多… Ⅱ. ①吴… Ⅲ. ①固体废物利用-研究 Ⅳ. ①X705

中国国家版本馆 CIP 数据核字（2023）第 102050 号

责任编辑：杨　震　杨新改 / 责任校对：杜子昂
责任印制：吴兆东 / 封面设计：东方人华

科 学 出 版 社 出版
北京东黄城根北街 16 号
邮政编码：100717
http://www.sciencep.com
北京厚诚则铭印刷科技有限公司印刷
科学出版社发行　各地新华书店经销
*
2024 年 2 月第 一 版　开本：720 × 1000　1/16
2024 年 12 月第二次印刷　印张：25
字数：500 000

定价：138.00 元
（如有印装质量问题，我社负责调换）

丛 书 序 一

　　深入推进固废资源化、大力发展循环经济已经成为支撑社会经济绿色转型发展、战略资源可持续供给和"双碳"目标实现的重要途径，是解决我国资源环境生态问题的基础之策，也是一项利国利民、功在千秋的伟大事业。党和政府历来高度重视固废循环利用与污染控制工作，习近平总书记多次就发展循环经济、推进固废处置利用做出重要批示；《2030 年前碳达峰行动方案》明确深入开展"循环经济助力降碳行动"，要求加强大宗固废综合利用、健全资源循环利用体系、大力推进生活垃圾减量化资源化；党的二十大报告指出"实施全面节约战略，推进各类资源节约集约利用，加快构建废弃物循环利用体系"。

　　回顾二十多年来我国循环经济的快速发展，总体水平和产业规模已取得长足进步，如：2020 年主要资源产出率比 2015 年提高了约 26%、大宗固废综合利用率达 56%、农作物秸秆综合利用率达 86%以上；再生资源利用能力显著增强，再生有色金属占国内 10 种有色金属总产量的 23.5%；资源循环利用产业产值达到 3 万亿元/年等，已初步形成以政府引导、市场主导、科技支撑、社会参与为运行机制的特色发展之路。尤其是在科学技术部、国家自然科学基金委员会等长期支持下，我国先后部署了"废物资源化科技工程"、国家重点研发计划"固废资源化"重点专项以及若干基础研究方向任务，有力提升了我国固废资源化领域的基础理论水平与关键技术装备能力，对固废源头减量—智能分选—高效转化—清洁利用—精深加工—精准管控等全链条创新发展发挥了重要支撑作用。

　　随着全球绿色低碳发展浪潮深入推进，以欧盟、日本为代表的发达国家和地区已开始部署新一轮循环经济行动计划，拟通过数字、生物、能源、材料等前沿技术深度融合以及知识产权与标准体系重构，以保持其全球绿色竞争力。为了更好发挥"固废资源化"重点专项成果的引领和应用效能，持续赋能循环经济高质量发展和高水平创新人才培养等方面工作，科学出版社依托该专项组织策划了"固废资源化技术丛书"，来自中国科学院过程工程研究所、五矿集团、矿冶科技集团有限公司、同济大学、北京工业大学等单位的行业专家、重点专项项目及课题负责人参加了丛书的编撰工作。丛书将深刻把握循环经济领域国内外学术前沿动态，系统提炼"固废资源化"重点专项研发成果，充分展示和深入分析典型无机固废源头减量与综合利用、有机固废高效转化与安全处置、多元复合固废智能拆解与清洁再生等方面的基础理论、关键技术、核心装备的最新进展和示范应用，以期让相关领域广大科研工作者、企业家群体、政府及行业管理部门更好地了解固废资源化科技进步和产业应用情况，为他们开展更高水平的科技创新、工程应用和管理工作提供更多有益的借鉴和参考。

左铁镛

中国工程院院士

2023 年 2 月

丛 书 序 二

　　我国处于绿色低碳循环发展关键转型时期。化工、冶金、能源等行业仍将长期占据我国工业主体地位，但其生产过程产生数十亿吨级的固体废物，造成的资源、环境、生态问题十分突出，是国家生态文明建设关注的重大问题。同时，社会消费环节每年产生的废旧物质快速增加，这些废旧物质蕴含着宝贵的可回收资源，其循环利用更是国家重大需求。固废资源化通过再次加工处理，将固体废物转变为可以再次利用的二次资源或再生产品，不但可以解决固体废物环境污染问题，而且实现宝贵资源的循环利用，对于保证我国环境安全、资源安全非常重要。

　　固废资源化的关键是科技创新。"十三五"期间，科学技术部启动了"固废资源化"重点专项，从化工冶金清洁生产、工业固废增值利用、城市矿产高质循环、综合解决集成示范等全链条、多层面、系统化加强了相关研发部署。经过三年攻关，取得了一系列基础理论、关键技术和工程转化的重要成果，生态和经济效益显著，产生了巨大的社会影响。依托"固废资源化"重点专项，科学出版社组织策划了"固废资源化技术丛书"，来自中国科学院过程工程研究所、中国地质大学（北京）、中国矿业大学（北京）、中南大学、东北大学、矿冶科技集团有限公司、军事科学院国防科技创新研究院等很多单位的重点专项项目负责人都参加了丛书的编撰工作，他们都是固废资源化各领域的领军人才。丛书对固废资源化利用的前沿发展以及关键技术进行了阐述，介绍了一系列创新性强、智能化程度高、工程应用广泛的科技成果，反映了当前固废资源化的最新科研成果和生产技术水平，有助于读者了解最新的固废资源化利用相关理论、技术和装备，对学术研究和工程化实施均有指导意义。

　　我带领团队从 1990 年开始，在国内率先开展了清洁生产与循环经济领域的技术创新工作，到现在已经 30 余年，取得了一定的创新性成果。要特别感谢科学技术部、国家自然科学基金委员会、中国科学院等的国家项目的支持，以及社会、企业等各方面的大力支持。在这个过程中，团队培养、涌现了一批优秀的中青年骨干。丛书的主编李会泉研究员在我团队学习、工作多年，是我们团队的学术带头人，他提出的固废矿相温和重构与高质利用学术思想及关键技术已经得到了重要工程应用，一定会把这套丛书的组织编写工作做好。

　　固废资源化利国利民，技术创新永无止境。希望参加这套丛书编撰的专家、学者能够潜心治学、不断创新，将理论研究和工程应用紧密结合，奉献出精品工程，为我国固废资源化科技事业做出贡献；更希望在这个过程中培养一批年轻人，让他们多挑重担，在工作中快速成长，早日成为栋梁之材。

感谢大家的长期支持。

中国工程院院士

2022 年 12 月

丛 书 前 言

深入推进固废资源化已成为大力发展循环经济，建立健全绿色低碳循环发展经济体系的重要抓手。党的二十大报告指出"实施全面节约战略，推进各类资源节约集约利用，加快构建废弃物循环利用体系"。我国固体废物增量和存量常年位居世界首位，成分复杂且有害介质多，长期堆存和粗放利用极易造成严重的水-土-气复合污染，经济和环境负担沉重，生态与健康风险显现。而另一方面，固体废物又蕴含着丰富的可回收物质，如不加以合理利用，将直接造成大量有价资源、能源的严重浪费。

通过固废资源化，将各类固体废物中高品位的钢铁与铜、铝、金、银等有色金属，以及橡胶、尼龙、塑料等高分子材料和生物质资源加以合理利用，不仅有利于解决固体废物的污染问题，也可成为有效缓解我国战略资源短缺的重要突破口。与此同时，由于再生资源的替代作用，还能有效降低原生资源开采引发的生态破坏与环境污染问题，具有显著的节能减排效应，成为减污降碳协同增效的重要途径。由此可见，固废资源化对构建覆盖全社会的资源循环利用体系，系统解决我国固废污染问题、破解资源环境约束和推动产业绿色低碳转型具有重大的战略意义和现实价值。随着新时期绿色低碳、高质量发展目标对固废资源化提出更高要求，科技创新越发成为其进一步提质增效的核心驱动力。加快固废资源化科技创新和应用推广，就是要通过科技的力量"化腐朽为神奇"，将"绿水青山就是金山银山"的理念落到实处，协同推进降碳、减污、扩绿、增长。

"十三五"期间，科学技术部启动了国家重点研发计划"固废资源化"重点专项，该专项紧密面向解决固体废物重大环境问题、缓解重大战略资源紧缺、提升循环利用产业装备水平、支撑国家重大工程建设等方面战略需求，聚焦工业固废、生活垃圾、再生资源三大类典型固废，从源头减量、循环利用、协同处置、精准管控、集成示范等方面部署研发任务，通过全链条科技创新与全景式任务布局，引领我国固废资源化科技支撑能力的全面升级。自专项启动以来，已在工业固废建工建材利用与安全处置、生活垃圾收集转运与高效处理、废旧复合器件智能拆解高值利用等方面取得了一批重大关键技术突破，部分成果达到同领域国际先进水平，初步形成了以固废资源化为核心的技术装备创新体系，支撑了近20亿吨工业固废、城市矿产等重点品种固体废物循环利用，再生有色金属占比达到30%，为破解固废污染问题、缓解战略资源紧缺和促进重点区域与行业绿色低碳发展发挥了重要作用。

本丛书将紧密结合"固废资源化"重点专项最新科技成果，集合工业固废、城市矿产、危险废物等领域的前沿基础理论、创新技术、产品案例和工程实践，旨在解决工业固废综合利用、城市矿产高值再生、危险废物安全处置等系列固废处理重大难题，促进固废资源化科技成果的转化应用，支撑固废资源化行业知识普及和人才培养。并以此为契机，期寄固废资源化科技事业能够在各位同仁的共同努力下，持续产出更加丰硕的研发和应用成果，为深入推动循环经济升级发展、协同推进减污降碳和实现"双碳"目标贡献更多的智慧和力量。

李会泉　何发钰　戴晓虎　吴玉锋

2023 年 2 月

前　言

随着居民物质生活水平的日益提升，对各类消费产品的功能、性能、寿命等多方面都提出了更高要求，产品集成化、结构复合化趋势愈加显现。因此，无论在产品生产还是产品退役过程中，出现了组织结构复合化、元素组分多样化的大量废旧物资，如电子废弃物、退役新能源器件、废杂橡塑材料等，呈现出复合固废的特征，为其后续拆解、分离和再生等循环利用环节带来了相对大的难度，并已引起全球主要国家和地区的持续关注。我国政府高度重视该类复合固废循环利用研发工作，先后通过"废物资源化科技工程""固废资源化"等国家科技专项计划支持，以及"十四五"期间"循环经济""双碳"领域国家自然科学基金、国家重点研发计划的接续推动，已在多个重点品种废旧物资循环利用先进实用技术装备研发、标准和政策体系构建等方面取得重要进展。

近十几年来，我们团队致力于以电子废弃物为主的典型复合固废循环利用技术研发工作，逐步理解到这一类复合固废呈现出复合性、稳定性、再生性、污染性、经济性等基本特征，要做到既环保又经济的高质循环利用，离不开技术、市场、标准、政策等多方面措施的协同驱动。迫切需要在精准识别其特征基础上，深入探索可控分离、高效解构、有序重构、达标排放、协同增效等目标实现的可行路径，并由此开展了系列研究工作，提出了复合固废中典型复合氧化物、复合硫化物、复合溴化物等活性介质强化解构、外场协同强化解构等创新思路，揭示了解构和再生过程中关键元素的迁移转化规律，形成了若干解构和再生过程强化调控方法，实现了有价组分的高效回收和清洁再生，部分成果已在相关示范工程及中试中得到应用验证。

本书总结了我及团队部分研究人员、北京工业大学及中国环境科学研究院等相关领域研究人员在复合固废解构与再生领域多年研究工作。本书共5章：第1章剖析了复合固废基本特征及循环利用可行路径分析；第2章阐述了废荧光灯钇铕等复合氧化物解构原理与稀土金属再生技术；第3章阐述了废阴极射线管锌钇等复合硫化物解构原理与稀土金属再生技术；第4章阐述了废液晶面板铟锡等复合氧化物解构原理与稀散金属再生技术；第5章阐述了废线路板烟灰铜铅等复合溴化物解构原理与稀贵金属再生技术。本书聚焦于典型复合固废解构原理与再生技术研究，总体上反映了以电子废弃物等为主的典型复合固废循环利用应用基础理论和技术研发趋势。希望能为广大同仁提供借鉴，共同推动复合固废循环利用理论和技术创新。

　　本书的部分内容来自于我所指导的博士和硕士研究生们的毕业论文及其在国内外期刊上公开发表的论文。本书各章主要作者分别为：第1章，吴玉锋、章启军、顾一帆等；第2章，章启军、殷晓飞、王宝磊、吴玉锋、田中训、付裕、胡广文、周泽西等；第3章，殷晓飞、田祥淼、吴玉锋、龚裕、胡慧静等；第4章，郭玉文、田英良、张楷华、吴玉锋、李彬等；第5章，刘功起、吴玉锋、潘德安等。同时，袁庆彬、李海霞、庞文龙、任志远、宋岷洧、苗文静、吴旭明、陶然、彭贺、马力遥等在读博士和硕士研究生们也参与了相关文字资料、图表等编辑和整理工作。感谢所有作者（本书及相关毕业论文、发表论文）和编辑人员对本书出版的支持。

　　本书涉及的相关研究工作得到了国家自然科学基金、国家"863"计划、国家重点研发计划、北京市自然科学基金、北京市科技新星计划、广东及云南省科技计划等方面项目的支持，在此表示诚挚谢意！

　　特别感谢左铁镛院士近二十年来对我及团队的精心指导。左先生作为我国材料与循环经济方向的主要学科带头人之一，创建了北京高校首家循环经济研究院、全国首个"资源环境与循环经济"交叉学科，持续关心循环经济交叉学科领域青年人才的培养和成长。十年树木，百年树人，衷心感谢左先生对我的教育与培养！也感谢北京工业大学材料、环境、经管等学科对循环经济交叉学科建设的大力支持。

　　由于作者水平有限，书中难免有不足之处，敬请批评指正，不胜感激。

吴玉锋

2023 年 10 月于北京工业大学

目　录

第1章

复合固废基本特征及循环利用可行路径分析

近年来，经济社会的快速发展极大提升了居民的物质生活水平，推动了大量复合型、集成型产品的生产、消费和更新。同时，这一进程也带来了废弃电子电器、退役新能源器件、废杂橡塑材料等废弃物的大量产生。根据《中国废弃电器电子产品回收处理及综合利用行业白皮书2023》的数据公布，我国废弃电子电器的产生量在过去五年内增长超过45%，2023年突破900万吨，如图1-1所示。随着电子信息技术迅猛发展和消费更新不断加快，未来废弃电子电器产品产生量还将有望进一步增加。此外，随着我国"双碳"目标提出及后续实施计划，我国光伏、风电、动力及储能电池产业将迎来爆发式增长。以光伏产业为例，据《2023年中国光伏回收和循环利用白皮书》预测，到2030年、2040年和2050年，中国光伏设备的累计退役量将分别达到100万吨、1200万吨和5500万吨。大量废旧物资的快速累积，不仅占用土地堆存空间，诱发生态环境污染，也将导致大量有价资源的浪费，其污染控制与循环利用问题已成为当前亟待解决的重要课题。

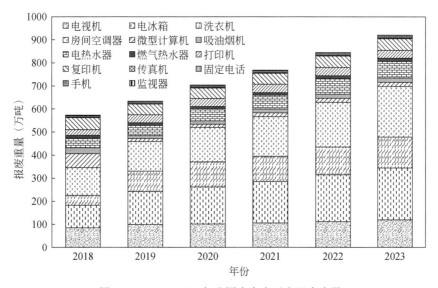

图1-1 2018～2023年我国废弃电子电器产生量

事实上，近年来我国铁矿石、铜、铝、钴等战略资源对外依存度普遍偏高。据测算，我国 2017 年铝对外依存度为 50.2%，2020 年铁矿石对外依存度为 78%，2021 年铜和钴对外依存度则分别达到了 83% 和 97%。高的对外依存度为我国资源安全和可持续发展带来隐患，如何有效提升国内二次资源循环利用水平和质量，已成为碳中和背景下抢占全球贸易新格局、争夺国际话语权的重要途径之一。为此，近年来党和政府高度重视废旧物资循环利用体系建设。党的二十大报告提出"实施全面节约战略，推进各类资源节约集约利用，加快构建废物循环利用体系"；国家发展改革委等印发的《关于加快废旧物资循环利用体系建设的指导意见》明确要求加快废旧物资循环利用体系建设，全面提升全社会资源利用效率。

随着居民物质生活水平的日益提升，对各类消费产品的功能、性能、寿命等多方面都提出了更高要求，产品集成化、结构复合化趋势愈加显现。因此，无论在产品生产还是产品退役过程中，出现了组织结构复合化、元素组分多样化的大量废旧物资，呈现出复合固废的特征，为其后续拆解、分离和再生等循环利用环节带来了相当大的难度。鉴于此，这里将"复合固废"的基本内涵理解为来源于退役产品、产品生产过程产生的残次品和边角料等废旧物资，以某种复合或组合方式形成的材料或器件集合，具有显著界面特征的一类固体废物。

复合固废循环利用问题已引起全球主要国家和地区的高度关注。欧盟已将"复合材料和多层器件的分类、分离和回收"列入"欧洲地平线 2020"（Horizon 2020）计划，要求开发或改进现有复合材料循环技术，全面评估创新性循环技术的资源节约、环境影响、经济成本和社会效应。美国投资 7400 万美元用于支持退役动力电池回收利用项目，并通过《通胀缩减法案》（Inflation Reduction Act）补贴本土退役动力电池循环，构建本土闭环产业链，保障关键资源供给安全。中国工程院发布《全球工程前沿 2020》将"多元复合固废精细化分选技术及装备"列为工程研究前沿技术方向，认为以退役产品为主要来源的复合固废具有明显区别于传统工业废渣等固体废物的特征，要求加强研发典型复合固废智能识别—界面解离—分选一体化处理装备，发展耦合智能化、绿色化、多相界面精准调控的技术创新体系，构建面向资源循环的产品绿色设计与全产业链技术-环境-经济绿色评价方法与标准。

1.1　复合固废基本特征分析

基于复合固废的组成和结构特点，同时兼具资源与环境双重属性以及可利用价值等，从复合性、稳定性、污染性、再生性和经济性五个维度来描述其基本特征，并进行简要分析讨论。

1.1.1　复合性

复合固废通常含有不同材料或器件，根据来源产品的服役性能和使用寿命要求，一般可以结构复合、功能复合和结构功能一体化等三种形式存在。结构复合多元固废来源于承力结构使用的材料，后者一般由能承受载荷的增强体组元、能连接增强体成为整体材料同时兼具传递力作用的基体组元构成，废多层铝塑板、废三基色荧光粉和废线路板等典型复合固废的复合性特征如图 1-2 所示。如废多层铝塑板，其结构由内外两层铝合金板夹着一层塑料薄膜组成，融合了金属和塑料两种材料的力学性能优势。功能复合多元固废来源于除机械性能外提供其他物理性能（如声、光、电、磁、热等）的复合材料，后者一般由功能体组元和基体（或其他功能体）组元组成，基体（或多个功能体组合）不仅起到构成整体的作用，而且能产生协同或加强功能的作用，如废三基色荧光粉，来源于红、绿、蓝三种基本颜色荧光粉的组合，通过激发这三种颜色的荧光粉，可以合成出白色光。结构功能一体化的多元固废源于结构功能一体化材料的设计理念，后者通过合理选择和组合不同的结构单元，可以使材料同时具备强度、耐久性、导电性、磁性、光学性等多种性能，以适应复杂场景的应用需求，如废线路板，通常由金属导线、玻璃纤维、环氧树脂以及元器件等组成，其结构功能一体化设计使其具备导电、绝缘、散热、机械支撑等多种性能，以满足现代电子产品服役要求的多元化。

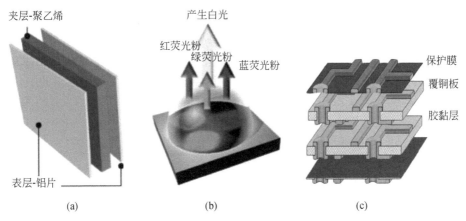

图 1-2　复合性特征典型案例示意图

（a）废多层铝塑板；（b）废三基色荧光粉；（c）废线路板

由于集成性产品通常源于多种零部件和材料不同层次的组装、组合和复合，复合固废的复合界面也呈现多层次性和多样化性。如物理装配界面，通过螺纹连接、销连接、滑动连接等，组装不同材料或部件而形成整体结构，实现各个组件之间的结构功能协作，通常具有模块化、可拆卸性和可维修性等特点，同时也直接影响后续的拆解分离方式及其无损化、智能化实现程度；如化学反应界面，通过冶金结合、物相重构、高温固化、分子交联等方式实现不同无机或有机材料形成整体结构，实现多种组分和材料之间的结构功能协作，通常具有界面结合力强、难以物理破坏等特点，需要根据界面结合特点和异质材料化学性质差异而采取针对性的解离手段和措施。而实际上，对于某一个具体的退役产品，它通常会呈现物理装配、化学反应甚至混合多种界面的情景，在其循环利用过程中还可能出现具有上述界面特征的过程固废和二次固废，这就对复合固废循环利用路径选择、解离工艺规划以及全过程的优化调控等提出了重大挑战。

1.1.2　稳定性

复合固废中的器件和材料绝大部分来源于人工合成和制造，尽管它们可能已经经历较长的服役时间，其结构和性能会发生一定的老化、衰减和破坏，但通常其更新速度远大于其材料服役寿命，这样直接造成复合固废中必然拥有大量具有结构和性能稳定性的材料存在。根据这些材料的组分及其稳定性的特点，这里简单将其划归为高稳无机物相和高聚有机长链两大类。

针对高稳无机物相，其化学稳定性主要源于金属原子的外层电子结构、金属和氧/硫等原子之间高稳定的化学键、高致密的原子排列、高稳定的晶体结构等几个方面，如废线路板中的金、铂等贵金属，电极电位较高，不溶于普通酸碱溶液，具有较强的化学稳定性，给探索绿色友好、成本低廉的浸出解构技术带来了相当大的难度；如废荧光粉中的绿粉（$MgAl_{11}O_{19}$：Ce^{3+}, Tb^{3+}）和蓝粉（$BaMgAl_{10}O_{17}$：Eu^{2+}），其中绿粉的晶体结构如图 1-3 所示，由于其本身由多个高熔点的氧化物

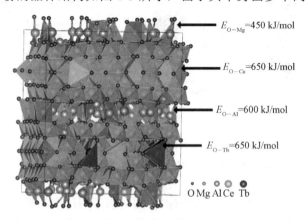

$E_{O-Mg}=450$ kJ/mol

$E_{O-Ce}=650$ kJ/mol

$E_{O-Al}=600$ kJ/mol

$E_{O-Tb}=650$ kJ/mol

O Mg Al Ce Tb

图 1-3　绿粉的晶体结构图

（CeO$_2$ 和 Tb$_4$O$_7$ 等，熔点分别 2477℃ 和 2340℃）经高温长时烧结合成，形成了独特的、高稳定的晶体结构，导致一般条件下解构十分困难。

针对高聚有机长链，其化学稳定性主要源于有机原子之间的结合力、有机长链之间存在的高度交联结构，包括多种交联链条之间的扭曲和交织状态也会增加分子链之间的摩擦力和纠缠度，使得在外力作用下不易断裂，从而有效提高了整体解聚的难度，如废线路板中的溴化环氧树脂（其分子结构见图 1-4），一般通过环氧氯丙烷和四溴双酚 A 的缩聚反应合成，其 C—O 键的键能最高可达 358 kJ/mol，分子量高达 10000，分子链不易发生热分解。

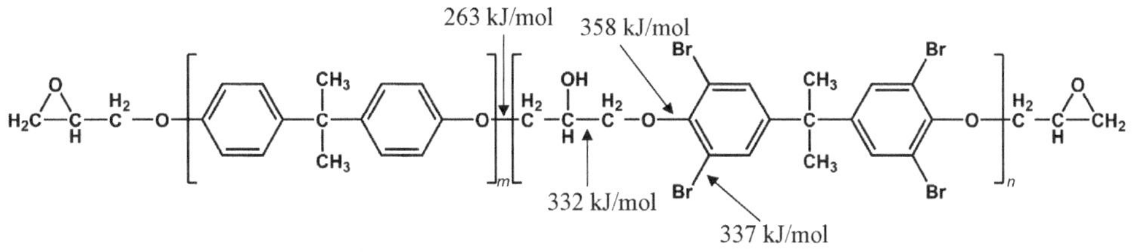

图 1-4　溴化环氧树脂的分子结构图

1.1.3　污染性

由于复合固废组分中通常含有多种金属和有机物，在其堆存填埋和循环利用过程中容易引起这些化学物质的不当泄露和释放，从而造成重金属、持久性有机污染物对水土、大气等跨介质污染和人体健康风险。如大量堆存破损液晶显示器经历长时间日晒雨淋就可能造成液晶分子和重金属汞的释放，将改变地表水/地下水的组成，造成污染物大气和土壤跨介质传播，使得污染物更容易扩散和累积，影响范围可能包括水域生态系统、土壤微生物群落、植被覆盖以及空气中的生物多样性等，进一步增加了生态环境风险。多种复合固废在处理处置和利用过程中，通常需要添加大量酸、碱等化学试剂，或施加热化学手段（冶炼、焚烧、热解）进行稳定结构破坏操作，也会直接导致有毒气体、挥发性有机化合物（VOCs）、二噁英和颗粒物等排放，可能会对空气质量产生负面影响，危及附近居民的健康；同时也会产生一定量的二次固废，不仅可能赋存大量分散的金属元素，同时还含有不确定的有机污染物，例如：废线路板再生铜过程中的板件分离，冶炼过程易产生含铅、锡等重金属烟气，溴代阻燃剂在冶炼过程中生成溴代二噁英等，结果如图 1-5 所示；废铅酸蓄电池在破碎分选和清洗环节的多物料摩擦过程中将导致微塑料释放；在冶炼环节将产生废气和粉尘污染，如氧化硫和氧化铅等，结果如图 1-6 所示。

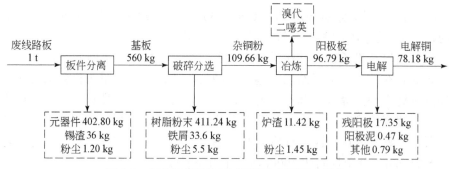

图 1-5   废线路板再生铜过程的主要污染物排放

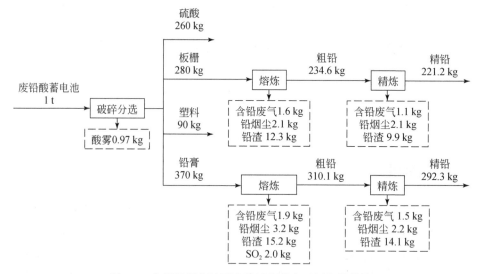

图 1-6   废铅酸蓄电池再生铅过程的主要污染物排放

上述复合固废引发的生态环境污染风险，一方面与其本身的化学组成及其稳定性有关，这就要求从源头上深入推进产品的生态设计，有效减少毒害元素进入后续循环系统；另一方面也和复合固废的处理处置方式、全过程监督管理紧密相连。由于复合固废来源时空广、品种组分多，回收管理和循环利用全过程涉及环节长、主体多，需要逐渐构建贯通复合固废全过程的管理标准体系和污染控制技术规范。

1.1.4   再生性

复合固废组分中通常含有多种金属和有机组分，其金属含量通常比原生矿产高出十倍甚至数百倍；有机组分相比原油、天然气等已经历人工合成过程，表现出相当高的聚合度和化工原料形态。正是因为这些复合固废具有了"城市矿产"

"城市石油"的资源禀赋特征，通过一定的循环利用工艺条件，包括物理或化学的手段，可以重新"再生"为金属和高分子材料，从而发挥二次资源的替代作用。而且，这种替代作用会随着原生矿产的日益枯竭而更加凸显。

由于复合固废相比原生矿产，在分布区域、有价组分品位、元素存在形式等方面表现出较大差异，导致回收利用背后的资源、能源、环境影响和原生矿产也必然不一致，往往表现出较为显著的节能、降耗、减污、降碳等方面的比较优势。且由于复合固废来源广、品种多，异种和同种固废都可能面临不同的回收利用路径、差异化的原料和能源结构、再生产品类型和质量，从而导致其背后的资源、能源和环境影响也存在差异。例如，相比于原生铜，1 t 通过混合铜基废物再生、废线路板热解再生和冶金铜灰火法再生方式获得的再生铜能够有效节约 25.05%、78.53% 和 81.44% 的能耗，减少 75.30%、87.70% 和 87.90% 的污染，降低 9.29%、90.76% 和 81.59% 的碳排放，结果如图 1-7 所示。

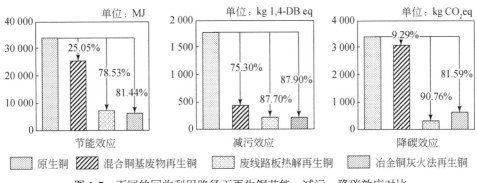

图 1-7　不同的回收利用路径下再生铜节能、减污、降碳效应对比

更进一步地，不同的回收利用路径、再生产品类型和质量还会对下一代再生利用的方式、总的再生利用次数等产生一定的影响。如多元混杂废塑料（以废 PET 瓶为例）的循环利用路径如图 1-8 所示，可以选择整体成型物理再生，也可以选择化学再生。如何针对某一种复合固废，探索合理可行的再生利用方式、产品类型和质量，成为一个需要系统思考和统筹兼顾的问题。

1.1.5　经济性

由于复合固废来源于退役产品和生产过程残次品及边角料，一般均具有一定的可利用价值，但其循环利用的经济性能否实现和实现程度，就不仅仅是一个技术路径选择问题。在日益强调资源环境影响如何价值化的新时代，复合固废循环利用的经济性受到技术、市场、标准和政策等多方面的综合影响，如图 1-9 所示。

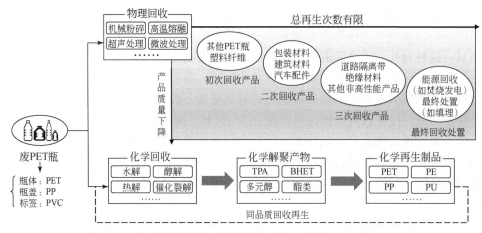

图 1-8 多元混杂废塑料循环利用路径图（以废 PET 瓶为例）

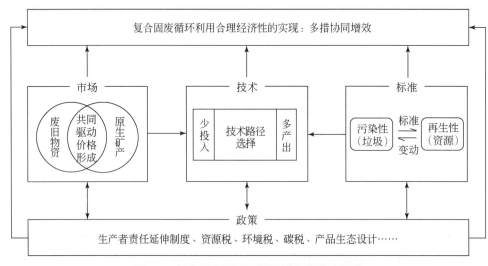

图 1-9 复合固废循环利用经济性的影响因素

首先，其经济性受循环利用技术路径的影响，不同的技术路径对应的投入产出会存在差异，但由于复合固废来源较为分散，技术经济性实现也会受固体废物转运半径、技术应用规模和应用场景等多方面的影响；但总体上同类技术相同规模应用条件下，通常先进实用的循环利用技术在提高废物处理效率、提升资源产出水平和质量、减少资源能源消耗等方面具有优势，可有效降低生产成本。其次，由于复合固废通常具有一定的资源属性，蕴含的有价组分可部分或全部替代原生资源，必然导致循环利用的经济效益受到原生资源市场供需和价格波动的影响。再次，由于复合固废同时也具有污染属性，循环利用过程中的污染排放控制成本会受到污染排放标准（未来可能还会涉及温室气体排放标准）的约束，而后者通常受不同时空条件的影响，同一种固废即使采用类似的循环利用技术，在不同国家和地区能够实现的技术经济性也会存在差异。

由于复合固废通常较原生资源具有节能、降耗、减污、降碳等方面的相对优势，而这些优势能否获得国家或行业认可，以及认可的程度、实现的途径往往受相关的资源环境政策、产品及固体废物管控标准和制度等方面的影响，如原生资源使用税、再生资源退税、环境保护税、碳税和碳市场、污染者付费制度、生产者责任延伸制度等。因此，为了实现复合固废循环利用的经济性，需要从系统工程视角加以多要素影响的综合分析，针对不同对象、处理场景、国情特点等提出适配的优化调控策略。

1.2　复合固废循环利用可行途径探讨

复合固废除了拟开展整体或部分整体利用（如二手商品、二手零部件、再制造等）之外，其循环利用的关键在于精准识别复合固废的基本特征，揭示目标组分或共性元素在循环利用过程中的迁移转化规律，采取和优选适配的技术路线，包括就循环利用过程施加若干强化手段加以调控，攻克主要的技术和装备难题，探索技术、标准、市场、政策等多要素协同驱动循环利用目标实现的机制，从而形成复合固废问题系统性的解决方案。复合固废循环利用的目标导向与可行路径，建议可以从以下几个方面给予考虑，如图 1-10 所示。

图 1-10　复合固废循环利用的目标导向与可行路径

1.2.1 可控分离

针对复合固废的复合性特征，主要是通过选择合适的物理或化学（含生化）等手段，开展集成型、复合型结构和材料的拆分与解离，其中：物理分离主要是基于复合固废中器件及材料之间的装配和连接方式、某些特定物理性质（颗粒形状和尺寸、密度、导电性、电磁性、颜色等）差异等进行分离路径及工具的选择，如可逆拆解智能机器人、筛分、重选、电选、磁选、色选等；化学分离主要是基于复合固废异质组分之间的化学性质差异，选择水解、热解、溶剂浸出、生物浸提、萃取分离等方法及其耦合，以达成有机+有机、无机+无机、有机+金属等多元组分的选择性分离（包括整体处理后再实施选择性分离）的目的。

考虑到不同来源复合固废组成、结构的多样性和复杂性，该环节的关键难点是如何实现循环利用多参数的精准调控和过程强化，包括如何提高分离产物的目标性和精准性，如何缩短工艺流程、提升过程效率、降低过程消耗和污染排放等。随着智能识别、数据驱动、机器学习等新技术、新手段的快速发展，无论是物理分离还是化学分离，如何将复合固废分离的物理和化学原理、知识与人工智能、数字孪生、大数据技术进行深度融合来进一步提升分离过程的可控性和多目标优化成为未来重要发展趋势。

1.2.2 高效解构

针对复合固废的稳定性特征，主要是通过选择合适的物理或化学（含生化）等手段，降低高稳结构的解构能垒，提高解构效率，同时兼顾解构产物的可利用性和过程污染排放控制等，其中主要的技术手段包括：一是通过提高温度，在绝氧或贫氧条件下实现高聚有机长链的热化解构，如通过热解促使废旧橡塑材料中$C-C$、$C-H$、$C-X$（$X=O/S/N/Cl/Br/F$）化学键发生断裂，生成相对短链的热解油、热解气和炭黑；热解产物受物料加热速率和热解温度等多方面影响，高混杂物料共热解对热解反应历程和产物类型均会产生干扰。二是通过机械活化、化学反应等及其耦合手段，实现高稳无机物相的活性激发或结构破坏，如采用机械球磨，通过剪切、压缩、振动等途径对废稀土抛光粉（以二氧化铈为主）进行物理性变形，使其由面心立方晶体结构向无定形结构转变，大大降低了后续酸浸处理的难度；通过过氧化钠熔融处理废荧光粉，发挥活性氧强化作用，促使绿粉和蓝粉的尖晶石结构解体而生成了普通酸浸即可回收处理的反应产物。

复合固废高效解构的关键难点主要体现在：一方面要基于含有的高稳结构的自身特点，因材施策，探索实施解构的主要手段和步骤，以及关注解构产物的可分离性、可利用性以及全过程的污染减量和控制等；另一方面在于如何进一步提高处理效率和降低解构能耗，包括实现处理流程的连续化和规模化、强化过程传热传质、采用高效反应介质或催化剂、多场耦合强化控制等。

1.2.3　有序重构

针对复合固废的再生性特征，一方面要求在其解构和分离过程中，充分关注解构、分离产物的目标性、精准性；另一方面要求基于解构、分离及其中间产物的特性认知，就如何将相关产物再生为新的原料或高值产品开展流程规划，提升再生重构过程的有序性。由于不同的解构方式对应不同的解构产物，不同的解构产物也会对应不同的分离方式，反之亦然，例如：对于复合固废中化学稳定性存在差异的有机物相 A+无机物相 B，若实现了稳定性低的 A 的解构，也可能直接导致了 B 的分离，如废有机涂层金属材料，在实现有机组分气化解构的同时，其实也获得了金属材料，解构和分离过程合二为一；对于主要含有 A+B 两种无机物相的复合固废，如化学稳定性 A＞B，一种考虑是优先解构 B，在实施 A 和 B 的解构产物分离之后再进一步解构 A 以及进一步分离提纯 A 的解构产物；另一种考虑是忽略 A 和 B 的化学稳定性差异，先对 A+B 进行整体解构，再进行解构产物的分离和再生，如对多金属复合废材进行酸浸解构和萃取分离，便可采取上述不同处理流程及其组合方式。

由于复合固废多元物相解构或分离的同时，其实也伴随着新物质的再生，即解构、分离和再生事实上存在着部分或全部交叠的情况，实现复合固废有序重构的关键难点在于需要从源头上考虑解构、分离路径及手段的择选，同时要兼顾再生原料或者产品的纯度、价值和市场前景，降低再生成本和提升资源综合利用水平等方面情况。

1.2.4　达标排放

针对复合固废的污染性特征，首先要识别其组成成分和潜在环境风险，探明循环利用过程中的物质能量代谢行为，开展关键污染物来源的解析，提出源头减量减害和过程污染控制的相关措施，对标或建立相应的污染排放标准，制定污染控制技术规范。但针对某一品种的复合固废，通常存在着时空来源、组成结构、废弃状态等多种差异和不确定性，捕获循环利用过程中物质能量代谢行为存在较大难度，同时也对循环利用技术如何适应源头物料的动态变化、精准控制污染排放提出了更高要求。再有，复合固废循环利用流程通常涉及收集、预处理、解构、分离、再生、利用、"三废"治理等多个环节，若干关键污染物的迁移转化行为演化受制于流程冗长、工艺波动等多方面综合影响，给关键污染物进行持续监测和动态追踪带来了相对大的难度。而实际上，即使针对同一类复合固废，尤其是新兴品种固废，通常还存在新技术持续迭代、多种循环利用技术并存竞争、工艺交叉以及适应不同场景需求的情况，包括碳污协同控制的需求，都给科学建立复合固废循环利用污染排放标准提出了重大挑战。

随着大数据、云计算、数字孪生等新兴技术的快速发展，针对复合固废循环利用各个阶段设置高频率、多参数的监测设备，实时采集温度、压力、化学物质浓度等多维数据成为可能。通过实时数据的监测采集，建立大数据分析处理平台，包括模式识别、趋势分析、异常检测等多种算法的综合应用，如基于历史数据和机器学习建立分析模型，结合数字孪生技术，在虚拟环境中模拟优化运行参数，预测动态运行过程污染物排放可能出现的异常情况，做好工艺参数调节和污染物控制装置启动预案，以达成关键污染物在线减控的目的等。

1.2.5　协同增效

针对复合固废的经济性特征，关键是如何让市场主体积极主动地开展循环利用相关活动，使其在创造资源能源节约、环境污染减排等资源环境绩效的同时，至少还能获得和其他市场主体有竞争力的经济收益。如提供有利的市场环境、政策措施，将其运用先进实用技术取得的资源环境绩效合理地转化为经济收益，以支撑正规循环利用市场主体能够实现"有利可图"的经营目标。首先，技术创新在复合固废循环利用的经济增值中仍然发挥着重要作用，采取先进实用的循环利用技术，不仅可以有效地提高有价资源回收利用水平、降低能耗和污染排放，还能提升再生产品品质和价值，因此，非常有必要持续加强循环利用技术装备的研发应用工作。其次，要加强复合固废循环利用技术应用的资源、环境、经济等多维绩效评价，开展固废循环利用资源环境绩效的经济价值核算探索，形成科学合理的技术评价方法和评价标准，为行业制定技术规范、遴选先进实用技术装备发挥支撑作用。在此基础上，还要考虑如何通过营造市场环境、采取政策措施等，有效地将固废循环利用的资源环境绩效转化为循环利用市场主体的激励和补偿，包括完善废旧物资回收网络体系；开展产品全生命周期数字化追溯；提高再生原料利用占比；开展原生资源开发和废旧物资利用相关的资源税、环境税改革，对接碳市场交易等；以及实行污染者付费或生产者责任延伸制度等。

总之，推动复合固废循环利用产业的高质量发展，离不开技术、市场、标准、政策等各个层面的创新及其协同运用，涉及生产消费、回收渠道、循环利用等全产业链多个主体之间责权利的传导和协调，是一个较为复杂的系统工程问题。需要综合运用物质流价值流分析、生命周期评价、系统动力学模型等方法工具，并积极融合数据挖掘、机器学习等信息化手段，开展各个层面措施及其协同运用的模拟调控，以达成多措协同增效的目的，最终保障复合固废循环利用合理经济性的实现。

　　在上述复合固废基本特征及循环利用可行路径简要分析基础上，本书后续章节将主要阐述废荧光灯、废阴极射线管、废液晶面板等典型复合固废解构原理与再生技术研究进展，揭示若干复合氧化物、复合硫化物、复合溴化物等解构和再生过程中关键元素的迁移转化规律，探索解构和再生过程的强化调控方法，以实现复合固废高效解构、清洁再生和高值利用。

参 考 文 献

常凤, 王来信. 2022. 近十年中国生铁产量数据统计分析. 天津冶金, (1): 74-78

陈静静. 2019. 废线路板回收铜技术的环境影响研究. 北京: 北京工业大学, 1-92

崔冠峰. 2008. 阻燃剂溴化环氧树脂和 PTSPB 的应用研究. 大连: 大连理工大学, 1-66

贾修伟. 2004. 高分子量溴化环氧树脂阻燃剂制备研究. 郑州: 河南大学, 1-77

兰苑培. 2018. 纳米二氧化铈颗粒的制备及氧空位对其性能的影响研究. 重庆: 重庆大学, 1-116

李先军. 2021. 精喹禾灵和磷酸三苯酯降解菌的筛选及降解机理研究. 北京: 中国农业科学院, 1-128

南方, 杨云, 周小林, 等. 2018. 欧盟地平线 2020 计划管理模式及对中国重点研发计划的启示. 中国科技论坛, (7): 165-171

戎维仁. 2007. 高分子链缠结对玻璃化转变的影响. 上海: 复旦大学, 1-145

陶然. 2023. 典型废旧复合材料有机封装热解机理研究. 北京: 北京工业大学, 1-106

田晖. 2023. 中国废弃电器电子产品回收处理及综合利用行业白皮书 2023. 北京: 中国家用电器研究院, 7-9

王方, 余乐安, 何昌华, 等. 2023. 混频数据驱动的电子废物生成量时空演化预测. 管理工程学报, 1-16

王永中, 万军, 陈震. 2023. 能源转型背景下关键矿产博弈与中国供应安全. 国际经济评论, (6): 147-176

徐丽洁, 刘豪杰, 薛瑞, 等. 2022. 多学科交叉助力废塑料生物法循环回收利用. 化工进展, 41(9): 5029-5036

杨水清, 孔颖. 2023. 美国重构新能源汽车产业链的动向及影响. 当代美国评论, 7(3): 66-83

郑明贵, 王萍, 潘天阳. 2020. 中国铝资源供应安全预警系统研究. 科技促进发展, 16(11): 1307-1316

郑文江. 2021. 全球工程前沿发展趋势. 科技中国, (1): 8-12

中国绿色供应链联盟光伏专委会. 2023. 2023 年中国光伏回收和循环利用白皮书. 北京: 中国绿色供应链联盟光伏专委会, 27-33

Chen J, Wang Z, Wu Y, et al. 2019. Environmental benefits of secondary copper from primary copper based on life cycle assessment in China. Resources, Conservation and Recycling, 146: 35-44

Hong J, Yu Z, Shi W, et al. 2017. Life cycle environmental and economic assessment of lead refining in China. The International Journal of Life Cycle Assessment, 22(6): 909-918

Liu J, Wang H, Zhang W, et al. 2022. Mechanistic insights into catalysis of *in-situ* iron on pyrolysis of waste printed circuit boards: Comparative study of kinetics, products, and reaction mechanism. Journal of Hazardous Materials, 431: 128612

Pilipenets O, Tharaka G, Hui F K P, et al. 2022. Upcycling opportunities and potential markets for aluminium composite panels with polyethylene core (ACP-PE) cladding materials in Australia: A review. Construction and Building Materials, 357: 129194

Pust P, Schmidt P J, Schnick W. 2015. A revolution in lighting. Nature Materials, 14(5): 454-458

Wang F, Zhou Y, Zhang X, et al. 2023. Laser-induced thermography: An effective detection approach for multiple-type defects of printed circuit boards (PCBs) multilayer complex structure. Measurement, 206: 112307

Wu Y, Yang L, Tian X, et al. 2020. Temporal and spatial analysis for end-of-life power batteries from electric vehicles in China. Resources, Conservation and Recycling, 155: 104651

Xing M, Li Y, Zhao L, et al. 2020. Swelling-enhanced catalytic degradation of brominated epoxy resin in waste printed circuit boards by subcritical acetic acid under mild conditions. Waste Management, 102: 464-473

Yang J, Meng F, Zhang L, et al. 2023. Solutions for recycling emerging wind turbine blade waste in China are not yet effective. Communications Earth & Environment, 4(1): 466

Zhang W, Li Z, Dong S, et al. 2021. Analyzing the environmental impact of copper-based mixed waste recycling：A LCA case study in China. Journal of Cleaner Production, 284: 125256

Zhang Y, Ji Y, Xu H, et al. 2023. Life cycle assessment of valuable metal extraction from copper pyrometallurgical solid waste. Resources, Conservation and Recycling, 191: 106875

第2章

废荧光灯钇铕等复合氧化物解构原理
与稀土金属再生技术

荧光灯问世于 1938 年，其应用的荧光粉材料主要为：正硅酸锌、硅酸钙、钨酸镁、硅酸锌铍、钨酸钙和硼酸镉等。1949 年，出现了性能优异的锑、锰激活的卤磷酸钙荧光粉，具有量子效率高、稳定性好、价格便宜、原料易得、可以通过调整配方比例来获得日光、暖白和冷白色的输出等优点，但其主要的缺点是显色性较差。20 世纪 70 年代初，荷兰飞利浦公司成功研发出稀土铝酸盐体系三基色荧光粉中的蓝粉（$BaMg_2Al_{16}O_{27}：Eu^{2+}$）和绿粉（$MgAl_{11}O_{19}：Ce^{3+},Tb^{3+}$），与红粉（$Y_2O_3：Eu^{3+}$）混合制成了稀土三基色荧光粉荧光灯。因稀土三基色荧光粉荧光灯具有高显色性和高光效的优点，许多国家相继出台相关政策用稀土三基色荧光粉荧光灯来代替传统照明。我国也于 2004 年 10 月启动了"国家半导体照明工程"，该照明工程的启动进一步推动了稀土荧光灯产业的蓬勃发展。目前，市场上常见的稀土荧光灯有直管型、环形及紧凑型三种类型，如图 2-1 所示。稀土荧光灯通常包含 Al、Cu、玻璃及重金属 Hg，稀土三基色荧光粉通常被涂覆在玻璃管的内壁。当稀土荧光灯通电时，Hg 蒸气和电子相互作用产生紫外光，紫外光可被稀土三基色荧光粉吸收并被转化成可见光发出。

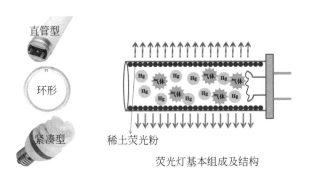

图 2-1　稀土荧光灯的类型、基本组成及结构

其他含稀土的照明灯具主要是钪钠等系列的金属卤化物灯，它通常是在灯泡中充入碘化钠、碘化钪，同时加入钪箔、钠箔，由于钪离子、钠离子在高压放电时能够发出互为补色波长的特征谱线，使其总体上产生白色光；且具有发光效率高、节电、使用寿命长和破雾能力强等特点，已广泛应用于摄像、交通、广场和体育馆等大型照明领域。但钪钠灯消费场景和消费总量显著小于三基色荧光灯，而且针对其中含有的钪、钠单质及其碘化物等有价组分，通过富集、酸浸、沉淀、分离、煅烧等常规回收工艺便可制得钪盐、氧化钪等高纯再生原料，相比自然界伴生高度稀散的钪元素提取具有相对优势。本书作者课题组进一步利用高纯钪盐制备了富氧空位的氧化钪纳米催化材料，结果表明其在电催化制备生物基塑料及废聚酯电催化转化方面具有应用前景。而稀土三基色荧光粉是通过单色红粉、蓝粉、绿粉按照一定的比例混合后制成，呈现多元组分高混杂状态，且每一种粉体都经过高温烧结过程，都具有相当高的化学稳定性，给其后续解构和再生带来了相当大的难度。目前具有代表性的稀土三基色荧光粉的化学组成，如表 2-1 所示。红粉主要是由 Y 和 Eu 组成的氧化物体系的荧光粉，其中具有代表性的有：氧化钇铕（$Y_2O_3 : Eu^{3+}$）和硫氧化钇铕（$Y_2O_2S : Eu^{3+}$）。蓝粉主要是 Eu^{2+} 离子掺杂的磷酸盐体系、铝酸盐体系、硼酸盐体系和硅酸盐体系的荧光粉，其中具有代表性的有：磷酸盐体系的氯磷酸锶钙钡铕〔$(Ba, Sr, Ca)_5(PO_4)_3Cl : Eu^{2+}$〕、铝酸盐体系的多铝酸钡镁铕（$BaMgAl_{10}O_{17} : Eu^{2+}$）、硼酸盐体系的氯硼酸钙铕（$Ca_2B_5O_8Cl :$ Eu^{2+}）和硅酸盐体系的硅酸锆钡铕（$BaZrSi_3O_9 : Eu^{2+}$）。绿粉主要含有 Ce^{3+}、Tb^{3+} 共掺杂的磷酸盐体系、铝酸盐体系和硅酸盐体系的荧光粉，其中具有代表性的有：磷酸盐体系的磷酸镧铈铽（$LaPO_4 : Ce^{3+}, Tb^{3+}$）、铝酸盐体系的多铝酸镁铈铽（$MgAl_{11}O_{19} : Ce^{3+}, Tb^{3+}$）和硅酸盐体系的硅酸钇铈铽（$Y_2SiO_3 : Ce^{3+}, Tb^{3+}$）。

表 2-1　稀土三基色荧光粉的化学组成

类型	名称	化学式
红粉	氧化钇铕	$Y_2O_3 : Eu^{3+}$
	硫氧化钇铕	$Y_2O_2S : Eu^{3+}$
蓝粉	氯磷酸锶钙钡铕	$(Ba,Sr,Ca)_5(PO_4)_3Cl : Eu^{2+}$
	多铝酸钡镁铕	$BaMgAl_{10}O_{17} : Eu^{2+}$
	氯硼酸钙铕	$Ca_2B_5O_8Cl : Eu^{2+}$
	硅酸锆钡铕	$BaZrSi_3O_9 : Eu^{2+}$
绿粉	磷酸镧铈铽	$LaPO_4 : Ce^{3+}, Tb^{3+}$
	多铝酸镁铈铽	$MgAl_{11}O_{19} : Ce^{3+}, Tb^{3+}$
	硅酸钇铈铽	$Y_2SiO_3 : Ce^{3+}, Tb^{3+}$

目前我国已成为世界上最大的稀土荧光灯生产基地。据中国照明电器协会统计，1994 年我国稀土荧光灯产量仅为 2.5 亿支，"国家半导体照明工程"计划实施后，稀土荧光灯产量在 2005 年激增为 28.76 亿支，且稀土荧光灯的年产量逐年增加，1994～2015 年我国稀土荧光灯年产量如图 2-2（a）所示。根据稀土荧光灯的年产量及其平均使用寿命，2011～2020 年我国稀土荧光灯的年报废量情况如图 2-2（b）所示，可以看出，我国稀土荧光灯年报废量也随时间稳步增长。

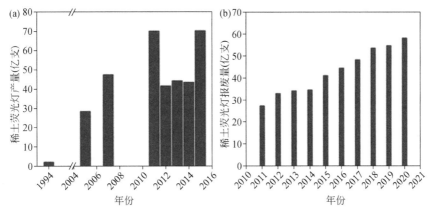

图 2-2（a）1994～2015 年我国稀土荧光灯年生产量；（b）2011～2020 年我国稀土荧光灯年报废量

一支普通稀土荧光灯的典型成分及含量如图 2-3 所示，可知，其通常含有（质量分数）97.60%的玻璃、1.05%的镍铜金属丝、0.94%的铝、0.08%的钨、0.05%的锡和 0.28%的稀土荧光粉，折算为每支稀土荧光灯中平均含有 4.5 g 稀土荧光粉。而稀土荧光粉中主要稀土元素为钇、铕、铈和铽，稀土氧化物总质量分数约为 20%。由此可见，废稀土荧光粉中含有总量非常可观的稀土氧化物，如不加以回收，将造成巨大稀土资源浪费。

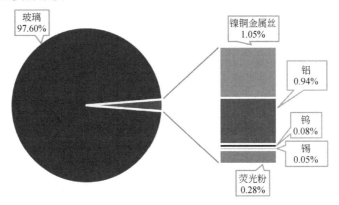

图 2-3　一支典型稀土荧光灯的成分及含量

2.1　废荧光灯钇铕等复合氧化物再生利用现状

废荧光灯稀土荧光粉的化学组成异常复杂，内部含有大量性质稳定、难以破坏的具有尖晶石结构的物质。一般的处理方法均难以将其破坏，使得稀土元素回收率较低。国内外研究人员对废荧光灯稀土荧光粉中稀土元素的回收利用开展了广泛研究并取得较好进展，一般采用物理分离技术、湿法冶金技术和火法冶金技术。

2.1.1　物理分离技术

2.1.1.1　浮选分离技术

浮选分离法是依据稀土三基色荧光粉中红粉（YOX）、绿粉（CAT）、蓝粉（BAM）的物理特性（如密度、表面活性等）对其进行富集和分离。Hirajima 等研究了采用碘甲烷（CH_2I_2）为介质富集废荧光灯稀土荧光粉中的三基色荧光粉的可行性。首先将废荧光灯用三基色荧光粉用 $5×10^{-5}$ mol/L 的油酸钠（NaOI）进行表面活化预处理，进而与 CH_2I_2 混合，在矿浆浓度为 400 kg/m³ 的条件下进行离心分离，超过 90%的卤磷酸钙白色荧光粉作为浮漂产物被分离开，三基色荧光粉作为下沉部分实现富集，该过程中三基色荧光粉的回收率为 97.34%，牛顿效率为 0.84，富集产物中三基色荧光粉的品位提高到 48.61%。

2.1.1.2　液-液萃取分离技术

Otsuki 等基于三基色荧光粉中的红粉、蓝粉、绿粉的 Zeta 电位特性，采用液-液萃取技术对其进行直接分离研究，工艺流程如图 2-4 所示。首先将三基色荧光粉与酒石酸钾钠（PST）水溶液混合并摇晃 1～2 min，将该混合溶液与含有 2-噻吩基三氟丙酮（HTTA）的庚烷有机相混合，有机相与水相体积比为 2：3，室温下摇晃 5 min，蓝粉留在上层庚烷相中得以分离，红粉、绿粉留在下层水相中。用无水乙醇洗去红粉、绿粉混合物中的 HTTA 后，采用含 1-戊醇的氯仿作为稳定剂与红粉、绿粉混合并摇晃 1～2 min，将上述混合相与含 PST 的水相混合，有机相与水相体积比为 2：3，室温下摇晃 5 min，绿粉被萃取进入氯仿有机相中，红粉留在水相中。以该方法回收的三基色荧光粉的纯度与回收率分别为：红粉 96.9%和 94.1%、蓝粉 74.1%和 98.7%、绿粉 94.6%和 76.0%。

物理分离技术为废荧光灯稀土荧光粉的富集与分离提供了较好的研究思路，但结果并不如意。废荧光灯稀土荧光粉的富集率较低，分离回收的三种荧光粉纯度及回收率均无法满足市场需求；同时该工艺仅停留在模拟废料研究阶段，对实际废粉的分离效果无法预估；工艺过程中使用了大量挥发性有机溶剂（如氯仿、碘甲烷等），不符合绿色回收的概念。可见，浮选分离废荧光灯稀土荧光粉的工艺尚不成熟，还有待于进一步研究。

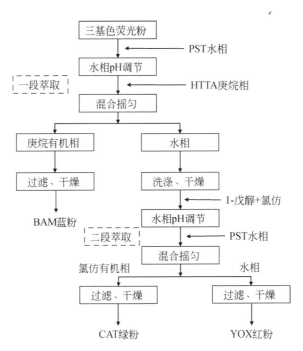

图 2-4　液-液萃取法分离三基色荧光粉

2.1.2　湿法冶金技术

2.1.2.1　二氧化碳超临界萃取技术

处于超临界条件下的气体对于液体和固体具有显著的溶解能力，而且随着压力和温度的变化，溶解能力可在相当宽的范围内变化。超临界流体萃取的主要特点是在被分离物中加入一种惰性气体，使其处于超临界压力和温度以上，即成为超临界气体。CO_2 具有密度高、不易燃、无毒性、无极性、安全、廉价和易于获得等优点，非常适宜用作超临界萃取的溶剂。

Shimizu 等采用酸液溶解与 CO_2 超临界萃取相结合的技术回收废稀土荧光粉中稀土元素。对废稀土荧光粉的化学成分及含量进行分析，其中稀土 Y、Eu、La、Ce、Tb 的质量分数分别为 29.6%、2.3%、10.6%、5.0% 和 2.6%。他们将三丁基磷酸盐（TBP）、HNO_3 和 H_2O 在 CO_2 超临界流体（$SF-CO_2$）介质中按照一定比例配制成超临界萃取溶剂，来浸出和萃取回收其所含稀土元素。实验结果表明，当 TBP、HNO_3、H_2O 的摩尔比为 1.0：1.3：0.4 时，在 15 MPa、333 K 下静态萃取一定时间，Y 和 Eu 的回收率分别高达 99.7%和 99.8%。但稀土元素 Ce、Tb、La 的浸出率均低于 7%。

CO_2 超临界萃取法克服了常压条件下萃取过程中复合物黏度大导致的萃取率低的缺点，同时具有反应过程不需要对添加稀释剂、萃取完成后剩余的 CO_2 可直接快速挥发掉等优点。但是由于实验条件苛刻，反应的不确定性容易导致体系不稳定，影响分离过程而导致稀土元素的回收率较低。

2.1.2.2 机械活化强化浸出技术

Zhang 等最早将机械活化法引入废三基色荧光粉中稀土的浸出研究中。将废荧光粉直接在行星式球磨机中进行干法球磨处理，而后采用 1 mol/L 的盐酸在室温下进行浸出，有效提高其中稀土 Y 和 Eu 的浸出率。随后，他们对球磨工艺参数进行了探讨与优化，结果表明在转速为 400 r/min、球磨时间为 20 min 的条件下，稀土 Y 和 Eu 的浸出率可分别提高到 98%和 90%以上，但其中 Ce、Tb 的浸出率较低，不足 20%。这表明仅通过干法球磨仍然无法破坏蓝粉和绿粉的结构，无法实现其中稀土的有效浸出。

清华大学李金惠教授课题组针对废三基色荧光粉，进一步探索了机械活化强化浸出的工艺参数及原理。系统研究了球磨工艺与浸出工艺参数对稀土 Y、Eu、La、Ce 和 Tb 的浸出影响。在转速为 600 r/min、球磨时间为 60 min 条件下对废三基色荧光粉进行机械活化预处理，采用盐酸体系浸出，在酸浓度为 6 mol/L、液固比 60 mL/g、温度 60℃的条件下浸出 15 min，Tb、Ce 和 La 的浸出率从不足 1% 分别提高到 90%、94%和 91.6%，同时 Y 和 Eu 的浸出率也由常规的 80%提高到 94.6%和 93.1%。采用未反应核收缩模型对浸出过程进行动力学分析，结果表明球磨预处理可大大降低稀土元素浸出的表观反应活化能，且球磨转速越高，表观活化能越低。研究结果表明，机械活化能有效提高荧光粉的表面活性，引起荧光粉晶格结构的变化，提高稀土的浸出率。但由于该研究中废荧光粉不仅含有 BAM、CAT，同时含有 $LaPO_4$：Ce^{3+}，Tb^{3+} 和 $(Ba, Ca, Sr)_5(PO_4)_3Cl$：Eu^{2+} 两种荧光粉，基于文献中分析结果，推测机械活化主要促进了 $LaPO_4$：Ce^{3+}，Tb^{3+} 和 $(Ba, Ca, Sr)_5(PO_4)_3Cl$：Eu^{2+} 两种粉中稀土 La、Ce、Tb 和 Eu 的浸出，从而提高了整体的浸出效率，而非 BAM 和 CAT 中稀土的浸出。因此，针对 BAM 和 CAT 的机械活化工艺还有待进一步探索。

季文等对机械活化过程进行了改进，提出了加碱机械活化预处理方法，重点针对 BAM 和 CAT 两种荧光粉进行强化浸出研究。结果表明，在球磨转速为 550 r/min、时间为 60 min、NaOH 与荧光粉比例为 3∶1 的条件下，稀土的总浸出率可达到 95.2%，其中 Y、Eu、Ce 和 Tb 的浸出率分别为 97.5%、94%、85.0% 和 89.8%。该研究表明，通过加碱活化，可有效破坏 BAM 和 CAT 两种荧光粉的晶体结构，提高其酸浸效率。但从结果看，总体浸出率仍然偏低，尤其是 BAM 和 CAT 中的 Eu 和 Tb 两种昂贵稀土的浸出率有待进一步提高。

机械活化是一种降低浸出反应条件、提高废三基色荧光粉浸出率的有效手段，可提高荧光粉的浸出活性，降低浸出反应的表观活化能。但机械活化工艺较难控制，对废料要求较高，在球磨过程中极易出现黏罐、团聚等现象，且对球磨转速、时间的控制要求较高。另一方面，无论是直接球磨活化还是加碱球磨活化，对 BAM 蓝粉和 CAT 绿粉的结构破坏都有限，导致其中稀土 Eu、Ce 和 Tb 的浸出效率不高，影响稀土的整体回收率。

2.1.2.3　离子液体选择性浸出技术

Dupont 等采用功能性离子液体（[Hbet][Tf$_2$N]）选择性溶解和草酸沉淀相结合的技术回收废荧光灯中的稀土元素。实验结果表明，[Hbet][Tf$_2$N] 能选择性溶解红粉（Y$_2$O$_3$∶Eu^{3+}），在 90℃下搅拌 24～48 h，其溶解率高达 100%。与传统的湿法回收工艺相比，该工艺能避免质量分数为 50% 的卤代磷酸盐荧光粉 [(Sr, Ca)$_{10}$(PO$_4$)$_6$(Cl, F)$_2$∶Sb^{3+}, Mn^{2+}] 溶解进溶液中。选择性浸出的稀土 Y 和 Eu，可以通过草酸沉淀或离子液体萃取-盐酸反萃回收。两种方法都可以实现离子液体的再生利用。其中草酸回收法具有更好的优势，避免了离子液体向水相的损失，稀土草酸盐碱熔后再生制备红粉（YOX），其纯度 >99.9%。再生红色荧光粉具有非常好的荧光特性。但该方法中，功能性离子液体的生产成本太高，难以工业化应用。

2.1.2.4　酸液浸出技术

Nakamura 等通过硝酸浸取-有机溶剂萃取回收废稀土荧光粉中稀土元素。结果表明，采用 2-乙基己基膦酸单 2-乙基己基酯（P507）有机溶剂能有效萃取分离稀土，稀土回收率和纯度分别为：Y 为 97.8%（纯度为 98.1%）、Tb 为 58.1%（纯度为 85.7%）、Eu 为 52.8%（纯度为 99.9%）。Innocenzi 等采用酸液溶解、化学除杂和草酸沉淀回收废荧光灯和废阴极射线管（CRT）显示器中稀土元素 Y。结果表明，在 2 mol/L H$_2$SO$_4$、20% 固液比（w/v）、90℃下反应 3 h，稀土 Y 的浸出率高达 100%；采用 NaOH 和 Na$_2$S 能有效去除浸出液中主要杂质元素 Zn、Ca、Si 等，草酸沉淀稀土 Y，其纯度高达 95%。由于废荧光灯稀土荧光粉中含有极其稳定的蓝粉、绿粉等陶瓷相结构，传统酸浸致使高价值重稀土 Eu、Tb 等的浸出率非常低，造成稀土资源浪费。

2.1.3　火法冶金技术

碱熔法是一种常见的难溶矿物处理方法，通过碱熔破坏难溶物质的结构，将其结构中的金属元素转化为易溶解的物质。2007 年 Otto 等首次在专利（美国）中提出采用碱熔法处理废三基色荧光粉。首先，通过硝酸溶解 Y_2O_3：Eu 红粉，随后将酸浸渣与碳酸盐混合碱熔，回收 BAM 和 CAT 荧光粉中的稀土元素，但该专利并未涉及详细工艺参数优化及过程探讨。随后，国内相关学者采用不同的碱熔体系对 BAM 和 CAT 的分解与其中稀土元素的回收进行了较为深入的研究。

北京科技大学张深根教授课题组开发了 NaOH 碱熔法回收废三基色荧光粉中的稀土元素，并在工艺和理论方面进行了深入研究。针对废三基色荧光粉，提出了两段酸浸工艺方法。在第一段酸浸中，采用 4 mol/L 盐酸在固液比为 1∶3、温度为 60℃、搅拌速度为 250 r/min 条件下反应 4 h，实现废三基色荧光粉中 Y_2O_3：Eu 红粉的浸出；随后，对酸浸渣进行 NaOH 碱熔预处理，在碱渣比为 1.5∶1、碱熔温度为 800℃条件下碱熔 2 h，以充分破坏 BAM 和 CAT 荧光粉结构；最后，对碱熔产物进行二段酸浸，采用 3 mol/L 盐酸在固液比为 1∶10、温度为 60℃条件下反应 30 min，浸出剩余稀土元素。通过上述工艺，稀土 Y、Eu、Ce 和 Tb 的浸出率分别达到 94.60%、99.05%、71.45%和 76.22%，稀土总浸出率达到 94.60%。

同时，通过反应动力学分析和物相转变过程研究，对 BAM 和 CAT 荧光粉的 NaOH 碱熔分解机理进行了深入探讨。采用 KAS、FWO 和 Friedman 三种计算方法，根据差示扫描量热仪（DSC）检测结果，分别计算了 BAM 和 CAT 荧光粉与 NaOH 反应的表观活化能；结果显示，三种方法计算得到的 BAM 荧光粉分解活化能相近，均在 570 kJ/mol 左右；而 CAT 荧光粉分解活化能计算结果存在较大差异，KAS 和 FWO 计算结果相近，分别为 253 kJ/mol 和 215 kJ/mol，但 Kissinger 计算结果为 468.2 kJ/mol。进而，通过对不同碱熔温度和碱熔时间下获得的反应产物进行物相分析，建立了 BAM 和 CAT 荧光粉的阴阳离子协同作用分解机制。

对于 BAM 荧光粉，Eu^{2+} 和 Mg^{2+} 首先被 Na^+ 取代转化为 Eu_2O_3 和 MgO，同时含氧阴离子 OH^- 与取代部位的阳离子发生结合；引入的阳离子使晶格发生膨胀并进行破坏，出现中间产物 Ba-Al-O 结构，并最终分解成 $BaCO_3$ 和 $NaAlO_2$。对于 CAT 荧光粉，Tb^{3+} 和 Mg^{2+} 首先被 Na^+ 取代转化为 Tb_2O_3 和 MgO，从而使 CAT 结构被破坏，生成 $CeAl_{11}O_{18}$，最终分解生成 CeO_2 和 $NaAlO_2$，如图 2-5 所示。

相比于废稀土荧光粉中稀土回收的其他方法，碱熔回收技术能有效地氧化分解废稀土荧光粉中存在的陶瓷相结构，从而极大提高所含稀土元素的后续浸出效率和回收效果，有利于工业化应用。

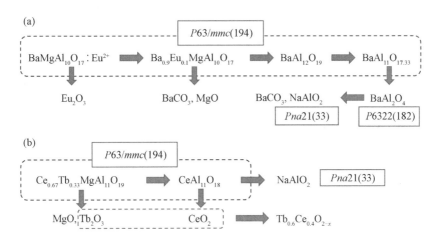

图 2-5　BAM（a）和 CAT（b）荧光粉在 NaOH 碱熔过程中的分解机制

2.2　物料特性及其分析表征

1. 废稀土荧光粉

废稀土荧光粉是从废荧光灯中收集获取的［图 2-6（a）和（b）］，并采用 X 射线荧光光谱分析仪（XRF）对废稀土荧光粉的化学成分及相应含量进行了分析，结果如表 2-2 所示。由 XRF 结果可知，废稀土荧光粉的主要稀土成分为 Y_2O_3、CeO_2、Tb_4O_7 和 Eu_2O_3，其含量分别为 15.21%、4.27%、3.19% 和 2.07%。主要杂质成分为 CaO（24.14%）、SiO_2（20.45%）、P_2O_5（10.04%）、Al_2O_3（8.92%）、Na_2O（6.01%）、BaO（2.86%）、MgO（2.63%）等。

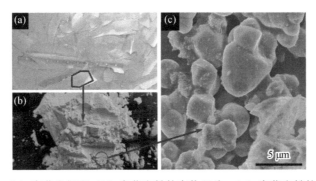

图 2-6　（a）废荧光灯和（b）废荧光粉的实物照片；（c）废荧光粉的 SEM 图

表 2-2　废稀土荧光粉的化学成分［XRF，质量分数（%）］

元素组成	CaO	SiO$_2$	Y$_2$O$_3$	P$_2$O$_5$	Al$_2$O$_3$	Na$_2$O
含量	24.14	20.45	15.21	10.04	8.92	5.01
元素组成	CeO$_2$	Tb$_4$O$_7$	BaO	MgO	Eu$_2$O$_3$	其他
含量	4.27	3.19	2.86	2.63	2.07	1.20

分别采用扫描电子显微镜（SEM）和 X 射线衍射仪（XRD）对废荧光灯中收集的废稀土荧光粉的形貌及物相结构进行了分析，结果如图 2-6（c）和图 2-7 所示。废稀土荧光粉由很多形状不规则且黏附在一起的颗粒构成，颗粒尺寸约为 1～5 μm，且颗粒表面附着许多细小纳米粒子。XRD 结果表明其主要物相结构为 Ca$_2$Ba$_3$(PO$_4$)$_3$F（JCPDS No. 77-0712）、(Y$_{0.95}$Eu$_{0.05}$)$_2$O$_3$（JCPDS No. 25-1011）、BaMgAl$_{10}$O$_{17}$：Eu^{2+}（JCPDS No. 26-0163）和 Ce$_{0.67}$Tb$_{0.33}$MgAl$_{10}$O$_{19}$（JCPDS No. 36-0073）。

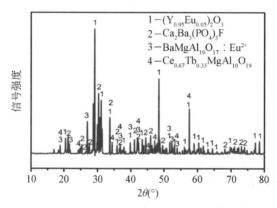

图 2-7　废荧光灯中收集的废稀土荧光粉的 XRD 图

2. 纯稀土三基色荧光粉

目前，市场上流通的荧光灯所含的荧光粉，主要为磷酸盐及铝酸盐体系的稀土三基色荧光粉。而稀土三基色荧光粉是通过单色红粉、蓝粉、绿粉按照一定的比例混合后制成。因此，为了更好地研究废稀土荧光粉的各个稀土组分的物理化学特性，对纯的红粉、蓝粉和绿粉也进行了 XRF 和 XRD 分析，结果如表 2-3 和图 2-8 所示。

由 XRF 分析（表 2-3）结果可知，稀土 Ce 和 Tb 仅存在于绿粉中，稀土 Y 仅存在于红粉中，而稀土 Eu 主要存在于红粉和蓝粉中。由 XRD 图（图 2-8）可知，红粉的晶体构成为 (Y$_{0.95}$Eu$_{0.05}$)$_2$O$_3$，极易溶于强酸溶液中；而蓝粉和绿粉的晶体

构成分别为 $BaMgAl_{17}O_{10}：Eu^{2+}$ 和 $Ce_{0.67}Tb_{0.33}MgAl_{11}O_{19}$，均具有极其稳定的铝酸盐体系的陶瓷相结构，使其能稳定存在于强酸或强碱溶液中。

表 2-3　纯稀土三基色荧光粉红粉、蓝粉和绿粉的化学成分［质量分数（%）］

	元素组成及含量				
红粉	Y_2O_3	Eu_2O_3	SiO_2	Al_2O_3	Na_2O
	94.41	4.94	0.33	0.17	0.15
绿粉	CeO_2	Tb_4O_7	Al_2O_3	MgO	SiO_2
	16.70	13.00	64.06	5.57	0.47
	Fe_2O_3	CaO	—	—	—
	0.14	0.06	—	—	—
蓝粉	Eu_2O_3	Al_2O_3	BaO	MgO	SiO_2
	3.08	65.55	24.68	6.45	0.12
	SrO	NiO	—	—	—
	0.07	0.05	—	—	—

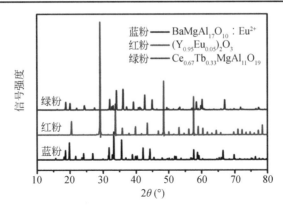

图 2-8　纯的稀土三基色荧光粉红粉、蓝粉和绿粉的 XRD 图

2.3　红粉氧化酸浸解构原理与稀土再生技术

铕（Eu）是一种价格昂贵、稀少的贵重稀土金属，被广泛应用于稀土荧光粉（红粉和蓝粉）、反应堆控制材料和中子防护材料等领域中。由于 Eu^{3+} 与 Y^{3+}、Ce^{3+} 和 Tb^{3+} 具有非常相似的化学性质，因而一般采用有机溶剂（P507 或 P204）经多级萃取来分离回收废稀土荧光粉酸浸液中 Eu，但该技术存在环境污染严重、步骤烦琐等缺点。

为高效、环境友好地分离回收废稀土荧光粉酸浸液中 Eu，Bogaert 等根据 Eu^{3+}

的光化学性质提出了采用光还原技术分离回收 Eu 的方法。对废稀土荧光粉酸浸液进行紫外光照射处理，可以在保护剂存在下把 Eu^{3+} 离子还原为 Eu^{2+} 离子，然后向光还原溶液中添加 SO_4^{2-} 离子来沉淀分离获取 $EuSO_4$。值得注意的是，李瑞祥等在 Eu^{3+} 离子的光还原研究中发现：当光还原溶液中存在 Ce^{3+} 离子时，会影响 Eu^{2+} 离子的生成。因此，采用光还原分离回收废稀土荧光粉酸浸液中 Eu^{3+} 离子时，应避免浸出废稀土荧光粉中 Ce^{3+} 离子。在上述废稀土荧光粉回收方法中，HCl 酸浸技术能选择性浸出红粉，而避免具有陶瓷相结构的蓝粉和绿粉的浸出。因此，为从废稀土荧光粉中回收单一稀土 Y 和 Eu，本节选择采用 HCl 酸浸-光还原工艺处理废稀土荧光粉，重点考察了酸液浓度、酸浸温度、浸出时间等对稀土 Y 和 Eu 浸出效率的影响，并探索不同光还原工艺参数对 Y/Eu 分离效率及其纯度的影响。

2.3.1 氧化酸浸解构与光还原再生机理

2.3.1.1 红粉氧化酸浸解构热力学

从 2.2 节中废稀土荧光粉的 XRF 及 XRD 分析可知，稀土 Y/Eu 主要存在于红粉和蓝粉中。因此，为简化稀土 Y/Eu 的后续回收过程，应尽量避免浸出绿粉和蓝粉。首先，研究 HCl 体系下稀土三基色红粉的酸浸反应热力学。

由于缺少红粉的热力学数据，红粉与 HCl 的反应可以看作：Y_2O_3 和 Eu_2O_3 与 HCl 的反应，其浸出反应可用式（2-1）来表示：

$$0.95Y_2O_3+0.05Eu_2O_3+6HCl \longrightarrow 1.9YCl_3+0.1EuCl_3+3H_2O \qquad (2\text{-}1)$$

一般浸出反应中加入适当的氧化剂，可以起到助溶作用。因此，向 HCl 体系中加入 H_2O_2 作为助溶剂，其浸出反应可用式（2-2）来表示：

$$0.95Y_2O_3+0.05Eu_2O_3+6HCl+2H_2O_2 \longrightarrow 1.9YCl_3+0.1EuCl_3+5H_2O+O_2 \quad (2\text{-}2)$$

上两式的标准吉布斯自由能与温度的关系如图 2-9 所示，由图可知，在 0～100℃范围内，红粉与 HCl 反应的 $\Delta_r G^\ominus$ 均为负值，表明红粉很容易被 HCl 浸出。而添加了 H_2O_2 的反应体系的 $\Delta_r G^\ominus$ 更负，表明 H_2O_2 能促进红粉的浸出。因此，选择 $HCl+H_2O_2$ 体系来浸出废稀土荧光粉。

2.3.1.2 稀土光还原再生机理

稀土元素具有相似的物理化学性质，这就造成单一稀土分离的困难，为快速有效分离某种稀土元素，研究人员开发了光还原分离方法，即利用相应波长的光激发镧系元素的 f-d 跃迁和荷移跃迁带，从而产生镧系元素的光氧化或光还原。

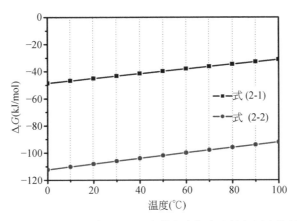

图 2-9　红粉在 HCl 体系下浸出反应的吉布斯自由能与温度的关系图

Donohue 等研究了水溶液中稀土 Eu^{3+} 的光还原工艺及其光还原机理，Eu^{3+} 的光还原机理可用式（2-3）来表示：

$$[Eu(H_2O)_n]^{3+} \xrightarrow{190\ nm} [Eu(H_2O)_{n-1}]^{2+} + \cdot OH + H^+ \tag{2-3}$$

而反应中产生的•OH 能把 Eu^{2+} 快速氧化为 Eu^{3+}。因此，需要在光还原体系中加入•OH 的捕获剂，避免发生 Eu^{2+} 的氧化反应。

常用•OH 的捕获剂有甲酸或异丙醇，对•OH 的捕获机理为

$$R_3CH \xrightarrow{\cdot OH} R_3C^{\cdot} + H_2O \tag{2-4}$$

另外，甲酸或异丙醇在光激发下能产生 $C^{\cdot}OOH$ 或 $(CH_3)_2C^{\cdot}OH$，它们能还原 Eu^{3+}，其反应机理用式（2-5）～式（2-6）表示：

$$C^{\cdot}OOH + Eu^{3+} \longrightarrow Eu^{2+} + CO_2 + H^+ \tag{2-5}$$

$$(CH_3)_2C^{\cdot}OH + Eu^{3+} \longrightarrow Eu^{2+} + (CH_3)_2CO + H^+ \tag{2-6}$$

但甲酸是剧毒物质，对环境产生污染。因此，我们选择异丙醇为捕获剂。

水溶液中，$EuSO_4$ 的溶解度为 $0.001\ g/(100g\ H_2O)$。而 $Eu_2(SO_4)_3$ 和 $Y_2(SO_4)_3$ 的溶解度分别为 $2.1\ g/(100g\ H_2O)$ 和 $7.47\ g/(100g\ H_2O)$。因此，产生的 Eu^{2+} 离子可用 $(NH_4)_2SO_4$ 来进行沉淀分离。

在废荧光粉氧化酸浸所获的酸浸液中，含有稀土 Y^{3+} 和 Eu^{3+}。为使 Y^{3+} 和 Eu^{3+} 稳定存在于光还原溶液中，需要控制光还原溶液的 pH 值。根据式（2-7）～式（2-11），计算标准状态下废荧光粉酸浸液体系中可能发生的反应的 $\Delta_r G^{\ominus}$，进而绘制出 E-pH 图，最后计算出 Y^{3+} 和 Eu^{3+} 稳定存在于光还原溶液中所需的 pH 值。

$$Y(OH)_3 + 3H^+ \longrightarrow Y^{3+} + 3H_2O \quad \Delta_r G^{\ominus}_{298} = -118.929\ kJ/mol \tag{2-7}$$

$$Eu(OH)_3 + 3H^+ \longrightarrow Eu^{3+} + 3H_2O \quad \Delta_r G^{\ominus}_{298} = -87.036\ kJ/mol \tag{2-8}$$

$$2H^+ + 2e^- \longrightarrow H_2 \quad \Delta_r G^{\ominus}_{298} = 0\ kJ/mol \tag{2-9}$$

$$O_2 + 4H^+ + 2e^- \longrightarrow 2H_2O \quad \Delta_r G_{298}^{\ominus} = -546.28 \text{ kJ/mol} \quad (2\text{-}10)$$

$$\Delta_r G_{298}^{\ominus} = -RT \ln K = -RT \ln \left[\frac{a_{Y^{3+} \text{or } Eu^{3+}}}{a_{Y^{3+} \text{or } Eu^{3+}} \times a_{H^+}^3} \right] \quad (2\text{-}11)$$

计算出 Y^{3+} 和 Eu^{3+} 稳定存在于光还原溶液中 E-pH 关系，如式（2-12）～式（2-15）所示：

$$pH = 6.948 - 0.333 \lg a_{Y^{3+}} \quad (2\text{-}12)$$

$$pH = 5.085 - 0.333 \lg a_{Eu^{3+}} \quad (2\text{-}13)$$

$$\varphi = -0.059 pH \quad (2\text{-}14)$$

$$\varphi = 1.23 - 0.059 pH \quad (2\text{-}15)$$

当 $a_{Eu^{3+}} = a_{Y^{3+}} = 1$，$T = 298$ K 时，Y^{3+} 和 Eu^{3+} 稳定存在于光还原溶液中 E-pH 关系如图 2-10 所示。由图可知，当 pH 值＞5.085 时，Eu^{3+} 会发生水解而生成 $Eu(OH)_3$ 沉淀；pH 值＞6.95 时，Y^{3+} 也会发生水解而生成 $Y(OH)_3$ 沉淀。因此，在废稀土荧光粉酸浸液的光还原过程中，为保证 Y^{3+} 和 Eu^{3+} 稳定存在于溶液中，需要控制废稀土荧光粉酸浸液的 pH 值小于 5.085。

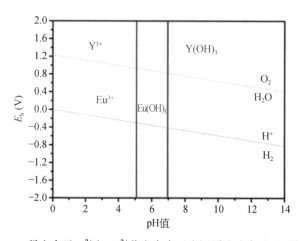

图 2-10 稀土离子 Y^{3+} 和 Eu^{3+} 稳定存在于光还原溶液中 E-pH 关系图

2.3.2 红粉氧化酸浸解构过程调控优化

2.3.2.1 氧化酸浸工艺参数优化

1. HCl 浓度的影响

在固液比为 1/50、浸出温度为 50℃、浸出时间为 4 h、2 mL H_2O_2 和搅拌速率为 360 r/min 的条件下，考察了不同 HCl 浓度对废稀土荧光粉中 Y/Eu 及非稀土杂质元素的浸出效率的影响，结果如图 2-11 所示。

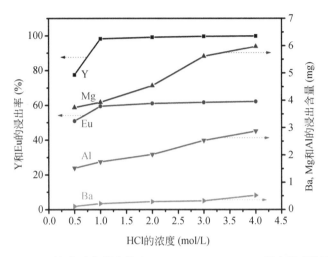

图 2-11　HCl 浓度对废荧光粉中 Y、Eu、Ba、Mg、Al 浸出效率的影响

由图可知，当 HCl 浓度为 0.5 mol/L 时，稀土 Y 和 Eu 的浸出效率分别为 76.99% 和 50.94%。稀土 Eu 的酸浸效率偏低，这是因为有部分 Eu 存在于蓝粉中。而当 HCl 浓度增加至 1 mol/L 时，稀土 Y 和 Eu 的浸出效率分别提高至 98.17% 和 52.21%。而继续增加 HCl 浓度时，稀土 Y 和 Eu 的浸出效率增加缓慢。非稀土杂质元素 Ba、Mg、Al 在浸出液中的含量会随着 HCl 浓度的增加而增加，但含量均小于 6 mg，说明蓝粉和绿粉非常稳定。因此，最优的 HCl 浓度为 1 mol/L。

2. 浸出时间的影响

在固液比为 1/50、浸出温度为 50℃、2 mL H_2O_2、HCl 浓度为 1 mol/L、搅拌速率为 360 r/min 的条件下，考察了不同浸出时间对废稀土荧光粉中稀土 Y/Eu 及非稀土杂质元素浸出效率的影响，结果如图 2-12 所示。

由图可知，Y 和 Eu 的酸浸效率随着反应时间延长而增加。但浸出时间超过 4 h 后，Y 和 Eu 的浸出效率随时间的增加趋势渐缓。例如，浸出时间从 4 h 延长 5 h 时，Y 的浸出效率仅从 98.17% 增加至 99.0%，Eu 的浸出效率仅从 59.85% 增加至 61.11%。同时，浸出液中非稀土杂质元素 Mg 和 Al 的含量随着浸出时间增加而显著增加。因此，为节省能耗和控制浸出液中非稀土杂质元素的浸出量，废稀土荧光粉选择性酸浸的最佳浸出时间为 4 h。

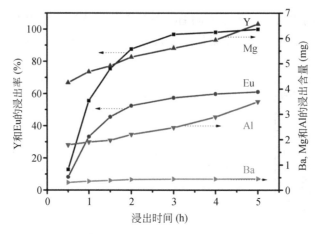

图 2-12　浸出时间对废荧光粉中 Y、Eu、Ba、Mg、Al 浸出效率的影响

3. 浸出温度的影响

在固液比为 1/50、浸出时间为 4 h、2 mL H₂O₂、HCl 浓度为 1 mol/L 和搅拌速率为 360 r/min 的条件下，考察了不同浸出温度对废稀土荧光粉中 Y/Eu 及非稀土杂质元素浸出效率的影响，如图 2-13 所示。

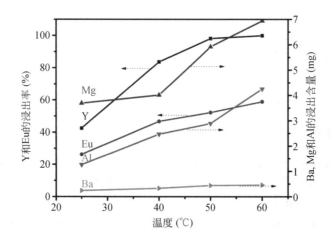

图 2-13　浸出温度对废荧光粉中 Y、Eu、Ba、Mg、Al 浸出效率的影响

由图可知，在 25℃时，稀土 Y 和 Eu 的浸出效率均很低，因为在此温度下，H₂O₂ 未分解，不能起到助溶作用。而当温度增加至 50℃时，稀土 Y 和 Eu 的浸出效率显著增加。当温度增加至 60℃时，浸出液中杂质元素 Mg、Al 的含量也随之快速增加。因此，为获得高的稀土浸出率和低的杂质元素浸出量，废稀土荧光粉

选择性酸浸的最优浸出温度为 50℃。

4. H_2O_2 添加量的影响

在固液比为 1/50、浸出温度为 50℃、浸出时间为 4 h、HCl 浓度为 1 mol/L 和搅拌速率为 360 r/min 的条件下，考察了不同 H_2O_2 添加量对废稀土荧光粉中稀土 Y/Eu 及非稀土杂质元素浸出效率的影响，结果如图 2-14 所示。

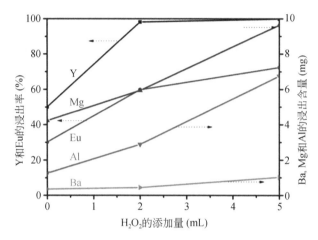

图 2-14　H_2O_2 添加量对废荧光粉中 Y、Eu、Ba、Mg、Al 浸出效率的影响

由图可知，当体系中 H_2O_2 添加量从 2 mL 增加到 5 mL 时，稀土 Eu 的浸出效率从 59.85% 迅速增加到 72.41%，而稀土 Y 的浸出效率增加趋势很平缓。因为 H_2O_2 能把蓝粉中 Eu^{2+} 氧化为 Eu^{3+}，而促进了蓝粉的分解。但过量 H_2O_2 的加入，会导致非稀土杂质元素浸出效率的快速提升。因此，最佳的 H_2O_2 添加量为 2 mL。

2.3.2.2　最优工艺下物料特性分析

综上所述，在固液比为 1/50、浸出温度为 50℃、浸出时间为 4 h、H_2O_2 添加量为 2 mL、HCl 浓度为 1 mol/L 和搅拌速率为 360 r/min 的最佳氧化酸浸工艺条件下，废荧光灯中收集的废荧光粉中 Y 和 Eu 的浸出效率分别为 98.17% 和 59.85%；而稀土杂质元素 Ba、Mg 和 Al 的浸出量分别仅为 0.44 mg、5.94 mg 和 2.89 mg。

对废荧光粉氧化酸浸所获的酸浸渣进行 XRD 分析（图 2-15），结果表明：酸浸渣的主要物相结构为 $BaMgAl_{17}O_{10}$ ：Eu^{2+} 和 $Ce_{0.67}Tb_{0.33}MgAl_{11}O_{19}$，红粉组分的衍射峰完全消失，说明废荧光粉中红粉组分已被 H_2O_2+HCl 体系完全浸出。

对废荧光粉氧化酸浸所获的酸浸渣进行了扫描电子显微镜-能量色散 X 射线谱

（SEM-EDS）分析，结果如图 2-16 和表 2-4 所示。由 SEM 分析结果可知（图 2-16），与废稀土荧光粉［图 2-6（c）］的颗粒形貌相比，酸浸渣的颗粒表面变得光滑和颗粒尺寸也变得相对均匀，这可能是由于小尺寸的红粉组分被酸液溶解了。

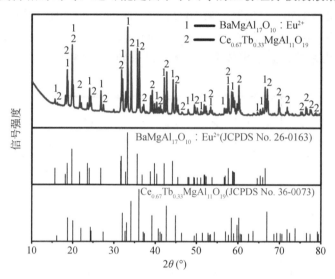

图 2-15　废荧光粉氧化酸浸所获酸浸渣的 XRD 图

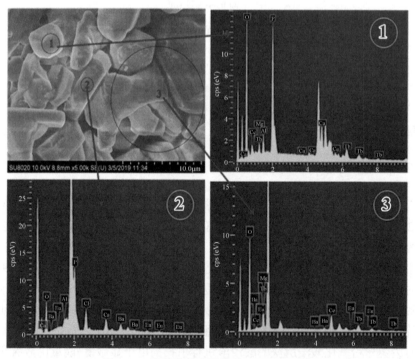

图 2-16　废荧光粉酸浸渣的 SEM-EDS 图

由表 2-4 可知，废荧光粉氧化酸浸所获酸浸渣（Point-3）的主要元素为 O、Ba、Al、Ce、Tb、Cl、Eu、Mg 和 Ca，其相应的元素含量（质量分数，下同）分别为 39.2%、20.8%、18.9%、6.4%、5.0%、3.1%、2.5%、2.4% 和 1.7%，没有检测到 Y 元素的存在。从 Point-1 的 EDS 分析结果可知，其主要化学元素为 O（46.7%）、Al（3.5%）、Ce（12.3%）、Tb（13.4%）、Mg（2.2%）、Ca（1.0%）和 P（20.3%），表明该颗粒主要为绿粉。而从 Point-2 的 EDS 分析结果可知，其主要化学元素为 O（48.3%）、Ba（14.3%）、Al（3.5%）、Cl（10.7%）、Eu（3.3%）、Ca（7.3%）和 P（12.6%），说明该颗粒主要为蓝粉。SEM-EDS 分析表明：酸浸渣中没有 Y 元素存在，同样证实了废荧光粉中红粉组分已被酸液完全浸出。

表 2-4　废荧光粉酸浸渣的 EDS 分析

化学元素	元素含量（%）		
	Point-1	Point-2	Point-3
O	46.7	48.3	39.2
Ba	—	14.3	20.8
Al	3.5	3.5	18.9
Ce	12.3	—	6.4
Tb	13.4	—	5.0
Cl	—	10.7	3.1
Eu	—	3.3	2.5
Mg	2.2	—	2.4
Ca	1.0	7.3	1.7
P	20.3	12.6	—

2.3.3　稀土铕光还原再生过程调控优化

2.3.3.1　光还原工艺参数优化

取 10 g 废荧光粉，在固液比为 1/50、浸出温度为 50℃、H_2O_2 添加量从 2 mL、HCl 浓度为 1 mol/L 和搅拌速率为 360 r/min 的最佳酸浸条件下浸出 4 h，并过滤得到废荧光粉酸浸液。然后，向废荧光粉酸浸液中加入一定量的 $(NH_4)_2SO_4$，搅拌过滤除掉 $CaSO_4$、$BaSO_4$ 等沉淀。再向滤液中加入 20%（体积分数）异丙醇，用氨水调节溶液的 pH 值，并把 25 W 紫外灯（波长为 254 nm）插入溶液中，在搅拌下光照一定时间。待反应完成后，过滤收集 $EuSO_4$ 沉淀。滤液经氨水沉淀除杂、硫酸溶解、低温蒸发来回收 $Y_2(SO_4)_3$。废荧光粉酸浸液的光还原法分离回收稀土 Y 和 Eu 的实验过程如图 2-17 所示。

图 2-17　废荧光粉酸浸液的光还原分离回收稀土 Y 和 Eu 的实验照片

考察了 $(NH_4)_2SO_4$ 浓度、pH 值、光照时间和光照强度对废荧光粉氧化酸浸所获酸浸液中稀土 Eu 的光还原效率的影响。

1. $(NH_4)_2SO_4$ 浓度的影响

在 20%（体积分数，下同）异丙醇、pH 值为 4、254 nm 紫外灯照射 42 h 下，研究了不同 $(NH_4)_2SO_4$ 浓度对酸浸液中稀土 Eu 的回收率的影响，结果如图 2-18 所示。由图可知，酸浸液中稀土 Eu 的回收率随着 $(NH_4)_2SO_4$ 浓度的增加而逐渐增加，这是因为 SO_4^{2-} 浓度增加能促进沉淀反应：$Eu^{2+} + SO_4^{2-} \longrightarrow EuSO_{4(s)} \downarrow$ 向右进行，而且高浓度的 SO_4^{2-} 也能增大与 Eu^{2+} 的接触概率，从而提高了稀土 Eu 的回收

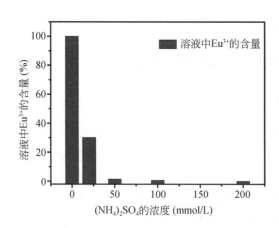

图 2-18　$(NH_4)_2SO_4$ 浓度对酸浸液中稀土 Eu 光还原效率的影响

率。如当$(NH_4)_2SO_4$浓度为 50 mmol/L 时，稀土 Eu 的回收率能达到 98.5%。继续增加$(NH_4)_2SO_4$浓度，能完全回收酸浸液中的稀土 Eu，但 $EuSO_4$ 的纯度开始下降，可能是由于硫酸复盐的析出导致的。因此，为提高酸浸液中稀土 Eu 的回收率及控制产品纯度，最优的$(NH_4)_2SO_4$浓度为 50 mmol/L。

2. pH 值的影响

在 20%异丙醇、$(NH_4)_2SO_4$浓度为 50 mmol/L、254 nm 紫外灯照射 42 h 下，研究了不同 pH 值对酸浸液中稀土 Eu 的回收率的影响，结果如图 2-19 所示。

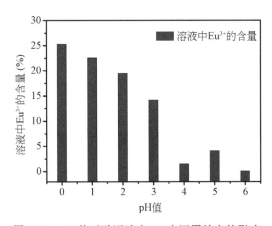

图 2-19　pH 值对酸浸液中 Eu 光还原效率的影响

由图可知，在 pH 值为 1～4，酸浸液中稀土 Eu 的光还原回收率随着溶液酸度降低而增加，这是因为：①酸浸液中生成的 Eu^{2+}可以在光激发下被 H^+氧化为 Eu^{3+}，其反应机理为：$Eu^{2+} + H^+ \xrightarrow{hv} Eu^{3+} + \cdot H$；②从热力学上分析，$Eu^{2+}$在低酸度下更稳定，可根据式（2-16）来计算其稳定存在的 pH 值；Eu^{3+}/Eu^{2+}的标准氧化还原电位为-0.34 V，计算可得 Eu^{2+}稳定存在的 pH 值需大于 5.8。

$$E_{H^+/H_2} = E^0_{H^+/H_2} + \frac{RT}{nF}\ln\left(\frac{[H^+]^2}{\rho_{H_2}}\right) = -0.059pH \tag{2-16}$$

当 pH 值为 5～6 时，溶液中 Eu^{3+}的含量很低，这是因为 Eu^{3+}发生了水解产生$Eu(OH)_3$沉淀，不利于产生 $EuSO_4$。因此，需控制光还原溶液 pH 值约为 4。

3. 光照时间和光照强度的影响

在 20%异丙醇、$(NH_4)_2SO_4$浓度为 50 mmol/L、pH 值约为 4，254 nm 紫外灯照射下，研究了不同光照时间和光照强度对酸浸液中稀土 Eu 的回收率的影响，结果如图 2-20 所示。由图可知，酸浸液中稀土 Eu 的光还原回收率随着光照时间延长而增加，而且紫外光照射 42 h 能使稀土 Eu 的回收率达到 98.5%。在其他条件相同情况下，向溶液中再插入一根 25 W 紫外灯来增加反应的光照强度。当光照强度增加一倍后，只需 24 h 即可从酸浸液中获得超过 97.8% 的稀土 Eu。因此，延长光照时间或增加光照强度，均可提高稀土 Eu 的回收率。

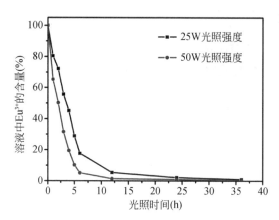

图 2-20　光照时间及光照强度对酸浸液中 Eu 光还原效率的影响

综上所述，采用光还原工艺能有效分离回收废稀土荧光粉酸浸液中稀土 Eu。在 20% 异丙醇、50 mmol/L $(NH_4)_2SO_4$、pH 值约为 4、254 nm 紫外灯照射 42 h 的最优工艺条件下，稀土 Eu 的回收率能达到 98.5%。

2.3.3.2　最优光还原再生稀土的特性分析

对光还原再生稀土产物进行了 XRD 分析，如图 2-21 所示，结果表明，产物的主要物相结构为 $EuSO_4$，没有其他杂质的衍射峰出现。并对回收的 $EuSO_4$ 进行了 XRF 分析，如表 2-4 所示，结果表明，$EuSO_4$ 的纯度高达 96.7%。光还原回收 $EuSO_4$ 后，稀土 Y 主要存在于滤液中，可采用氨水除杂、硫酸溶解、70～80℃低温蒸发等工艺回收 $Y_2(SO_4)_3$，对其进行 XRF 分析（表 2-5），结果表明其纯度高达 98.0%。

表 2-5　光还原回收的 $EuSO_4$ 和 $Y_2(SO_4)_3$ 的化学成分［XRF，质量分数（%）］

	元素组成及含量					
$EuSO_4$	Y_2O_3	Eu_2O_3	SO_3	CaO	Al_2O_3	其他
	1.44	58.45	39.08	0.65	0.21	0.17
$Y_2(SO_4)_3$	Y_2O_3	Eu_2O_3	SO_3	CaO	Al_2O_3	其他
	45.85	0.13	52.73	0.27	0.84	0.18

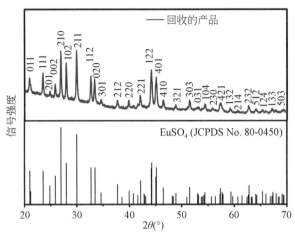

图 2-21　光还原回收产物 $EuSO_4$ 的 XRD 图

2.4　蓝粉碱熔活化解构原理与稀土提取技术

2.4.1　蓝粉碱熔活化过程调控优化

蓝粉（$BaMgAl_{10}O_{17}$：Eu^{2+}，简称 BAM）具有稳定的尖晶石结构（图 2-22），Ba 和 Eu 原子分布于尖晶石结构的镜面层中，在制备过程中，Eu 作为掺杂元素取代部分 Ba 原子的位置；Mg 和 Al 分布于尖晶石块层结构中。前期研究发现，普通酸浸工艺无法实现 BAM 中稀土 Eu 的有效浸出。为高效提取 BAM 中的重稀土 Eu，采用 Na_2O_2 碱熔预处理技术，并分别考察了碱熔温度、碱熔时间、碱渣比等对稀土 Eu 溶出率的影响。碱熔产物用纯水洗出，经过滤、定容后，采用电感耦合等离子体（ICP）测试溶液中各离子浓度以计算浸出率。

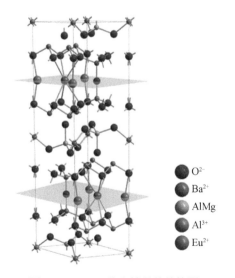

O²⁻
Ba²⁺
AlMg
Al³⁺
Eu²⁺

图 2-22　BAM 荧光粉晶体结构图

2.4.1.1　碱熔时间的影响

在 BAM 与 Na_2O_2 质量比为 1∶1、碱熔温度为 400℃的条件下，分别探索了碱熔时间为 5 min、10 min、

15 min、20 min、25 min、30 min、45 min 和 60 min 条件下对 BAM 荧光粉中金属元素溶出效果的影响，结果如图 2-23 所示。碱熔时间对 BAM 中 Eu 及其他元素的溶出率影响显著，随着时间的增加，各金属的溶出率明显增加。碱熔时间对 Ba、Eu 与 Mg、Al 溶出率的影响规律不同。其中，Eu 和 Ba 的溶出率变化规律相似，在 30 min 前，Eu 和 Ba 的溶出率快速增长，趋势接近线性。同时，从图中可以看出，Eu 的溶出率一直比 Ba 高。当碱熔时间为 5 min 时，Eu 和 Ba 的溶出率仅为 3.2%和 1.5%；当时间增加到 10 min 时，Eu 和 Ba 的溶出率快速增长到 50.8%和 41.9%；继续延长时间到 30 min 时，Eu 和 Ba 的溶出率已达到 94.9%和 88.7%；进一步延长碱熔时间，Eu 和 Ba 的溶出率增长缓慢，趋于平缓，在 60 min 时增长到 98.2%和 94.0%。

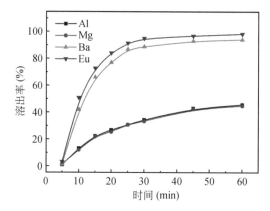

图 2-23 碱熔时间比对 BAM 荧光粉中金属元素溶出率的影响

随着碱熔时间的变化，Al 和 Mg 的溶出率变化规律几乎一致，但 Al 和 Mg 溶出率明显低于 Eu 和 Ba 的溶出率。当碱熔时间为 5 min 时，Al 和 Mg 的溶出率仅为 0.84%和 1.26%；随着时间的延长，Al 和 Mg 的溶出率逐渐缓慢增长；当时间为 60 min 时，Al 和 Mg 的溶出率分别增长到 45.6%和 44.8%。与 Eu 和 Ba 不同的是，当时间增长至 60 min 时，Al 和 Mg 溶出率的增长仍然没有出现稳定，曲线保持继续增长的趋势。以 Eu 的溶出效率为工艺判定的基准，由于时间越长，能耗越高。因此，选择 30 min 为最佳碱熔时间。

2.4.1.2 碱渣比的影响

在碱熔时间为 30 min、碱熔温度为 400℃的条件下，分别探索了 Na_2O_2 与 BAM 荧光粉的质量比为 0.4∶1、0.6∶1、0.8∶1、1∶1、1.2∶1、1.4∶1、1.6∶1、1.8∶1、2∶1 和 2.5∶1 条件下对 BAM 荧光粉中金属元素溶出率的影响，结果如图 2-24

所示。随着 Na_2O_2 配比的增加，BAM 中各金属的溶出率缓慢增加，且各金属溶出率呈现出不同的趋势。Na_2O_2 配比对 Eu 的溶出率影响较小，在质量比为 0.4∶1 条件下，Eu 的溶出率达到 85.2%；当 Na_2O_2 配比增加到 1∶1 时，Eu 的溶出率达到 94.9%；继续提高 Na_2O_2 的比例，Eu 的溶出率增长不明显。因此，选择 Na_2O_2 与 BAM 荧光粉质量比为 1∶1 时为最佳配比。

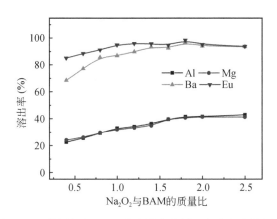

图 2-24　碱渣比对 BAM 荧光粉中金属元素溶出率的影响

Na_2O_2 配比对 Ba 溶出率的影响与 Eu 相似，但略低于 Eu 的溶出率；在质量比为 0.4∶1 条件下，Ba 的溶出率为 68.5%；当 Na_2O_2 配比增加到 1.4∶1 时，Ba 的溶出率达到 93.4%；继续提高 Na_2O_2 的比例，Ba 溶出率的增长曲线趋于平缓。Na_2O_2 配比对 Al 和 Mg 溶出率的影响几乎一致，但其溶出率远低于 Ba 和 Eu 的溶出率；在质量比为 0.4∶1 条件下，Al 和 Mg 的溶出率仅为 22.6% 和 24.2%；随着 Na_2O_2 配比的增加，Al 和 Mg 的溶出率缓慢增加，当 Na_2O_2 配比增加到 2∶1 时，Al 和 Mg 的溶出率分别为 42.9% 和 41.2%。

2.4.1.3　碱熔温度的影响

在碱熔时间为 30 min、Na_2O_2 与 BAM 荧光粉的质量比为 1∶1 的条件下，分别探索了碱熔温度为 300℃、325℃、350℃、375℃、400℃、425℃和 450℃条件下对 BAM 荧光粉中金属元素溶出率的影响，结果如图 2-25 所示。碱熔温度对 BAM 中各金属的溶出率影响明显，随着温度的增加，各金属的溶出率明显增加。碱熔温度对 Ba、Eu 与 Mg、Al 的溶出率影响规律不同。

碱熔温度对 Eu 和 Ba 的溶出率影响较大，在低于 425℃时，Eu 和 Ba 的溶出率快速增长，趋势接近线性。同时，从图中可以看出，Eu 的溶出率一直比 Ba 高。当碱熔温度为 300℃时，Eu 和 Ba 的溶出率分别为 29.1% 和 21.9%；当温度增加到

400℃时,Eu 和 Ba 的溶出率快速增长到 94.9%和 88.7%;进一步增加温度至 425 ℃时,Eu 和 Ba 的溶出率分别达到 99.5%和 92.0%;随着温度的进一步升高,Eu 的溶出率已达到平衡,Ba 的溶出率增长趋势趋于平缓。

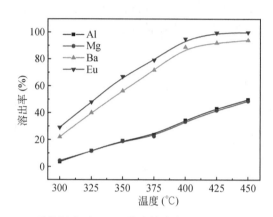

图 2-25　碱熔温度对 BAM 荧光粉中金属元素溶出率的影响

碱熔温度对 Al 和 Mg 的溶出率影响几乎一致,但其溶出率远低于 Eu 和 Ba 的溶出率;当碱熔温度为 300℃时,Al 和 Mg 的溶出率仅为 3.57%和 4.41%;随着温度的升高,Al 和 Mg 的溶出率呈线性增长,增长速率明显低于 Ba 和 Eu;当碱熔温度为 450℃时,Al 和 Mg 的溶出率分别增长到 49.8%和 48.8%。与 Eu 和 Ba 不同的是,当温度增至 450℃时,Al 和 Mg 溶出率的增长仍然没有出现稳定,曲线继续保持线性增长的趋势。以 Eu 的溶出率为基准,考虑工艺能耗及溶出率的因素,选择 425℃时为最佳碱熔温度,可实现 Eu 的高效溶出。

2.4.1.4　碱熔-酸浸联合工艺优化

基于上述 BAM 荧光粉浸出研究结果,对现有三基色荧光粉回收工艺进行工艺优化,提出三段式回收工艺流程,如图 2-26 所示。

首先,针对 YOX 红粉中 Y 和 Eu 进行浸出。前期研究发现,通过常规酸浸(步骤 1)可实现废三基色荧光粉中 YOX 红粉的浸出,而 BAM 蓝粉和 CAT 绿粉具有稳定的尖晶石结构,在第一步酸浸过程无法溶解,残留在滤渣 1 中。随后,进行 BAM 蓝粉中稀土 Eu 的浸出。基于本节研究结果,在 BAM 蓝粉中 Eu 的最佳 Na_2O_2 煅烧条件下,Eu 的浸出率可达 99.5%,而在该条件下 CAT 绿粉中稀土 Ce 和 Tb 几乎没有被浸出。因此,通过 Na_2O_2 煅烧步骤 1 可实现 BAM 蓝粉中 Eu 的浸出,而 CAT 绿粉中 Ce 和 Tb 残留在滤渣 2 中。最后,进行 CAT 绿粉中稀土 Ce 和 Tb 的浸出。作者课题组在前期研究中发现,当 Na_2O_2 煅烧温度升高至 650℃时,在 50 min 后 CAT 绿粉中 Ce 和 Tb 的浸出率可达 99.9%。通过上述三段式回收工艺设计，可实现废三基色荧光粉中红、蓝、绿粉中稀土元素的分别浸出，大大降低后期稀土元素的分离提纯的难度。

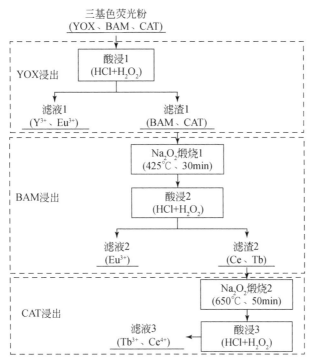

图 2-26　废稀土三基色荧光粉分段回收工艺设计

2.4.2　蓝粉碱熔活化解构反应机制

2.4.2.1　蓝粉碱熔分解过程的物相转变分析

图 2-27 为 BAM 荧光粉的 XRD 结果。由图可知，BAM 荧光粉主要含有由 Eu、Ba、Mg、Al、O 组成的尖晶石物相，其物相组成主要为 $Ba_{0.956}Mg_{0.912}Al_{10.088}O_{17}$（PDF# 84-0818）、$BaMgAl_{10}O_{17}$（PDF# 26-0163）和 $Ba_{0.9}Eu_{0.1}Mg_2Al_{16}O_{27}$（PDF# 50-0513），在相关研究中统一表达为 $BaMgAl_{10}O_{17}$：Eu^{2+}。本节将通过对反应过程中 BAM 碱熔产物、水浸渣及酸浸渣进行物相转变过程分析，确定 BAM 分解的反应形式。

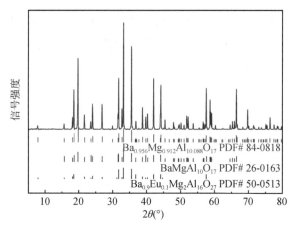

图 2-27 BAM 荧光粉 XRD 图

1. 碱熔产物 XRD 分析

图 2-28 为 BAM 荧光粉与 Na_2O_2 在质量比为 1:1、温度 400℃条件下碱熔 60 min 后的产物 XRD 分析结果。由图可见，碱熔产物主要由 $Na_2MgAl_{10}O_{17}$（PDF# 35-0439）和 BaO_2（PDF# 07-0233）和 Na_2O_2（PDF# 74-0111）三种物相组成。

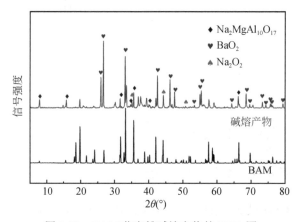

图 2-28 BAM 荧光粉碱熔产物的 XRD 图

与 BAM 荧光粉 XRD 图对比发现，BAM 物相的特征峰已基本消失，产物中 BaO_2 物相的特征峰最强，其次是 $Na_2MgAl_{10}O_{17}$，强度最低的是 Na_2O_2。通过该结果可推测，BAM 荧光粉与 Na_2O_2 发生了置换反应，如式（2-17）所示。Na_2O_2 中的 Na 原子取代了 BAM 中的 Ba 原子，反应生成 $Na_2MgAl_{10}O_{17}$ 和 BaO_2。而分析结果中 Na_2O_2 物相可认为是未参加反应的 Na_2O_2 残留。Eu 原子与 Ba 原子共同处于 BAM 荧光粉尖晶石晶体结构中的镜面层中，因此，Na 原子在取代 Ba 原子的同时，也将同步取代 Eu 原子。但由于在 BAM 荧光粉中 Eu 的含量仅为 1.57%，含量很低，因此置换后 Eu 的产物物相在 XRD 分析中未能显现。式（2-17）仅以 $BaMgAl_{10}O_{17}$ 代表 BAM，用以表达该反应过程发生的置换反应。

$$BaMgAl_{10}O_{17}+Na_2O_2 \longrightarrow Na_2MgAl_{10}O_{17}+BaO_2 \tag{2-17}$$

2. 碱熔产物水浸渣 XRD 分析

图 2-29 为 BAM 荧光粉与 Na_2O_2 碱熔产物经水洗所获水浸渣的 XRD 分析结果。通过水浸处理，可除去其中可溶于水的 Na 盐，如多余的 Na_2O_2 和产生的 $NaAlO_2$ 等。水浸后产物置于 65℃烘箱中充分干燥 12 h，进行 XRD 分析。分析结果显示，水浸产物的主要物相组成为 $Na_2MgAl_{10}O_{17}$ 和 $BaCO_3$（PDF# 05-0378）。通过与 BAM 荧光粉物相对比，可以更加明显地看出 BAM 物相的特征峰已经基本消失。通过水浸处理，产物中 Na_2O_2 物相已经消失，是由于 Na_2O_2 可与水反应并溶解到水中。同时，BaO_2 物相消失，取而代之的是 $BaCO_3$，且强度极高，为水浸产物的主要物相组成。推测在水浸和干燥过程中，BaO_2 与水中或空气中的 CO_2 接触并发生反应，生成了 $BaCO_3$，如式（2-18）所示。另一方面，$Na_2MgAl_{10}O_{17}$ 相保持不变，是由于该组分同样不溶于水中。

$$2BaO_2+2CO_2 \longrightarrow 2BaCO_3+O_2 \tag{2-18}$$

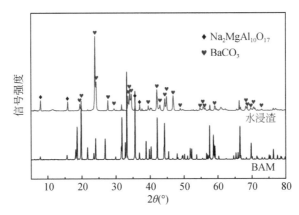

图 2-29　BAM 荧光粉碱熔产物经水洗所获水浸渣的 XRD 图

3. 碱熔产物酸浸渣 XRD 分析

图 2-30 为 BAM 荧光粉与 Na_2O_2 在质量比为 1：1 条件下，分别在 300℃、325℃、350℃、375℃、400℃、425℃和 450℃条件下碱熔 30 min，碱熔产物通过酸洗处理后，过滤获得的酸浸渣 XRD 分析对比总图。通过酸浸处理，可将反

应产生的酸溶性组分，如 BaO_2 等去除，从而进一步分析 Na_2O_2 碱熔预处理过程中 BAM 荧光粉发生的分解反应。从图中可以看出，随着反应温度的升高，BAM 荧光粉的结构逐渐瓦解，酸浸后产物的主要组成物相为 $Na_2MgAl_{10}O_{17}$、$NaAl_7O_{11}$（PDF# 21-1059）和 $MgAl_2O_4$（PDF# 73-1959）。为进一步分析反应过程中物相的转变规律，将各产物进行单独分析。

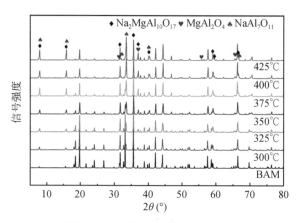

图 2-30   不同碱熔温度下碱熔产物经酸洗所获酸浸渣的 XRD 图

（扫描封底二维码可查看本书彩图内容）

图 2-31 为不同碱熔温度下碱熔产物经酸洗所获酸浸渣的 XRD 深度对比分析图，即将不同碱熔温度下酸浸渣的 XRD 结果中物相的特征峰进行放大后对比，图中各颜色峰及顺序代表的碱熔温度与图 2-30 保持一致。接下来，将分别针对酸浸渣中 $Na_2MgAl_{10}O_{17}$、$NaAl_7O_{11}$ 和 $MgAl_2O_4$ 三种物相的转变过程进行分析。

图 2-31（a、c、d、e、h、i）中均有 $Na_2MgAl_{10}O_{17}$ 物相的特征峰。从图 2-31（a）可见，$Na_2MgAl_{10}O_{17}$ 物相的特征峰强度在碱熔温度为 300℃ 已经出现，并随着碱熔温度的升高，强度逐渐增加。从图 2-31（c）可见，未反应 BAM 荧光粉在 2θ 为 33° 附近存在两个明显的衍射峰，随着反应温度的升高，左边较小衍射峰消失，右边较大衍射峰逐渐向左偏移，表明 BAM 荧光粉结果在 Na_2O_2 碱熔过程中逐渐瓦解，转变为 $Na_2MgAl_{10}O_{17}$ 物相的特征峰，且其峰值逐渐增强。图 2-31（d、e、h、i）中分别表示了 $Na_2MgAl_{10}O_{17}$ 物相在 2θ 为 37°、40°、59° 和 66.5° 附近的特征峰，可以明显看出 $Na_2MgAl_{10}O_{17}$ 物相的从无到有，并随温度的升高，衍射峰强度逐渐增强。表明温度越高，置换反应［式（2-17）］越容易发生，且反应程度不断提高，产生的 $Na_2MgAl_{10}O_{17}$ 物相不断增加。

图 2-31（b、d、f、g、i）中均有 $MgAl_2O_4$ 物相的特征峰。从图 2-31（b）可以看出，BAM 荧光粉在 2θ 为 18.5° 附近处的衍射峰随着反应温度的升高，该峰

的强度不断降低，表明 BAM 荧光粉结果在 Na_2O_2 碱熔过程中逐渐瓦解。同时，在 2θ 为 19° 附近出现了 $MgAl_2O_4$ 物相的衍射峰，且在 425℃时最明显。从图 2-31（d）可见，在 2θ 为 37° 附近出现 $MgAl_2O_4$ 与 $Na_2MgAl_{10}O_{17}$ 物相的重叠峰，随温度的升高，该峰由无到有，且强度逐渐增强，并逐渐向左偏移，这是由于这两种物相在该处的衍射峰位置均略小于 37°。从图 2-31（f、g、i）中可以明显看出，$MgAl_2O_4$ 物相在 2θ 为 45°、55° 和 66° 处的特征峰从无到有，并随着温度的升高，这些衍射峰的强度不断增强。这些结果充分表明了 BAM 在分解过程中产生了 $MgAl_2O_4$ 物相。

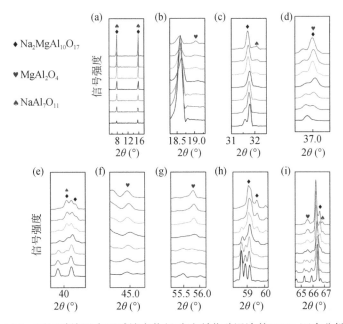

图 2-31　不同碱熔温度下碱熔产物经酸洗所获酸浸渣的 XRD 深度分析图

图 2-31（a、c、e、i）中均有 $NaAl_7O_{11}$ 物相的特征峰。图 2-31（a）中 $NaAl_7O_{11}$ 的特征峰与 $Na_2MgAl_{10}O_{17}$ 物相重叠，故而随温度升高，这两个峰的增强幅度更明显。同时，从图 2-31（c、e、i）中可以明显看出，$NaAl_7O_{11}$ 物相在 2θ 为 32°、40° 和 67° 处的特征峰从无到有，并随着温度的升高，这些衍射峰的强度不断增强。这些结果充分表明 BAM 在分解过程中产生了 $NaAl_7O_{11}$ 物相。

推测在碱熔过程中，除发生反应式（2-17）之外，新生成的物相 $Na_2MgAl_{10}O_{17}$ 在高温环境中与未反应的 Na_2O_2 会进一步反应而发生分解，产生 $NaAl_7O_{11}$ 和 $MgAl_2O_4$，如式（2-19）所示。产物中 $NaAlO_2$ 为可溶于水和酸溶液的物质，在酸浸过程中被浸出，因此不会出现在酸浸渣 XRD 分析结果中。

$$Na_2MgAl_{10}O_{17} \longrightarrow NaAl_7O_{11}+MgAl_2O_4+NaAlO_2 \qquad (2\text{-}19)$$

4. 高温碱熔最终产物的 XRD 分析

将碱熔温度升高至 650℃，时间延长至 2 h 后，对 BAM 进行充分分解，反应产物冷却后研磨测试 XRD 分析，结果如图 2-32（a）所示。

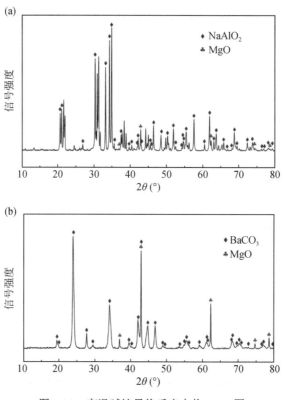

图 2-32　高温碱熔最终反应产物 XRD 图

（a）碱熔产物；（b）水浸渣

由图可知，经高温碱熔处理后，BAM 荧光粉的物相已全部消失，主要组成为 $NaAlO_2$（PDF# 83-0316）和 MgO（PDF# 78-0430），但 Ba 和 Eu 的相关产物物相在该 XRD 分析结果中并未显示，可能是由于 BAM 荧光粉中 Al 的质量分数最高，其产物 $NaAlO_2$ 的衍射峰过强，导致 Ba 和 Eu 的产物物相特征峰无法辨识。由于产物中 $NaAlO_2$ 为可溶于水的钠盐，对碱熔产物进行水浸处理。

水浸后进行过滤，滤渣置于 65℃烘箱中干燥 12 h 后测试 XRD，结果如图 2-32（b）所示。经过水浸处理，产物中 $NaAlO_2$ 已经消失，水浸渣的物相组成主要为

$BaCO_3$（PDF# 05-0378）和 MgO。除去钠盐后，$BaCO_3$ 的特征峰强度较高，为水浸渣的主要物相组成，这与图 2-29 分析结果一致。基于上述结果，推测在高温环境中发生了进一步的分解反应，如式（2-20）～式（2-22）所示。反应中间产物 $Na_2MgAl_{10}O_{17}$、$NaAl_7O_{11}$ 和 $MgAl_2O_4$ 在高温下均与体系中 Na_2O_2 发生反应，最终分解产生 $NaAlO_2$ 和 MgO。

$$Na_2MgAl_{10}O_{17}+Na_2O_2 \longrightarrow NaAlO_2+MgO+O_2 \tag{2-20}$$

$$NaAl_7O_{11}+Na_2O_2 \longrightarrow NaAlO_2+O_2 \tag{2-21}$$

$$MgAl_2O_4+Na_2O_2 \longrightarrow NaAlO_2+MgO+O_2 \tag{2-22}$$

2.4.2.2　蓝粉碱熔分解过程的 SEM-EDS 分析

1. BAM 荧光粉的 SEM-EDS 分析

图 2-33 为未反应前 BAM 荧光粉的 SEM 图，可以看出，未反应前，BAM 荧光粉呈均匀分散的颗粒状，颗粒粒径约在 2～5 μm 之间。同时，BAM 荧光粉颗粒形貌接近三维球形，颗粒表面光滑圆润，有利于与 Na_2O_2 粉末充分接触并发生反应。

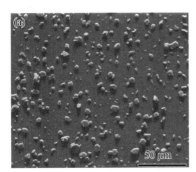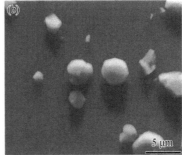

图 2-33　BAM 荧光粉 SEM 图

（a）低倍图；（b）高倍图

对未反应前 BAM 荧光粉进行微区能谱分析，结果如图 2-34 所示。可以看出，BAM 荧光粉的主要元素组成为 O、Mg、Al、Ba 和 Eu，这与 BAM 的化学式相匹配。

2. BAM 碱熔产物水浸渣的 SEM-EDS 分析

图 2-35 为 BAM 荧光粉与 Na_2O_2 在 425℃条件下碱熔 30 min 后，产物水浸渣 SEM 图，可以看出，经碱熔与水浸处理后，BAM 荧光粉的形貌发生了明显的变

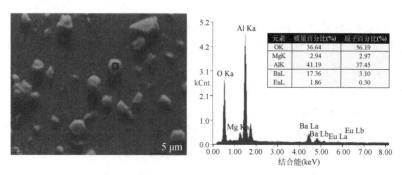

图 2-34　未反应前 BAM 荧光粉的 SEM-EDS 分析

化。产物中出现大量的棒状物，其直径约 0.1~1.5μm 不等，长度约 1~10μm 不等，棒状物虽大小不一，但其形状一致，推测为同一种物质。这些棒状产物呈现两种分布状态：一种是穿插在固体颗粒表面；另一种是与固体颗粒分离，并均匀分散在颗粒周围。另一方面，与图 2-33 相比，固体颗粒表面不再光滑，而是变得粗糙模糊，同时有团聚的趋势，颗粒表面略显透明、蓬松。

图 2-35　熔产物水浸渣的 SEM 图

（a）低倍图；（b）高倍图

对水浸渣中不同区域进行 EDS 能谱分析，结果如图 2-36 所示。图 2-36（a）为水浸产物中棒状物的 EDS 能谱分析，其主要组成组分为 C、O 和 Ba，结合 XRD 结果，可判定该组分为 $BaCO_3$。结合形貌图分析，置换反应发生在 BAM 的表面，BaO_2 从颗粒表面产生并生长，穿插在颗粒表面，在超声、水浸、干燥过程中反应生成 $BaCO_3$，同时有部分 $BaCO_3$ 棒状物由于超声及水浸的原因从颗粒表面脱落下来。能谱图中在 2 keV 处的高强度峰为 Si 的特征峰，这是由于在样品制备过程中将颗粒分散在硅片上导致的，故而在分析过程中不进行讨论。图 2-36（b、c）为水浸渣中颗粒物不同区域的 EDS 能谱分析结果，从成分结果可见，不同区域中 Na、Mg、Al 元素的比例有着明显的差别。如图 2-36（b）所示，Mg 的原子百分比与 Al 的比例接近 1：10，且 Na 元素含量较高，推测该区域主要以产物 $Na_2MgAl_{10}O_{17}$ 为主。如图 2-36（c）所示，该区域中 Na 元素的比例极低，且 Mg 元素的含量较图 2-36（b）区域明显提高，而 Al 元素的含量大幅度降低，推测该区域以产物 $MgAl_2O_4$ 为主。

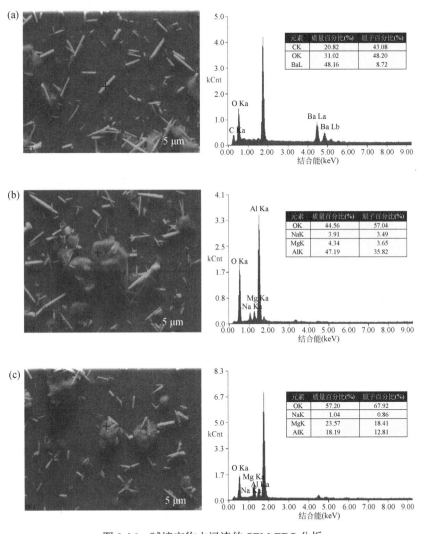

图 2-36　碱熔产物水浸渣的 SEM-EDS 分析

（a）棒状产物；（b）固体颗粒表面 1；（c）固体颗粒表面 2

3. BAM 碱熔产物酸浸渣的 SEM-EDS 分析

图 2-37 为 BAM 荧光粉与 Na$_2$O$_2$ 在 425℃条件下碱熔 30 min 后，产物酸浸渣 SEM 图，可以看出，经碱熔与酸浸处理后，BAM 荧光粉的形貌发生了明显的变化。与图 2-35 相比，发现棒状产物已经全部消失，这是由于酸浸过程中 BaCO$_3$ 溶解到溶液中，剩余颗粒为不溶于酸的物质。从图 2-37（b）中可以看出，酸浸后颗粒表面有明显的孔洞出现，这是由穿插在颗粒表面的 BaCO$_3$ 溶解所致。同时，酸浸渣出现较明显团聚现象，颗粒表面变得粗糙模糊，略显透明、蓬松。

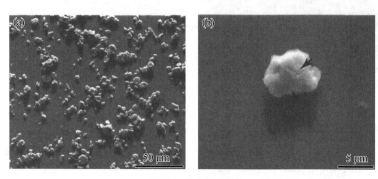

图 2-37　碱熔产物酸浸渣的 SEM 图
（a）低倍图；（b）高倍图

对酸浸渣中不同区域进行 EDS 能谱分析，结果如图 2-38 所示；不同区域中 Na、Mg、Al 元素的比例同样有着明显的差别，与水浸渣结果相似。同时，能谱分析结果显示，酸浸渣中未发现 Eu 元素，这是由于最佳工艺参数下 Eu 已基本被全部浸出；而 EDS 结果中有极少量的 Ba 出现，这是由最佳工艺条件下，Ba 未被全部浸出导致。

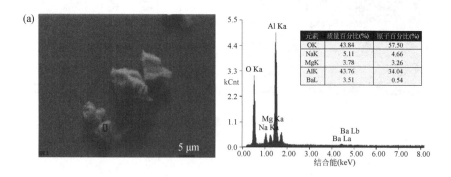

元素	质量百分比(%)	原子百分比(%)
OK	43.84	57.50
NaK	5.11	4.66
MgK	3.78	3.26
AlK	43.76	34.04
BaL	3.51	0.54

图 2-38 BAM 碱熔产物酸浸渣的 SEM-EDS 分析

（a）固体颗粒表面 1；（b）固体颗粒表面 2

2.4.2.3　蓝粉碱熔分解过程模拟

基于 XRD 和 SEM 分析结果，模拟构建了 BAM 荧光粉在 Na_2O_2 作用下的分解反应模型，如图 2-39 所示。BAM 荧光粉具有尖晶石结构，其中 Ba 或 Eu 原子分布在镜面层，而 Al 和 Mg 原子分布在尖晶石块层中，该晶体具有 $P63/mmc$（194）的空间结构。BAM 与 Na_2O_2 发生反应的起始反应点在 BAM 结构的镜面层位置。Na_2O_2 中的 Na 原子取代镜面层中的 Ba 或 Eu 原子，反应生成 BaO_2[$I4/mmm$（139）]

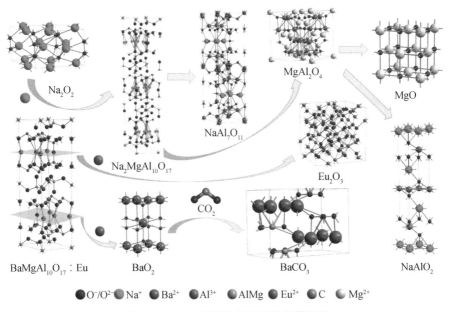

图 2-39　BAM 碱熔分解反应机制模拟图

或 EuO 以及 $Na_2MgAl_{10}O_{17}$ [R-$3m$（166）]。依据价态平衡理论，需要两个 Na 原子取代一个 Ba（或 Eu）原子，并存在于产物 $Na_2MgAl_{10}O_{17}$ 晶体结构的镜面层中。从图中可以看出，$Na_2MgAl_{10}O_{17}$ 具有和 BAM 荧光粉相似的晶体结构，都属于尖晶石结构，但其空间结构和晶格参数均发生了变化。

如表 2-6 所示，$Na_2MgAl_{10}O_{17}$ 与 BAM 的晶格参数 a 和 b 是一样的，而 c 明显增加，这是由于 Na 原子主要作用于镜面层，使 BAM 结构在反应过程中在纵向变化较大，而尖晶石块保持不变，使得结构在水平方向变化不明显。随后，产物 BaO_2 与 CO_2 发生反应生成 $BaCO_3$，而 EuO 会被氧化为 Eu_2O_3。

表 2-6　BAM 及各焙烧产物物相的晶格参数

物相	空间群	a（Å）	b（Å）	c（Å）	α（°）	β（°）	γ（°）
$BaMgAl_{10}O_{17}:Eu^{2+}$	$P63/mmc$(194)	5.628	5.628	22.658	90.0	90.0	120.0
$Na_2MgAl_{10}O_{17}$	R-$3m$(166)	5.628	5.628	33.480	90.0	90.0	120.0
$NaAl_7O_{11}$	$P63/mmc$(194)	5.592	5.592	22.711	90.0	90.0	120.0
$MgAl_2O_4$	Fd-$3m$(227)	8.075	8.075	8.075	90.0	90.0	90.0

随着反应温度的升高和时间的延长，中间产物 $Na_2MgAl_{10}O_{17}$ 会进一步分解产生 $NaAl_7O_{11}$ [$P63/mmc$（194）] 和 $MgAl_2O_4$ [Fd-$3m$（227）]。这些产物都具有稳定的尖晶石结构，不易溶解于无机酸中，故而在酸浸渣中可以检测到其存在。进一步升高温度、延长时间，这些中间产物都将分解为可溶于酸的产物 MgO 和 $NaAlO_2$。

2.4.3　蓝粉碱熔活化解构过程动力学

2.4.3.1　蓝粉碱熔解构过程动力学的分析方法

BAM 荧光粉在最佳工艺条件下的分解反应属于固-固相反应。这与现有文献中报道的荧光粉碱熔反应实际上属于固-液反应，即添加的碱性物质熔点低于反应温度。固-固相反应通常涉及一系列物理或化学过程，如扩散、吸附、脱附、化学反应、结晶、熔融、升华等。BAM 与 Na_2O_2 发生反应的过程主要涉及扩散、化学反应和结晶三个过程，故按其反应机理分类，该固-固相反应的动力学控制步骤可分为化学反应控制过程、随机形核控制过程和扩散控制过程。如表 2-7 所示，列出了几种常见的典型固-固相反应动力学模型。

如果 BAM 分解过程受界面反应过程控制，则其动力学方程符合式 R1～R3 其中之一；如果 BAM 分解过程受扩散过程控制，其动力学方程符合式 D1～D4

表 2-7　典型固−固相反应动力学模型

类型	反应模型	动力学方程
R1	一维界面反应	$x=kt$
R2	二维界面反应	$1-(1-x)^{1/2}=kt$
R3	三维界面反应	$1-(1-x)^{1/3}=kt$
D1	一维扩散	$x^2=kt$
D2	二维扩散	$x+(1-x)\ln(1-x)=kt$
D3	三维扩散（Jander）	$[1-(1-x)^{1/3}]^2=kt$
D4	三维扩散（Ginstling-Brounshtein）	$1-2x/3-(1-x)^{2/3}=kt$
N1	随机形核（Avrami）	$[-\ln(1-x)]^{1/2}=kt$
N2	随机形核（Erofe'ev）	$[-\ln(1-x)]^{1/3}=kt$
N3	随机形核（Avrami-Erofe'ev）	$\ln\ln[1/(1-x)]=k\ln t+c$

注：式中 x 为转化率，k 为表观反应速率常数，t 为反应时间。

其中之一；如果 BAM 分解过程受随机形核过程控制，其动力学方程符合式 N1～N3 其中之一。

2.4.3.2　蓝粉碱熔解构过程动力学方程的判定

为确定 BAM 荧光粉分解过程的动力学方程，考察了不同温度梯度下 BAM 荧光粉反应产物各金属元素的溶出率随时间变化的规律。BAM 荧光粉中 Eu、Ba、Al 和 Mg 的溶出率在 300～425℃的变化情况如图 2-40 所示。随着温度的升高，BAM 荧光粉中各金属的溶出率及溶出速率不断增加。对比发现，Ba 和 Eu 的增长速率较快且增长趋势相似，而 Mg 和 Al 的增长速率较慢且增长趋势相似。由上述部分分解机制探讨结果中可知，BAM 的分解过程为先发生置换反应，Ba 和 Eu 优先被置换出来，后续发生进一步的结构分解，Mg 和 Al 经过一系列物相转变最终转化为可溶于酸的 NaAlO₂ 和 MgO。因此，本节通过拟合不同温度下各金属元素的溶出率随时间变化的关系，分析判断 BAM 荧光粉中各金属元素分解过程的动力学方程。

将不同温度下 Eu、Ba、Al 和 Mg 溶出率随时间的变化情况分别按表 2-7 中动力学模型 R1～R3、D1～D3 和 N1～N3 进行拟合，通过拟合直线的线性相关度 R^2 判断不同金属元素在分解过程中的动力学控制模型。表 2-8 汇总了各元素在不同动力学模型下拟合获得的线性相关度平均值。对比不同模型获得的线性相关度，发现动力学方程 R3 对 Eu 和 Ba 的拟合度最好，线性相关度分别为 0.966 和 0.960，而动力学方程 D4 对 Al 和 Mg 的拟合度最好，分别为 0.944 和 0.949。通过对比线性相关度，可以判断 Eu 和 Ba 的分解动力学主要受三维界面反应模型控制，而 Al 和 Mg 的分解动力学主要受三维扩散（Ginstling-Brounshtein）模型控制。

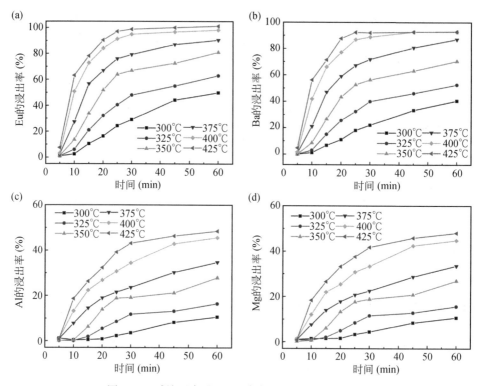

图 2-40　碱熔温度对 BAM 中主要元素溶出率的影响

表 2-8　不同动力学模型拟合获得的线性相关度均值

类型	Eu	Ba	Al	Mg
R1	0.945	0.949	0.870	0.872
R2	0.963	0.959	0.891	0.892
R3	0.966	0.960	0.897	0.886
D1	0.937	0.921	0.944	0.949
D2	0.921	0.907	0.940	0.946
D3	0.889	0.880	0.942	0.948
D4	0.912	0.897	0.944	0.949
N1	0.931	0.931	0.740	0.739
N2	0.859	0.874	0.601	0.601
N3	0.916	0.876	0.874	0.884

图 2-41 为各金属元素溶出率随时间的变化情况，分别按其对应的动力学方程进行拟合的结果。由于 Al 和 Mg 在温度低于 300℃时转化率极低，前 20 min 转化率几乎为零，推测该条件下 Al 和 Mg 的分解尚处于反应初期，故而在进行动力学分析时以 325℃为起点温度。

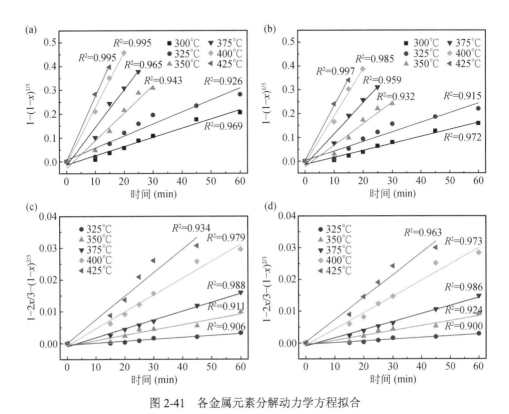

图 2-41　各金属元素分解动力学方程拟合

（a）、（b）Eu、Ba 的三维界面反应模型动力学方程拟合；（c）、（d）Al、Mg 的三维扩散模型（Ginstling-Brounshtein）动力学方程拟合

Eu、Ba、Al 和 Mg 分解动力学控制模型的差异与 BAM 荧光粉的晶体结构及分解机制有着密切的联系。Eu 和 Ba 同处于 BAM 晶体结构中的镜面层位置，且BAM 分解过程首先发生置换反应。从上述 SEM 结果可以看出，该置换反应主要发生在 BAM 荧光粉的表面，反应产生的 BaO_2 从颗粒表面产生，且反应发生在颗粒的三维尺度上，而不是集中在某一个或两个尺度上。这也合理解释了通过动力学模拟判断 Eu 和 Ba 的分解过程受三维界面反应模型控制。而 Al 和 Mg 同处于BAM 晶体结构的尖晶石块层中，欲将 Al 和 Mg 充分转化为可溶性的 $NaAlO_2$ 和MgO，需要将整个尖晶石结构进行破坏。在此过程中，通过产物层的反应物扩散

速率将远小于界面处化学反应的速率，扩散成为 Al 和 Mg 分解的主要控速环节。BAM 荧光粉形貌接近球状，故而其主要受三维扩散模型控制，通过对比两种经典三维扩散动力学方程，最终确定 Al 和 Mg 的分解过程受三维扩散（Ginstling-Brounshtein）模型控制。

2.4.3.3　蓝粉碱熔解构过程表观活化能的计算

与固-液反应的表观活化能相似，可通过阿伦尼乌斯方程表达固-固相反应过程中反应速率与体系温度之间的关系，如式（2-23）所示。

$$k = A_0 \exp\left(-\frac{E_a}{RT}\right) \tag{2-23}$$

将上式两边分别取自然对数，可得式（2-24）：

$$\ln k = \ln A_0 - \frac{E_a}{RT} \tag{2-24}$$

式中，k 为反应速率常数，s^{-1}；E_a 为反应的表观活化能，J/mol；A_0 为指前因子，与温度无关的常数；R 为摩尔气体常数，其值为 8.314 J/(mol·K)；T 为反应的绝对温度，K。

通过图 2-41 中线性拟合可分别获得 BAM 分解过程中 Eu、Ba、Al 和 Mg 在不同温度下对应的反应速率常数 k 值（即各拟合线的斜率），如表 2-9 所示。

表 2-9　BAM 分解过程中 Eu、Ba、Al 和 Mg 在不同温度下的反应速率常数

反应温度	573 K	598 K	623 K	648 K	673 K	698 K
$k_{(Eu)}$	0.00384	0.00502	0.01149	0.01579	0.02312	0.02675
$k_{(Ba)}$	0.00294	0.00402	0.00902	0.01308	0.01974	0.02292
$k_{(Al)}$	—	5.87E-05	1.65E-04	2.77E-04	5.30E-04	7.38E-04
$k_{(Mg)}$	—	5.3337E-05	1.54E-04	2.54E-04	5.11E-04	7.04E-04

为计算反应的表观活化能 E_a，对反应速率常数 k 取自然对数 $\ln k$，按阿伦尼乌斯方程式（2-24），以 $1/T \times 10^{-3}$ 为横坐标，以 $\ln k$ 为纵坐标作图，并对其进行线性拟合，如图 2-42 所示。

通过拟合线的斜率，可计算获得 BAM 分解过程中 Eu、Ba、Al 和 Mg 的表观活化能分别为 52.3 kJ/mol、64.6 kJ/mol、87.1 kJ/mol 和 88.9 kJ/mol。从结果中可以看出，Eu 和 Ba 的表观反应活化能相近，但 Ba 的表观反应活化能略高于 Eu。推测是由于在 BAM 制备过程中 Eu 作为掺杂元素取代 BAM 结构中活性较高的 Ba 原子位置，导致在 BAM 分解过程中 Eu 的反应活性高于 Ba。也可以看出，Eu

的转化率及转化速率总是略高于 Ba 的。

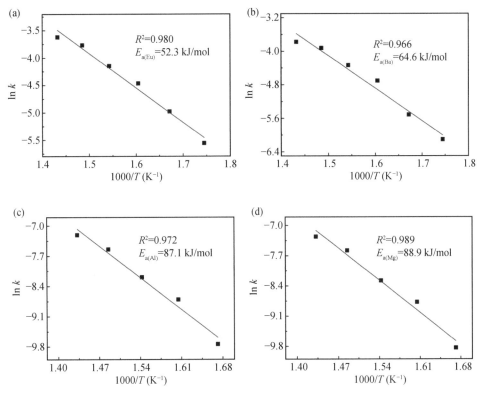

图 2-42 阿伦尼乌斯方程计算反应表观活化能

另一方面，Al 和 Mg 的表观反应活化能相近，且远高于 Eu 和 Ba 的表观反应活化能。从图 2-40 可以看出，Eu 和 Ba 的转化率及转化速率明显高于 Al 和 Mg，表明在 BAM 分解过程中 Al、Mg 比 Eu、Ba 的分解难度大。由上述部分反应机制分析结果可知，在 BAM 分解过程中首先发生 Eu 和 Ba 的置换反应，随后 Al 和 Mg 才被逐渐转化为可溶于酸的物质，该分析结果也合理解释了 Al 和 Mg 对应的反应活化能较高。同时，发现 Mg 的表观反应活化能略高于 Al，这与式（2-19）分析结果一致。中间产物 $Na_2MgAl_{10}O_{17}$ 在反应过程中会分解产生不溶于酸的 $NaAl_7O_{11}$、$MgAl_2O_4$ 和溶于酸的 $NaAlO_2$，故而 Al 的转化效率会略高于 Mg，导致 Mg 的表观反应活化能偏高。

2.5   绿粉碱熔活化解构原理与稀土提取技术

2.5.1   绿粉碱熔活化过程调控优化

绿粉（$Ce_{0.67}Tb_{0.33}MgAl_{10}O_{19}$，简称 CAT）具有比 BAM 荧光粉更加稳定的陶瓷相结构，研究发现：在 BAM 荧光粉的最佳 Na_2O_2 碱熔条件下，稀土 Eu 的溶出率可达 99.5%；但该条件下 CAT 荧光粉中稀土 Ce 和 Tb 的溶出率几乎为 0。因此，为进一步提高 CAT 荧光粉中稀土 Ce 和 Tb 的溶出，选择 Na_2O_2 为碱熔试剂，并探索了碱渣比、碱熔温度、碱熔时间等对 CAT 荧光粉中稀土 Ce 和 Tb 溶出的影响。

2.5.1.1   碱渣比的影响

当碱熔温度为 600℃时，考察了 Na_2O_2 与 CAT 荧光粉的质量比对稀土 Ce 和 Tb 溶出率的影响，结果如图 2-43 所示。

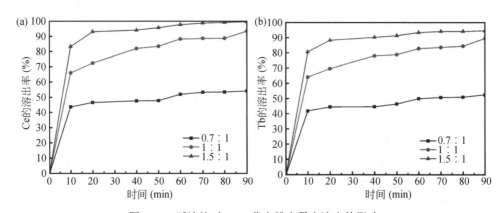

图 2-43   碱渣比对 CAT 荧光粉中稀土溶出的影响

CAT 荧光粉中稀土 Ce 和 Tb 的溶出率随反应体系中 Na_2O_2 含量的增加而提高，其原因是：高温碱熔过程中大量存在的 Na_2O_2 能完全分解破坏 CAT 荧光粉的磁铅矿结构，促使其含有的稀土元素易溶解于后续的酸液浸取中；Na_2O_2 的熔点为 460℃，由于此反应在 600℃高温中属于典型的固液反应，增加 Na_2O_2 的含量，液体反应物的浓度增加，提高了 CAT 荧光粉颗粒在高温中的扩散速度，从而能加速分解破坏 CAT 荧光粉颗粒的结构。由于 Na_2O_2 与 CAT 荧光粉的质量比是对整个回收过程经济成本的关键因素，而在 Na_2O_2 与 CAT 荧光粉的质量比为 1.5：1 时，

CAT 荧光粉中稀土 Ce 和 Tb 的溶出率分别高达 99.6% 和 94.5%。

2.5.1.2　碱熔温度和时间的影响

在 Na_2O_2 与 CAT 荧光粉的质量比为 1.5∶1 的条件下，分别考察了碱熔温度和碱熔时间对 CAT 荧光粉中稀土 Ce 和 Tb 溶出率的影响，结果如图 2-44 所示。

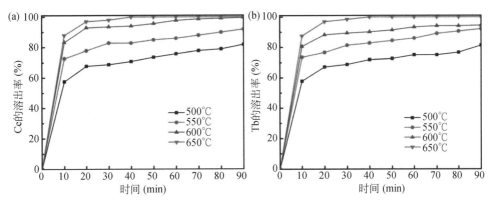

图 2-44　碱熔温度和碱熔时间对 CAT 荧光粉中稀土溶出的影响

CAT 荧光粉中稀土元素的溶出率随着碱熔温度升高而增加，其原因是：在 500～650℃，Na_2O_2 熔盐焙烧反应为典型的液固反应，增加温度有利于体系中液相量的增加和体系黏度的降低，从而提高 CAT 荧光粉颗粒在反应界面的扩散速率并提高碱熔反应速率。另外，CAT 荧光粉中稀土 Ce 和 Tb 溶出率随焙烧时间的延长而增加，焙烧时间增加能够使得碱与 CAT 荧光粉颗粒更加充分地发生接触反应，但反应速度增加程度逐渐减小。当碱熔温度和碱熔时间分别增加为 650℃ 和 90 min 时，CAT 荧光粉中稀土 Ce 和 Tb 的溶出率均达到 99% 以上。

综上所述，通过工艺参数优化，确定 CAT 荧光粉的碱熔最佳工艺条件为：碱熔温度为 650℃，Na_2O_2 与 CAT 荧光粉的质量比为 1.5∶1，碱熔时间为 90 min；随后采用稀 HCl 溶出，稀土 Ce 和 Tb 的溶出率均高达 99% 以上。

2.5.2　绿粉碱熔活化解构反应机制

2.5.2.1　绿粉碱熔解构过程的 SEM、TEM 分析

利用扫描电子显微镜（SEM）、透射电子显微镜（TEM）及 X 射线衍射仪（XRD）研究经碱熔后生成物的物相组成和形貌结构，如图 2-45 所示。

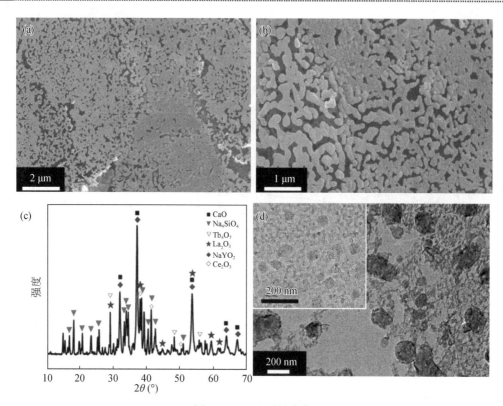

图 2-45　CAT 碱熔产物

（a）低倍 SEM 形貌图；（b）高倍 SEM 形貌图；（c）XRD 物相图；（d）TEM 形貌图

　　图 2-45（a）是碱熔产物低倍 SEM 图像，结果表明经碱熔处理，三基色荧光粉废料中的尖晶石结构被破坏，生成物颗粒变细小且分布较为均匀，整体呈现为疏松多孔的网状结构。碱熔产物的高倍 SEM 图像［图 2-45（b）］也充分证明废料中的块状稳定结构转变成带状疏松结构，且颗粒粒度约为 0.1～0.5 μm。高倍透射电镜（TEM）图像［图 2-45（d）］充分证明碱熔生成物颗粒细小，呈片层网状结构。可使得结构内部的稀土元素充分暴露，促进其参与反应，从而提高稀土浸出率。碱熔生成物的 XRD 物相图［图 2-45（c）］表明经碱熔处理三基色荧光粉废料完全参与反应，生成了新的物相结构。生成物主要为：CaO（PDF No.48-1467）、$NaYO_2$（PDF No.32-1203）、La_2O_3（PDF No.40-1281）、Tb_4O_7（PDF No.32-1286）、Ce_2O_3（PDF No.49-1458）和 Na_4SiO_4（PDF No.32-1154）。

2.5.2.2　绿粉碱熔解构过程的 XRD 分析

　　图 2-46 为不同焙烧时间下 Na_2O_2 熔盐焙烧产物的 XRD 谱图，由图可知，焙

烧 10 min，$(Ce_{0.67}Tb_{0.33})MgAl_{11}O_{19}$ 的衍射峰强度变弱，同时出现了 Na_2CeO_3（PDF No. 77-0189）、Na_2TbO_3（PDF No. 77-0155）、MgO_2（PDF No. 19-0771）和 $NaAlO_2$（PDF No. 32-1203）的衍射峰，表明熔盐焙烧反应开始进行。继续增加焙烧时间至 60 min，Na_2CeO_3、Na_2TbO_3、MgO_2 和 $NaAlO_2$ 的衍射峰强度继续加大，而 $(Ce_{0.67}Tb_{0.33})MgAl_{11}O_{19}$ 的衍射峰强度变得很弱，说明绿粉颗粒的结构基本完成了物相分解重构。

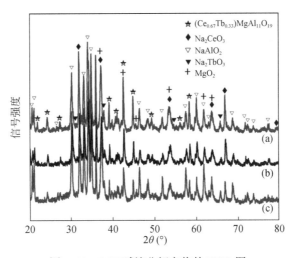

图 2-46　CAT 碱熔分解产物的 XRD 图

（a）10 min，（b）30 min，（c）60 min（碱熔温度为 600℃、Na_2O_2 与绿粉质量比为 1.5∶1）

2.5.2.3　绿粉碱熔解构机制探究

基于 SEM、TEM、XRD 等分析结果，推断了 Na_2O_2 熔盐焙烧过程中 CAT 荧光粉颗粒晶相结构的转变机理，如图 2-47 所示。首先，晶格镜面层的 Ce—O 键和 Tb—O 键被熔融的 Na^+ 和 O^{2-} 破坏，分别形成晶胞参数为：$a=b=c=4.74$ Å、$\alpha=\beta=\gamma=90°$ 的 Na_2TbO_3 和 $a=b=c=4.83$ Å、$\alpha=\beta=\gamma=90°$ 的 Na_2CeO_3 晶体。然后铝酸盐晶格被 Na_2O_2 熔盐分解，形成 MgO_2 和 $NaAlO_2$ 等晶体。随着碱熔时间的延长，碱熔产物 Na_2CeO_3、Na_2TbO_3、MgO_2 和 $NaAlO_2$ 的衍射峰强度继续加大，而 CAT 荧光粉的衍射峰强度逐渐降低直至消失，CAT 荧光粉颗粒的结构基本完成了物相分解重构，其反应机理可用式（2-25）表示：

$$(Ce_{0.67}Tb_{0.33})MgAl_{11}O_{19} + 6.5Na_2O_2 \longrightarrow MgO_2 + 0.67Na_2CeO_3$$
$$+ 0.33Na_2TbO_3 + 11NaAlO_2 + 2.5O_2 \tag{2-25}$$

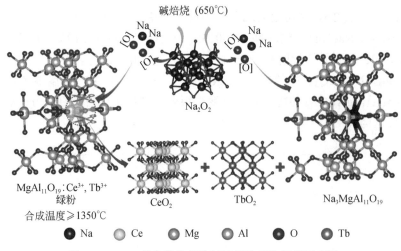

图 2-47　CAT 荧光粉物相的碱熔解构重构机理示意图

　　为了进一步了解 Na_2O_2 中 $O^{-\delta}$ 对 BAM 荧光粉和 CAT 荧光粉的解构机理，采用第一性原理（first principles）对其解构过程电子转移等情况进行了计算，并绘制了 BAM 荧光粉和 CAT 荧光粉（001）表面的电子密度差分曲线以及不同 Z 轴平面电子密度差分图，结果如图 2-48 所示。绿色等值面代表电子密度增加，蓝色等值面代表电子密度减少。结果表明，BAM 荧光粉和 CAT 荧光粉的结构中电子密度差值最大区域存在于稀土元素所在平面，BAM 荧光粉在 Eu 元素所在内部平面，CAT 荧光粉在 Ce 和 Tb 所在内部平面，与邻近的 O 原子有少量电子交换。这是由于 Eu、Tb、Ce 与 O 形成的是强离子键，此时，稀土元素原子周围原子达到饱和，原子间轨道的直接交互较少，不会形成共价键那样产生分子轨道，电子更倾向于定域化在特定的离子上。当 $O^{-\delta}$ 靠近 Eu、Ce、Tb 原子，电子密度差变化范围变大，表面的 Eu、Ce、Tb 原子向 $O^{-\delta}$ 转移电子。$O^{-\delta}$ 与蓝粉、绿粉之间的电子转移会破坏其表面稳定的电子分布，造成表面结构不稳定，容易发生解构。通过 $O^{-\delta}$ 与 BAM 荧光粉、CAT 荧光粉表面结合能的计算，$O^{-\delta}$ 与 BAM 荧光粉之间有着更大的结合能。更多的电子转移、更大的结合能说明 BAM 荧光粉相较于 CAT 荧光粉更容易被 $O^{-\delta}$ 解构。

2.5.3　绿粉碱熔活化解构过程动力学

　　Na_2O_2 的熔点为 460℃，CAT 荧光粉的碱熔分解反应为典型的液固反应，适用于未反应核模型，其有三种动力学控制步骤。

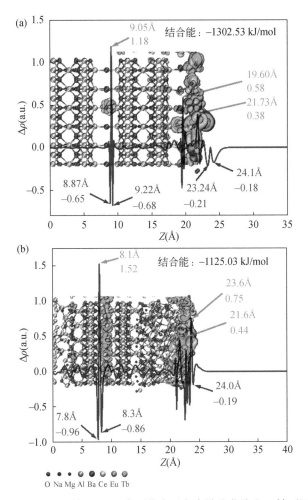

图 2-48　（a）蓝粉和（b）绿粉（001）表面的电子密度差分曲线和 Z 轴不同平面的电子密度差分图

（扫描封底二维码可查看本书彩图内容）

（1）液相扩散为控制步骤：

$$\eta = \frac{3k_{\mathrm{M}}MC_0}{\sigma\rho R_0}t = k_1 t \tag{2-26}$$

（2）固体产物层扩散为控制步骤：

$$1 + 2(1-\eta) - 3(1-\eta)^{2/3} = \frac{6D_{\mathrm{e}}MC_0}{\sigma\rho R_0^2}t = k_2 t \tag{2-27}$$

（3）化学反应为控制步骤：

$$1-(1-\eta)^{1/3} = \frac{k_{rea}MC_0}{\sigma\rho R_0}t = k_3 t \tag{2-28}$$

式中，η 为稀土浸出率，%；k_M 为物质在液相边界层的扩散系数；R_0 为废料颗粒半径；D_e 为物质在固体产物边界层的扩散系数；ρ 为废料密度，g/cm^3；t 为反应时间，C_0 为废料中稀土元素的含量；M 为废料的摩尔速率；σ 为过氧化钠的黏度系数；k_1、k_2、k_3 分别为液相扩散控制步骤、固体产物层扩散控制步骤和化学反应控制步骤的速率常数。

在反应温度为 500℃，按照三个动力学方程计算 Ce 和 Tb 与碱熔时间 t 的浸出率关系，如图 2-49 所示。结果表明，$1+2(1-\eta)-3(1-\eta)^{2/3} = k_2 t$ 具有最好的相关系数，说明 CAT 荧光粉的碱熔分解动力学方程为固体产物层扩散的控制步骤。

根据固体产物层扩散为控制步骤公式（2-27）计算不同碱熔温度条件下的反应速率常数 k_2 与温度 T 的关系，如表 2-10 所示。将 E_a、T、$\ln k_0$ 及对应的速率常数 k_2 代入阿伦尼乌斯方程（2-29）中，计算出 CAT 荧光粉碱熔分解反应的表观活化能为 $E_a=76.7$ kJ/mol。

$$\ln k_2 = \ln k_0 - \frac{E_a}{R} \times \frac{1}{T} \tag{2-29}$$

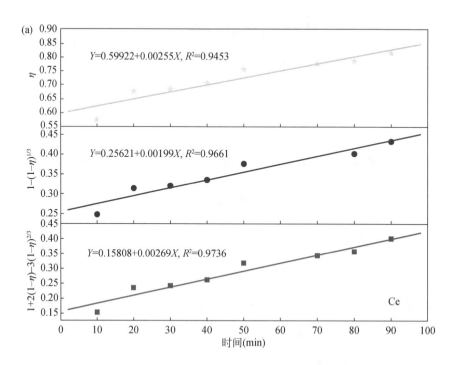

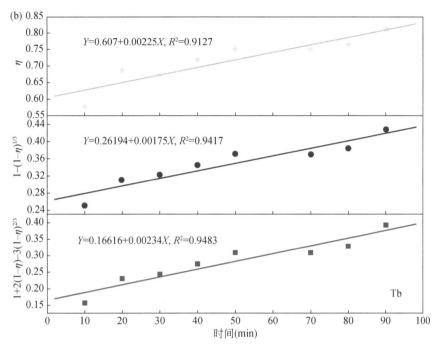

图 2-49　Ce 和 Tb 的浸出率与碱熔时间 t 的关系

表 2-10　不同温度下的反应速率常数

T (℃)	T (K)	$1000/T$ (K^{-1})	k_2	$\ln k_2$
500	773	1.293661	0.00235	−6.05334
550	823	1.215067	0.00387	−5.5545
600	873	1.145475	0.01579	−4.14838

综上可知，CAT 荧光粉的 Na_2O_2 熔盐活化解构反应是一种典型的扩散控制过程，其动力学方程为

$$1+2(1-\eta)-3(1-\eta)^{2/3}=3.29\times10^2 e^{-\frac{76700}{RT}} t \tag{2-30}$$

2.6　二次稀土掺杂制备纳米二氧化钛技术

2.6.1　稀土镧掺杂纳米二氧化钛

纳米 TiO_2 因其光催化活性好、化学性质稳定、无毒副作用等优点，被广泛用于开发清洁能源和治理环境污染物。纳米 TiO_2 在可见光范围内具有较好的光催化

活性，但在紫外光照射下，其光催化活性远低于 P25 TiO₂。因此，需要采取有效手段来进一步提高纳米 TiO₂ 的紫外光催化活性。纳米 TiO₂ 光催化活性的提高，可通过半导体复合、过渡金属离子掺杂等方法来实现。其中，稀土元素具有特殊的电子结构，稀土及其氧化物具有许多独特的化学催化、电催化及发光性质等性能，被广泛应用于纳米 TiO₂ 光催化活性的改性研究中。

2.6.1.1　La-TiO₂ 纳米薄膜再生过程调控优化

以废荧光灯中分离纯化获得的稀土元素 La 为掺杂源，采用步骤简便、易于操作的溶胶-凝胶法和溶剂热水热法联合制备稀土 La 掺杂 TiO₂ 纳米薄膜，具体制备过程如下：①通过提拉法在洁净的普通玻璃上覆盖一层 TiO₂ 种子层结构，将其置于 500℃ 恒温电炉中煅烧 3 h；②将经上述热处理后的 TiO₂ 种子层置于含有前驱体溶胶的反应釜中，经 180℃ 溶剂热反应后，得到 La-TiO₂ 纳米薄膜，其制备过程示意图如图 2-50 所示。

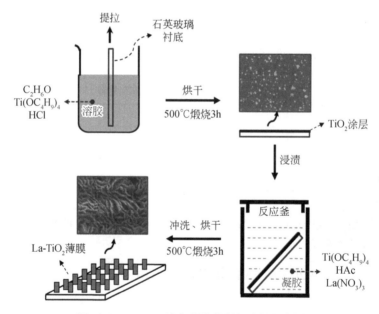

图 2-50　La-TiO₂ 纳米薄膜的制备过程示意图

1. La-TiO₂ 纳米薄膜的表征分析

1）种子层的 SEM 分析

将覆盖有 TiO₂ 种子层的玻璃基底置于盛有冰醋酸、钛酸四丁酯作为前驱体混合溶液的高压反应釜中，在 180℃ 真空干燥箱中反应 24 h，取出玻璃片，用去离子水洗净、烘干。经 500℃高温电炉中进行热处理后，采用 SEM 对样品进行形貌分析，如图 2-51 所示。由图可知，经煅烧后的 TiO$_2$ 纳米薄膜的表面平整，TiO$_2$ 种子粒径在 50～200 nm，无任何异形结构。

图 2-51　TiO$_2$ 种子层的 SEM 图

2）种子层及 La-TiO$_2$ 纳米薄膜的 XRD 分析

对种子层及所制备的 La-TiO$_2$ 纳米薄膜进行 XRD 分析，结果如图 2-52 所示。由图可知，经 500℃煅烧后所得种子层及所制备的 La-TiO$_2$ 纳米薄膜均为锐钛物相结构组成，未出现金红石相，在（101）面具有一定的择优取向。种子层的 XRD 图谱上，在 2θ=55.06°处有明显的（211）晶面特征峰；但经 La 掺杂处理后的 XRD 图谱上，（211）特征峰并不明显，与之相邻的（105）特征衍射峰却变得更强。经 La 掺杂后的纳米薄膜（004）衍射峰的强度增加，表明所生长的薄膜为垂直于玻璃基底的阵列纳米片状结构。

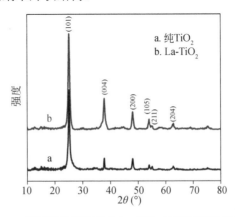

图 2-52　种子层及所制备的 La-TiO$_2$ 纳米薄膜的 XRD 图

3）La-TiO$_2$ 纳米薄膜的 SEM-EDS 分析

将覆盖有 TiO$_2$ 种子层的玻璃基底置于 La 掺杂量为 0.75%（摩尔分数）的前驱体混合溶液中，180℃溶剂热反应 24 h 后，取出并用乙醇和去离子水冲洗干净，再经烘干和高温煅烧获得 La-TiO$_2$ 纳米薄膜，并对其进行 SEM-EDS 分析，如图 2-53 所示。由图可知，溶剂热反应制备出的 0.75% La-TiO$_2$ 纳米薄膜为结构均一、排列紧密的阵列纳米片，其垂直生长在玻璃基底上，这与 XRD 测试结果一致。高倍率 SEM 图［图 2-53（b）］显示，制备的纳米片状结构宽度约为 10 nm。图 2-53（c）为薄膜样品的剖面 SEM 图，可知，阵列纳米片在基底上垂直生长，生长高度约为 1.5 μm。由 EDS 图［图 2-53（d）］可知，0.75% La-TiO$_2$ 纳米薄膜中主要含有 O、Ti 和 La 三种元素。其中，La 元素的含量为 1.78%（质量分数），表明 La 元素已掺杂进入纳米薄膜中。

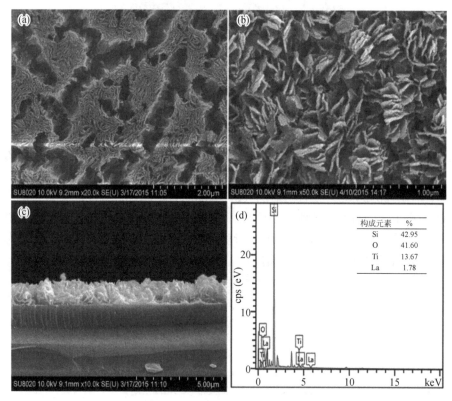

图 2-53　0.75% La-TiO$_2$ 纳米薄膜

（a、b、c）SEM 图；（d）EDS 图

4）La-TiO$_2$ 纳米薄膜的 XPS 分析

采用 X 射线光电子能谱法（XPS）对 0.75% La-TiO$_2$ 纳米薄膜表面进行光谱

表征（图 2-54），结果表明，样品中不仅含有 TiO_2 中所存在的 O、Ti 元素，还含有极微量的 La 元素，则表明 La 已掺杂进入 TiO_2 纳米薄膜中。0.75% La-TiO_2 中，Ti 2p 的两个峰分别对应着 Ti 2p$_{3/2}$ 及 Ti 2p$_{1/2}$ 的峰，其结合能分别为 458.47 eV 和 464.27 eV，表明 Ti 的主要存在形式为 Ti^{4+}；O 1s 的结合能为 529.62 eV，表明 O 主要以晶格氧 O^{2-} 的形式存在。对比纯 TiO_2 中 Ti 2p 的结合能（458.74 eV）和 O 1s 结合能（529.85 eV），发现经 La 掺杂后 TiO_2 中 Ti 和 O 结合能均有所降低，表明掺杂离子 La 进入 TiO_2 的晶格网络中，并与 TiO_2 发生了相互作用。因 La 的掺杂量极其微量，且 XPS 为半定量测定，存在测定误差，故 La 的特征峰表现较弱，经拟合后可得 La 3d 特征峰对应的结合能分别为 834.57 eV、837.57 eV 和 852.97 eV，对比 La_2O_3 标准样 La 3d$_{5/2}$ 的结合能（534.9 eV）及 La 3d$_{3/2}$ 的结合能（851.93 eV），发现经 La 掺杂后 TiO_2 中 La 的结合能增加。因此，0.75% La-TiO_2 纳米薄膜中 La 主要以+3 价态形式存在，且已掺杂入 TiO_2 晶格中。

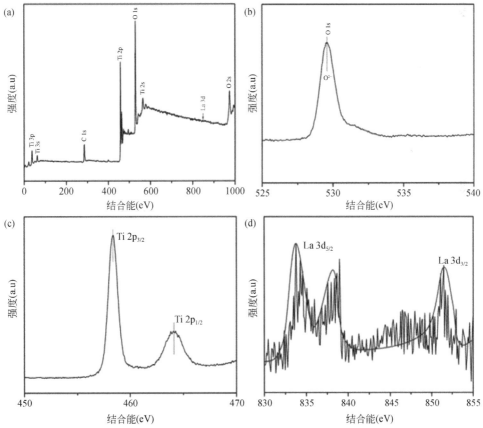

图 2-54　0.75% La-TiO_2 纳米薄膜的 XPS 谱图

（a）全谱；（b）O 1s；（c）Ti 2p；（d）La 3d

2. La-TiO$_2$ 纳米薄膜再生工艺参数优化

1）La 掺杂量的影响

在钛酸四丁酯体积为 1 mL，冰醋酸体积为 30 mL，溶剂热反应温度及时间分别为 180℃、24 h 的实验条件下，对不同 La 掺杂量制备的 La-TiO$_2$ 纳米薄膜进行 XRD 分析，如图 2-55 所示。由图可知，增加 La 掺杂量不会引起晶相组成的变化，制备的 La-TiO$_2$ 纳米薄膜均为锐钛物相结构组成，未出现金红石相。经过 La 掺杂的 TiO$_2$ 纳米薄膜 X 射线衍射峰出现明显宽化，纯 TiO$_2$ 中的几个相邻衍射峰发生联合，形成了一个较宽的衍射峰，这表明 La 的掺杂引起了 TiO$_2$ 的晶格膨胀。但衍射图上并没有发现 La 物相对应的衍射峰，可能是由于稀土 La 已完全固溶进 TiO$_2$ 的晶格中且未达到饱和，或者 La 含量极少且以高度弥散的状态存在。

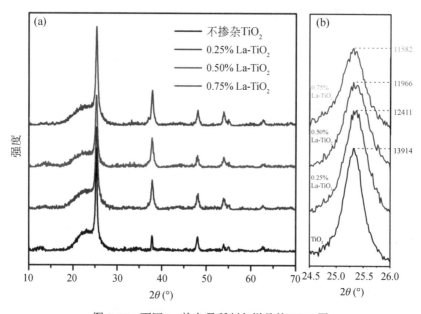

图 2-55　不同 La 掺杂量所制备样品的 XRD 图

利用谢乐公式（Scherrer）：$D=K\lambda/\beta\cos\theta$（式中，$K$ 为 Scherrer 常数 0.89、D 为晶粒尺寸、β 为实测样品衍射峰半高宽度、θ 为衍射角、λ 为 X 射线波长）计算 TiO$_2$ 纳米薄膜的晶粒尺寸；利用公式 $\varepsilon=\Delta d/d=\beta/4\mathrm{tg}\theta$ 计算 TiO$_2$ 纳米粉末的晶格畸变，如表 2-11 所示。由表可知，随着 La 掺杂量的增加，TiO$_2$ 的晶粒尺寸逐渐减小，表明 La 的掺入可有效抑制 TiO$_2$ 晶粒的生长，起到了细化晶粒的作用。原因是 La^{3+}-TiO$_2$ 纳米薄膜的前驱体在高温煅烧过程中，在 TiO$_2$ 晶粒晶界处形成了 Ti—O—La 键或者 La$_2$O$_3$ 粒子，阻止了锐钛矿粒子团聚在一起。另外，由于 La^{3+}

的离子半径为 0.115 nm，远大于 Ti^{4+} 的离子半径 0.068 nm，掺杂离子替代晶格钛离子后，会引起晶格膨胀。因此，掺杂后 TiO_2 纳米粉末的晶格畸变增大，表明 La^{3+} 已进入 TiO_2 晶格中并取代了 Ti^{4+} 的位置。

表 2-11　不同 La 掺杂量 TiO_2 纳米薄膜的 XRD 分析

掺杂量［摩尔分数（%）］	晶粒尺寸（Å）	晶格畸变（%）
0	18.4582	0.8595
0.25	15.8904	1.0842
0.50	15.3340	1.0613
0.75	15.1570	1.0325

在溶剂热反应温度及时间分别为 180℃、24 h 的实验条件下，考察了 La 掺杂量对制备的 La-TiO_2 片状薄膜形貌的影响，如图 2-56 所示。由图可知，当 La 掺杂量为 0.25%时，玻璃基底上生长有一层纳米薄膜，在薄膜中仅生长了微量的片状结构，绝大部分均呈现为块状结构［图 2-56（a）］；当 La 的添加量为 0.75%时，玻璃基底上生长一层细小片状结构，放大测定倍数发现每个片状结构类似竖直树叶生长在玻璃片上［图 2-56（b）、（e）］；当 La 掺杂量增长到 1.00%时，图像中除了基底的一层竖直片状结构外，还散落着一些球状的纳米颗粒［图 2-56（c）］，

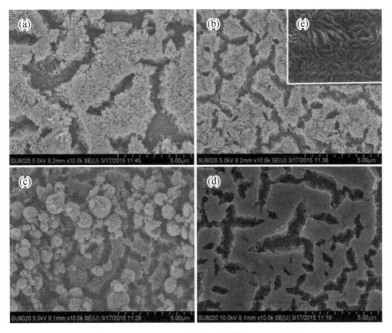

图 2-56　不同 La 掺杂量的样品 SEM 图

（a）0.25%；　（b）0.75%；　（c）1.00%；　（d）2.00%；　（e）0.75%高倍

这可能是由于 La 掺杂量较多，玻璃基底已覆盖有一层 La-TiO$_2$ 片状结构的薄膜，剩余的 La 离子与溶液中的 Ti 生长成细小的 La-TiO$_2$ 纳米小球附着在基底薄膜上；当 La 的添加量达到 2.00% 时，由于反应溶剂中 La 的掺杂量过多，使得玻璃基底上生长的不再是一层片状纳米结构的薄膜，而是一层致密无孔结构[图 2-56（d）]。

2）溶剂热时间的影响

在 La 掺杂量为 0.75%（La/Ti 摩尔质量比），溶剂热反应温度为 180℃的实验条件下，考察了溶剂热时间对 La-TiO$_2$ 片状薄膜的影响。观察反应产物的表面薄膜生长状况，实物照片如图 2-57 所示。由图可知，随溶剂热反应时间的延长，整块玻璃基底由无色透明逐渐被一层白色的膜附着，且白色加深薄膜厚度增加。

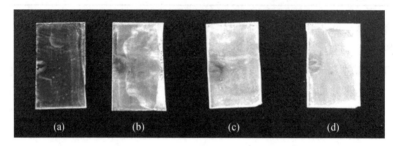

图 2-57　不同溶剂热时间制备的 La-TiO$_2$ 纳米薄膜实物图
（a）3 h；（b）6 h；（c）12 h；（d）24 h

图 2-58 为不同溶剂热反应时间所获得的薄膜样品的 SEM 图。可以看出，当反应时间为 3 h，玻璃基底生长出少量微球形颗粒，表明前驱体溶胶开始分解；当反应时间延长到 6 h，玻璃基底上开始出现少量纳米片状结构，但浓度较小且生长缓慢；当反应时间为 12 h，玻璃基底表面的纳米片密度增加，有成簇拥状的成型阵列纳米片生成，但分布不均匀；继续延长反应时间到 24 h，整块玻璃基底已完全附着了一层纳米薄膜，纳米片紧密连接。因此，随着溶剂热反应时间的延长，基底表面生长的 La-TiO$_2$ 阵列纳米片的密度和高度增加。

根据"Evolutionary Selection"生长机理可知：晶体生长初期阶段，晶种会向各个方向生长，由于生长速率不同，导致生长成的晶体形貌各异。实验中制备的 La-TiO$_2$ 纳米薄膜的晶种在稀土 La 元素的作用下，使得沿垂直基底方向的 ab 轴生长速率更快，从而形成了紧密的阵列纳米片。

3）煅烧温度对 La-TiO$_2$ 纳米薄膜的影响

在 La 掺杂量为 0、0.75%（La/Ti 摩尔质量比），钛酸四丁酯体积为 1 mL，冰醋酸体积为 30 mL，溶剂热反应温度和时间分别为 180℃、24 h 的条件下，采用 XRD 对不同煅烧温度制备出的纯 TiO$_2$ 及 La-TiO$_2$ 纳米薄膜进行了物相表征，结果如图 2-59 所示。由图可知，随着煅烧温度的增加，La-TiO$_2$ 纳米薄膜的结晶度

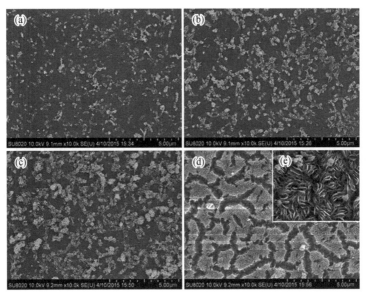

图 2-58　不同溶剂热反应时间所获 La-TiO$_2$ 纳米薄膜的 SEM 图

（a）3 h；（b）6 h；（c）12 h；（d）24 h；（e）24 h 高倍

越高，锐钛矿的衍射峰逐渐强化。当温度超过 500℃后，0.75% La-TiO$_2$ 晶型不再发生变化，衍射强度增加不明显。对比纯 TiO$_2$ 晶型结构随煅烧温度的变化（在 400℃会发生晶型转变，由非晶态转变为锐钛矿结构；600℃时，锐钛矿结构开始向金红石相转变；800℃完全转变为金红石相），发现经 La 掺杂制备出的 TiO$_2$ 纳米薄膜晶型晶种不随温度的变化而转变，全部为锐钛物相并未出现金红石结构。表明稀土 La 掺杂可有效抑制 TiO$_2$ 粒子由锐钛矿向金红石相转变。

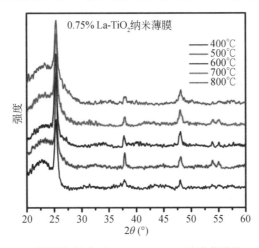

图 2-59　不同煅烧温度下 0.75% La-TiO$_2$ 纳米薄膜的 XRD 图

图 2-60 为 0.75% La-TiO$_2$ 纳米薄膜经 500℃和 700℃煅烧后的 SEM 图，可以看出，500℃焙烧后样品结晶度较高阵列纳米片垂直生长在玻璃基底上；当煅烧温度达到 700℃时，纳米片发生一定程度的坍塌，排列紧密的片状结构被松散的颗粒状结构替代。煅烧温度过高会破坏 La-TiO$_2$ 纳米薄膜致密阵列片状的形貌，因此，La-TiO$_2$ 纳米薄膜的最佳煅烧温度为 500℃。

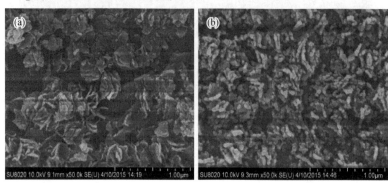

图 2-60　0.75% La-TiO$_2$ 纳米薄膜的 SEM 图

(a) 500℃；(b) 700℃

2.6.1.2　La-TiO$_2$ 纳米薄膜的光催化性能测试

1. La-TiO$_2$ 纳米薄膜对甲基橙的光催化降解

在溶剂热反应时间和温度分别为 24 h、200℃的最佳实验条件下，制备不同 La^{3+} 掺杂量的 TiO$_2$ 纳米薄膜。将经 500℃煅烧后的 La-TiO$_2$ 纳米薄膜置于初始浓度为 25 mg/L 的甲基橙(MO)溶液中，考察不同 La^{3+} 掺杂量(摩尔分数)对 La-TiO$_2$ 纳米薄膜光催化性能的影响，光催化实验照片如图 2-61 所示。由图可知，随着降解时间的延长，甲基橙溶液的颜色随之变浅。

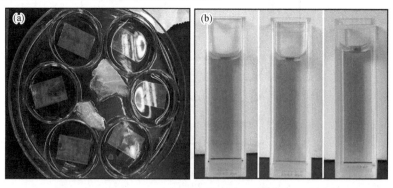

图 2-61　0.75% La-TiO$_2$ 纳米薄膜降解甲基橙溶液实物图

(a) 降解实验条件；(b) 降解实际实验结果

采用紫外可见分光光度计（UV-Vis）测定经光催化降解后甲基橙溶液的吸收光谱，结果如图 2-62 所示。由图可知，La^{3+}掺杂量对纳米薄膜光催化性能的影响较大，随着 La^{3+}掺杂量的增加，La-TiO$_2$ 纳米薄膜对甲基橙的降解率逐渐增大。当利用纯 TiO$_2$ 纳米薄膜对甲基橙进行降解，由于其光催化性能较弱，降解率仅为 40.67%；当掺杂量为 0.75% 时，薄膜的光催化活性最强，甲基橙的降解率可达 79.51%，这是因为此时 La-TiO$_2$ 纳米薄膜的比表面积最大，有机物在催化剂表面的预吸附能力较强，有助于提高光吸附效率，使得光催化活性较强、效率较高；当掺杂量为 1.00% 时，纳米薄膜对甲基橙的降解率有所降低，原因可能为 La^{3+}在 TiO$_2$ 晶格中已达到饱和，使得多余的 La^{3+}附着在纳米薄膜的表面，抑制了光生电子与空穴的再复合，从而使得光催化活性有所降低。

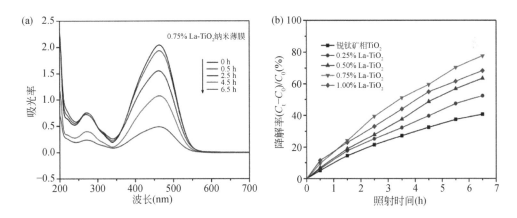

图 2-62　（a）0.75% La-TiO$_2$ 纳米薄膜的 UV-Vis 吸收光谱随时间的变化；（b）不同 La^{3+}掺杂量 La-TiO$_2$ 纳米薄膜对 MO 的降解率

2. La-TiO$_2$ 纳米薄膜对亚甲基蓝的光催化降解

在溶剂热反应时间和温度分别为 24 h、200℃ 的最佳实验条件下，制备不同 La^{3+}掺杂量的 La-TiO$_2$ 纳米薄膜。将经 500℃ 煅烧后纳米薄膜置于初始浓度为 10 mg/L 的亚甲基蓝（MB）溶液中，考察不同 La^{3+}掺杂量对 La-TiO$_2$ 纳米薄膜光催化活性的影响，采用紫外可见分光光度计测定经光催化降解后 MB 溶液的吸收光谱，结果如图 2-63 所示。

由图 2-63（a）可知，实验中亚甲基蓝溶液主要存在三个大吸收峰，分别为 245 nm、292 nm 和 664 nm，随着光催化时间的延长，吸收峰发生了蓝移，由初始的 664 nm 到 659.5 nm，并最终随光催化降解的延长而消失。由图 2-63（b）可知，La^{3+}掺杂量对纳米薄膜光催化活性的影响较大，随着 La^{3+}掺杂量的增加，

La-TiO₂纳米薄膜对亚甲基蓝的降解率逐渐增大。实验中补充了空白对照实验，发现在没有催化剂条件下，亚甲基蓝也可在紫外灯照射下发生部分降解。当利用纯 TiO₂纳米薄膜对亚甲基蓝进行降解时，其光催化降解率仅为 47.44%；当 La³⁺掺杂量为 0.75%时，薄膜的光催化活性最强，亚甲基蓝的降解率可达 81.14%；当掺杂量为 1.00%时，纳米薄膜对亚甲基蓝的降解率有所降低，其理论解释与光催化降解甲基橙一致。

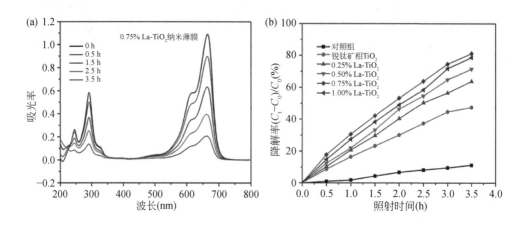

图 2-63　（a）0.75% La-TiO₂纳米薄膜的 UV-Vis 吸收光谱随时间的变化；（b）不同 La³⁺掺杂量 La-TiO₂纳米薄膜对 MB 的降解率

2.6.2　稀土铈掺杂纳米二氧化钛

纳米 TiO₂ 的光催化活性与其暴露的晶面有很大关系，如锐钛矿相 TiO₂ 的 {001}晶面的表面能为 0.98 J/m²，{101}晶面的表面能仅为 0.45 J/m²，而锐钛矿相 TiO₂ 多以热力学稳定的{101}晶面存在（根据乌耳夫表面能级图，超过 94%的晶面为{101}面）。如果稀土掺杂改性，并增加纳米 TiO₂ 的{001}晶面的暴露率，可达到提高其光催化活性的目的。因此，在本节的研究中，选择从废荧光灯中回收的稀土 Ce 作为掺杂源、HF 为晶面调变剂，采用溶剂热法制备 Ce-TiO₂纳米薄膜，并研究制备工艺等 Ce-TiO₂纳米薄膜的结构、形貌、{001}晶面暴露率、光催化性能等的影响。

2.6.2.1　Ce-TiO₂纳米薄膜再生过程调控优化

1. 物相结构

不同 Ce/Ti 摩尔比的 Ce-TiO₂ 的 XRD 图，如图 2-64 所示。由图 2-64（a）可

知，掺杂 Ce-TiO₂ 仍保持着锐钛矿相 TiO₂ 的晶格结构，Ce-TiO₂ 的特征峰与纯 TiO₂ 相对应。由图 2-64（b）可知，TiO₂ 主峰（001）有轻微的偏移，说明 TiO₂ 晶格产生轻微的晶格畸变。Ce^{3+} 与 Ce^{4+} 的离子半径分别为 97 pm 和 102 pm，远远大于 Ti^{4+} 的离子半径（68 pm），Ce^{3+}/Ce^{4+} 离子很难进入 TiO₂ 的晶格取代 Ti^{4+}；因此，产生晶格畸变的原因可能是 Ce^{3+}/Ce^{4+} 离子取代 TiO₂ 表面或者晶界处的 Ti^{4+}。

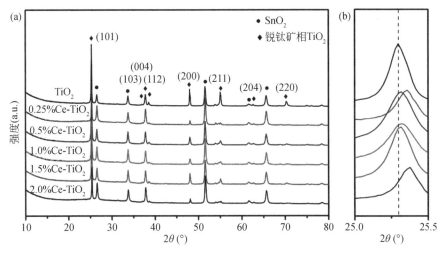

图 2-64　不同掺杂比例的 Ce-TiO₂ 纳米材料的 XRD 图
（a）XRD 的整体谱图；（b）2θ=25°～25.5°处的局部放大图

2. 微观形貌

纯 TiO₂ 和不同 Ce/Ti 摩尔比的 Ce-TiO₂ 的形貌图，如图 2-65 所示。由图可知，所制得的 Ce-TiO₂ 为纳米片状，这些纳米片相互交错生长，均匀分布在 FTO 玻璃表面，根据 TiO₂ 晶体结构的集合对称性，可初步推断正方形两边为暴露的{001}晶面。铈的掺杂减小了 TiO₂ 纳米片的厚度，TiO₂ 的厚度约为 0.6 μm，Ce-TiO₂ 纳米片的厚度范围为 0.2～0.4 μm，明显薄于纯 TiO₂ 样品，长度为 1.8～3.5 μm，宽度为 1.4～1.9 μm，说明铈的掺杂抑制了 TiO₂ 纳米片在[001]方向上的生长，这可能是由于稀土以稀土氧化物的形式附着在 TiO₂，抑制了 TiO₂ 晶粒的生长。

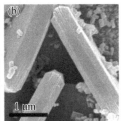

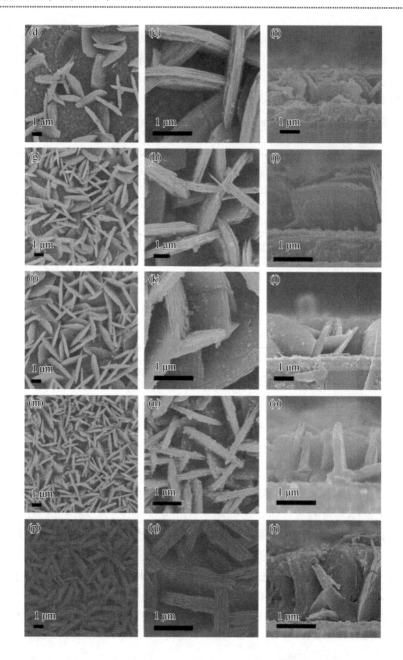

图 2-65　不同掺杂比例的 Ce-TiO$_2$ 纳米薄膜的 SEM 图

（a～c）0%；（d～f）0.25%；（g～i）0.5%；（j～l）1.0%；（m～o）1.5%；（p～r）2.0%

由图 2-65 可知，随着铈掺杂比例的变化，Ce-TiO$_2$ 纳米片的 {001} 晶面的暴露率也随之发生变化；随着掺杂比例的增加，{001} 晶面的暴露率先增加后减小，且在 Ce/Ti=1.0%时达到百分比的最大值，所制备的不同铈掺杂比例的 Ce-TiO$_2$ 样品的相关参数如表 2-12 所示。

表 2-12　不同铈掺杂比例的 Ce-TiO$_2$ 样品的相关参数

样品	平均厚度（μm）	平均边长（μm）	平均高度（μm）	{001}百分比（%）
TiO$_2$	0.6	3.2	1.8	66
0.25% Ce-TiO$_2$	0.4	3.5	1.4	71
0.5% Ce-TiO$_2$	0.23	2.5	1.6	81
1.0% Ce-TiO$_2$	0.24	3.1	1.9	83
1.5% Ce-TiO$_2$	0.26	2.1	1.2	74
2.0% Ce-TiO$_2$	0.33	1.5	1.5	69

纯 TiO$_2$ 的透射电子显微镜（TEM）图像，如图 2-66（a）所示。由图可知，所制得的 TiO$_2$ 为纳米片状结构，与 SEM 形貌基本一致。而图 2-66(d)中的 Ce-TiO$_2$ 亦为纳米片结构，可见稀土掺杂并没有明显改变其形貌。

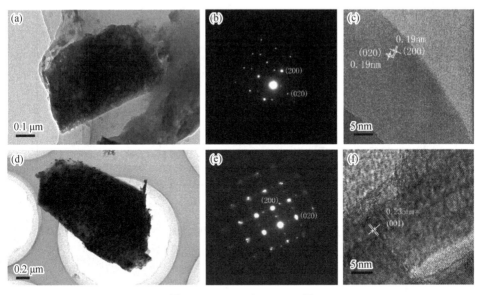

图 2-66　TEM 及 HRTEM 图
（a～c）纯 TiO$_2$；（d～f）Ce-TiO$_2$

纯 TiO$_2$ 的选区电子衍射（SAED）图像，如图 2-66（b）所示。由图可知，图中规则的衍射斑证明所制得的 TiO$_2$ 为单晶结构，经过计算可以看出垂直纸面的方向为[001]方向。Ce-TiO$_2$ 的 SAED 图像，如图 2-66（e）所示。能得到相同的结论，说明衍射斑所代表的晶面为{001}晶面。

纯 TiO_2 的高分辨率透射电子显微镜（HRTEM）图像，如图 2-66（c）所示。由图可知，图中能清晰地看到晶格条纹，其晶格条纹的间隙为 0.19 nm，分别代表（200）和（020）方向，表明垂直方向为[001]轴向。经过测量，晶格条纹间距为 0.235 nm，如图 2-66（f）所示，其所代表的晶面为（001）方向。可确定{001}晶面的存在，与 SAED 结果相吻合。

3. 光吸收性能

图 2-67 为纯 TiO_2 和不同铈掺杂比例的 Ce-TiO_2 纳米薄膜的紫外-可见漫反射光谱。由图可知，样品的禁带宽度随着铈掺杂比例的变化而变化。纯 TiO_2 的禁带宽度约为 3.24 eV，而 Ce-TiO_2 的禁带宽度小于纯 TiO_2，且随着铈掺杂比例的增加，禁带宽度先减小后增加。这是由于铈的加入在 TiO_2 的导带和价带之间引入了新的杂质能级，从而减小了带隙能，增加了光吸收的范围。在 Ce/Ti=1.0%时禁带宽度最小，约为 3.18 eV。

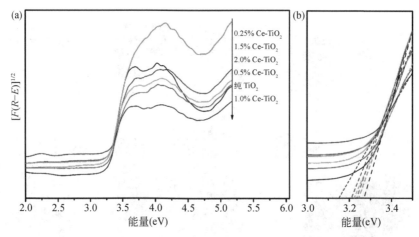

图 2-67　不同掺杂比例的 Ce-TiO_2 纳米薄膜的紫外-可见漫反射谱图
（a）DRS 的整体谱图；（b）局部放大图

4. XPS 谱图

图 2-68 为 1.0% Ce-TiO_2 的 XPS 谱图。如图 2-68（a）所示，Ce 3d、Ti 2p 和 O 1s 的结合能对应的电子峰分别约在 900 eV、460 eV 和 530 eV。Ce 3d 的谱图，如图 2-68（b）所示。在图中，拟合出四个电子峰，其中 p1 和 p3 为 Ce 3d$_{3/2}$ 电子峰，p2 和 p4 为 Ce 3d$_{3/2}$ 的电子峰，峰的分裂意味着 Ce^{3+}/Ce^{4+} 同时存在。Ce^{3+} 的存在（p1 和 p3）意味着一部分铈离子以氧化铈存在。其他的 Ce^{3+} 离子被氧化为 Ce^{4+}，

这表明 Ce 离子可以形成更多的氧空位。Ti 2p 谱图，如图 2-68（c）所示，纯 TiO$_2$ 的 Ti 2p 峰分别在 458.8 eV 和 464.5 eV，分别对应 Ti 2p$_{3/2}$ 和 Ti 2p$_{1/2}$。二者相差 5.7 eV，表明 Ti 确实以 Ti^{4+} 的形式存在。而 Ce-TiO$_2$ 的 Ti 结合能向高结合能处偏移，增加的离子结合能可能为：铈离子和阴离子间发生轨道杂化，从而引起电子转移。O 1s 的谱图，如图 2-68（d）所示，纯 TiO$_2$ 的 O 1s 存在两处峰，529.7 eV 处与晶格氧相匹配，531.7 eV 处与羟基基团匹配。晶格氧捕获电子，羟基捕获空穴。Ce-TiO$_2$ 的结合能向高结合能处发生偏移，表明更多羟基的存在，更多空穴的捕获能抑制光生电子-空穴对的结合，从而提高光催化性能。

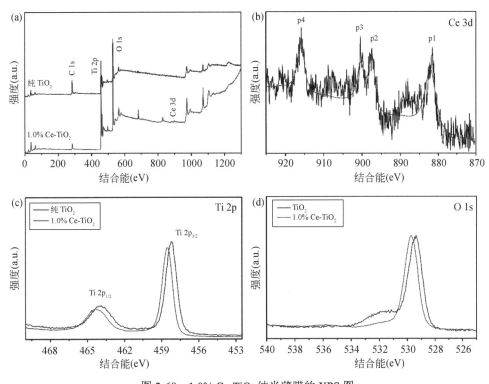

图 2-68 1.0% Ce-TiO$_2$ 纳米薄膜的 XPS 图

（a）全谱图；（b）Ce 3d 谱图；（c）Ti 2p 谱图；（d）O 1s 谱图

2.6.2.2 Ce-TiO$_2$ 纳米薄膜的光催化性能测试

在紫外光源辐射下，不同样品对 MB 溶液降解的相关数据，如图 2-69 所示。由图 2-69（a）可知，空白的 MB 溶液在紫外光的照射下会发生分解，降解率在 33% 左右，而加入样品的 MB 溶液在光源的照射下降解率大幅提高，纯 TiO$_2$ 的降解率提高至 60% 左右。而 Ce-TiO$_2$ 对 MB 样品的降解率较前两者均高，最高超过

80%。由图中可以看出，随着铈掺杂比例的不同，Ce-TiO$_2$的降解率也随之变化：铈掺杂比例越高，Ce-TiO$_2$的降解率先增加后减小，当 Ce/Ti=1.0%时，对样品的降解率最高，达到83%，光催化性能最佳。

Ce-TiO$_2$对 MB 样品的降解率反应速率常数，如图 2-69（b）所示，可以看出与光催化降解效率相应的趋势，反应速率先增加后降低。当 Ce/Ti=1.0%时，反应速率最高，为 $5.58×10^{-3}$ min^{-1}，远高于空白样品的分解率及纯 TiO$_2$的反应速率，空白样品的分解率约为 $1.27×10^{-3}$ min^{-1}，纯 TiO$_2$的反应速率约为 $2.96×10^{-3}$ min^{-1}。

在紫外光源的照射下，选取 MO 溶液作为待降解溶液对样品做光催化测试。测试表现出与 MB 溶液相类似的结果，不同掺杂比例条件下的样品对 MO 溶液的降解情况，如图 2-69（c）所示，降解率随着掺杂比例的增加而变化，先增加后减小，并且 Ce/Ti=1.0%的 Ce-TiO$_2$具有最佳的光催化性能，降解率约为 83%。由图 2-69（d）可知，Ce/Ti=1.0%的 Ce-TiO$_2$的降解速率最快，空白样品的分解率约为 $0.59×10^{-3}$ min^{-1}，纯 TiO$_2$的反应速率约为 $3.09×10^{-3}$ min^{-1}。

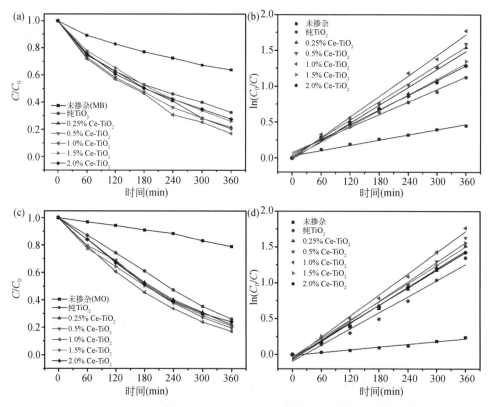

图 2-69 不同掺杂比例的 Ce-TiO$_2$的光催化降解率曲线及拟合图

（a、b）对 MB 溶液的光催化谱图及拟合图；（c、d）对 MO 溶液的光催化谱图及拟合图

2.6.3　稀土钇掺杂纳米二氧化钛

采用 HF 为晶面调变剂，通过低温溶剂热法可控制备稀土 Y 掺杂改性的{001}
TiO$_2$ 纳米片阵列，并研究稀土离子和 F$^-$ 离子对 TiO$_2$ 纳米片的结构形态、晶面暴
露、光谱响应范围及光催化性能的影响规律，揭示 Y-TiO$_2$ 纳米薄膜的光催化机理。

2.6.3.1　Y-TiO$_2$ 纳米薄膜再生过程调控优化

1. 稀土 Y 掺杂量的影响

采用 XRD 研究了不同 Y/Ti 比例（摩尔比）下所获样品的物相结构，结果如
图 2-70 所示。由 XRD 分析结果可知，当溶剂热反应体系中不添加 Y$_2$(SO$_4$)$_3$ 时，
样品的主要物相结构为锐钛矿相 TiO$_2$（JCPDS No. 21-1272），同时也出现了少量
TiOF$_2$（JCPDS No. 08-0060）的衍射峰。而当 Y/Ti 为 0.25%～1%时，TiOF$_2$ 的衍
射峰基本消失，说明稀土 Y 的添加有利于生成锐钛矿相 TiO$_2$。当 Y/Ti＞1 时，溶
剂热体系中存在过多 Y^{3+}离子，会与 F$^-$离子反应生成 YF$_3$ 沉淀，所以样品中会呈
现出 YF$_3$（JCPDS No. 32-1431）杂质相的衍射峰。因此，为减少样品中杂质相的
产生，Y/Ti 的比例应控制为 0.25%～1%。

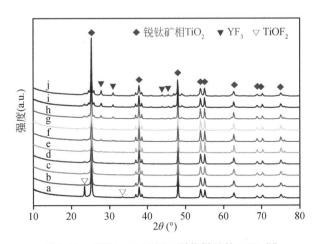

图 2-70　不同 Y/Ti 比例下所获样品的 XRD 图

(a) 0；(b) 0.25%；(c) 0.5%；(d) 0.75%；(e) 1%；(f) 1.5%；(g) 2%；(h) 2.5%；(i) 3%；(j) 4%

对不同 Y/Ti 比例下所获样品的形貌进行 SEM 分析，结果如图 2-71 所示。图
2-71（a）为不添加稀土 Y 掺杂剂时样品的 SEM 图，由图可知，样品由均匀分散
的六面体纳米颗粒构成，尺寸约为 300 nm。图 2-71（b）为图（a）的局部放大图，

由图可知，六面体为中空结构。在醋酸体系中，在 HF 作用下，容易形成中空的六面体状 $TiOF_2$ 纳米颗粒。图 2-71（c）为样品的 TEM 图，证实其为六面体空心结构。图2-71(d)给出了六面体截边的 HRTEM 图，由图可知，其晶面间距为 0.35 nm，对应于锐钛矿相 TiO_2 的{101}晶面，表明样品有大量{001}晶面的暴露。图 2-71（e）给出了相应的 SEAD 图，表明了六面体的六个面为暴露的{001}晶面。

图 2-71　Y/Ti=0 所制备的样品

（a）低倍 SEM 图；（b）高倍 SEM 图；（c）TEM 图；（d）HRTEM 图；（e）SAED 图

　　当向体系中加入少量 $Y_2(SO_4)_3$（Y/Ti=0.25%～1%）时，样品形貌如图 2-72 所示。由图可知，当向体系中加入稀土 Y 后，产物形貌由原来的空心六面体向纳米片转变。其原因可能是稀土 Y 能与 F^- 离子结合产生 YF_3 纳米晶种，TiO_2 纳米单体以其为种子进行晶体生长；另一方面，TiO_2 是高各向异性 c-轴的四方晶体，其 c-轴/a-轴约为 2.7，稀土 Y^{3+} 和 F^- 离子会吸附在 TiO_2 的{001}晶面上，降低其沿[001]方向的生长速度，促使 TiO_2 晶体形成片状结构。

　　上述稀土 Y 掺杂改性{001} TiO_2 纳米材料为粉体，其在实际应用中存在回收及分散等问题。为解决此问题，考虑在后续溶剂热合成工艺研究中，向体系中加入 FTO 玻璃，以其为基底来制备稀土掺杂改性{001} TiO_2 纳米片阵列薄膜材料。

图 2-72　不同 Y/Ti 比例（摩尔比）所制备样品的 SEM 图

(a) 0.25%；　(b) 0.5%；　(c) 0.75%；　(d) 1%

2. HF 添加量的影响

为进一步研究不同溶剂热反应条件对稀土 Y 掺杂纳米 TiO_2 {001}晶面暴露率的影响，考察了体系中不同 HF 添加量对稀土改性{001}TiO_2 纳米片阵列薄膜形貌的影响，结果如图 2-73 所示。由图 2-73（a）可知，当溶剂热反应体系中不添加 HF 时，FTO 玻璃表面生长有花状团聚颗粒，花状颗粒是由卷曲状片层结构组装而成的。这充分说明，稀土 Y 元素能抑制 TiO_2 晶体沿[001]方向的生长，促使其形成片状结构。由图 2-73（b）可以看出，当体系中加入 1 mL HF 时，基底表面出现大量的纳米片，纳米片厚度约为 600 nm，纳米片表面变得平整且光滑，同时可以看到其截边出现了腐蚀剥离现象。而体系中 HF 添加量增加至 2 mL 时，纳米片厚度降低为 20 nm［图 2-73（c）］。由图 2-73（d）可知，当过多 HF（4 mL）加入体系中时，纳米片厚度基本保持不变，但纳米片出现许多破碎断裂现象，其表面也变得粗糙，表明纳米片发生了更加严重的腐蚀现象。由此可知，当溶剂热体系中 F⁻离子浓度较低时，稀土 Y 元素能协同 F⁻离子发挥晶面调变剂的作用而促进{001}晶面的暴露；而反应结束后体系中还存在多余未反应的 HF 时，其反过来会溶解腐蚀生成的 TiO_2{001}晶面，其溶解腐蚀 TiO_2{001}晶面可用式（2-31）来表示：

$$—TiOF_2 + 2HF \xrightarrow{\text{溶解}} TiF_4 \cdots H_2O \qquad (2\text{-}31)$$

因此，溶剂热反应体系应加入适量的 HF，其最优添加量为 2 mL。

图 2-73　不同 HF 添加量所获样品的 SEM 图

(a) 0 mL；(b) 1 mL；(c) 2 mL；(d) 4 mL

3. 溶剂热时间的影响

为了研究稀土掺杂改性{001}TiO₂纳米片阵列薄膜的生长机理，考察了不同溶剂热时间对晶体形貌的影响，结果如图 2-74 所示。由图 2-74（a）可知，在反应的初始阶段（1 h），FTO 玻璃表面生成大量的球形和八面体棒状结构的纳米颗粒。随着反应的继续进行（2 h），由图 2-74（b）可知，FTO 玻璃表面开始出现稀疏的、完整的纳米片，说明 HF 和稀土 Y³⁺离子能促进纳米片的形成和生长，纳米

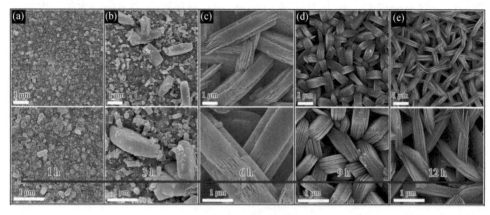

图 2-74　不同溶剂热时间所获样品的 SEM 图

(a) 1 h；(b) 3 h；(c) 6 h；(d) 9 h；(e) 12 h

片的厚度约为 350 nm。当溶剂热时间延长至 6 h，纳米片继续生长，其厚度增加至 1.3 μm，但其截边开始出现腐蚀剥离现象，并且是从四边形的顶点向中间扩散 [图 2-74（c）]。图 2-74（d）给出了溶剂热时间为 9 h 时样品的 SEM 图，可以看出，纳米片继续发生原位剥离现象，其厚度减少为 600 nm。当溶剂热时间增加至 12 h 时，如图 2-74（e）所示，纳米片已剥离为多层二维片状结构，且单个二维纳米片的厚度仅为 20 nm 左右。因此，Y 掺杂 TiO₂ 纳米片的最佳溶剂热时间为 12 h。

进一步对溶剂热反应 12 h 所制备的样品进行了坡面 SEM、TEM、HRTEM 及 SEAD 分析，结果如图 2-75 所示。由图 2-75（c）可知，纳米片几乎垂直于 FTO 玻璃表面进行生长，其高度和长度分别约为 1.3 μm 和 1.5 μm，可以看出每个纳米片是由多层更薄的二维片层结构组成，表明反应初期生成的纳米片发生了原位的 HF 腐蚀剥离现象，从而产生二维多层片状结构。样品的 TEM 图也证实了纳米片由多层更薄的二维片状结构聚集而成 [图 2-75（d）]。图 2-75（e）给出了的 HRTEM 图片中所标注的 0.19 nm 的晶面间距，与 TiO₂ 的（200）与（020）的间距相符合。对图 2-75（d）所标注的相同区域进行了 SEAD 分析，如图 2-75（f）所示，说明纳米片为单晶且纳米片的顶部和底部均为 {001} 晶面。HRTEM 和 SEAD 分析结果均说明，我们所制备的纳米片具有高暴露的 {001} 晶面。

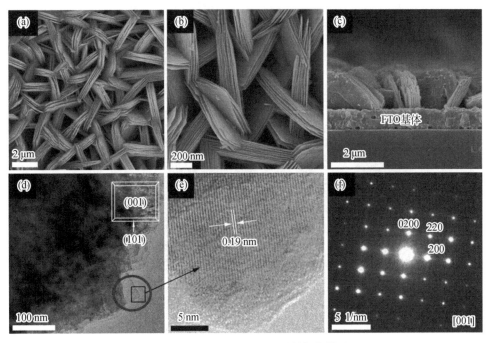

图 2-75　溶剂热反应 12 h 所制备的样品

（a）和（b）典型纳米片薄膜的 SEM 图；（c）坡面 SEM 图；（d）TEM 图；（e）HRTEM 图；（f）SEAD 图

锐钛矿相 TiO_2 单晶由上下两个正方形{001}晶面和八个梯形{101}晶面构成，并可根据式（2-32）来计算{001}晶面的暴露率：

$$S_{001}\% = \frac{S_{001}}{S_{001} + S_{101}} = \frac{\cos\theta}{\cos\theta + \left(\dfrac{A}{B}\right)^{-2} - 1} \tag{2-32}$$

式中，θ 为锐钛矿相 TiO_2 单晶{001}晶面与{101}晶面晶面夹角度，°；$\theta_{理论值}$ 为 68.3°；A 为{001}晶面的边长，μm；B 为{101}晶面的下边长，μm。

通过计算可以得出，溶剂热反应 12 h 所获纳米 TiO_2 的{001}晶面的暴露率达到 97%。

综上所述，为制备{001}晶面高暴露率的稀土 Y 掺杂 TiO_2 纳米片薄膜材料，最优的工艺条件为：Y/Ti 的比例为 0.75%，HF 添加量为 2 mL，溶剂热时间为 12 h，所获 Y-TiO_2 纳米片的{001}晶面暴露率高达 97%。

对溶剂热反应 12 h 所获得的 Y-{001} TiO_2 纳米片阵列薄膜进行 EDS 分析，结果如图 2-76 所示。由图可知，Ti 和 O 元素的含量（质量分数）分别为 62.8% 和 28.8%；F^- 离子含量为 7.7%，其可以通过在 600℃ 下煅烧 2 h 除去；EDS 测试结果显示，TiO_2 纳米片阵列薄膜中成功掺杂有稀土 Y，且 Y 的含量约为 0.7%。

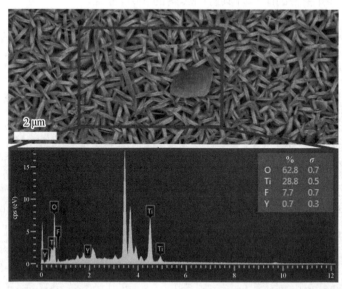

图 2-76　溶剂热 12 h 所获样品的典型 SEM 图和相应区域的 EDS 图

为进一步分析 Y-{001} TiO_2 纳米片阵列薄膜中 Ti、O、Y 等元素的化合状态，对样品进行了 XPS 分析，结果如图 2-77 所示。图 2-77（a）为 O 1s 的高分辨光电子能谱，经过分峰拟合后，O 1s 分为三个峰，分别为 532.8 eV、531.5 eV 和 529.9 eV，其中 529.9 eV 可归为晶格氧（Ti—O—Ti），531.5 eV 可归为 Ti-OH，而 532.8 eV 可归于 Y—O 键。图 2-77（b）为 Ti 2p 的高分辨光电子能谱分析，由图可知，在 464.5 eV 和 458.7 eV 附近出现了两个电子能结合峰，分别对应于 Ti $2p_{1/2}$ 和 Ti $2p_{3/2}$ 的结合能，说明 Ti 元素以+4 价形式存在。其中 Ti $2p_{1/2}$ 和 Ti $2p_{3/2}$ 的峰值差为 5.8 eV，而文献报道的锐钛矿相 TiO_2 的 Ti $2p_{1/2}$ 和 Ti $2p_{3/2}$ 的峰值差为 5.7 eV，可能是 Y 掺杂进入 TiO_2 晶格中，Y 与 Ti 原子之间发生了相互作用而形成 Ti—O—Y 键，从而改变了 Ti 2p 轨道电子云的分布。由图 2-77(c)可知，160.1 eV 和 157.9 eV 附近出现的两个电子能结合峰，分别属于 Y $3d_{3/2}$ 和 Y $3d_{5/2}$ 的结合能，表明样品中 Y 以+3 价的形式存在。图 2-77（d）分别给出了纯锐钛矿相 TiO_2 和 Y-{001} TiO_2 纳米片阵列薄膜的 Ti 2p 的高分辨光电子能谱分析，由图可知，相比于纯的锐钛矿相 TiO_2，我们所制备的样品的 Ti 2p 的位置向高能量方向发生了轻微的偏移，这也充分证明 Y 掺杂进入 TiO_2 晶格中。

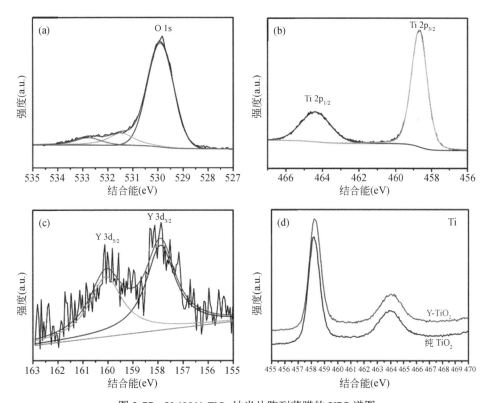

图 2-77　Y-{001} TiO_2 纳米片阵列薄膜的 XPS 谱图

（a）O 1s、（b）Ti 2p、（c）Y 3d；（d）纯锐钛矿相 TiO_2 和 Y-{001}TiO_2 纳米片阵列薄膜的 Ti 2p

2.6.3.2　Y-TiO$_2$ 纳米薄膜的光催化性能测试

为评价 Y-{001} TiO$_2$ 纳米片阵列薄膜在紫外光照射下的光催化性能，选择了 30 W 的紫外灯作为光源、有机染料甲基橙（MO）为降解目标物，并与商业 P25 TiO$_2$ 薄膜的紫外光催化活性进行比较，结果如图 2-78 所示。

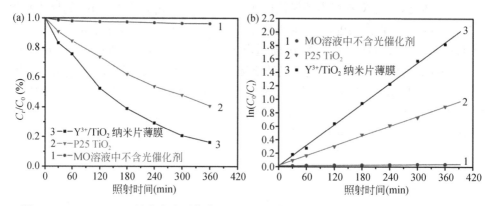

图 2-78　Y-{001} TiO$_2$ 纳米片阵列薄膜和 P25 TiO$_2$ 薄膜在紫外光照射下的光催化活性测试
（a）对 MO 的光催化降解效率；（b）对 MO 的光催化降解速率

由图 2-78（a）可知，MO 的水溶液中无光催化剂时，紫外光对 MO 基本不降解；Y-{001} TiO$_2$ 纳米片阵列薄膜的紫外光催化活性远高于商业 P25 TiO$_2$ 薄膜。如当紫外光照射 360 min 时，Y-{001} TiO$_2$ 纳米片阵列薄膜能降解 82.8% 的 MO，而商业 P25 TiO$_2$ 薄膜对 MO 的降解效率仅为 59.3%。

根据公式（2-33）可计算光催化剂样品对 MO 的光催化降解速率，结果如表 2-13 所示：

$$\ln(C_0/C_t)=k_{app}^t \tag{2-33}$$

式中，C_0 为 MO 的初始浓度，mg/L；C_t 为 MO 经过一定时间降解后的剩余浓度，mg/L；k_{app} 为光催化降解速率常数，min^{-1}；t 为光催化降解时间，min。

表 2-13　不同光催化剂样品对 MO 的光催化降解速率常数

样品	MO 的光催化降解速率常数
Y-{001} TiO$_2$ 纳米片阵列薄膜	5.11×10^{-3} min^{-1}
P25 TiO$_2$ 薄膜	2.45×10^{-3} min^{-1}

由图 2-78（b）及表 2-13 可知，在紫外光催化降解 MO 实验中，Y-{001} TiO$_2$ 纳米片阵列薄膜对 MO 的光催化降解速率常数为 5.11×10^{-3} min^{-1}，而商业 P25 TiO$_2$

薄膜对 MO 的光催化降解速率常数为 2.45×10^{-3} min^{-1}；由上可知，Y-{001} TiO_2 纳米片阵列薄膜对 MO 的紫外光催化速率为商业 P25 TiO_2 薄膜的 2.09 倍，表明其紫外光催化性能远优于商业 P25 TiO_2 薄膜。

Cr^{6+} 为重金属离子，很容易被人体吸收，它可通过消化、呼吸道、皮肤及黏膜等渠道侵入人体内，从而导致皮肤过敏或溃疡、产生遗传性基因缺陷或致癌等诸多的健康问题，且对环境具有持久危险性。因此，必须降解环境中的 Cr^{6+} 离子。我们还研究了 Y-{001} TiO_2 纳米片阵列薄膜在紫外光照射下对溶液中 Cr^{6+} 离子的光催化降解能力，结果如图 2-79 和表 2-14 所示。

表 2-14　不同光催化剂样品对 Cr^{6+} 的光催化降解速率常数

样品	Cr^{6+} 的光催化降解速率常数
Y-{001} TiO_2 纳米片阵列薄膜	1.03×10^{-2} min^{-1}
P25 TiO_2 薄膜	3.89×10^{-3} min^{-1}

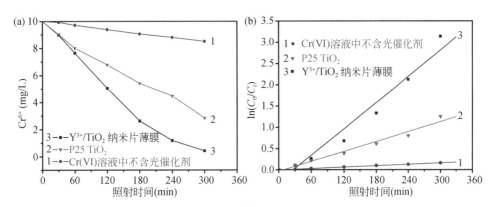

图 2-79　Y-{001} TiO_2 纳米片阵列和 P25 TiO_2 薄膜在紫外光照射下的光催化活性测试
（a）对 Cr^{6+} 的光催化降解效率；（b）对 Cr^{6+} 的光催化降解速率

由图 2-79（a）可知，经过 300 min 紫外光照射，Y-{001} TiO_2 纳米片阵列薄膜能降解溶液中 96% 的 Cr^{6+} 离子，而商业 P25 TiO_2 薄膜仅能降解 71.5% 的 Cr^{6+} 离子。计算可得，相比于商业 P25 TiO_2 薄膜对 Cr^{6+} 离子的光催化降解速率（3.89×10^{-3} min^{-1}），Y-{001} TiO_2 纳米片阵列薄膜对 Cr^{6+} 离子的光催化降解速率为 1.03×10^{-2} min^{-1}，是商业 P25 TiO_2 薄膜 2.65 倍 [图 2-79（b）和表 2-14]。测试结果表明，Y-{001} TiO_2 纳米片阵列薄膜对溶液中 Cr^{6+} 离子的光催化降解能力也远优于商业 P25 TiO_2 薄膜。

图 2-80 给出了 Y-{001} TiO_2 纳米片阵列薄膜对有机染料 MO 和重金属 Cr^{6+} 离子的 7 次循环紫外光催化降解测试结果，由图可知，经过 7 次循环实验后，

Y-{001} TiO$_2$ 纳米片阵列薄膜对有机染料 MO 和重金属 Cr^{6+}离子的紫外光催化降解能力几乎不变，表明其具有良好的光催化稳定性。

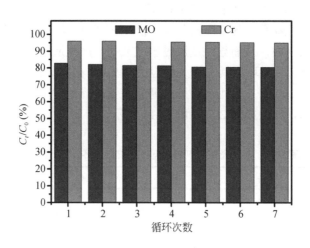

图 2-80　Y-{001} TiO$_2$ 纳米片阵列薄膜的光催化稳定性

2.6.3.3　Y-TiO$_2$ 纳米薄膜的光催化机理研究

为研究 Y-{001} TiO$_2$ 纳米片阵列薄膜的紫外光催化性能优于商业 P25 TiO$_2$ 薄膜的原因，对 Y-{001} TiO$_2$ 纳米片阵列薄膜和商业 P25 TiO$_2$ 薄膜进行了 PL 分析，如图 2-81 所示。由图可知，在 355 nm 光激发下，Y-{001} TiO$_2$ 纳米片阵列薄膜和商业 P25 TiO$_2$ 薄膜均呈现出相似的峰，表明：①该低浓度的稀土掺杂不会产生新的激发峰，或②稀土 Y 不是以稀土氧化物的形式耦合在 TiO$_2$ 颗粒表面，而是以离子形式掺杂进入了 TiO$_2$ 晶体的晶格中；而 Y-{001} TiO$_2$ 纳米片阵列薄膜的激发峰强度明显小于商业 P25 TiO$_2$ 薄膜，说明稀土掺杂能提高光生电子的转移效率，降低了光生电子-空穴对的复合效率，进而提高了其光催化性能。

综上所述，Y-{001} TiO$_2$ 纳米片阵列薄膜拥有优异紫外光催化性能的原因有以下几点：①Y 掺杂改性 TiO$_2$ 纳米片阵列薄膜暴露了 97.0%的{001}晶面，{001}晶面的高表面能保证了其拥有优异的光催化活性；②Y^{3+}掺杂进入 TiO$_2$ 晶体的晶格中，会引起晶格缺陷，从而产生更多的氧空位，其反应机理为：

$$Y^{3+} + Ti^x_{Ti}(TiO_2) \longrightarrow \left[Y'_{Ti} + \frac{1}{2}V_{\ddot{O}} \right](TiO_2)；而且形成 Ti—O—Y 键会导致 TiO_2 晶$$

格电荷的不平衡，为弥补点电荷的不平衡，会促使 TiO$_2$ 表面吸附更多的 OH$^-$，从而在光催化过程中产生更多的羟基自由基；③Y^{3+}掺杂能有效分离光生电子-空穴对，增加参与光催化过程的光生电荷和空穴的数量。

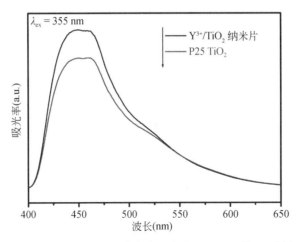

图 2-81　Y-{001} TiO$_2$ 纳米片和商业 P25 TiO$_2$ 的 PL 谱图

基于上述测试分析结果,推断了 Y-{001} TiO$_2$ 纳米片阵列薄膜的光催化机理,如图 2-82 所示,其光催化化学反应的主要步骤包括:①TiO$_2$ 受光子激发后产生光生成电子-空穴;②载流子之间发生复合反应,并以热和光能的形式将能量释放;③由价带空穴诱发氧化反应;④由导带电子诱发还原反应;⑤发生进一步的热反应或催化反应。

1. Y-{001} TiO$_2$ 光催化氧化有机染料机理

首先,当纳米 TiO$_2$ 被能量大于其禁带宽度的光照射时,价带电子被激发跃迁到导带,从而产生光生电子-空穴对（e$^-$/h$^+$）。

$$TiO_2 + h\nu \longrightarrow h^+ + e^- \tag{2-34}$$

光生电子和空穴产生后存在着复合和俘获转移两个相互竞争的过程。激发态的导带电子和价带空穴能重新复合,使入射光能以热能形式散发掉。

$$h^+ + e^- \longrightarrow 热能 \tag{2-35}$$

当稀土 Y^{3+} 掺杂时,其与光生电子发生反应,生成不稳定的 Y^{2+};然后 Y^{2+} 与吸附的 O$_2$ 分子反应,生成过氧离子（O$_2^{\bullet-}$）。

$$Y^{3+} + e^- \longrightarrow Y^{2+} \tag{2-36}$$

$$Y^{2+} + O_2 \longrightarrow Y^{3+} + O_2^{\bullet-} \tag{2-37}$$

过氧离子（O$_2^{\bullet-}$）会发生一系列的反应,生成过氧自由基（•OOH）和羟基自由基（•OH）。

$$O_2^{\bullet-} + H^+ \longrightarrow \bullet OOH \tag{2-38}$$

$$2 \bullet OOH \longrightarrow O_2 + H_2O_2 \tag{2-39}$$

$$H_2O_2 + e^- \longrightarrow \bullet OH \tag{2-40}$$

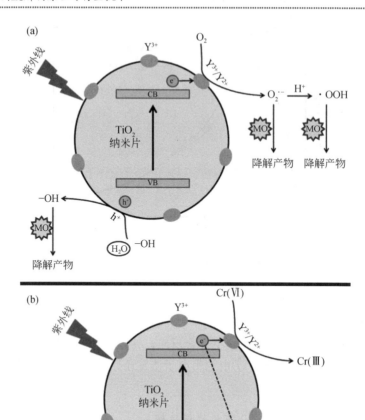

图 2-82　Y-{001} TiO$_2$ 纳米片阵列薄膜的光催化机理示意图

（a）MO 水溶液中；（b）Cr^{6+}离子溶液中

　　TiO$_2${001}晶面表面上的氧分子很不稳定，促使其表面产生许多氧空位，这些氧空位为空穴与吸附的 H$_2$O 或—OH 的反应提供位置，形成具有强氧化性的羟基自由基（•OH）。

$$h^+ + H_2O \longrightarrow \cdot OH + H^+ \tag{2-41}$$

$$h^+ + (-OH) \longrightarrow \cdot OH \tag{2-42}$$

　　这些自由基氧化性极强，能够将各种有机物直接氧化为 CO$_2$、H$_2$O 等无机小分子，而且其氧化反应一般不停留在中间步骤，不产生中间产物。

$$O_2^{\cdot-} + 染料 \longrightarrow 降解产物 \tag{2-43}$$

$$\cdot OH + 染料 \longrightarrow 降解产物 \tag{2-44}$$

2. Y-{001}TiO$_2$光催化还原重金属 Cr^{6+}离子机理

首先，当纳米 TiO$_2$ 被能量大于其禁带宽度的光照射时，价带电子被激发跃迁到导带，从而产生光生电子-空穴对（e$^-$/h$^+$）。

光生电子直接还原 TiO$_2$ 表面吸附的 Cr^{6+} 离子。同时光生电子与 Y^{3+} 反应，生成 Y^{2+}，而 Y^{2+} 能还原 Cr^{6+} 离子为 Cr^{3+} 离子。

$$3e^- + Cr^{6+} \longrightarrow Cr^{3+} \tag{2-45}$$

$$3Y^{2+} + Cr^{6+} \longrightarrow 3Y^{3+} + Cr^{3+} \tag{2-46}$$

为了进一步验证给出的光催化反应机理，在 Y-{001} TiO$_2$ 纳米片阵列薄膜的紫外光催化降解 MO 实验中，向光催化溶液中分别加入 1 mmol/L 草酸铵（AO）、1 mmol/L 苯醌（BQ）和 1 mmol/L 异丙醇（IPA），来分别作为 h$^+$、O$_2^{\cdot-}$ 和 $\cdot$OH 的捕获剂。图 2-83 给出了光催化溶液中存在不同自由基捕获剂时，Y-{001} TiO$_2$ 纳米片阵列薄膜对 MO 的紫外光催化降解实验结果。由图可知，相比于 IPA 和 AO，添加 BQ 能最大限度地降低光催化剂对 MO 的降解效率，说明在光催化过程中光生电子与吸附的 O$_2$ 反应产生了 O$_2^{\cdot-}$，且 O$_2^{\cdot-}$ 在降解 MO 的过程中起主导作用。溶液中加入 IPA 对 MO 的光催化效率的减少程度大于 AO，说明溶液中产生的 $\cdot$OH 比 h$^+$ 多，进一步证明了在光催化过程中存在反应式（2-35）～式（2-37）。

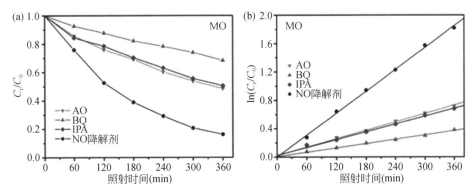

图 2-83　溶液中存在不同捕获剂时所获光催化测试结果

（a）对 MO 的降解效率；（b）对 MO 的降解速率

2.7　废荧光灯稀土荧光粉解构再生技术评价案例

为更好推动废荧光灯稀土荧光粉解构再生技术推广应用，对废荧光灯稀土荧光粉解构再生稀土过程开展全生命周期评价。典型废荧光灯稀土荧光粉解构再生技术流程如图 2-84 所示，总体分为两部分：第一部分为破碎处理过程，通过负压收集、吹扫分离、蒸馏冷凝等工艺获得玻璃、导丝、塑料以及废稀土荧光粉，并对汞等有害物质进行处理；第二部分针对获得的废稀土荧光粉，基于本章前述典型处理工艺开展稀土复合氧化物的解构再生，也是本节生命周期评价的主要对象。

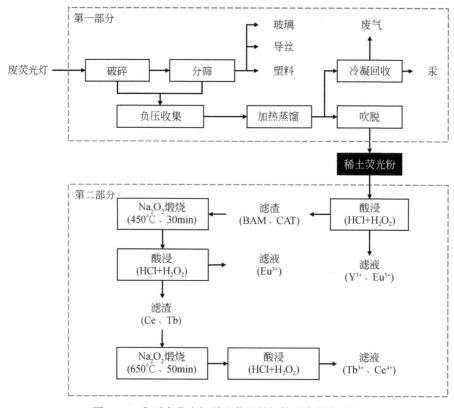

图 2-84　典型废荧光灯稀土荧光粉解构再生技术流程

以上述工艺为例，据初步测算，处理 1 t 废荧光灯稀土荧光粉约需要投入盐酸 2.04 t、过氧化钠 3 t、过氧化氢 0.45 t、水 4.44 t、电力 2.34 MWh 时、天然气 381.6 m³，产出钇铕铈铽稀土氧化物约 300kg。基于 Eco-indicator 99 方法对废荧光灯稀土荧光粉解构再生稀土与原生开采相同质量稀土氧化物的环境影响进行了比较，结果如图 2-85 所示：废荧光灯稀土荧光粉解构再生稀土技术呈现出较大的减污降碳优势，大约可降低 40.07% 的碳足迹和 50.39% 的环境影响；原生技术的富营养化、生态毒性、气候变化、化石和矿产资源损耗等环境指标均高于废荧光灯稀土荧光粉解构再生稀土技术，如原生技术对矿产资源损耗及生态毒性的影响分别是废荧光灯稀土荧光粉解构再生稀土技术的 7.50 倍及 6.28 倍。

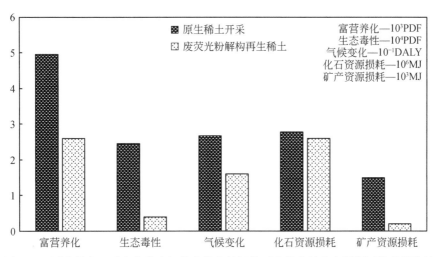

图 2-85　原生稀土开采和废荧光灯稀土荧光粉解构再生稀土的生命周期评价结果比较

选取 CO_2、NO_x、SO_x、化学需氧量（COD）、生化需氧量（BOD）、VOCs、悬浮物、重金属等典型污染物进行全生命周期环境成本核算。其中，CO_2 根据 2023 年全国碳市场成交均价核算环境成本，其余污染物均参照我国《环境保护税法》中单位污染当量的平均税额进行核算。结果表明，1 t 废荧光灯稀土荧光粉解构再生的环境成本约为 1248.8 元，其中 57.9% 的环境成本来自 CO_2 排放、35.1% 来自 VOCs 排放；而原生技术的环境成本达到了 2803.6 元，为废荧光灯稀土荧光粉解构再生稀土技术的 2.25 倍。值得注意的是，尽管废荧光灯稀土荧光粉解构再生稀土技术环境成本相对优势显著，但相较于原生稀土资源集中开采所带来的经济利润和规模效益，这些环境成本优势并不足以形成市场竞争能力，而针对废荧光灯二次稀土资源的开发利用，其核心还在于如何有效地实现高度分散废旧灯具的低成本回收以及形成长期稳定的回收利用产业规模。

因此，基于上述分析，建议一方面深化废旧灯具循环利用资源环境外部性价值向经济效益转化研究，探索给予废荧光灯解构再生企业一定的资金补贴或税收优惠政策，以推进循环经济生态价值实现机制落地；另一方面加大力度完善居民端废旧灯具回收网络建设，包括结合垃圾分类回收行动进一步规范广大居民废荧光灯交投行为，探索以旧换新以及押金制购买等方式，有效降低回收成本，扩大和稳定回收规模，以期形成废旧灯具回收利用体系构建合力，从废料源头、生产成本和环境优势等多方面助力废荧光灯稀土再生技术产业化应用推广。

参 考 文 献

付裕. 2017. 稀土掺杂高取向{001}晶面二氧化钛薄膜的制备及光催化研究. 北京: 北京工业大学, 5-70

季文. 2017. 荧光灯中稀土的回收工艺及其动力学研究. 兰州: 兰州理工大学, 1-117

刘虎. 2015. 废旧稀土荧光粉的回收及其碱熔机理研究. 北京: 北京科技大学, 2-145

谭全银. 2016. 废荧光灯中稀土元素机械活化强化浸出机理及工艺研究. 北京: 清华大学, 3-116

王宝磊, 吴玉锋, 章启军, 等. 2016. La 掺杂 TiO$_2$ 纳米材料的制备及光催化性能研究进展. 化工新型材料, 44(8): 38-40

王宝磊. 2016. 三基色荧光粉废料中稀土元素的回收利用研究. 北京: 北京工业大学, 1-82

吴玉锋, 王宝磊, 章启军, 等. 2014. 固体废物在催化合成领域中的再生应用与发展. 现代化工, 34(11): 32-36

殷晓飞. 2019. 典型废荧光粉中稀土等有价元素绿色回收研究. 北京: 北京工业大学, 1-121

章启军. 2019. 回收废脱硝催化剂和荧光粉制备稀土掺杂纳米 TiO$_2$ 研究. 北京: 北京工业大学, 1-133

Chivian D, Robertson T, Bonneau R, et al. 2003. *Ab initio* methods. Structural Bioinformatics, 44: 547-557

Dupont D, Binnemans K. 2015. Rare-earth recycling using a functionalized ionic liquid for the selective dissolution and revalorization of Y$_2$O$_3$：Eu^{3+} from lamp phosphor waste. Green Chemistry, 17: 856-868

He L, Ji W, Yin Y, et al. 2018. Study on alkali mechanical activation for recovering rare earth from waste fluorescent lamps. Journal of Rare Earths, 36(1): 108-112

Hirajima T, Sasaki K, Bissombolo A, et al. 2005. Feasibility of an efficient recovery of rare earth-activated phosphors from waste fluorescent lamps through dense-medium centrifugation. Separation and Purification Technology, 44(3): 197-204

Innocenzi V, Michelis I D, Ferella F, et al. 2013. Recovery of yttrium from cathode ray tubes and lamps' fluorescent powders: Experimental results and economic simulation. Waste Management, 33: 2390-2396

Liu H, Zhang S, Pan D, et al. 2014. Rare earth elements recycling from waste phosphor by dual hydrochloric acid dissolution. Journal of Hazardous Materials, 272: 96-101

Liu H, Zhang S, Pan D, et al. 2015. Mechanism of CeMgAl$_{11}$O$_{19}$：Tb^{3+} alkaline fusion with sodium hydroxide. Rare Metals, 34(3): 189-194

Liu Y, Zhang S, Liu H, et al. 2015. Free oxoanion theory for BaMgAl$_{10}$O$_{17}$：Eu^{2+} structure decomposition during alkaline fusion process. RSC Advances, 5(62): 50105-50112

Liu Y, Zhang S, Pan D, et al. 2015. Mechanism and kinetics of the BaMgAl$_{10}$O$_{17}$：Eu^{2+} alkaline fusion reaction. Journal of Rare Earths, 33(6): 664-670

Nakamura T, Nishihama S, Yoshizuka K. 2007. Separation and recovery process for rare earth metals from fluorescence material wastes using solvent extraction. Solvent Extraction Research & Development Japan, 14: 105-113

Otsuki A, Mei G, Jiang Y, et al. 2006. Solid-solid separation of fluorescent powders by liquid-liquid extraction using aqueous and organic phases. Resource Processing, 53(3): 121-133

Shimizu R, Sawada K, Enokida Y, et al. 2005. Supercritical fluid extraction of rare earth elements from luminescent material in waste fluorescent lamps. Journal of Supercritical Fluids, 33: 235-241

Tan Q, Deng C, Li J. 2016. Innovative application of mechanical activation for rare earth elements recovering: Process optimization and mechanism exploration. Scientific Reports, 6(1): 19961

Tan Q, Deng C, Li J. 2017. Effects of mechanical activation on the kinetics of terbium leaching from waste phosphors using hydrochloric acid. Journal of Rare Earths, 35(4): 398-405

Tan Q, Deng C, Li J. 2017. Enhanced recovery of rare earth elements from waste phosphors by mechanical activation. Journal of Cleaner Production, 142: 2187-2191

Tan Q, Li J. 2015. Recycling metals from wastes: A novel application of mechanochemistry. Environmental Science& Technology, 49(10): 5849-5861

Wu Y, Ma L, Wu J, et al. 2024. High-surface area mesoporous Sc_2O_3 with abundant oxygen vacancies as new and advanced electrocatalyst for electrochemical biomass valorization. Advanced Materials, 2311698

Wu Y, Zhang Q, Zuo T. 2019. Selective recovery of Y and Eu from rare-earth tricolored phosphorescent powders waste via a combined acid-leaching and phot-reduction process. Journal of Cleaner Production, 226: 858-865

Wu Y, Wang B, Zhang Q, et al. 2014. A novel process for high efficiency recovery of rare earth metals from waste phosphors using a sodium peroxide system. RSC Advances, 4: 7927-7932.

Wu Y, Wang B, Zhang Q, et al. 2014. Recovery of rare earth elements from waste fluorescent phosphors: Na_2O_2 molten salt decomposition. Journal of Material Cycles and Waste Management, 8: 635-641

Yin X, Wu Y, Wang L, et al. 2020. Recovery of Eu from waste blue phosphors ($BaMgAl_{10}O_{17}$: Eu^{2+}) by sodium peroxide system: Kinetics and mechanism aspects. Minerals Engineering, 151: 106333

Zhang Q, Lu J, Saito F. 2000. Selective extraction of Y and Eu by non-thermal acid leaching of fluorescent powder activated by mechanochemical treatment using a planetary mill. Shigen-to-Sozai, 116(2): 137-140

Zhang Q, Saito F. 1998. Non-thermal extraction of rare earth elements from fluorescent powder by means of its mechanochemical treatment. Shigen-to-Sozai, 114(4): 253-257

Zhang Q, Fu Y, Wu Y, et al. 2016. Low-cost Y-doped TiO_2 nanosheets film with highly reactive {001} facets from CRT waste and enhanced photocatalytic removal of Cr(Ⅵ) and methyl orange. ACS Sustainable Chemistry & Engineering, 4: 1794-1803

Zhang S, Liu H, Pan D, et al. 2015. Complete recovery of Eu from $BaMgAl_{10}O_{17}$: Eu^{2+} by alkaline fusion and its mechanism. RSC Advances, 5(2): 1113-1119

第3章

废阴极射线管锌钇等复合硫化物解构原理与稀土金属再生技术

我国是电子电器产品生产大国，其中电视机和计算机占有重要的消费比例。2000 年以前，电视机基本以阴极射线管（CRT）为主，90 年代初期年产量已突破 1000 万台。2000 年以后以液晶显示器（LCD）为代表的平板电视进入了人们的生活，CRT 电视机的比例开始逐年下降。随着显示技术的发展和"家电下乡"政策的大力实施，计算机和电视机用 CRT 显示器的报废量逐年增加。截至 2015 年，我国废 CRT 累计量已达 3 亿台。废 CRT 显示器具有高补贴低残值的特点，在相关政策的影响下涌现出大量已报废的但尚未进行拆解处理的废 CRT 显示器，并逐渐进入有资质的处理企业，使得废 CRT 显示器的拆解量远大于其理论报废量。

CRT 的构造如图 3-1（a）所示，主要由颈、电子枪、偏转线圈、锥、阴极罩、荧光屏、荧光粉涂层和防爆带构成，其中 CRT 荧光粉涂层附着于屏玻璃内表面。图 3-1（b）为废 CRT 显示器拆解的一般工艺流程，其中荧光粉的收集为废 CRT 拆解回收的技术重点之一。《废弃家用电器与电子产品污染防治技术政策》指导规定，荧光屏上的荧光粉涂层可采用干法或湿法两种工艺进行清除。干法工艺有真空抽吸法、高压气流喷砂吹洗法、高压空气冲击、负压吸附刷等。湿法工艺有超声波清洗法、酸碱清洗法等方法。采用干法工艺应安装空气抽取和过滤装置，以防止荧光粉的逸散，并妥善收集荧光粉。废 CRT 中的稀土荧光粉通常与炭黑涂层、漆涂层以及铝箔涂层共存于玻璃表面，极易产生粉末飞扬，从而造成工作环境差、污染严重等问题。目前真空抽吸法是回收企业最常用的方法，通过真空抽取和过滤装置在全负压环境中防止荧光粉的逸散，实现稀土荧光粉的有效收集，以备后期回收利用。

每台 CRT 显示器中约含有稀土荧光粉 1～7 g，如按平均含有 3.5 g 计算，截至 2016 年我国累计产生的废 CRT 荧光粉已逾千吨。但目前其主要以堆存或填埋等方式处理，不仅造成宝贵稀土资源的严重浪费，还因其混有铅玻璃等毒害物质，导致严重的环境污染。

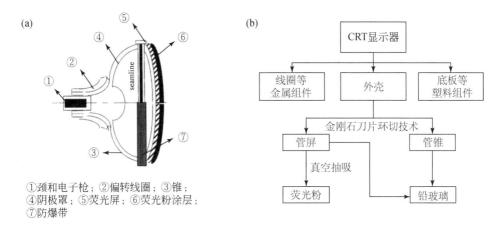

①颈和电子枪；②偏转线圈；③锥；
④阴极罩；⑤荧光屏；⑥荧光粉涂层；
⑦防爆带

图 3-1　废 CRT 结构及拆解示意图

3.1　废阴极射线管锌钇等复合硫化物再生利用现状

废阴极射线管（CRT）荧光粉一般由 ZnS 基荧光粉和硫氧化钇铕型红粉 Y_2O_2S：Eu^{3+}（YOS）及少量杂质元素（如 Al、Si、Pb 等）组成。目前，国内外针对废 CRT 荧光粉回收利用研究较少，相关文献主要采用有价金属的整体浸出、分离提纯等方法。

3.1.1　有价金属整体浸出技术

多数研究侧重稀土元素的浸出。例如，王莲贞通过"稀酸预处理-酸浸"方法从 CRT 荧光粉中提取稀土。实验结果表明，预处理最佳工艺条件：0.8 mol/L 盐酸，温度 65℃，反应时间 2 h。在此条件下能将稀土的浸出率从 21.18%提高到 98.20%，同时减少将近 35%的杂质浸出。酸浸最佳浸出条件：5 mol/L 盐酸，反应温度 80 ℃，浸出时间 5 h，94.26%的稀土能够浸出。虽然稀酸预处理能够在一定程度上提高浸出效果，避免硫化氢毒气产生，但该工艺能耗高，反应时间长。

Resende 等通过酸浸方法，从废 CRT 荧光粉中浸出 Y 和 Eu 两种稀土元素。实验考察了酸试剂种类、酸样比、浸出时间、反应温度和固体百分比对浸出效果的影响。结果表明：在酸样比 1500 g/kg、固体百分比 20%、反应温度 25℃、硫酸酸浸 1.5 h 条件下，96%的 Y 和 Eu 能够浸出。实验能达到较高的浸出效率，并且反应温度低、能耗小，但是硫酸浓度过高，操作危险且没有关注反应过程中的环境污染问题。Resende 等进一步研究了浓硫酸酸浸工艺（如图 3-2 所示），并对反应过程中的反应机理做了初步分析。实验结果显示：最佳实验条件为固体百分比 10%，500 r/min 搅拌速度机械搅拌 1 h，酸样比 1250 g/kg，在 25℃下反应 15 min，Y 和 Eu 的浸出率分别达到 98%和 96%，同时通过对浸出渣 XRD 分析，发现 Y 和 Eu 都是以离子形状态存在于浸出液中，同时会有 H$_2$S 气体放出。该工艺能在较低能耗条件下取得较高的浸出率，但是时间较长、工艺步骤复杂，且产生毒性气体。

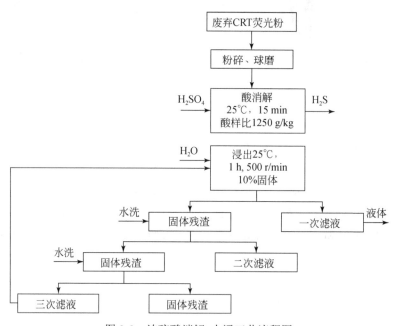

图 3-2　浓硫酸消解-水浸工艺流程图

Innocenzi 等采用 2 mol/L 硫酸，在 70℃、固液比为 0.2 的条件下浸出废 CRT 荧光粉 3 h，并在反应中加入 10%（体积分数）的双氧水。然后加入硫化钠分别沉淀 Zn，再加入草酸沉淀 Y，Y 的草酸盐沉淀则在 600℃下煅烧 1 h 成氧化物形式。实验结果表明，废 CRT 荧光粉中 95%的 Y 能够浸出，且煅烧后获得的氧化钇的纯度也高达 95%。相较于 Resende 等的工艺效果而言，Innocenzi 等回收工艺仅局限于浸出，而且除杂较彻底，还能得到纯度较高的氧化钇，但存在反应温度高、时间长等不足。Innocenzi 等也通过采用 22 全因子设计方法用硫酸酸浸 CRT 荧光粉中 Y 和 Zn，最佳实验条件：2 mol/L 硫酸，10%（体积分数）双氧水，10% 矿浆密度，70℃，浸出时间 3 h。浸出液中 Y 和 Zn 的平均浓度分别为 0.67 g/L 和 0.59 g/L。采用方差分析法分析 Na$_2$S 和 pH 值对 Y、Zn 沉淀的影响，当 pH≤2.5，Na$_2$S 为 8%～12%（体积分数）时，在沉淀锌时，能使钇的损失降到最低，且 75%～80%的 Y 能通过该工艺进行回收。

微生物浸出金属是一种极其环保的方法，但是其浸出速度偏慢，目前有从 CRT 废物中浸出重金属的研究，如 Pant 等利用 *Serratia plymuthica* 和乙二胺四乙酸（EDTA）从 CRT 废物中浸出铅、钡、镉等重金属且效果不错。Diniz 等采用 *S. polycystum* 从金属体系中回收 Eu，实验结果表明：在 pH=4 时，该细菌对 Eu 具有较高的亲和性，吸附容量最大值为 0.41 mmol/g。因此从环保角度考虑，采用微生物从废 CRT 荧光粉中回收金属是一种不错的选择，但是吸附能力强的专有微生物难以培养，目前来说，难以实现大规模应用。

目前，总体而言，采用酸浸工艺从废 CRT 荧光粉中回收稀土、锌、铝是最好的选择，因为酸浸步骤操作简单、能耗较低、处理量大、处理时间较短。但是该工艺也有不足之处，试剂消耗大，这需要通过探索相关反应条件尽量少消耗试剂；另一个就是容易产生有毒性的气体，这可以通过加入一些氧化性强的化学试剂予以消除。

3.1.2　分离纯化与稀土再生技术

废 CRT 荧光粉经有价金属整体浸出后，不仅含有稀土 Y 和 Eu，同时含有大量 Al、Zn 等杂质元素。因而需通过有机溶剂萃取、草酸沉淀等步骤进一步去除杂质元素，以获得纯度高的再生稀土产品。

例如，王志颖采用"酸液浸出-有机溶剂沉淀除杂-草酸沉淀"联合法从废 CRT 荧光粉中回收稀土 Y。首先，采用 HCl 浸出废 CRT 荧光粉，获得稀土浸出液，当 HCl 浓度为 5 mol/L、固/液比为 1：50 g/mL 时，在 100℃下搅拌 6 h，废 CRT 荧光粉中稀土 Y 的浸出率达 91.8%；然后，选择邻二氮杂菲为沉淀除杂剂，用于除去浸出液中锌离子，当废 CRT 荧光粉与邻二氮杂菲的用量比为 1：1.2 g/g，调节酸浸液的 pH 值为 6.0，能有效去除浸出液中 Zn^{2+}；最后，通过草酸沉淀-高温煅烧回收稀土氧化钇，草酸用量为稀土元素总量的 110% 时，能使稀土完全沉淀，并在 900℃煅烧 2 h 生成氧化钇，再生氧化钇的纯度为 92.6%，其回收率为 79.8%。该工艺会存在产生硫化氢等毒害气体，且稀土 Y 的回收率偏低。

Dexpert-Ghys 等采用"基本反应+热处理"和"酸性反应+热处理"从废 CRT 荧光粉中再生了 Y_2O_3：Eu^{3+}。再生的红粉 Y_2O_3：Eu^{3+}能用于无汞的领域，但是与商业粉相比，其激发效率只有 30%。此工艺是把红粉再处理后形成新的红粉，但是随着红粉的更新换代，以 Y_2O_3：Eu^{3+}为红粉的领域逐渐缩小，这是一种不可取的处理方法，特别是反应要在高于 1000℃的高温下进行，不仅能耗过高，而且操作不安全，工业化可能性低。

Forte 等针对废 CRT 荧光粉，开发了煅烧+有机酸浸出的回收工艺。首先，对废 CRT 荧光粉进行氧化煅烧，煅烧温度为 850℃，时间为 10～20 min。该条件下

YOS 转化为稀土氧化物；ZnS 有 74%转化为 ZnO，8%转化为 Zn_2SiO_4，以及部分非 ZnS 物相；硫转化为 SO_2 气体。对煅烧产物进行两段有机酸浸出，第一段采用醋酸浸出 Zn，第二段采用甲磺酸浸出稀土 Y 和 Eu。研究表明，煅烧温度越高，Zn_2SiO_4 的产率越高，越不利于第一段 Zn 的浸出。Zn 浸出过程中，酸浓度、固液比和时间对浸出率影响不大，在醋酸浓度为 10 mol/L、液固比为 10 mL/g、室温、浸出 2 h 条件下，Zn 的浸出率可达 80%左右，稀土 Y 和 Eu 也有 15%左右被同步浸出。

针对上述浸出渣，采用甲磺酸进行稀土浸出，在酸浓度为 1 mol/L、液固比为 20 mL/g、温度为 90℃、浸出时间为 24 h 的条件下，稀土 Y 和 Eu 的浸出率均可达 90%左右，同时有近 30%的 Zn 被同步浸出。最后采用草酸进行稀土沉淀回收，获得再生稀土产品纯度大于 99%，稀土的综合回收率约 75%。该工艺采用绿色有机酸作为浸出剂，分别对 Zn 和稀土进行浸出回收，为废 CRT 荧光粉的回收提供了绿色回收指导。但该过程采用高温煅烧导致能耗较高，且产生的 SO_2 需进行尾气处理；Zn 浸出过程中稀土损失严重，导致稀土综合回收率低；Zn 的选择性浸出分离率仅 80%，一方面影响 Zn 回收率，同时对回收稀土的纯度造成了一定影响。

3.2　物料特性及其分析表征

废 CRT 荧光粉由江西某企业提供，其主要从彩色 CRT 电视机及 CRT 电脑显示器中回收获得，成分复杂、杂质较多。废 CRT 荧光粉回收前端工艺流程如图 3-3（a）所示，首先对废 CRT 设备进行管屏和管锥的自动切割，进而采用真空抽吸法吸取屏幕内侧的废 CRT 荧光粉涂层。

如图 3-3（b）所示，经真空抽吸获得的废 CRT 荧光粉外观呈黑色，同时混有玻璃碎片、银白色铝屑等杂质。图 3-3（c）为废 CRT 荧光粉 XRD 分析结果，可见其主要成分为 Y_2O_2S：Eu^{3+}（YOS）、ZnS、SiO_2、Al 及 C。其中，YOS 和 ZnS 为 CRT 荧光粉的主要组成，SiO_2 为回收过程中引入的废玻璃，Al 和 C 分别为 CRT 制备过程中与荧光粉涂层共同附着于屏幕上的铝涂层和炭黑涂层。

表 3-1 为废 CRT 荧光粉 XRF 分析结果，以 XRD 结果及废 CRT 荧光粉成分特性为参考，对 XRF 结果进行优化调整。其中，将 Y 以 Y_2O_2S 形式进行标定，Eu 以氧化物形式标定，二者相加获得 YOS 的质量分数；将 Zn 以 ZnS 形式进行标定；将 Al 以单质形式进行标定；其他组分均以氧化物形式进行标定。由表 3-1 可知，废 CRT 荧光粉主要成分为 YOS 和 ZnS，各占总成分的 24.11%和 48.02%，主要杂质成分为 SiO_2、PbO、Al、K_2O、BaO、SrO、CaO，同时含有 Fe_2O_3、Co_3O_4

等微量杂质。鉴于废 CRT 荧光粉成分复杂，且含有大颗粒的玻璃等大量杂质成分，需对其进行预处理，去除主要大颗粒杂质。

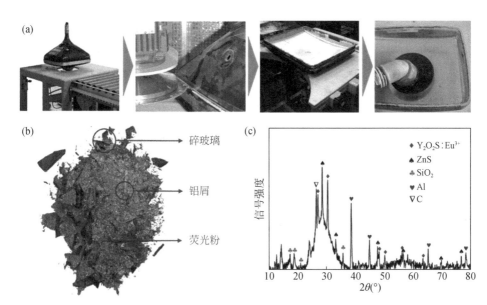

图 3-3　（a）废 CRT 设备自动切割及荧光粉收集工艺示意图；（b）废 CRT 荧光粉实物图片；（c）XRD 分析

表 3-1　废 CRT 荧光粉化学成分组成［XRF，质量分数（%）］

化学组成	YOS	ZnS	SiO$_2$	PbO	Al	K$_2$O	BaO	SrO
质量分数	24.11	48.02	7.86	4.86	10.5	1.04	0.945	0.940
化学组成	CaO	Fe$_2$O$_3$	Sb$_2$O$_3$	Co$_3$O$_4$	MgO	TiO$_2$	CdO	其他
质量分数	0.437	0.366	0.241	0.216	0.131	0.098	0.045	0.191

1. 废 CRT 荧光粉的筛分预处理

回收获得的废 CRT 荧光粉主要杂质成分为大块玻璃和易于飞扬的铝箔片。因此，本书首先对废 CRT 荧光粉进行筛分预处理，以去除大部分大块杂质，实现废 CRT 荧光粉的初级富集。实验中称取 150 g 废粉，采用分级筛分法对废 CRT 荧光粉进行分级筛分，操作示意图如图 3-4 所示。分别选用 20 目、60 目、100 目、200 目、300 目和 400 目标准筛，将其按筛网孔径从大到小依次套在一起，上下分别加上筛盖和筛托。将 150 g 废 CRT 荧光粉置于 20 目筛中，经充分摇晃筛分后分别收集各筛网上残留废料。

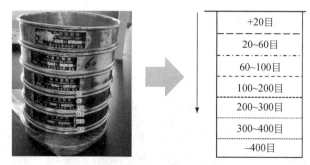

图 3-4 分级筛分示意图

表 3-2 为各级筛分产物的质量分配情况，筛分过程中由于挂筛、飞扬等原因损失 2.88 g（2.2%）。由表 3-2 可知，51%废 CRT 荧光粉可通过 400 目筛网收集；26.6%为留在 20 目筛网上的大颗粒；其他目数筛网中废料含量较低，且随着筛网孔径的减小质量占比逐渐减小。

表 3-2 各级筛分废料质量占比

目数（目）	+20	20～60	60～100	100～200	200～300	300～400	-400
质量（g）	39.2	13.2	7.5	6.8	3.4	1.92	75.1
质量分数（%）	26.6	9.0	5.1	4.6	2.3	1.3	51.0

分别对各级筛分废料进行了拍照，如图 3-5 所示。可以看出，20 目筛网上的

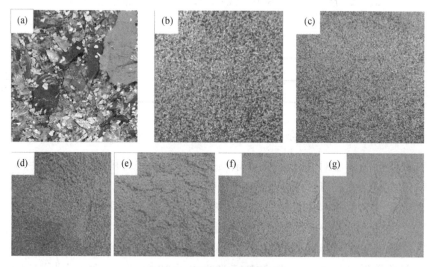

图 3-5 各级筛分废料照片

（a）+20 目；（b）20～60 目；（c）60～100 目；（d）100～200 目；（e）200～300 目；（f）300～400 目；
（g）-400 目

废料主要为较大尺寸的玻璃及铝箔（银白色薄片），20～60 目产物中玻璃体积减小，同时被大量的铝箔覆盖；对 60～100 目及 100～200 目产物观察可知，整个筛上物表面形态为片状、颜色银白发亮，同时筛分过程中出现明显的飞扬现象，可推测其中仍含有较多铝箔；观察 200～300 目、300～400 目及 >400 目产物，发现片状物逐渐消失，颜色变暗，飞扬现象减少甚至消失，同时，粉状物明显增加，推测其主要成分为废 CRT 荧光粉。

2. 各级筛分废料的成分含量测定

分别对 20～60 目、60～100 目、100～200 目、200～300 目、300～400 目、>400 目产物进行 XRD 及 XRF 分析。由于 20 目筛上物主要成分为较大粒径玻璃、铝等杂质，故不进行成分分析。图 3-6 为废 CRT 荧光粉主要成分在各级筛分废料中的质量占比（X_i/%）分布情况，其计算方法如式（3-1）所示。

$$X_i = \frac{\mathrm{wt}_{i,j} \times m_j}{\sum_{j=1}^{n} \mathrm{wt}_{i,j} \times m_j} \tag{3-1}$$

式中，$\mathrm{wt}_{i,j}$ 为成分 i 在第 j 级（如 200～300 目）筛分废料中所占的质量百分比；m_j 为第 j 级废料的质量（见表 3-2）；n 为筛分的总级数，此处 $n=6$。

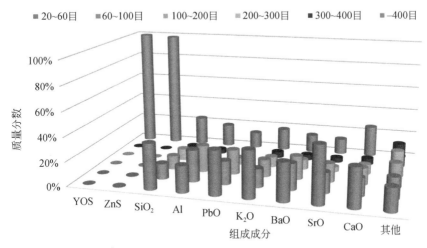

图 3-6　废 CRT 荧光粉主要成分在各级筛分废料中的质量占比分布情况

由图 3-6 可知，随着筛网目数的增加，杂质去除率不断增高，而 CRT 荧光粉的主要有价成分不断富集。经 400 目筛分，废 CRT 荧光粉中的稀土组分 YOS 回收率可达 99.6% 以上，ZnS 的回收率可达 98.5%；废 CRT 荧光粉中主要杂质 SiO₂（玻璃）在 400 目筛分情况下去除率高达 76.2%，Al 去除率高达 81.2%，PbO、K₂O、

BaO、SrO、CaO 及其他微量杂质的去除率分别为 86.6%、81.6%、85.2%、87.0%、74.1%和98.8%。因此，通过 400 目筛分预处理，废 CRT 荧光粉中杂质的总去除率高达 90.9%，而主要有价成分 YOS 和 ZnS 的损失率仅 1.1%，实现了废 CRT 荧光粉的初级富集。

图 3-7 为各级筛分废料 XRF 分析结果对比图。如图 3-7（a）所示，随着筛网孔径的减小，杂质 SiO_2 和 Al 的特征峰强度逐渐减弱甚至消失，而 ZnS 和 YOS 的特征峰强度呈不断增强态势。如图 3-7（b）所示，在 400 目筛网下，废 CRT 荧光粉的主要物相组成为 ZnS 和 YOS，其他杂质成分由于含量过低已无法在 XRD 结果中显示。

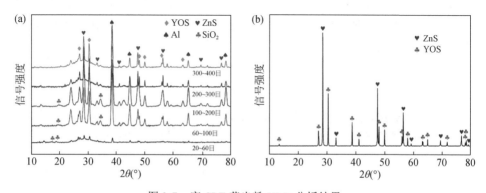

图 3-7　废 CRT 荧光粉 XRD 分析结果

（a）不同筛分级数废粉 XRD 对比；（b）400 目筛网下废粉 XRD

表 3-3 为 400 目筛网下废 CRT 荧光粉 XRF 分析结果，其中 YOS 和 ZnS 的含量分别为 30.0%和 59.5%。本节将以此筛分后废粉为实验原料开展回收工艺探索。

表 3-3　筛分预处理废 CRT 荧光粉化学成分组成（XRF）

化学组成	质量分数（%）	化学组成	质量分数（%）
YOS	30.0	CaO	0.31
ZnS	59.5	Fe_2O_3	0.29
SiO_2	4.81	BaO	0.30
PbO	1.01	SrO	0.13
Al	2.77	MgO	0.11
K_2O	0.55	其他	0.22

3.3 锌钇等复合硫化物氧化酸浸解构原理与钇铕提取技术

3.3.1 硫酸体系解构提取钇铕过程调控优化

本节实验采用盐酸、硫酸和硝酸等 3 种无机酸。它们在浸出过程中的现象有所差异，如图 3-8 所示，加入盐酸试剂在浸出过程中颜色变化小，比较浑浊，在反应完成后静置片刻，分层较明显，上层澄清，下层为反应后的较大颗粒的荧光粉残渣；加入硫酸试剂在浸出过程中，浸出液浑浊，上层会出现大量悬浮物；加入硝酸试剂在浸出过程中，悬浮物减少，但会产生淡红棕色二氧化氮气体。

图 3-8 不同酸试剂浸出现象

（a）盐酸；（b）硫酸；（c）硝酸

它们在浸出中均会产生具有强烈刺激性气味的硫化氢气体，其反应方程式如下：

$$ZnS+H_2SO_4 \rightleftharpoons ZnSO_4+H_2S\uparrow \qquad (3\text{-}2)$$

$$ZnS + 2HNO_3 \rightleftharpoons Zn(NO_3)_2 + H_2S\uparrow \qquad (3\text{-}3)$$

$$ZnS+2HCl \rightleftharpoons ZnCl_2+H_2S\uparrow \qquad (3\text{-}4)$$

$$Y_2O_2S+6HCl \rightleftharpoons 2YCl_3+2H_2O+H_2S\uparrow \qquad (3\text{-}5)$$

$$Y_2O_2S+3H_2SO_4 \rightleftharpoons Y_2(SO_4)_3+2H_2O+H_2S\uparrow \qquad (3\text{-}6)$$

$$Y_2O_2S+6HNO_3 \rightleftharpoons 2Y(NO_3)_3+2H_2O+H_2S\uparrow \qquad (3\text{-}7)$$

$$4HNO_3 \rightleftharpoons 4NO_2+O_2+2H_2O \qquad (3\text{-}8)$$

图 3-9 是选酸实验中，不同酸试剂在相同浸出条件下，废 CRT 荧光粉中主要金属元素的浸出效率。由图可知，浸出剂采用硫酸和盐酸时，Y、Eu、Zn、Al 等 4 种元素在前 30 min 随着反应时间的延长，浸出率增加较快，但是在 30 min 后，稀土增加率变缓，Zn 和 Al 的浸出率趋于稳定；而当浸出剂采用硝酸时，Y、Eu、Zn、Al 元素在前 30 min 浸出率增加较快，但是在 30 min 后，各元素的浸出速率

迅速下降然后逐渐趋于稳定,其原因为:65℃,硝酸发生热分解,不再为反应提供氢离子,且分解产生的气体会在一定程度上抑制各元素的浸出。另外,由于 Y 与 Eu 都是稀土元素,性质比较接近,在浸出中的浸出率十分类似。相较于盐酸,硫酸对稀土 Y 和 Eu 的浸出率更高,对 Zn 元素的浸出率较低,这是由于同物质的量的硫酸提供的氢离子是盐酸和硝酸的 2 倍。考虑到稀土回收价值和意义远远高于 Zn,因此,确定酸试剂为硫酸。

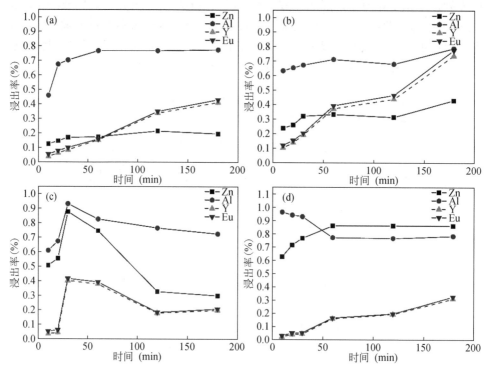

图 3-9 不同酸试剂及不同浓度下废 CRT 荧光粉中 Y、Eu、Zn、Al 浸出率

(a) 1.5 mol/L 硫酸; (b) 3 mol/L 硫酸; (c) 3 mol/L 硝酸; (d) 3 mol/L 盐酸

3.3.1.1 硫酸体系解构工艺参数优化

采用"硫酸+双氧水"体系,通过考察酸浓度、双氧水加入量、反应温度、反应时间和液固比对稀土等主要金属元素浸出率的影响,确定最优的浸出条件,并对反应过程进行分析。

1. 硫酸浓度对主要金属元素浸出的影响

在选酸实验中，当硫酸浓度由 1.5 mol/L 变为 3 mol/L 时，Y、Eu、Zn 等 3 种金属元素的浸出率均会不同程度地上升。如在浸出 3 h 后，Y 和 Eu 从 40% 增加到 70%，Zn 从 15% 增加到 40%。尽管硫酸浓度变化对 Al 的浸出率影响较小，但是综合看来，可以清楚地看出硫酸浓度对废 CRT 荧光粉的浸出有明显的影响。因此，可以推断硫酸浓度是影响废 CRT 荧光粉浸出的一个重要因素。如图 3-10 所示，当硫酸浓度从 1 mol/L 增加到 3 mol/L 时，Y、Eu、Zn 金属元素的浸出率分别从 13%、11%、10% 分别增加至 56%、55%、40%，这是由于高浓度的硫酸能够为反应提供更多的氢离子，增加了反应动力，增加了金属元素的浸出率。当硫酸浓度高于 3 mol/L 后，这 3 种金属元素的浸出率趋于稳定，这是因为，一方面，高浓度的硫酸，尽管溶液中氢离子浓度显著增多，但是相较于低浓度硫酸等体积溶液中，导致浸出的金属离子向外扩散的阻力变大，限制了金属元素的浸出；另一方面，产生的气体在密闭的容器中也会限制金属元素的浸出，从而降低了这 3 种元素的浸出率。对于 Al 元素，其浸出率一直在 90% 左右，原因有两点：①Al 在荧光粉中的质量轻，而且较分散，易与硫酸反应；②Al 元素与硫酸的反应活泼性高于其他 3 种金属。综合比较，确定最佳硫酸浓度为 3 mol/L。

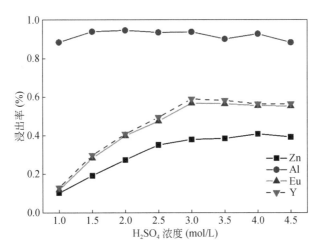

图 3-10 不同硫酸浓度下废 CRT 荧光粉中 Y、Eu、Zn、Al 浸出率

2. 双氧水/硫酸对主要金属元素浸出的影响

废 CRT 荧光粉在硫酸酸浸的过程中，硫酸与 Y_2O_2S 和 ZnS 反应会释放出大量的具有臭鸡蛋气味的 H_2S 气体。H_2S 气体是一种剧毒物质，随意排放不仅会损

害环境，而且会损害人体健康。由于 H_2S 中的硫元素是-2 价，因此可考虑将其在浸出过程中予以氧化，不生成高毒性的 H_2S 气体。在此实验部分，我们采用了常用的试剂——双氧水作为酸浸反应的氧化剂，为便于计量，用双氧水与 3 mol/L 硫酸的体积比来衡量不同量的双氧水加入后的效果，如图 3-11 所示。随着双氧水加入量的增加，Y、Eu、Zn、Al 元素的浸出率也会相应地增加，但是 Y 和 Eu 这两种金属元素在 H_2O_2/H_2SO_4 (V/V) 由 0.01 增加到 0.04 时，Y 和 Eu 的浸出率分别从 47%、49%增加至 99.43%和 100%，在加入体积比为 0.05 后，它们的浸出率都维持在 100%；H_2O_2 的加入量也会促进 Zn 和 Al 的浸出，当 H_2O_2/H_2SO_4 (V/V) 的体积比从 0.01 增加至 0.15 时，Zn 浸出率从 17%增加至 90%左右；但对于 Al 元素，其浸出率尽管会随着双氧水加入量的增加而增加，但是浸出率增加速度明显低于 Zn、Y、Eu 这 3 种金属元素，而且在加入体积比低于 0.075 时，浸出率增加速度较快，高于此值后，Al 浸出率增加速度显著减慢。

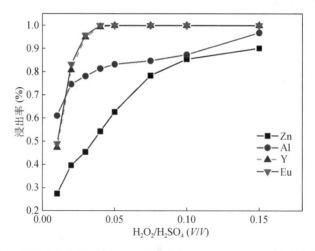

图 3-11　双氧水加入量对废 CRT 荧光粉中 Y、Eu、Zn、Al 浸出率的影响

通过对 H_2O_2/H_2SO_4 (V/V) 为 0.01、0.04、0.1 的浸出渣进行 XRD 分析，如图 3-12 所示。随着双氧水量的增多，一方面，ZnS 和 Y_2O_2S : Eu^{3+} 含量不断减少，当 H_2O_2/H_2SO_4 (V/V) 为 0.04 时，浸出残渣中无稀土元素，其已完全浸出，并且加入双氧水后也有利于 Zn 浸出；另一方面，S 单质随着双氧水含量的增加而不断增加，这说明 ZnS 和 Y_2O_2S : Eu^{3+} 均与 H_2SO_4 发生了反应，并且产生的 H_2S 气体大部分被氧化成 S 单质，这更有利于金属的浸出，其可能发生的反应式如下：

$$2Y_2O_2S:Eu^{3+} + 9H_2SO_4 + 8H_2O_2 \longrightarrow$$
$$2Y_2(SO_4)_3 + Eu_2(SO_4)_3 + 14H_2O + 2S\downarrow + 3O_2 + 6H^+ \tag{3-9}$$

$$ZnS + H_2SO_4 + H_2O_2 \longrightarrow ZnSO_4 + 2H_2O + S\downarrow \qquad (3\text{-}10)$$

鉴于稀土元素在 $H_2O_2/H_2SO_4(V/V)$ 为 0.04 时就能完全浸出，而 Zn 和 Al 也能有效浸出。因此，确定 $H_2O_2/H_2SO_4(V/V)$ 为 0.04。

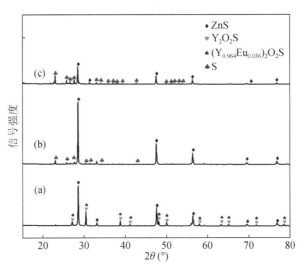

图 3-12　不同 $H_2O_2/H_2SO_4(V/V)$ 下废 CRT 荧光粉酸浸渣 XRD 分析图

（a）H_2O_2/H_2SO_4=0.01；（b）H_2O_2/H_2SO_4=0.04；（c）H_2O_2/H_2SO_4=0.1

3. 反应温度对主要金属元素浸出的影响

图 3-13 为反应温度对废 CRT 荧光粉主要金属元素浸出的影响，由图可知，

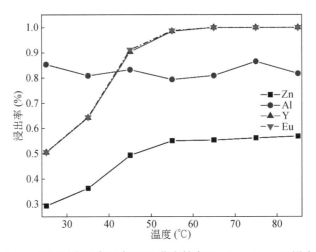

图 3-13　不同反应温度下废 CRT 荧光粉中 Y、Eu、Zn、Al 浸出率

随着温度增加，Y、Eu、Zn 浸出率不断增加，当温度超过 55℃，它们浸出率分别维持在 99%、99%、55%左右，而后浸出率随温度增加的变化较小，但是温度变化对 Al 浸出影响较小，其浸出率始终维持在 80%左右。其原因是温度增加，为酸浸反应提供了更大的反应动力，有利于 Y、Eu、Zn 的浸出，当温度超过一定数值，随着硫酸消耗以及挥发，会降低浸出率增加的幅度，因为 Al 的绝对含量较少，且又混杂在 ZnS 和 Y_2O_2S ：Eu^{3+} 之中，所以浸出率基本不随温度变化。提高温度能促进金属元素浸出，但增幅偏小；且会增加反应能耗，提高回收成本。因此，确定最佳温度为 55℃。

4. 反应时间对主要金属元素浸出的影响

将反应时间作为变量，固定其他因素，考察反应时间对废 CRT 荧光粉中金属元素浸出的影响，如图 3-14 所示。当反应时间从 15 min 延长至 60 min 时，Y、Eu、Zn 等 3 种金属元素的浸出率增加速率较快，分别从 60%、63%、33%增长到 97.4%、100%、56%，但 Al 浸出率的增加幅度较小，仅增加 20%～30%左右；当浸出时间大于 60 min 后，一方面，单位体系中能有效与金属反应的氢离子浓度不断降低，另一方面，浸出反应已逐步接近平衡反应，故 Y、Eu 的浸出率维持在一定数值，而对于 Zn、Al 的浸出率略微降低，则是由于反应平衡向左移动。当反应时间为 60 min 时，稀土浸出效果趋于稳定，而 Zn、Al 的浸出率也趋于平衡；因此，确定 60 min 为最佳反应时间。

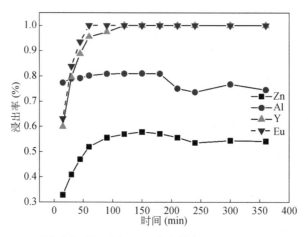

图 3-14 不同反应时间下废 CRT 荧光粉中 Y、Eu、Zn、Al 浸出率

5. 液固比对主要金属元素浸出的影响

在保持其他因素均为上述确定的最佳条件下，改变反应体系中的液固比

（10 mL/g、20 mL/g、30 mL/g、40 mL/g、50 mL/g、60 mL/g），考察液固比对废 CRT 浸出的影响。从图 3-15 中可以看出，对于 Y 和 Eu，当液固比从 10 mL/g 增加为 20 mL/g 时，它们的浸出率分别从 49%、51% 急剧地增加到 95%、100%，在这一液固比后，稀土均能 100% 浸出；对于 Zn，液固比为 40 mL/g 之前，其浸出率随着液固比的增加而快速增加，此后浸出率反而略微下降；对于 Al 元素，液固比在 10~40 mL/g 之间，其浸出率基本维持在 75% 左右，当超过这一液固比数值后，其浸出率会逐步下降。Y、Eu、Zn 浸出率随着液固比增加而增加，这是因为液固比大的溶液中氢离子总数多，与废荧光粉接触面积大，更有利于酸浸反生，但当超过一定数值后，溶液体积大，搅拌不均匀，会降低浸出率。因此，选择 20 mL/g 为最佳液固比。

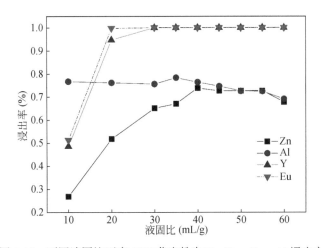

图 3-15　不同液固比下废 CRT 荧光粉中 Y、Eu、Zn、Al 浸出率

3.3.1.2　硫酸体系解构产物分析表征

最佳双氧水+硫酸浸出工艺参数为：酸试剂为 3 mol/L 硫酸，加入的双氧水与加入的硫酸体积比为 0.04，反应温度为 55℃，反应时间为 60 min，液固比为 20 mL/g。做 3 组平行的最佳因素浸出实验，Y、Eu、Zn、Al 的平均浸出率分别为 98.76%、100%、45% 和 80%。从图 3-16 可知，最佳酸浸条件下所获浸出渣的 XRD 的主峰已发生改变，从原粉中的 Y_2O_2S 变为 ZnS，且 Y_2O_2S 的峰强较小，这可以进一步说明废 CRT 荧光粉中的 Y 和 Eu 基本完全浸出；在最佳酸浸条件下，有 S 单质生成，这说明在双氧水的氧化作用下，Y_2O_2S 和 ZnS 中的硫离子能在生成硫化氢气体的过程中转化为沉淀，能够极大程度地减少有毒的硫化氢气体的产生，进而减轻对环境的有害影响；在最佳浸出条件下，Zn 的浸出率并不是

很高，这可能是由于反应大量生成的硫沉淀包裹 ZnS 颗粒，造成反应缺乏足够的扩散动力。

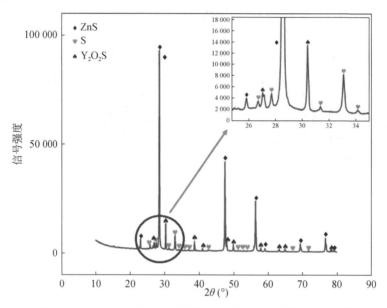

图 3-16　废 CRT 荧光粉在最佳浸出条件下浸出渣的 XRD 图谱

通过比较图 3-17 中原粉和最佳酸浸条件下的酸浸渣的 SEM 图，可以发现，

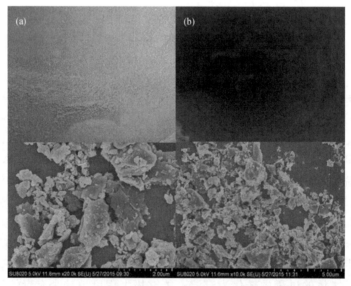

图 3-17　最佳双氧水+硫酸浸出工艺下所获浸出渣的 SEM 图

（a）原粉；（b）浸出渣

在 CRT 原粉中物相十分不均匀，块状体积比较大，但是在经过硫酸和双氧水体系浸出反应后，物相变得较分散均匀，但是会聚集成较小的块状，这是由于反应生成的硫沉淀包附在颗粒外面，形成固体层膜，导致反应进行缺乏必要的扩散动力，无法进一步进行酸浸反应。一方面，在废粉中 ZnS 的含量远多于 Y_2O_2S，在充分球磨后，Y_2O_2S 的相对暴露面积更大，扩散更为容易，反应较为完全，因此，Y 和 Eu 的浸出率更高，另一方面，酸浸反应中仍然有少部分的硫化氢气体产生，也会抑制酸浸反应的继续进行，因而，Zn 的浸出率较低。对于 Al 元素，因为其含量极少，且会有一部分会被包裹在 ZnS 中，因此，不会完全浸出。

3.3.2　盐酸体系解构提取钇铕过程调控优化

3.3.2.1　浸出体系探究

设计 6 种浸出体系，分别为 4 mol/L HNO_3、2 mol/L H_2SO_4、2 mol/L H_2SO_4+1 mol/L H_2O_2、4 mol/L HCl、4 mol/L HCl+1 mol/L H_2O_2 以及 H_2O_2，在室温下中速搅拌 12 h。对比分析这 6 种体系对 YOS 的浸出效果。由图 3-18 所示，单独 HNO_3、H_2SO_4、HCl 及 H_2O_2 的浸出效果不佳，稀土的总浸出率分别为 2%、15%、2.5% 和 11.5%；H_2SO_4+H_2O_2 的浸出体系能有效浸出 YOS，稀土 Y 和 Eu 的浸出率分别达到 94.5% 和 94.8%，但体系在浸出过程中产生了大量的有毒有害气体 H_2S 和 SO_2，同时反应后有黄色 S 单质沉淀产生，导致浸出过程复杂；HCl+H_2O_2 的浸出体系对稀土 Y 和 Eu 的浸出率均接近 100%，且浸出过程中不产生 H_2S、SO_2 气体和 S 单质。因此，本节选用 HCl+H_2O_2 的氧化浸出体系，开展 YOS 中稀土的浸出研究。

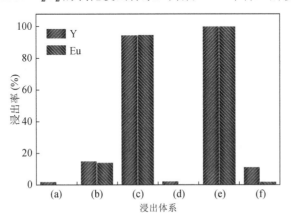

图 3-18　不同浸出体系溶解 YOS

(a) 4 mol/L HNO_3；(b) 2 mol/L H_2SO_4；(c) 2 mol/L H_2SO_4+1 mol/L H_2O_2；(d) 4 mol/L HCl；
(e) 4 mol/L HCl+1 mol/L H_2O_2；(f) H_2O_2

3.3.2.2　盐酸体系解构工艺参数优化

采用"盐酸+双氧水"体系，通过考察搅拌速度、温度、时间、盐酸浓度、双氧水浓度以及氯离子浓度对稀土等主要金属元素浸出率的影响，确定最优的浸出条件，并对反应过程进行分析。

1. 搅拌速度对稀土浸出的影响

固定实验条件为：温度为室温，HCl 浓度为 4 mol/L，H_2O_2 浓度为 0.75 mol/L，时间为 90 min，液固比为 40 mL/g。分别探索了搅拌速度为 0、300 r/min、600 r/min、900 r/min 和 1200 r/min 条件下对 YOS 荧光粉中稀土浸出率的影响，结果如图 3-19 所示。搅拌对 YOS 荧光粉浸出具有显著的影响。在不搅拌条件下，稀土 Y 和 Eu 的浸出率在 90 min 时分别为 45.3%和 44.5%。同时，在不搅拌条件下，随着反应进行一段时间后，通过醋酸铅试纸检测发现，浸出过程产生 H_2S 毒害气体，不符合绿色化学的理念。而在搅拌条件下，Y 和 Eu 的浸出率大大提高，在 90 min 时均接近 75%，且搅拌条件下无 H_2S 气体产生，醋酸铅试纸检测未发生颜色变化。

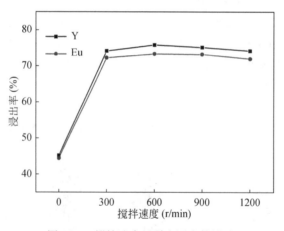

图 3-19　搅拌速度对稀土浸出的影响

另一方面，搅拌速度的变化对稀土 Y 和 Eu 的浸出率影响不明显。从图 3-19 可知，当搅拌速度由 300 r/min 提高到 600 r/min 时，稀土 Y 和 Eu 的浸出率有小幅度提升，分别由 74.2%和 72.3%提高到 75.9%和 73.4%；当搅拌速度由 600 r/min 提高到 900 r/min 时，稀土 Y 和 Eu 的浸出率基本不变；进一步提高搅拌速度至 1200 r/min，稀土 Y 和 Eu 的浸出率均出现小幅度降低，分别为 74.2%和 72.1%。

搅拌可有效提高反应体系中固体颗粒与溶液的接触效率，同时保证浸出溶液不同区域溶液组分及浓度的均匀性。因此，在不搅拌条件下，接近固体颗粒部分的 HCl 与 H_2O_2 因反应消耗导致浓度降低，而远离固体颗粒部分浸出剂浓度较高。故而在反应一段时间后，由于局部 H_2O_2 浓度降低，导致 YOS 直接与 HCl 反应产生 H_2S 产生。Adebayo 和 Antonijevic 均在研究硫化矿浸出过程中提出，搅拌会加快浸出体系中 H_2O_2 的分解，分解产生的分子氧包裹于颗粒表面，阻碍了其与浸出剂的接触。因此，当搅拌速度过高时，稀土 Y 和 Eu 的浸出率出现降低趋势。考虑到稀土浸出率和能耗等因素，选用 600 r/min 为最佳搅拌速度。

2. 浸出温度对稀土浸出的影响

固定实验条件为：搅拌速度为 600 r/min，HCl 浓度为 4 mol/L，H_2O_2 浓度为 0.75 mol/L，时间为 90 min，液固比为 40 mL/g。分别探索了温度为 30℃、35℃、40℃、45℃、50℃和 55℃的条件下对 YOS 荧光粉中稀土浸出率的影响，结果如图 3-20 所示。随着温度的升高，稀土 Y 和 Eu 的浸出率明显提高。当温度由 30℃增加到 35℃时，稀土 Y 和 Eu 的浸出率分别由 77.9%和 75.9%提高到 83.1%和 82.2%；当温度增加到 40℃时，稀土 Y 和 Eu 的浸出率已达到 88.8%和 88.3%，当温度升高至 60℃时，稀土 Y 和 Eu 的浸出率增长至 95.2%和 95.0%。从图中可以看出，当温度由 30℃升高到 40℃过程中，稀土 Y 和 Eu 的浸出率呈线性上升，40℃后继续升高温度，稀土 Y 和 Eu 的浸出率上升幅度减小。

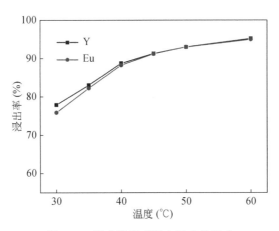

图 3-20　浸出温度对稀土浸出的影响

在湿法冶金领域，温度往往是最重要的工艺参数，温度的高低决定着反应速率的高低，温度越高，反应速率越快。Dimitrijevic 等在研究 H_2O_2 体系湿法冶金中发现，当温度高于 50℃时，H_2O_2 的分解速率将大大增加。实验过程中发现，由于加热和搅拌的双重作用，当温度高于 40℃后，体系中出现较多气泡。因此，从稀土 Y 和 Eu 的浸出率、节约能耗和 H_2O_2 的分解等方面综合考虑，选择最佳温度范围为 40～45℃，并选用 40℃进行后续实验。

3. H₂O₂ 浓度对稀土浸出的影响

固定实验条件为：搅拌速度为 600 r/min，温度为 40℃，HCl 浓度为 4 mol/L，时间为 90 min，液固比为 40 mL/g。分别探索了 H₂O₂ 浓度为 0.5 mol/L、0.75 mol/L、1.0 mol/L、1.25 mol/L、1.5 mol/L 和 2 mol/L 条件下对 YOS 荧光粉中稀土浸出率的影响，结果如图 3-21 所示。随着 H₂O₂ 浓度的升高，稀土 Y 和 Eu 的浸出率明显提高。当 H₂O₂ 浓度由 0.5 mol/L 增加到 0.75 mol/L 时，稀土 Y 和 Eu 的浸出率分别由 78.3%和 78.0%提高到 88.1%和 88.2%；当 H₂O₂ 浓度提高到 1.0 mol/L 时，稀土 Y 和 Eu 的浸出率提高到 98.6%和 98.5%。继续提高 H₂O₂ 浓度，稀土 Y 和 Eu 的浸出率增长明显减缓，当增加 H₂O₂ 浓度至 2.0 mol/L 时，稀土浸出率已接近 100%。

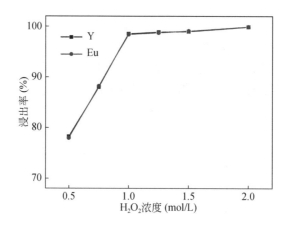

图 3-21　H₂O₂ 浓度对稀土浸出的影响

H₂O₂ 是一种绿色氧化剂，其在氧化还原反应过程中产物为 H₂O，无任何污染物产生。在无 H₂O₂ 存在条件下，HCl 对 YOS 中稀土浸出率不足 5%，同时产生大量 H₂S 毒害气体。而仅添加 0.5 mol/L H₂O₂，稀土浸出率得到大幅度提升，同时整个反应过程未检测到 H₂S 和单质 S 产生。综合考虑稀土浸出率和成本问题，选择最佳 H₂O₂ 浓度为 1.0 mol/L。

4. HCl 浓度对稀土浸出的影响

固定实验条件为：搅拌速度为 600 r/min，温度为 40℃，H₂O₂ 浓度为 1.0 mol/L，时间为 90 min，液固比为 40 mL/g。分别探索了 HCl 浓度为 1.0 mol/L、1.5 mol/L、2.0 mol/L、2.5 mol/L、3.0 mol/L、3.5 mol/L、4.0 mol/L、4.5 mol/L 和 5.0 mol/L 条

件下对 YOS 荧光粉中稀土浸出率的影响，结果如图 3-22 所示。HCl 浓度的变化对 YOS 中稀土的浸出影响较复杂。随着 HCl 浓度的升高，稀土 Y 和 Eu 的浸出率呈现先降低后增加的趋势。当 HCl 浓度为 1 mol/L 时，稀土 Y 和 Eu 的浸出率已高达 97.7% 和 97.3%；随着 HCl 浓度的升高，稀土 Y 和 Eu 的浸出率缓慢下降；当 HCl 浓度增加到 3.0 mol/L 时，稀土 Y 和 Eu 的浸出率降低至 93.7% 和 93.6%。随着 HCl 浓度的进一步提高，稀土 Y 和 Eu 的浸出率开始增加；在 HCl 浓度为 4.0 mol/L 时，稀土 Y 和 Eu 的浸出率增长至 98.6% 和 98.5%；继续增加 HCl 浓度至 4.5 mol/L 后，稀土 Y 和 Eu 的浸出率接近 100%。

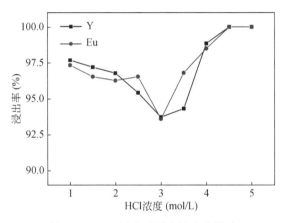

图 3-22　HCl 浓度对稀土浸出的影响

在实验过程中发现，当 HCl 浓度低于 3.5 mol/L 时，有不同价态硫产物产生，如 H_2S 和 S 单质。由于在低 HCl 浓度下，产生较多 S 单质，包裹在未反应的固体颗粒表面，阻碍了反应的进行，故而出现浸出率不稳定且有下降趋势。当 HCl 浓度高于 4.0 mol/L 时，反应过程不再产生 S 单质，浸出反应进行顺利，故而其浸出率升高。综合考虑稀土 Y 和 Eu 的浸出率、成本及工艺的环保性，选择最佳 HCl 浓度为 4.0 mol/L。

5. 氯离子浓度对稀土浸出的影响

固定实验条件为：搅拌速度为 600 r/min，温度为 40℃，H_2O_2 浓度为 1.0 mol/L，HCl 浓度为 4.0 mol/L，时间为 30 min，液固比为 40 mL/g。

通过在浸出体系中添加 NaCl，考察浸出过程中氯离子浓度是否对稀土浸出有影响，为了深入研究氯离子对 YOS 的浸出影响，选择浸出时间为 30 min，而非 90 min。分别探索了氯化钠浓度为 0.25 mol/L、0.5 mol/L、0.75 mol/L、1 mol/L 和 1.25 mol/L 条件下对 YOS 荧光粉中稀土浸出率的影响，结果如图 3-23 所示。氯离子浓度对 YOS 中稀土的浸出影响不明显。随着氯离子浓度的升高，稀土 Y 和 Eu 的浸出率出现微弱的变化，变化范围在-1.5%～+1.5%以内，该变化可认为是误差范围内的浮动。可见，氯离子浓度对 YOS 中稀土浸出的影响可以忽略不计，工艺过程中无需补加 NaCl。

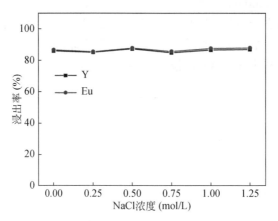

图 3-23　氯化钠浓度对稀土浸出的影响

6. 浸出时间对稀土富集废 CRT 荧光粉（ER-WCP）和纯 YOS 中稀土浸出的影响

固定实验条件为：搅拌速度为 600 r/min，温度为 40℃，H_2O_2 浓度为 1.5 mol/L，HCl 浓度为 4.0 mol/L，液固比为 40 mL/g。在前面条件实验中已经证明，YOS 中稀土 Y 和 Eu 属于同步浸出，其浸出率基本保持一致。本小节将对比分析纯 YOS 和 ER-WCP 在最佳工艺参数下稀土总浸出率随时间变化的趋势。分别探索浸出时间为 5 min、10 min、20 min、30 min、45 min、60 min、90 min 和 120 min 条件下纯 YOS 和 ER-WCP 中稀土的总浸出率随时间的变化，结果如图 3-24 所示。可以看出，随着时间的增加，纯 YOS 和 ER-WCP 中稀土的浸出率均不断增长。当浸出时间为 5 min 时，纯 YOS 中稀土的总浸出率仅为 28.6%，而 ER-WCP 中稀土的总浸出率已达 60.2%；当时间增加到 20 min 时，ER-WCP 中稀土的浸出率达到 92.5%，同时其浸出率已趋于平缓，而纯 YOS 中稀土的总浸出率在 20 min 时为 70.8%，且仍在快速增长；当时间增加到 60 min 时，ER-WCP 中稀土的总浸出率已达到 99.95%，而纯 YOS 中稀土的总浸出率在 120 min 时方可达到 99.9%。

相同浸出时间下，ER-WCP 中稀土的浸出率明显高于纯 YOS 中稀土的浸出率。该结果可主要归因于以下两种可能：①ER-WCP 中 YOS 的成分占比约 90%，比纯相 YOS 少了近 10%，从而增大了浸出反应的液固比，对稀土的浸出率产生影响；②自蔓延反应过程会产生瞬间高温，导致少量 YOS 转变为 Y_2O_3：Eu^{3+}，

而 Y_2O_3：Eu^{3+} 比 YOS 更加容易溶解于氧化酸浸体系中，故而出现 ER-WCP 中稀土的浸出效率高于纯相 YOS。

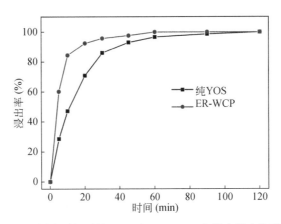

图 3-24　浸出时间对纯 YOS 和 ER-WCP 中稀土浸出的影响

通过上述分析可知，HCl+H_2O_2 氧化酸浸体系可实现 YOS 的绿色高效浸出，且搅拌速度、反应温度、H_2O_2 浓度、HCl 浓度、氯离子浓度和反应时间等因素对 YOS 中稀土 Y 和 Eu 的浸出影响作用不同。研究发现，搅拌对 YOS 浸出具有显著作用，但搅拌速度的改变对 YOS 浸出影响很小；提高反应温度、H_2O_2 浓度和延长反应时间，都能有效增加 YOS 中稀土的浸出率；随着 HCl 浓度的增加，YOS 中稀土的浸出率呈现先降低后升高的趋势；氯离子浓度对 YOS 浸出影响可忽略不计。

通过工艺参数优化，确定双氧水+盐酸浸出最佳条件为：搅拌速度为 600 r/min，反应温度为 40℃，H_2O_2 浓度为 1.0 mol/L，HCl 浓度为 4.0 mol/L。在最佳工艺条件下，当浸出时间为 60 min 时，ER-WCP 中稀土组分 Y 和 Eu 的浸出率可达到 99.95%，而纯 YOS 需要在 120 min 时方可被全部浸出。

3.3.3　钇铕复合硫化物氧化酸浸解构机理及动力学

3.3.3.1　盐酸体系氧化酸浸解构反应机理

废 CRT 荧光粉中 YOS 组分的氧化酸浸反应重点在其中负二价硫的氧化过程，实验过程中发现，其形式的变化主要归因于浸出剂 HCl 和 H_2O_2 的协同作用。当体系中只有 HCl 作为浸出剂时，反应产生大量的 H_2S，且稀土的 Y 和 Eu 的浸出率极低，分别为 2.3% 和 0.5%；当体系中只有 H_2O_2 作为浸出剂时，反应过程无 H_2S 产生，滤渣中也未发现明显单质 S 沉淀，此时稀土 Y 和 Eu 的浸出率同样不高，分别为 11.2% 和 2%。本节将对反应过程中 S 的转化过程进行定向检测，从而探讨协同氧化浸出机制。

1. 硫的产物组成分析

YOS 中负二价硫的氧化反应过程受浸出体系中 HCl 和 H_2O_2 的协同作用。在 H_2O_2 和 HCl 浓度优化过程中发现，决定体系中负二价硫的产物形式的主要影响因素是 HCl 浓度。当 H_2O_2 浓度低至 0.5 mol/L 时，体系中未检测到 H_2S 和单质 S 的产生；而当 HCl 浓度低于 4.0 mol/L 时，体系中出现复杂的含硫产物。因此，针对不同 HCl 浓度下负二价硫的转化形式，开展 S 的定向追踪分析。

1）硫酸根检测

首先在最佳工艺条件下对浸出液进行硫酸根检测，采用氯化钡沉淀法对浸出液进行硫酸钡沉淀实验。当浸出液中滴加氯化钡溶液后，产生大量白色沉淀，待沉淀完全后，过滤、洗涤并干燥。

XRD 结果显示，白色沉淀为 $BaSO_4$（PDF# 83-2053），如图 3-25 所示。称量该 $BaSO_4$ 沉淀并计算其 S 的质量，即为 YOS 荧光粉中 S 总含量。为保证实验准确性，分别采用氯化钡沉淀法计算获得了 HCl 浓度为 4.5 mol/L 和 5.0 mol/L 时浸出液中 $BaSO_4$ 沉淀的质量，并将其转化为 S 质量，其结果与最佳工艺条件（4.0 mol/L）下测试结果一致。

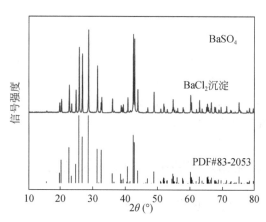

图 3-25　氯化钡法沉淀 XRD 分析

分别对不同 HCl 浓度下氧化浸出溶液进行氯化钡沉淀，获得负二价硫被氧化为硫酸根的转化率。如图 3-26 所示，随着 HCl 浓度的增加，负二价硫被氧化为硫酸根的比例不断增高。当 HCl 浓度由 1.0 mol/L 提高到 1.5 mol/L 时，硫酸根的转化率由 62% 提高到 63%，提高幅度较小；随后，随着 HCl 浓度的增加，硫酸根的转化率开始快速提高；当 HCl 浓度提高到 3.5 mol/L 时，YOS 中的负二价硫已有 98.5%转化为硫酸根；当 HCl 浓度增加到 4.0 mol/L 后，负二价硫已全部转化为硫酸根，体系中不再产生其他价态含硫产物。这也证明了在最佳工艺条件下，不仅实现了稀土的高效浸出，同时将体系中负二价硫氧化为硫酸根，避免了复杂含硫污染物的产生，实现了 YOS 的绿色浸出。

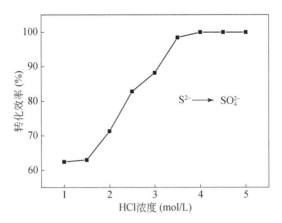

图 3-26　不同 HCl 浓度下单质硫转化效率

2）单质硫检测

采用沉淀测量法测试反应体系在不同 HCl 浓度下单质 S 的产生量。实验过程中发现，当 HCl 浓度低于 3.5 mol/L 时，浸出结束后有淡黄色沉淀产生。图 3-27 为该淡黄色沉淀的 XRD 测试结果，可见该沉淀组成为单质 S（PDF# 08-0247）。

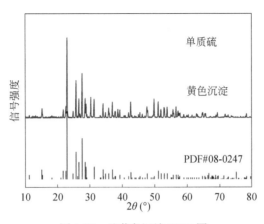

图 3-27　淡黄色沉淀 XRD 图

在不同 HCl 浓度下，浸出足够长时间，以保证 YOS 中稀土元素全部浸出，反应结束后过滤收集单质 S 沉淀，干燥后称重。图 3-28 为不同 HCl 浓度下负二价硫转化为单质硫的转化率变化情况。随着 HCl 浓度的升高，单质 S 的转化率呈现先增高后降低的趋势。当 HCl 浓度由 1.0 mol/L 提高到 1.5 mol/L 时，单质 S 的转化率由 23.1%提高到 26.3%；继续提高 HCl 浓度，单质 S 的转化率开始快速下降；当 HCl 浓度提高到 3.5 mol/L 时，仅有 1.5%的负二价硫转化为单质 S；当 HCl 浓度提高到 4.0 mol/L 时，体系中不再产生单质 S。

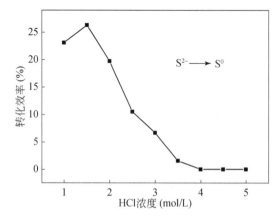

图 3-28　不同 HCl 浓度下单质硫转化效率

3）含硫气体检测

采用醋酸铅试纸检测法对体系中 H_2S 的产生进行定性分析。醋酸铅试纸是滤纸在醋酸铅溶液中经浸渍、干燥后获得的，湿润的醋酸铅试纸遇到微量的 H_2S 时，会在试纸上产生 PbS 而变为黑色，如式（3-11）所示，该反应符合强酸（硫化氢）制弱酸（醋酸）的基本规律。

$$H_2S(g)+Pb(Ac)_2(aq.) \Longrightarrow 2HAc+PbS(s) \tag{3-11}$$

图 3-29 为醋酸铅试纸检测不同 HCl 浓度下反应体系释放 H_2S 的情况。随着 HCl 浓度的增加，醋酸铅试纸变黑的程度呈现逐渐减弱的趋势。当 HCl 浓度为 1.0 mol/L 和 1.5 mol/L 时，浸出体系中产生较浓的 H_2S，检测试纸大面积变黑；当 HCl 浓度增加到 3.0 mol/L 时，醋酸铅试纸仅有小面积微弱发黄的变化；当 HCl 浓度增加到 3.5 mol/L 后，浸出体系中已无 H_2S 产生，醋酸铅试纸在不同时间点多次测试结果均未出现变黑现象。由此可定性分析出，随 HCl 浓度增加，H_2S 的产生量逐渐降低，当增加到 3.5 mol/L 时，氧化浸出体系中不再产生 H_2S。

| 1.0 mol/L | 1.5 mol/L | 2.0 mol/L | 2.5 mol/L | 3.0 mol/L | 3.5 mol/L | 4.0 mol/L | 4.5 mol/L | 5.0 mol/L |

图 3-29　不同 HCl 浓度下硫化氢的定性检测图

采用二氧化硫检测试纸对体系中是否产生 SO_2 进行定性分析。选取等体积的不同 HCl 浓度下 YOS 的浸出液，调节其 pH 在 $6.0\sim6.5$ 之间，将试纸条插入溶液中测试后与标准色对比，如图 3-30 所示。结果显示，在不同 HCl 浓度下二氧化硫检测试纸均未变色，其颜色与纯水中对比结果一致。因此，可判断该浸出体系中无 SO_2 产生。

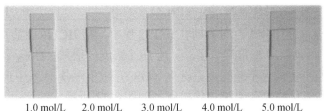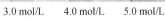

| 1.0 mol/L | 2.0 mol/L | 3.0 mol/L | 4.0 mol/L | 5.0 mol/L | 纯水 |

图 3-30　二氧化硫检测图

通过上述反应产物中硫存在形式的分析，可判断该氧化浸出体系中随 HCl 浓度的变化，YOS 中负二价硫的产物形式主要为 H_2S、单质 S 和硫酸根。基于不同 HCl 浓度下负二价硫转化为硫酸根和单质 S 的质量分数，通过质量守恒可推算出相应的 H_2S 转化率。如图 3-31 所示，随着 HCl 浓度的升高，H_2S 的转化效率呈现逐渐降低的趋势。当 HCl 浓度为 1.0 mol/L 时，反应体系产生的 H_2S 最多，占总硫量的 14.1%；当 HCl 浓度升高到 3.5 mol/L 时，负二价硫转化为硫酸根和单质 S 的质量分数分别为 98.5% 和 1.5%，刚好为 YOS 中全部 S 的含量，因此在 HCl 浓度为 3.5 mol/L 时反应体系不再产生 H_2S，这与醋酸铅试纸在 3.5 mol/L 时的检测结果保持一致。

2. 盐酸体系氧化酸浸反应机制探究

由于 HCl 本身没有氧化能力，因此，YOS 在溶解过程中负二价硫的价态升高变化主要由体系中 H_2O_2 的氧化作用导致。如式（3-12）所示，在酸性溶液中，

H_2O_2 表现出很强的氧化性，氧化还原电势为 1.77 V。

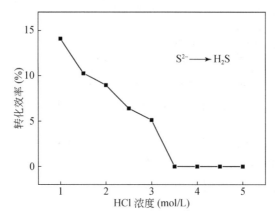

图 3-31　不同 HCl 浓度下硫化氢转化率

$$H_2O_2 + 2H^+ + 2e^- \longrightarrow 2H_2O \qquad (3-12)$$

通过对 S 的产物形态进行分析，可判断在浸出过程中，随 HCl 浓度的变化，主要存在三种产物：H_2S、单质 S 和硫酸根，且随 HCl 浓度的增加，H_2O_2 氧化能力不断增高，硫酸根的产生量也不断提高。针对 YOS 在 $HCl-H_2O_2$ 体系中反应机制提出两点假设：逐步氧化机制和直接氧化机制，如图 3-32 所示。

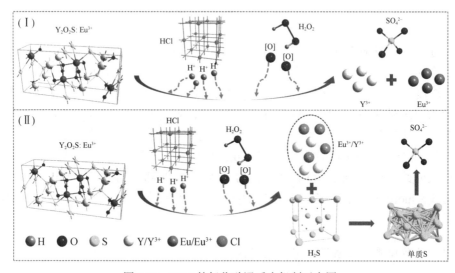

图 3-32　YOS 的氧化酸浸反应机制示意图

1) 逐步氧化机制

YOS 在 HCl-H_2O_2 体系中的浸出是由一系列基元反应组成的，如式（3-13）～式（3-15）所示。首先，YOS 与体系中酸发生反应，稀土 Y 和 Eu 转化为离子态进入溶液中，负二价硫转化为中间产物 H_2S [式（3-13）]；接着，H_2O_2 开始发挥氧化作用 [式（3-12）]，获得 H_2S 中负二价硫的电子，将 H_2S 氧化为第二种中间产物单质 S [式（3-14）]；最后，单质 S 在体系中进一步被氧化为最终产物硫酸根 [式（3-15）]。在最佳工艺条件下，H_2O_2 的强氧化作用将体系中产生的含硫中间产物最终氧化为硫酸根，避免了污染的产生。需要指出的是，在该氧化还原反应过程中，所涉及的基元反应在浸出体系中都是同时发生的，而不是按照式（3-12）～式（3-15）的顺序逐步进行的。因此在最佳工艺下，氧化酸浸过程中不会有 H_2S 和单质 S 产生。

$$Y_2O_2S:Eu+H^+ \longrightarrow Y(Eu)^{3+}+H_2O+H_2S \tag{3-13}$$

$$H_2S-2e^- \longrightarrow S^0+2H^+ \tag{3-14}$$

$$S^0+H_2O_2 \longrightarrow SO_4^{2-}+H^+ \tag{3-15}$$

2) 直接氧化机制

根据式（3-12）可知，当体系中氢离子浓度升高，则该氧化反应的电势将增加。也就是说，在 HCl-H_2O_2 的浸出体系中，随着 HCl 浓度的增高，H_2O_2 的氧化能力增强。当 HCl 浓度较低时，浸出体系的氧化能力不足，则发生副反应 [式（3-16）]，产生单质 S；当 HCl 浓度增加到 4.0 mol/L 时，浸出体系的氧化能力大大提高，将 YOS 中负二价硫直接氧化为硫酸根 [式（3-17）]。

$$Y_2O_2S:Eu+H^++H_2O_2 \longrightarrow Y(Eu)^{3+}+H_2O+S^0 \tag{3-16}$$

$$Y_2O_2S:Eu+H^++H_2O_2 \longrightarrow Y(Eu)^{3+}+H_2O+SO_4^{2-} \tag{3-17}$$

3.3.3.2　盐酸体系氧化酸浸反应动力学

YOS 的浸出属于典型的有氧化还原反应的化学溶解，反应过程中涉及稀土 Y 和 Eu 的溶出和负二价硫的氧化。动力学分析是湿法冶金过程中重要的研究手段，用于判断反应进行的速度及其影响因素（如温度、浓度）之间的关系，对控制浸出反应的速度具有重要意义。

1. 动力学分析方法

废 CRT 荧光粉中 YOS 组分的氧化酸浸过程属于典型的液-固反应，反应过程涉及固体颗粒 YOS 与溶液中两种溶剂 HCl 和 H_2O_2 之间的反应，反应生成物均为可溶性物质，其反应形式可用式（3-18）表示。

$$A(s)+B(aq) \longrightarrow P(aq) \tag{3-18}$$

固-液反应的关键在于液体反应剂与固体接触并发生反应，未反应核收缩模型是目前描述固-液反应应用最广泛且概念较为清晰简洁的模型，又称收缩核心模型。如图 3-33 所示，图中 A 为未反应核，即未发生反应的固体颗粒；B 为灰层或产物，即固体颗粒与浸出剂发生反应后在固体颗粒表面生成的产物膜或残留的疏松惰性物质层；C 为流体膜，即浸出剂的扩散层。

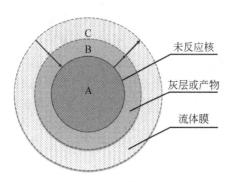

未反应核

灰层或产物

流体膜

图 3-33　未反应核收缩模型

应用未反应核收缩模型时，为简化过程，通常进行以下五点假设：①反应固体颗粒为球形，且粒径分布均匀；②反应不可逆；③反应产物外扩散速度大于或等于流体试剂的内扩散速度；④固体颗粒为致密无孔的；⑤反应热效应忽略不计。本书采用上述未反应核收缩模型进行 YOS 氧化酸浸过程的动力学分析，分析过程遵循相应的条件假设。采用未反应核收缩模型分析浸出过程，主要涉及以下步骤：

（1）外扩散 a：浸出试剂通过流体膜由溶液中扩散至固膜层；

（2）内扩散 a：浸出试剂进一步扩散通过固体膜与固体颗粒表面接触；

（3）化学反应：固体颗粒与浸出试剂接触并发生反应；

（4）内扩散 b：化学反应在固体颗粒表面形成灰层（反应产物层或浸出残留物），可溶性反应产物通过灰层扩散；

（5）外扩散 b：生成的可溶性产物扩散至溶液中。

可见，对于固-液反应体系，其反应速率主要由化学反应、外扩散、内扩散三个因素控制。

1）化学反应控制的动力学方程

化学反应为主要控制因素，其研究的重点为浸出过程固体颗粒的浸出分数与时间的关系。这种情况下，浸出过程中浸出剂及产物通过灰层及流体膜的扩散阻力很小，从而导致浸出过程受化学反应控制。对于球状颗粒，化学反应控制的动力学方程如式（3-19）所示。

$$1-(1-x)^{\frac{1}{3}}=k_1 t \tag{3-19}$$

式中，x 为固体颗粒的浸出率，%；k_1 为化学反应控制的表观反应速率常数；t 为反应时间，s。

当浸出过程受化学反应控制时，主要有以下特征：

（1）$1-(1-x)^{1/3}$ 值与反应时间 t 呈直线关系，且该直线通过零点；

（2）浸出过程速度或浸出率随温度升高而增加，依据不同温度下计算的化学反应速率常数 k_1 值，按阿伦尼乌斯方程计算获得的表观反应活化能大于 41.8 kJ/mol；

（3）浸出速度受搅拌的影响不明显。

2）外扩散控制的动力学方程

当浸出过程中生成固体产物层，且产物层与未反应层组成的固体颗粒尺寸保持基本不变时，外扩散控制的动力学方程如式（3-20a）所示。

$$x=k_2t \tag{3-20a}$$

当浸出过程产物为水溶性物质时，外扩散的动力学方程如式（3-20b）所示。

$$1-(1-x)^{\frac{1}{3}}=k_2't \tag{3-20b}$$

式中，k_2 和 k_2' 为外扩散控制的表观反应速率常数。

当浸出过程受外扩散控制时，主要有以下特征：

（1）当浸出过程不产生固体产物时，浸出率与时间的关系服从式（3-20b），该式的形式与化学反应控制的动力学方程式（3-19）相似，可见，仅通过动力学方程式不足以判断浸出过程究竟是受外扩散控制还是化学反应控制；

（2）外扩散控制的浸出过程表观反应活化能较小，约为 4～12 kJ/mol；

（3）浸出速率受搅拌速度和浸出剂浓度影响明显，提高搅拌速度、浸出剂浓度均可有效提高浸出速率；

（4）温度也能提高外扩散的速率，从而提高浸出率，但其提高的幅度远小于化学反应控制下温度对浸出率的提高幅度。

3）内扩散控制的动力学方程

当浸出过程生成固体产物层，且浸出剂或反应试剂通过产物层的扩散阻力远远大于外扩散受到的阻力，同时化学反应进行的速率很快，此时浸出过程主要受内扩散控制，又称固体产物层扩散控制。内扩散控制的动力学方程如式（3-21）所示，该式也称为克兰克-金斯特林-布劳希特因方程。

$$1-\frac{2}{3}x-(1-x)^{\frac{2}{3}}=k_3t \tag{3-21}$$

式中，k_3 为内扩散控制的表观反应速率常数。

当浸出过程受内扩散控制时，主要有以下特征：

（1）固体颗粒的粒度对浸出率的影响较明显；

（2）内扩散控制的浸出过程表观反应活化能较小，约为 4～12 kJ/mol；

（3）浸出速率受搅拌速度的影响不明显，几乎没有。

4）混合控制的动力学方程

当扩散和化学反应对浸出的阻力相近时，则属于混合控制。对于浸出过程中不存在固体产物层的情况下，混合控制的动力学模型与式（3-19）相同，这种混合控制的表观活化能介于二者之间，为 12～41.8 kJ/mol。对于浸出过程产生固体产物层，其混合动力学方程为式（3-19）～式（3-21）的总和，如式（3-22）所示。

$$\frac{b\delta}{D_s}\alpha+\frac{3br_0}{2D'}[1-\frac{2}{3}x-(1-x)^{\frac{2}{3}}]+\frac{1}{k}[1-(1-x)^{\frac{1}{3}}]=k_4t \qquad (3\text{-}22)$$

式中，δ 为边界层厚度；D_s 为液相内的扩散系数；D' 为固体产物层中的扩散系数；k 为界面化学反应速率常数；b 为化学反应中反应溶剂的计量系数；k_4 为混合控制的表观反应速率常数。

式（3-22）是一个概括性通式，当式左边其中一项的系数远大于另外两项时，其他两项可忽略不计，浸出过程受该项对应的动力学方程控制；当式（3-22）中左边三项的系数相同或相近时，浸出反应则属于混合动力学控制。

2. 盐酸体系氧化酸浸反应动力学分析

1）动力学方程的判定

搅拌速度对外扩散控制的浸出过程有显著的影响，而对化学反应和内扩散控制的浸出过程影响不明显或基本没有。可通过考察不同搅拌速度下 YOS 浸出行为，判定该氧化酸浸过程是否受外扩散控制。如图 3-34 所示，搅拌速度的变化对YOS 的浸出影响微弱，可忽略不计。因此，可以判定 YOS 在 HCl+H_2O_2 体系中的氧化酸浸过程不是受外扩散控制的。

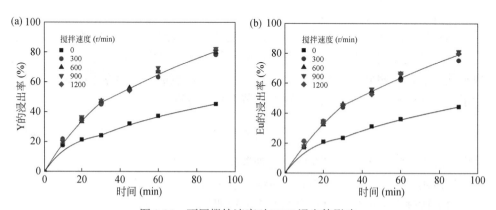

图 3-34 不同搅拌速度对 YOS 浸出的影响

（a）Y 的浸出率；（b）Eu 的浸出率

　　为进一步确定 YOS 在 HCl+H$_2$O$_2$ 体系中氧化酸浸过程的动力学方程，考察了不同温度梯度下 YOS 中稀土 Y 和 Eu 的浸出率随时间变化的规律。如图 3-35 所示，随着温度升高，YOS 的浸出率及浸出速率显著提高。通过拟合不同温度下 YOS 的浸出率随时间变化的关系，确定 YOS 在 HCl+H$_2$O$_2$ 体系中氧化酸浸过程的动力学方程。还可以看出，Y 和 Eu 的浸出率及趋势基本一致，这是由于 Y 和 Eu 均匀分布在 YOS 晶体结构中，反应过程中被同步浸出。以稀土的总浸出率为基准，对 YOS 的氧化酸浸过程进行动力学分析。

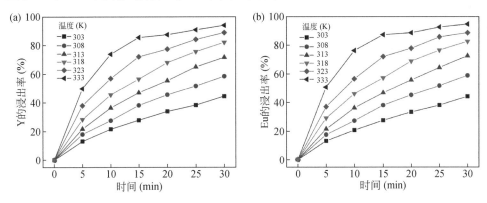

图 3-35　不同温度对 YOS 浸出的影响

（a）Y 浸出率；（b）Eu 浸出率

　　将不同温度下稀土的浸出率随时间的变化规律分别按式（3-19）和式（3-21）进行拟合，结果如图 3-36 所示。动力学方程 $1-(1-x)^{1/3}$ 对 YOS 氧化酸浸过程的拟合效果最好，线性相关度 R^2 在 0.982～0.992 范围内 [图 3-36（a）]；而用 $1-2x/3-(1-x)^{2/3}$ 的拟合结果较前者差，R^2 在 0.920～0.955 范围内 [图 3-36（b）]。

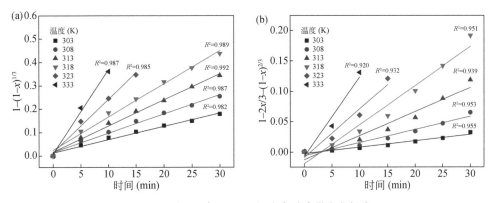

图 3-36　不同温度下 YOS 浸出率动力学方程拟合

（a）化学反应控制动力学方程；（b）内扩散控制动力学方程

因此，判定 YOS 在 HCl+H$_2$O$_2$ 体系中氧化酸浸过程的动力学方程符合式（3-19）形式，即速率控制步骤为 YOS 与浸出剂之间发生的化学反应控制，而非内扩散步骤控制。

2）反应的表观活化能

反应的活化能通常是指分子从常态转化为易发生反应的活跃态所需要的能量。浸出过程发生的化学反应通常由一系列基元反应组成，计算获得的活化能即为各基元反应活化能的总和，称为表观活化能。阿伦尼乌斯（Arrhenius）方程表达了浸出反应过程中反应速率与体系温度及浸出剂浓度的关系，对简单基元反应和复杂反应都适用，如式（3-23）所示。在计算活化能时，由于浸出试剂的初始浓度一定，故式中变量只有温度和时间。

$$k = A_0 \cdot C^n \cdot \exp\left(-\frac{E_a}{RT}\right) \tag{3-23}$$

将式（3-23）两边分别取自然对数，可得式（3-24）：

$$\ln k = \ln A_0 + n \ln C - \frac{E_a}{RT} \tag{3-24}$$

式中，k 为反应速率常数，s^{-1}；C 为浸出剂的浓度，mol/L；n 为反应级数；E_a 为反应的表观活化能，J/mol；A_0 为指前因子，为与温度和浓度无关的常数；R 为摩尔气体常数，其值为 8.314 J/(mol·K)；T 为反应的绝对温度，K。

通过图 3-36（a）中线性拟合，可获得 YOS 氧化酸浸过程在不同温度下对应的反应速率常数 k 值（即各拟合线的斜率），如表 3-4 所示。

表 3-4　YOS 浸出过程在不同温度下的反应速率常数

反应温度	303 K	308 K	313 K	318 K	323 K	333 K
k	0.00105	0.00215	0.00396	0.00644	0.00800	0.01306

为计算反应的表观活化能，对反应常数 k 取自然对数 $\ln k$，按阿伦尼乌斯方程（3-24），以 $1/T \times 10^{-3}$ 为横坐标，以 $\ln k$ 为纵坐标作图，并对其进行线性拟合，如图 3-37 所示。通过该拟合线的斜率，可计算获得 YOS 氧化酸浸反应的表观活化能为 52.3 kJ/mol。该浸出过程的表观反应活化能大于 41.8 kJ/mol，进一步证明了 YOS 在 HCl+H$_2$O$_2$ 体系中的氧化酸浸过程为化学反应控制。

3）表观反应级数

将式（3-19）与式（3-23）结合，可获得以下动力学方程式（3-25）。保持其他因素不变，只改变一种浸出剂的浓度，通过考察浸出率随浸出剂浓度的变化规律进行动力学方程拟合，可计算获得该浸出剂对浸出反应的表观反应级数。

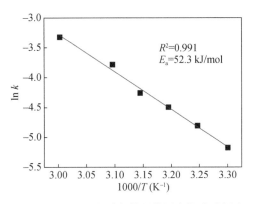

图 3-37　YOS 浸出过程的阿伦尼乌斯公式拟合

$$1-(1-x)^{1/3}=A_0 \cdot C^n \cdot \exp\left(-\frac{E_a}{RT}\right) \cdot t \qquad (3\text{-}25)$$

a. H_2O_2 对浸出反应的表观反应级数

分别控制 H_2O_2 初始浓度为 0.5 mol/L、0.75 mol/L、1.0 mol/L、1.25 mol/L、1.5 mol/L 和 2.0 mol/L，探索不同浓度下 YOS 中稀土浸出率随时间的变化情况，结果如图 3-38 所示。

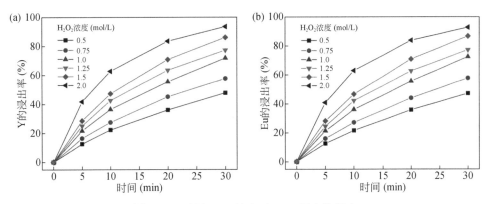

图 3-38　不同 H_2O_2 浓度对 YOS 浸出的影响

（a）Y 的浸出率；（b）Eu 的浸出率

随着 H_2O_2 浓度的增加，YOS 中稀土 Y 和 Eu 的浸出率及浸出速率不断提高。可以看出，H_2O_2 浓度对 YOS 中稀土 Y 和 Eu 的浸出影响基本一致，因此，仍然选用稀土总浸出率表示 YOS 的浸出行为。当保持其他条件，只改变浸出剂 H_2O_2 的浓度时，动力学方程式（3-25）可简化为式（3-26）形式。

$$1-(1-x)^{1/3}=k_0 \cdot C_{[H_2O_2]}^{n_1} \cdot t \qquad (3\text{-}26)$$

根据式（3-26）作出不同 H_2O_2 浓度下 YOS 在 $HCl+H_2O_2$ 体系中浸出率的动力学模型 $1-(1-x)^{1/3}$ 与时间 t 的关系图，并进行线性拟合，结果如图 3-39 所示。采用化学反应控制的动力学模型拟合，不同 H_2O_2 浓度下浸出率的线性相关系数在 0.967～0.993 范围内，拟合度良好。

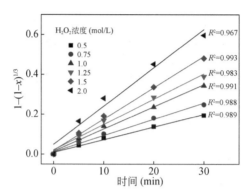

图 3-39　不同 H_2O_2 浓度下 $1-(1-x)^{1/3}$ 与时间 t 的关系图

通过图 3-39 中的线性拟合，可获得 YOS 氧化酸浸过程在不同 H_2O_2 浓度下对应的表观反应速率常数 k 值（即各拟合线的斜率），如表 3-5 所示。

表 3-5　YOS 浸出过程在不同 H_2O_2 浓度下的表观反应速率常数

H_2O_2 浓度（mol/L）	0.5	0.75	1.0	1.25	1.5	2.0
k	0.00634	0.00815	0.01113	0.01271	0.01569	0.01921

为计算 H_2O_2 对 YOS 浸出反应的表观反应级数，分别对 H_2O_2 浓度 C 和表观反应速率常数取自然对数，以 $\ln[H_2O_2\ conc.]$ 为横坐标，以 $\ln k$ 为纵坐标作图，并对其进行线性拟合。

如图 3-40 所示，YOS 浸出过程中 $\ln k$ 与 $\ln[H_2O_2\ conc.]$ 呈直线关系，其线性相关系数为 0.991，线性关系较好。从图中直线的斜率可以计算获得溶液中 H_2O_2 对 YOS 浸出反应的表观反应级数为 0.82。同时证明了 H_2O_2 浓度增加有助于提高反应速率，且不改变化学反应形式。这也从侧面证明了前期实验结果，即在较低 H_2O_2 浓度下体系中不产生 H_2S 和单质 S，YOS 氧化浸出反应方程式不发生变化。

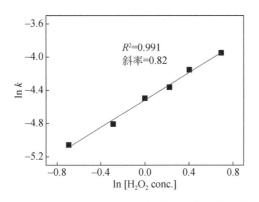

图 3-40　H_2O_2 对 YOS 浸出的表观反应级数计算

b. HCl 对浸出反应的表观反应级数

保持其他条件一定，分别控制 HCl 浓度为 1.0 mol/L、1.5 mol/L、2.0 mol/L、2.5 mol/L、3.0 mol/L、3.5 mol/L、4.0 mol/L、4.5 mol/L 和 5.0 mol/L，探索不同浓度下 YOS 荧光粉中稀土浸出率随时间的变化情况，结果如图 3-41 所示。

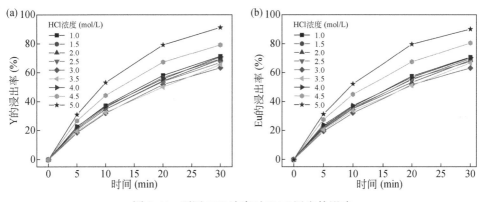

图 3-41　不同 HCl 浓度对 YOS 浸出的影响

（a）Y 的浸出率；（b）Eu 的浸出率

随着 HCl 浓度的增加，YOS 中稀土 Y 和 Eu 的浸出率及浸出速率整体呈现先降低后升高的趋势。可以看出，HCl 对 YOS 中稀土 Y 和 Eu 的浸出影响基本一致，这与不同温度及 H_2O_2 浓度下获得的浸出结果相似。因此，仍然选用稀土总浸出率表示 YOS 的浸出行为。

当保持其他条件不变，只改变浸出剂 HCl 的浓度时，动力学方程式（3-25）可简化为式（3-27）形式：

$$1-(1-x)^{1/3}=k_0 \cdot C_{[\mathrm{HCl}]}^{n_1} \cdot t \tag{3-27}$$

根据式（3-27）作不同 HCl 浓度下 YOS 在 HCl+H$_2$O$_2$ 体系中浸出率的动力学模型，作 $1-(1-x)^{1/3}$ 与时间 t 的关系图，并进行线性拟合，结果如图 3-42 所示。由图可知，在化学反应控制的动力学模型下拟合，不同 HCl 浓度下浸出率的线性相关系数在 0.982~0.995 范围内，线性拟合度良好。

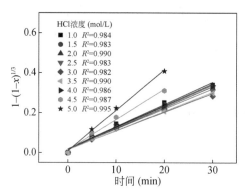

图 3-42 不同 HCl 浓度下 $1-(1-x)^{1/3}$ 与时间 t 的关系图

通过图 3-42 中线性拟合，可获得 YOS 氧化酸浸过程在不同 HCl 浓度下对应的表观反应速率常数 k 值（即各拟合线的斜率），如表 3-6 所示。为计算 HCl 对 YOS 浸出反应的表观反应级数，分别对 HCl 浓度和表观反应速率常数取自然对数，以 ln[HCl conc.]为横坐标，以 ln$k$ 为纵坐标作图，并对其进行线性拟合，并由拟合线的斜率计算表观反应级数，如图 3-43 所示。由图可知，当 HCl 浓度在 1.0~3.5 mol/L 范围内时，HCl 对 YOS 浸出的表观反应级数为-0.09，且线性度相关系数为 0.86，线性关系较差；当 HCl 浓度在 4.0~5.0 mol/L 范围内时，HCl 对 YOS 浸出的表观反应级数瞬间变为 2.79，且线性相关系数为 0.997，线性关系很好。

表 3-6 YOS 浸出过程在不同 HCl 浓度下的表观反应速率常数

HCl 浓度（mol/L）	1.0	1.5	2.0	2.5	3.0	3.5	4.0	4.5	5.0
k	0.01116	0.00944	0.01057	0.01011	0.00942	0.00968	0.01089	0.01553	0.02029

通过上述计算可知，HCl 对 YOS 浸出反应的表观反应级数达到 2.79，远远高于 H$_2$O$_2$ 的表观反应级数 0.83，证明 HCl 浓度对 YOS 在 HCl+H$_2$O$_2$ 体系中的浸出影响更加重要。HCl 在浸出过程中不仅起到提供氢离子（即酸性环境）的作用，同时作为辅助试剂可提高 H$_2$O$_2$ 的氧化能力，双重作用导致其反应级数较高。与

此同时，HCl 和 H_2O_2 对 YOS 的浸出有着协同氧化酸浸的效果，二者缺一不可，共同作用实现 YOS 的绿色高效浸出。

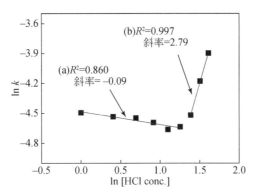

图 3-43　HCl 对 YOS 浸出的表观反应级数计算

4）建立双氧水+盐酸浸出动力学方程

综合考虑废 CRT 荧光粉中 YOS 组分在 $HCl+H_2O_2$ 体系中氧化酸浸过程的主要影响因素，分别为 HCl 浓度、H_2O_2 浓度和温度。将式（3-25）与阿伦尼乌斯方程相结合，可获得经验动力学模型，如式（3-28）所示。

$$1-(1-x)^{1/3}=A_0 \cdot C_{[H_2O_2]}^{n_1} \cdot C_{[HCl]}^{n_2} \cdot \exp\left(-\frac{E_a}{RT}\right) \cdot t \qquad (3\text{-}28)$$

式中，$C_{[H_2O_2]}$ 和 $C_{[HCl]}$ 分别为 H_2O_2 和 HCl 的浓度；n_1 和 n_2 分别代表 H_2O_2 和 HCl 对 YOS 浸出反应的表观反应级数，可通过实验数据计算获得。

通过拟合计算可知，YOS 在 $HCl+H_2O_2$ 体系中氧化酸浸过程的表观反应活化能为 52.3 kJ/mol，HCl 和 H_2O_2 对 YOS 浸出的表观反应级数分别为 2.79 和 0.82。

通过图 3-37、图 3-40 和图 3-43（b）中切线方程的截距，计算得到动力学方程［式（3-28）］的指前因子 A_0 的值分别为：1.25×10^5、1.23×10^5 和 1.22×10^5，取其平均值 1.23×10^5 为动力学方程的指前因子。分别将以上结果代入式（3-28），获得废 CRT 荧光粉中 YOS 组分在 $HCl+H_2O_2$ 体系中氧化酸浸过程的动力学方程，如式（3-29）所示。

$$1-(1-x)^{1/3}=1.23\times10^5 \cdot C_{[H_2O_2]}^{0.82} \cdot C_{[HCl]}^{2.79} \cdot \exp\left(-\frac{52300}{8.314T}\right) \cdot t \qquad (3\text{-}29)$$

3.3.3.3　硫酸体系氧化酸浸反应动力学

按照式（3-19）和式（3-21），用硫酸体系不同温度下的浸出数据进行动力学方程拟合，直线斜率即为相应的速率反应常数，根据拟合动力学模型的相关系数

（R^2）的大小来判定浸出反应的控制模型，拟合结果如图 3-44 所示。当用化学反应控制模型 $[1-(1-x)^{1/3}=k_c t]$ 拟合时，Y 和 Eu 的相关反应系数值总体上较为偏小，但是当用内扩散模型 $[1-2x/3-(1-x)^{2/3}=k_d t]$ 拟合时，相关系数值较大，因此，可以确定废 CRT 荧光中稀土在硫酸和双氧水体系浸出时符合内扩散模型。

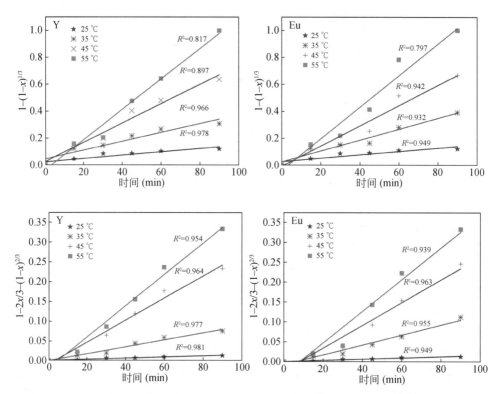

图 3-44　双氧水+硫酸体系中不同温度下 Y 和 Eu 与 $1-(1-x)^{1/3}$ 和 $1-2x/3-(1-x)^{2/3}$ 与时间的关系

根据阿伦尼乌斯方程 [式（3-23）]，将用内扩散控制方程拟合获得的不同温度下的反应速率常数来求相关反应的活化能。

表 3-7 为 25℃、35℃、45℃、55℃下，Y 和 Eu 的速率反应常数 k，分别以 $1/T$ 为横坐标，$\ln k$ 为纵坐标绘制关系曲线，求得关系曲线的相关系数和斜率，结果如图 3-45 所示。

Y 和 Eu 各自的相关系数为 94.7% 和 93.9%，斜率为 -8980.89 和 -7522.66，根据阿伦尼乌斯方程，求得 Y 和 Eu 的反应活化能分别为 74.67 kJ/mol 和 62.54 kJ/mol。

表 3-7　不同温度下废 CRT 荧光粉在 3 mol/L 硫酸和双氧水体系中 Y 和 Eu 的速率反应常数

温度（℃）	$k \times 10^3$（min^{-1}）	
	Y	Eu
25	0.1510	0.1535
35	0.8828	1.2500
45	2.7900	2.8600
55	3.9500	3.9500

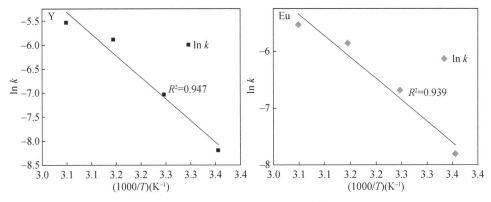

图 3-45　H_2O_2+硫酸体系中 Y 和 Eu 按 $1-2x/3-(1-x)^{2/3}$ 分布阿伦尼乌斯关系图

3.4　硫化锌自蔓延碱熔-水浸联合解构原理与锌提取技术

3.4.1　过氧化钠自蔓延提取锌过程调控优化

3.4.1.1　选择性提锌工艺探索

废 CRT 荧光粉中 Zn 是以 ZnS 形式存在，而稀土是以 YOS 形式存在。在碱锌环境中，锌可以较好地溶解在水溶液中，而钇和铕无论是氧化物形态还是氢氧化物形态，均不可溶解在碱性溶液中。基于此，尝试通过碱熔、煅烧等方式将 ZnS 转化为可溶于碱性环境的锌盐，以期实现其选择性分离。分别探索了 NaOH 和 Na_2O_2 两种常用碱对废 CRT 荧光粉中 ZnS 的处理效果。

1）NaOH 碱熔工艺

采用 NaOH 与废 CRT 荧光粉进行高温碱熔反应，其中废 CRT 荧光粉与 NaOH 的质量比为 1∶3，反应时间为 2 h，分别考察不同煅烧温度下废 CRT 荧光粉反应产物的水浸结果。如图 3-46 所示，稀土元素 Y 和 Eu 在该碱熔水浸体系中浸出率为零；同时，NaOH 碱熔法对废 CRT 荧光粉中锌的选择性浸出效果也不佳。随着煅烧温度的升高，锌的浸出率呈现先增加后降低的趋势，在煅烧温度为 500℃时，锌的水浸提取率达到最高，仅 16.8%。因此，通过 NaOH 碱熔法无法实现锌的选择性分离。

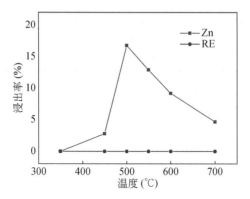

图 3-46　煅烧温度对 NaOH 碱熔法金属浸出率的影响

2）Na$_2$O$_2$ 碱熔工艺

采用 Na$_2$O$_2$ 与废 CRT 荧光粉进行高温碱熔反应，其中废 CRT 荧光粉与 Na$_2$O$_2$ 的质量比为 1∶4，反应时间为 2 h，分别考察不同煅烧温度下废 CRT 荧光粉反应产物的水浸结果。如图 3-47 所示，随着煅烧温度的升高，稀土元素 Y 和 Eu 的浸出率一直为零，而锌的浸出率呈现逐渐降低的趋势。当煅烧温度为 50℃时，锌的水浸提取率为最高，约 84%；当煅烧温度升高至 700℃时，锌的水浸提取率降低至 30%左右。猜测在 Na$_2$O$_2$ 体系中，是否不需要加热，直接进行水浸处理，ZnS 即可与 Na$_2$O$_2$ 反应并生成可溶于水的成分？

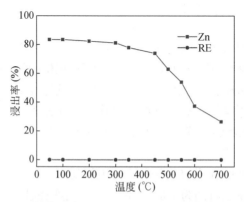

图 3-47　煅烧温度对 Na$_2$O$_2$ 碱熔法金属浸出率的影响

3）自蔓延反应体系探索

在室温下，将 Na_2O_2 与废 CRT 荧光粉以 1∶4 的质量比进行充分混合，向混合物中加入一滴水，发现水滴处有明火产生，且火焰自发向周围蔓延，整个反应过程放出大量热，如图 3-48 所示。

图 3-48 废 CRT 荧光粉与 Na_2O_2 滴水反应现象图

由于水滴与 Na_2O_2 接触会发生剧烈反应并瞬间放出大量的热，这些热量促使废 CRT 荧光粉与 Na_2O_2 发生反应，并引发整个自蔓延反应进行。整个反应过程无需添加外加能量，即可自发进行，反应迅速。待反应结束后，通过水浸出反应产物，锌的浸出率高达 83%，而稀土元素仍然没有浸出，同时，实验过程中并未有类似 SO_2 气味或黄色 S 单质类似物产生。基于上述实验结果，推断废 CRT 荧光粉与 Na_2O_2 发生了自蔓延反应。

3.4.1.2 自蔓延碱熔解构工艺

自蔓延反应过程具有强烈的放热效应，当反应被引燃后，其自身反应放出的热将引燃周围物料的反应，依次传导形成燃烧波，直至反应结束。影响自蔓延反应的因素有很多，主要包括反应物的配比、引燃方式、物料密实程度等。

1）Na_2O_2 质量配比对自蔓延水浸提锌效率的影响

自蔓延-水浸过程锌的浸出效率本质上由自蔓延反应过程中生成的可溶性锌盐的多少决定。因此，Na_2O_2 的质量配比成为最重要的反应参数，直接决定了水浸过程中锌的浸出效率。图 3-49 显示了 Na_2O_2 质量配比对自蔓延水浸提锌效率的影响结果，反应过程中混合物以粉末形式发生反应，采用滴水方式引燃自蔓延反应。可以看出，锌的浸出率随着 Na_2O_2 质量比例的增加呈现先增加后降低的趋势，而整个过程稀土元素依旧没有被浸出。在质量比为 1∶1 条件下，锌的浸出率仅为 3.5%；随着 Na_2O_2 配比的增加，锌的浸出率呈接近线性提高；在质量比为 3.5 时，锌的浸出率达到最高，为 85.47%；进一步增加 Na_2O_2 配比，锌的浸出率开始缓慢下降；在质量比为 5 时，锌的浸出率降低至 72.25%。

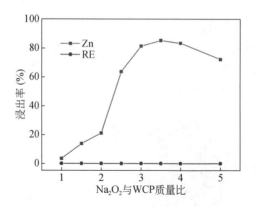

图 3-49 物料质量比对金属浸出率的影响

实验过程中发现，Na_2O_2 质量配比越低，自蔓延反应越剧烈，燃烧波蔓延速率越快，一滴水即可引发整个自蔓延反应发生直至反应结束。当质量比达到 4∶1 和 5∶1 时，自蔓延反应出现中断现象，需要多次补加水滴，方可实现反应的充分进行。这是因为当 Na_2O_2 配比较低时，Na_2O_2 与废 CRT 荧光粉中的 ZnS 可以充分接触混合，物料之间连接较紧密，有利于自蔓延反应的进行；当 Na_2O_2 含量过高时，虽然能够保证 Na_2O_2 与 ZnS 充分接触，但物料之间可能存在过量 Na_2O_2 堆存，造成物料之间连接出现断带，阻碍了自蔓延反应的持续蔓延，需要多次滴水引燃。同时，该实验结果表明，滴水方式存在引燃不稳定性，在滴水区域会导致部分 Na_2O_2 与 ZnS 无法发生反应，从而降低整个反应过程锌的浸出率。

2）引燃方式对自蔓延水浸提锌效率的影响

对滴水引燃、电热板加热引燃和明火引燃（打火机）三种点火方式进行对比分析。

（1）滴水引燃自蔓延反应。

在 Na_2O_2 质量配比为 3.5∶1 情况下，通过滴水引燃自蔓延反应，分别进行了 5 组平行实验，测试 Zn 的浸出率，分别为 82.32%、85.47%、80.64%、78.52% 和 81.76%。虽然该引燃方式方便、快捷，但实验结果差异大，有待进一步优化。

（2）电热板加热法引燃自蔓延反应。

将 Na_2O_2 与废 CRT 荧光粉的混合物料在电热板上持续加热 10～15 min，电热板设定温度在 300～400℃，方可引发自蔓延反应。该加热条件下，物料得到充分的预热，使得自蔓延反应引燃后可以快速蔓延并完成。通过水浸测试，Zn 的浸出率高达 86.5%，略高于滴水引燃方式。且采用电热板加热法引燃自蔓延反应，锌的浸出率结果较稳定，多次重复实验结果相差较小。但该方式存在能耗较高的问题。

（3）明火点燃自蔓延反应。

明火点燃具有操作简便、能耗低的优势，同时避免了滴水引燃产生的局部反应不完全问题。打火机火焰的外焰温度通常在 $280 \sim 500℃$，将火焰靠近混合物料边缘，反应能够迅速发生并蔓延至结束。通过水浸反应产物，发现 Zn 的浸出率可达到 86%左右。打火机引燃法可有效避免滴水引燃导致的实验结果不稳定和电热板加热导致的能耗高等问题，Zn 的浸出率相对较高。因此，选择打火机点火法为该自蔓延反应体系的最佳引燃方式，在室温下引发自蔓延反应。

3）物料密实度对自蔓延水浸提锌效率的影响

研究过程中发现，当 Na_2O_2 与废 CRT 荧光粉以粉末形式发生反应时，相同条件下实验结果的重复性相对不稳定。如图 3-50 所示，当物料以粉末状存在，物料间的相互连接不够紧密，Na_2O_2 与废 CRT 荧光粉接触充分程度存在不统一性，从而导致实验结果偏差较大。同时，物料混合接触不充分容易导致反应不完全，从而影响锌的最终浸出效果。

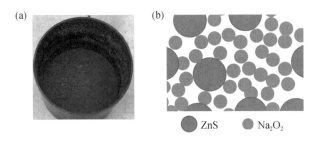

图 3-50　粉末形态物料示意图

为提高物料之间的接触程度，采用压片机将物料压制成形。如图 3-51（a）所示，将 Na_2O_2 与废 CRT 荧光粉混合后搅拌均匀，压制成直径 3 cm 的圆片。经压制后的物料间接触紧密，颗粒与颗粒之间间隙变小［图 3-51（b）］，避免了连接断层的出现。图 3-52 展示了压片后的自蔓延反应现象，研究结果表明：压片后自蔓延现象明显，燃烧波更加稳定均匀地由反应起始点向外蔓延，反应过程无烟气产生。

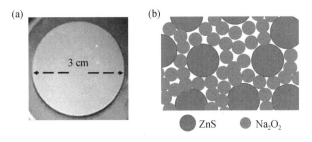

图 3-51　物料压制成形示意图

图 3-52　压片条件下自蔓延反应现象

　　在压片条件下，进一步探讨了 Na_2O_2 质量配比对锌浸出率的影响。如图 3-53 所示，在质量比为 1∶1~2∶1 之间，随着 Na_2O_2 配比的增加，Zn 的选择性浸出率呈线性增加；当配比为 2∶1 时，Zn 的选择性浸出率已达到 80%。随着 Na_2O_2 配比的增加，Zn 的浸出率增长趋势变缓；当配比增加到 3∶1 时，Zn 的浸出率达到最高，为 99%。进一步增加 Na_2O_2 的配比，Zn 的浸出率略有降低，在 5∶1 时 Zn 的浸出率为 98.4%。同时，稀土元素在自蔓延-水浸过程中依旧没有被浸出。

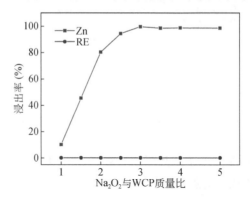

图 3-53　压片条件下物料质量比对金属浸出率的影响

　　与粉末状物料反应结果对比，压片后引燃自蔓延反应对 Zn 的浸出效果具有明显的优势。一方面，最佳反应条件下，Zn 的选择性浸出率由 83% 左右提高到 99%，实现了 Zn 的高效快速分离；另一方面，将 Na_2O_2 与废 CRT 荧光粉的最佳配比降低至 3∶1，降低了原料成本。

3.4.1.3　焙烧产物的水浸分离锌工艺优化

　　如图 3-54 所示，废 CRT 荧光粉与 Na_2O_2 自蔓延反应产物冷却后为不规则片状物，反应产物能够很容易地从镍板上取下。

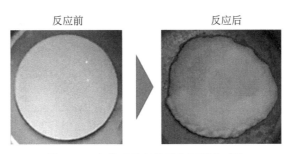

图 3-54　自蔓延反应前后物料形态对比

　　自蔓延反应产物的水浸过程同样是一种绿色的浸出工艺。ZnS 的自蔓延反应产物具有水溶性，避免了任何化学浸出试剂的使用。浸出工艺的影响因素通常包括浸出温度、浸出时间、固液比、搅拌速度等参数。其中，自蔓延反应的工艺参数统一为：压片处理，Na_2O_2 与废 CRT 荧光粉质量比为 1.5∶1，打火机引燃，待反应结束后冷却。其中，物料配比并未选用最佳条件 3∶1，目的是为水浸工艺条件的优化提供筛选空间。

　　如图 3-55 所示，分别测试了不同温度、时间、补加 NaOH 浓度及搅拌速度对水浸过程的影响。可以看出，浸出温度、时间及浸出体系中 NaOH 补加浓度对 Zn 的选择性浸出率影响较小，可直接选择最简捷、成本最低的工艺参数：室温、10 min、纯水体系浸出。而搅拌对浸出效果有一定的影响，不搅拌条件下 10 min 内无法实现 Zn 的有效浸出，比搅拌条件下低 5%~6%；而搅拌的快慢对浸出效果影响不大，因此，选择 300 r/min 为最佳搅拌速度即可。

　　水浸实验发现，自蔓延反应产物与水发生剧烈反应，有大量气泡产生，反应现象类似"泡腾片"，水浸过程中片体在水中上下浮动，同时反应过程有热量释放。

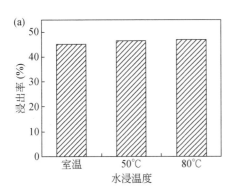

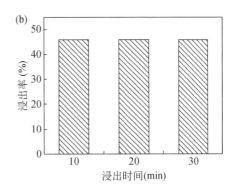

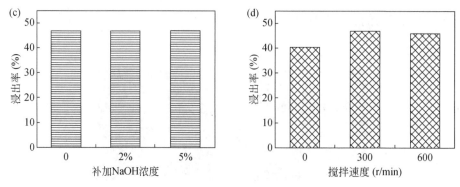

图 3-55　不同浸出条件对 Zn 浸出率的影响

出现以上现象是由于自蔓延反应产物或未反应的 Na_2O_2 与水发生剧烈反应，气体的产生促使片状反应产物浮力增加从而在水中做不规则运动。水浸过程自发产生热量，且气体的释放促进了水浸过程的自搅拌，加快了反应的进行；未反应的 Na_2O_2 与水反应产生碱性体系，促进锌酸盐的溶解。因此，水浸过程温度、pH、时间等因素对 Zn 的浸出率影响较小。

在保持以上水浸条件下，进一步考察固液比对最佳物料配比（3∶1）条件下自蔓延产物中 Zn 的浸出影响，结果如图 3-56 所示。可见，固液比对浸出效果影响较小，在浸出水溶液体积为 20 mL（即固液比 0.2 g/mL）条件下，Zn 的浸出率已达到 99%。因此，选择 0.2 g/mL 为最佳浸出固液比。

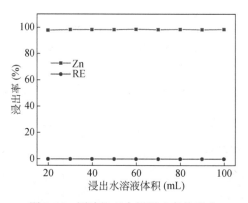

图 3-56　固液比对金属浸出率的影响

3.4.1.4　自蔓延反应体系中硫转化效率分析

研究发现，自蔓延反应前后，物料质量未发生明显增加或降低，因此，推测废 CRT 荧光粉中含量近 20% 的硫元素并未转化为 SO_2 等气体释放。对水浸溶液进行酸化处理,并加入过量的氯化钡($BaCl_2$),发现有大量白色沉淀产生。对该白色沉淀进行 XRD 分析。如图 3-57 所示,沉淀组成为 $BaSO_4$(PDF# 24-4035),表明自蔓延反应后硫转化为硫酸根。

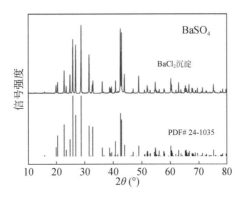

图 3-57 氯化钡沉淀产物 XRD 分析

图 3-58 考察了 Na_2O_2 配比对硫酸根产生效率的影响。可以看出,随着 Na_2O_2 配比的增加,硫酸根的产生效率呈现先增加后稳定的趋势。当 Na_2O_2 配比增加到 3∶1 时,硫酸根的产生效率达到最大,为 99%;进一步增加 Na_2O_2 的配比,硫酸根的产生效率略有降低,在 5∶1 时为 98.5%。因此,可以断定在自蔓延反应过程中,ZnS 中的 Zn 和 S 分别被转化为可溶于水的锌盐和硫酸盐。

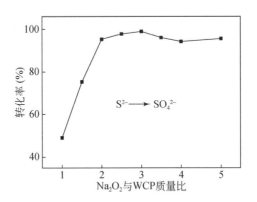

图 3-58 Na_2O_2 配比对硫转化效率的影响

对比分析图 3-53 与图 3-58,虽然最佳 Na_2O_2 配比下(3∶1)硫的转化效率与 Zn 的浸出率保持一致,但在较低配比下存在差异。在配比为 1∶1 条件下,硫的转化效率为 49%,而 Zn 的浸出率仅为 10%;当配比为 2∶1 时,硫的转化效率已达 95.2%,而 Zn 的浸出率为 80.1%。可见,Zn 的反应产物与硫的转化形式存在差异，即硫转化为可溶性硫酸盐时，Zn 不一定同比例转化为可溶性锌盐。同时，在自蔓延水浸溶液酸化过程中发现，当配比低于 2∶1，酸化时有 H_2S 气体产生，可见在低配比条件下反应产生部分可溶于水的硫化物。

3.4.1.5　水浸液中锌的分离再生

含锌碱性溶液中锌的提取研究已比较成熟，同济大学环境工程系的赵由才教授在该方面已进行了大量研究，并实现了产业化。在锌的浸出液中影响 Zn 沉淀分离的主要杂质元素为 Pb，经 ICP 测定后，确定在水浸液中 Zn 和 Pb 的离子浓度分别为 14.4 g/L 和 0.48 g/L。采用硫化钠（Na_2S）沉淀法可选择性去除水浸液中的铅离子，研究表明，当 Na_2S 与 Pb 的质量比为 1.8～2.1 时，Pb 的选择性沉淀率可达 99%～100%，而 Zn 不发生共沉淀。除铅后的含 Zn 溶液可采用碱性溶液电解法直接制备再生 Zn 粉，纯度可达 99.5%。

3.4.1.6　自蔓延-水浸产物特性分析

对水浸提锌后获得的稀土富集废 CRT 荧光粉（enriched rare earth waste CRT phosphors，ER-WCP）进行 XRF 分析，结果如表 3-8 所示。

表 3-8　稀土富集废 CRT 荧光粉化学成分组成（XRF）

化学组成	质量分数（%）	化学组成	质量分数（%）	化学组成	质量分数（%）
YOS	90.21	SiO_2	0.908	PbO	0.302
ZnO	1.54	Fe_2O_3	0.893	CdO	0.175
CaO	1.75	Co_3O_4	0.794	TiO_2	0.0669
Na_2O	1.29	Al_2O_3	0.304		
MgO	1.15	BaO	0.664		

由表 3-8 可知，通过自蔓延-水浸工艺处理，ER-WCP 中 YOS 组分的含量由 30% 提至 90.21%，而 ZnO 的含量仅为 1.54%；其主要杂质 SiO_2、PbO、Al 的含量分别降低到 0.908%、0.302% 和 0.304%，这是由于在自蔓延产生的高温环境中，SiO_2、PbO、Al 会与 Na_2O_2 反应生成可溶于碱性溶液的钠盐，导致其在水浸过程中被大部分去除。

3.4.2　硫化锌过氧化钠自蔓延碱熔解构机理

通过分析不同 Na_2O_2 配比下 ZnS 自蔓延反应产物及 WCP 自蔓延-水浸产物的

物相组成，来阐明自蔓延碱熔反应机理。

3.4.2.1　纯 ZnS 自蔓延反应产物物相转变过程分析

首先对纯 ZnS 与 Na_2O_2 自蔓延反应产物进行物相分析，分别设计 ZnS 与 Na_2O_2 质量比为 1：1、1：1.5、1：2、1：2.5、1：3、1：3.5、1：4 的系列实验。

图 3-59 为 ZnS 与 Na_2O_2 质量比为 1：1 时反应产物的 XRD 图，在该质量比下，ZnS 的特征峰已经消失，物相主要组成为 ZnO（PDF# 89-0510）、Na_2S（PDF# 23-0441）、Na_6ZnS_4（PDF# 75-2473）和 Na_2SO_4（PDF# 24-1132）。由于反应物为两种纯物质，判断该反应产物组成为 ZnO、Na_2SO_4 和 Na_2O，如式（3-30）所示。Na_2S 推测为 ZnS 和一级产物 Na_2O 发生置换反应产生，如式（3-31）所示。Na_6ZnS_4 推测为 ZnS 和二级产物 Na_2S 发生化合反应形成，如式（3-32）所示。

$$ZnS+4Na_2O_2 \Longrightarrow ZnO+Na_2SO_4+3Na_2O \tag{3-30}$$

$$ZnS+Na_2O \Longrightarrow ZnO+Na_2S \tag{3-31}$$

$$ZnS+3Na_2S \Longrightarrow Na_6ZnS_4 \tag{3-32}$$

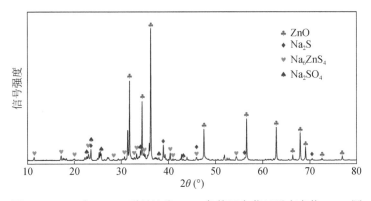

图 3-59　ZnS 与 Na_2O_2 质量比为 1：1 条件下自蔓延反应产物 XRD 图

当 ZnS 质量为 1 g 时，若自蔓延反应按式（3-30）反应完全，依据其各自摩尔质量，计算可得反应所需要 Na_2O_2 的理论质量为 3.2 g。在 ZnS 和 Na_2O_2 的质量比为 1：1 时，无法按式（3-30）反应完全。假设 Na_2O_2 首先按式（3-30）进行完全反应，此时消耗的 ZnS 质量为 0.312 g，同时反应生产的 ZnO、Na_2SO_4 及 Na_2O 质量分别为 0.261 g、0.455 g 和 0.596 g。假设产生的 0.596 g Na_2O 按式（3-31）全部发生反应，则其所消耗 ZnS 的理论质量应为 0.937 g。然而，按式（3-30）反应后剩余的 ZnS 质量仅有 1−0.312=0.688 g，不足以全部满足式（3-31）需求。因此，推测式（3-31）与式（3-32）在质量比为 1：1 条件下是混合进行的，式（3-31）

反应生成的 Na_2S 与周边未发生反应的 ZnS 接触反应生成了 Na_6ZnS_4。在此过程中，ZnS 按式（3-30）～式（3-32）全部参与反应，因此在产物中未发现 ZnS 物相残余，而产物 ZnO 为反应式（3-30）与式（3-31）的产物，故其峰值在产物中最强。

图 3-60 为 ZnS 与 Na_2O_2 在质量比为 1∶1.5 条件下自蔓延反应产物的 XRD 图；在该质量比下，物相主要组成为 ZnO（PDF# 89-0510）、Na_2S（PDF# 23-0441）、Na_6ZnS_4（PDF# 75-2473）、Na_2SO_4（PDF# 79-1553、75-1797）、Na_2O_2 和 $Na_2(ZnO_2)$（PDF# 86-1895）。

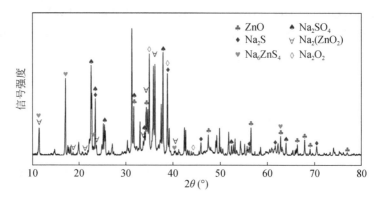

图 3-60　ZnS 与 Na_2O_2 质量比为 1∶1.5 条件下自蔓延反应产物 XRD 图

与质量比为 1∶1 时自蔓延反应产物相比，出现了新的产物 $Na_2(ZnO_2)$，同时 ZnO 的特征峰强度降低。Na_2O_2 配比增加，从而 Na_2O 的产生量增加，Na_2O 与 ZnO 在自蔓延产生的高温环境下反应生成 $Na_2(ZnO_2)$，如式（3-33）所示。

$$ZnO+Na_2O \Longrightarrow Na_2(ZnO_2) \tag{3-33}$$

图 3-61 为 ZnS 与 Na_2O_2 质量比为 1∶2 条件下自蔓延反应产物的 XRD 图；在该质量比下，物相主要组成为 $Na_2(ZnO_2)$（PDF# 86-1895）、Na_2S（PDF# 23-0441）、Na_2SO_4（PDF# 75-1979）和 $Na_{9.93}(Zn_4O_9)$（PDF# 87-0831）。与质量比为 1∶1 及 1∶1.5 时自蔓延反应产物相比，ZnO 相消失，$Na_2(ZnO_2)$ 的特征峰强度大大增强，成为反应产物的主要组成相；同时，出现了新的产物 $Na_{9.93}(Zn_4O_9)$。进一步增加 Na_2O_2 配比，则 Na_2O 的产生量同步增加，与 ZnO 发生化合反应的 Na_2O 增加，生成 $Na_2(ZnO_2)$ 的同时也生成了 $Na_{9.93}(Zn_4O_9)$（这里，将此结构近似表达为 $Na_{10}Zn_4O_9$），如式（3-34）所示。同时，发现产物中仍然有 Na_2S 存在，但 Na_6ZnS_4 已在产物 XRD 结果中消失。

$$4ZnO+5Na_2O \Longrightarrow Na_{10}Zn_4O_9 \tag{3-34}$$

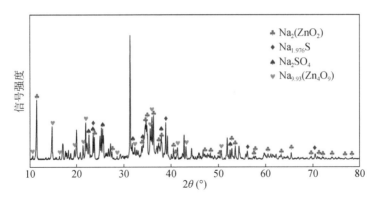

图 3-61　ZnS 与 Na$_2$O$_2$ 质量比为 1∶2 条件下自蔓延反应产物 XRD 图

由于反应式（3-30）最先进行，在质量比为 1∶2 条件下，ZnS 无法完全反应，从而会进一步发生后续反应式（3-31），导致 Na$_2$S 依然存在于产物相中。但式（3-31）消耗的 Na$_2$O 量仅为 0.3 g，而式（3-30）中产生的 Na$_2$O 量为 1.192 g，故而过量的 Na$_2$O 与 ZnO 会发生化合反应，如式（3-33）～式（3-34）所示。

图 3-62 为 ZnS 与 Na$_2$O$_2$ 在质量比为 1∶2.5 条件下自蔓延反应产物的 XRD 图；在该质量比下，反应产物的物相组成为 Na$_{9.93}$(Zn$_4$O$_9$)（PDF# 87-0831）、Na$_2$SO$_4$（PDF# 72-1157）和 Na$_2$S（PDF# 23-0441）。与质量比为 1∶2 条件下自蔓延反应产物相比，Na$_{9.93}$(Zn$_4$O$_9$) 取代了 Na$_2$(ZnO$_2$) 相成为自蔓延反应产物的主要组成相。Na$_2$S 的存在仍然是由于在质量比为 1∶2.5 条件下未反应的 ZnS（约剩余 0.22 g）与 Na$_2$O 反应导致。而 ZnO 作为中间产物，则全部参与到化合反应，生成 Na$_{9.93}$(Zn$_4$O$_9$)。

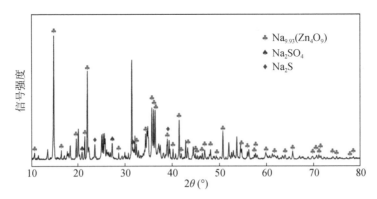

图 3-62　ZnS 与 Na$_2$O$_2$ 质量比为 1∶2.5 条件下自蔓延反应产物 XRD 图

图 3-63 为 ZnS 与 Na$_2$O$_2$ 在质量比为 1∶3 条件下自蔓延反应产物的 XRD 图；产物的物相组成为 Na$_6$ZnO$_4$（PDF# 70-2037）、Na$_2$SO$_4$（PDF# 86-0802）和

Na$_{9.93}$(Zn$_4$O$_9$)（PDF# 87-0831）。与质量比为 1:1 及 1:2.5 条件下自蔓延反应产物相比，Na$_2$S 已经消失；Na$_{9.93}$(Zn$_4$O$_9$) 的特征峰强度减弱；同时，产生了新的物相 Na$_6$ZnO$_4$，并成为反应产物的主要组成相；质量比为 1:3 情况下，Na$_2$O$_2$ 的添加量已接近式（3-30）反应的理论需求量（3.2 g），全部参与反应后 ZnS 的剩余量仅 0.064 g，因此按反应（3-31）产生的 Na$_2$S 量极小，在 XRD 分析结果中不足以体现。同时，Na$_2$O$_2$ 配比的增加，大大增加了中间产物 Na$_2$O 的产生量（1.788 g），使得与 ZnO 进行化合反应的 Na$_2$O 含量大大增加，从而产生了 Na$_2$O 配比更高的产物 Na$_6$ZnO$_4$，如式（3-35）所示。

$$ZnO+3Na_2O \Longrightarrow Na_6ZnO_4 \tag{3-35}$$

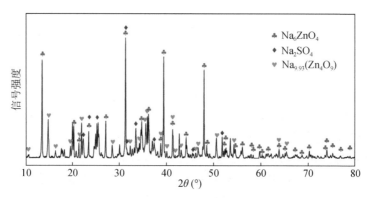

图 3-63　ZnS 与 Na$_2$O$_2$ 质量比为 1:3 条件下自蔓延反应产物 XRD 分析

　　图 3-64 为 ZnS 与 Na$_2$O$_2$ 质量比为 1:3.5 条件下自蔓延反应产物的 XRD 图；在该质量比下，物相主要组成为 Na$_6$ZnO$_4$（PDF# 70-2037）、Na$_2$SO$_4$（PDF# 86-0802）、Na$_{9.93}$(Zn$_4$O$_9$)（PDF# 87-0831）和 NaOH(H$_2$O)（PDF# 76-0387）。可以看出，质量比为 1:3.5 条件下自蔓延反应的产物组成与 1:3 条件下相似，其中 Na$_6$ZnO$_4$ 的特征峰峰相对强度较 1:3 条件下有所增加，同时产物中出现了 NaOH(H$_2$O)。理论条件下，1 g ZnS 完全反应消耗的 Na$_2$O$_2$ 为 3.2 g，因此在 Na$_2$O$_2$ 为 3.5 g 时，部分 Na$_2$O$_2$ 处于过量状态而未参与自蔓延反应，在空气中发生潮解反应生成 NaOH，如式（3-36）所示。

$$Na_2O_2+3H_2O \Longrightarrow 2NaOH(H_2O)+\frac{1}{2}O_2 \uparrow \tag{3-36}$$

　　另一方面，Na$_2$O$_2$ 在过量条件下，反应式（3-30）完全反应，反应产生的 Na$_2$O 与 ZnO 摩尔比为 3:1，恰好符合反应式（3-35）中反应物的摩尔比。在该反应配比条件下，通过 XRD 结果发现，产物的主要形式为 Na$_6$ZnO$_4$ 和 Na$_2$SO$_4$。因此，通过以上结果推导出 ZnS 与 Na$_2$O$_2$ 的总反应方程式，如式（3-37）所示。

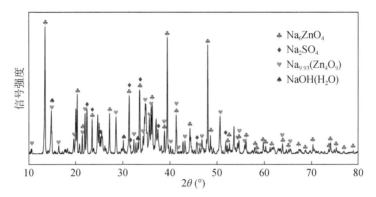

图 3-64 ZnS 与 Na$_2$O$_2$ 质量比为 1∶3.5 条件下自蔓延反应产物 XRD 分析

$$ZnS+4Na_2O_2 =\!=\!= Na_6ZnO_4+Na_2SO_4 \qquad (3\text{-}37)$$

3.4.2.2 产物物相组成对水浸提锌效率的影响

不同 Na$_x$Zn$_y$O$_z$ 产物形式与水发生的反应形式如式（3-38）～式（3-40）所示。随着产物中 Na$_2$O 含量的增加，产物与水反应产生的 OH$^-$ 比例也会增加，在水溶液中产生的碱性环境也不断增强。若 Zn 在水溶液中以 Zn(OH)$_4^{2-}$ 离子形式稳定存在，要求溶液的 pH 大于 12，即强碱性溶液。

$$Na_6ZnO_4+4H_2O =\!=\!= Zn(OH)_4^{2-}+6Na^++4OH^- \qquad (3\text{-}38)$$

$$Na_{10}Zn_4O_9+9H_2O =\!=\!= 4Zn(OH)_4^{2-}+10Na^++2OH^- \qquad (3\text{-}39)$$

$$Na_2ZnO_2+2H_2O =\!=\!= Zn(OH)_4^{2-}+2Na^+ \qquad (3\text{-}40)$$

当产物形式以 Na$_2$ZnO$_2$ 为主时，其与水反应不产生 OH$^-$，无法形成碱性环境，从而导致 Zn 以 Zn(OH)$_2$ 形式发生沉淀，水浸效率低；当产物形式以 Na$_{10}$Zn$_4$O$_9$ 和 Na$_6$ZnO$_4$ 为主时，产物与水反应可产生充足的 OH$^-$，且 Na$_6$ZnO$_4$ 产生的 OH$^-$ 比例更高，在浸出过程中可自提供碱性环境，保证了 Zn 的水浸效率。所以，当自蔓延反应体系中 Na$_2$O$_2$ 不足时，产物中 Na$_2$ZnO$_2$ 占比较高，会导致 Zn 的浸出率低；而该过程中负二价硫已经转化为 Na$_2$SO$_4$，Na$_2$SO$_4$ 在水中具有良好的溶解性，即 Na$_2$O$_2$ 配比较低时负二价硫转化效率高于 Zn 的水浸效率。因此，要保证 Zn 的高效浸出，需使自蔓延反应产物中 Zn 尽量多地转化为 Na$_6$ZnO$_4$ 或 Na$_{10}$Zn$_4$O$_9$，以保证碱性环境。

3.4.2.3 自蔓延–水浸产物物相转变过程分析

分别对废 CRT 荧光粉与 Na$_2$O$_2$ 质量比为 1∶1、1∶1.5、1∶2、1∶2.5、1∶3

条件下进行自蔓延-水浸处理，水浸-过滤获得稀土富集物，并对稀土富集废粉进行 XRD 分析，结果如图 3-65~图 3-69 所示。

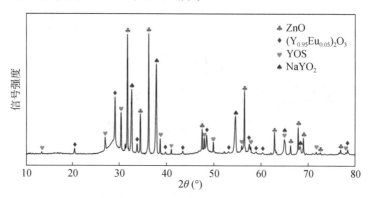

图 3-65   WCP 与 Na$_2$O$_2$ 在质量比 1:1 条件下自蔓延水浸产物 XRD 图

如图 3-65 所示，当废 CRT 荧光粉与 Na$_2$O$_2$ 质量比为 1:1 时，水浸产物的物相组成主要为 ZnO（PDF# 80-0075）、(Y$_{0.95}$Eu$_{0.05}$)$_2$O$_3$（PDF# 25-1001）、NaYO$_2$（PDF# 32-1203）和 YOS。由于在质量比为 1:1 条件下，Na$_2$O$_2$ 量不足，无法使 ZnO 全部转化为可溶性锌酸钠盐，故而在水浸产物中出现明显的 ZnO 相。假设自蔓延过程中 YOS 未参与反应，则水浸产物形式组成理论上为 ZnO 和 YOS，但实际测试结果中出现(Y$_{0.95}$Eu$_{0.05}$)$_2$O$_3$ 和 NaYO$_2$ 两种新的物相。推测自蔓延反应产生的高温环境导致 YOS 在 Na$_2$O$_2$ 体系中发生了氧化还原反应。

图 3-66 为废 CRT 荧光粉与 Na$_2$O$_2$ 在质量比为 1:1.5 条件下自蔓延水浸产物 XRD 分析结果。由图可知，水浸产物的物相组成主要为(Y$_{0.95}$Eu$_{0.05}$)$_2$O$_3$、NaYO$_2$ 和 YOS，而 ZnO 物相已消失。由于在质量比为 1:1.5 条件下，Zn 的水浸去除率接近 50%，推测残余 ZnO 峰被其他物相的特征峰覆盖，从而无法在 XRD 分析结果中显示。

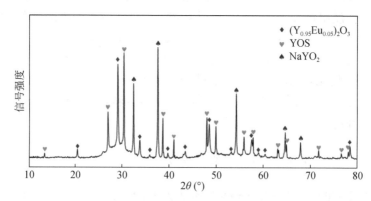

图 3-66   WCP 与 Na$_2$O$_2$ 在质量比 1:1.5 条件下自蔓延水浸产物 XRD 图

图 3-67 为废 CRT 荧光粉与 Na_2O_2 在质量比为 1：2 条件下自蔓延水浸产物 XRD 分析结果。由图可知，水浸产物的物相组成主要为 $(Y_{0.95}Eu_{0.05})_2O_3$、$NaYO_2$ 和 YOS，同时出现了新的物相 PbS（PDF# 05-0592）。废 CRT 荧光粉中含有少量含铅玻璃，在高温条件下 PbO 与 Na_2O_2 反应转化为可溶性铅酸钠盐溶于溶液中。与此同时，ZnS 自蔓延体系中由于 Na_2O_2 的不充足导致体系中有 Na_2S 产生，Na_2S 与铅酸钠反应产生 PbS 沉淀，如式（3-41）所示。

$$Na_2Pb(OH)_4 + 2Na_2S \Longrightarrow PbS\downarrow + 4NaOH \tag{3-41}$$

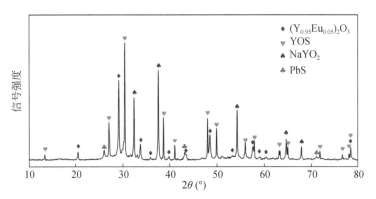

图 3-67　WCP 与 Na_2O_2 在质量比 1：2 条件下自蔓延水浸产物 XRD 图

图 3-68 为废 CRT 荧光粉与 Na_2O_2 在质量比为 1：2.5 条件下自蔓延水浸产物 XRD 分析结果。由图可知，水浸产物的物相组成主要为 $(Y_{0.95}Eu_{0.05})_2O_3$、Y_2O_3（PDF# 44-0399）、$NaYO_2$ 和 YOS，同时 PbS 相消失。在 1：2.5 条件下，Zn 的浸出率已达到 93%，体系中已基本无 Na_2S 产生或产生量极少，故而无法使溶液中铅酸钠盐转化为 PbS 沉淀。对比图 3-64～图 3-67，不难发现，随着体系中 Na_2O_2

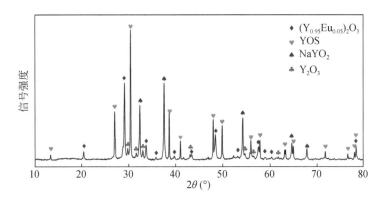

图 3-68　WCP 与 Na_2O_2 在质量比 1：2.5 条件下自蔓延水浸产物 XRD 图

配比的增加，水浸产物 XRD 分析结果中 YOS 的特征峰相对强度不断增加，而其他产物的特征峰强度逐渐降低。

图 3-69 为废 CRT 荧光粉与 Na$_2$O$_2$ 在质量比为 1∶3 条件下自蔓延水浸产物 XRD 分析结果。由图可知，水浸产物的物相组成主要为 YOS，其他物相全部消失。研究结果表明：废 CRT 荧光粉中的 YOS 组分基本不参加反应，在保证 ZnS 高效分离的同时，避免 YOS 在自蔓延过程中发生复杂氧化还原反应，保证了后续稀土回收原料的成分单一性。实验过程中发现，该比例下自蔓延反应的剧烈程度及燃烧波的传播速率大大降低。推测当废 CRT 荧光粉与 Na$_2$O$_2$ 配比达到 1∶3 时，自蔓延反应体系的温度将大大降低，从而避免了 YOS 与 Na$_2$O$_2$ 发生反应。

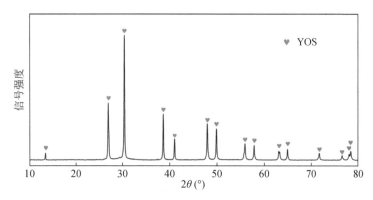

图 3-69　WCP 与 Na$_2$O$_2$ 在质量比 1∶3 条件下自蔓延水浸产物 XRD 图

3.4.3　硫化锌过氧化钠自蔓延碱熔解构热力学

3.4.3.1　自蔓延反应体系吉布斯自由能分析

热力学第二定律是用于研究化学反应的方向、限度及化学平衡的重要基础理论。吉布斯自由能（Gibbs free energy，G）是热力学研究中用于判定反应进行方向的热力学状态函数。通过对 ZnS-Na$_2$O$_2$ 自蔓延体系可能存在的反应进行吉布斯自由能分析，可为 ZnS-Na$_2$O$_2$ 自蔓延反应的形式提供理论依据。

根据上述物相分析可知，ZnS 与 Na$_2$O$_2$ 发生自蔓延反应，首先生成的产物形式为 ZnO、Na$_2$O 和 Na$_2$SO$_4$［式（3-30）］。在此反应体系中，负二价硫直接被氧化为 Na$_2$SO$_4$，其间跳跃了硫的常见价态（零价、正四价）产物。如式（3-42）～式（3-46）所示，列出可能存在于自蔓延反应过程中的系列产物形式。

$$ZnS+Na_2O_2 \Longrightarrow ZnO+S+Na_2O \qquad (3-42)$$

$$ZnS+3Na_2O_2 \Longrightarrow ZnO+SO_2+3Na_2O \qquad (3-43)$$

$$ZnS+3Na_2O_2 \Longrightarrow ZnO+Na_2SO_3+2Na_2O \qquad (3-44)$$

$$ZnS+4Na_2O_2 \Longrightarrow ZnO+SO_3+4Na_2O \qquad (3-45)$$

$$ZnS+4Na_2O_2 \Longrightarrow ZnSO_4+4Na_2O \qquad (3-46)$$

利用热力学软件 HSC 6.0，对上述各个反应式的吉布斯自由能变化（ΔG）进行计算，温度区间设定为 273.15～1573.15 K，温度间隔为 100 K，结果如图 3-70 所示。从图中可见，式（3-30）和式（3-42）～式（3-46）的反应吉布斯自由能变化在 273.15～1573.15 K 温度区间内均为负值，说明在自蔓延过程中，上述反应均可以自发进行；其中，在各温度下，反应生成 Na_2O、Na_2SO_4 和 ZnO 的反应吉布斯自由能最负，且远远低于其他反应。因此，ZnS-Na_2O_2 体系自蔓延反应中，按式（3-30）反应所形成的产物组成最稳定。该热力学计算结果与实验结果相吻合，实验过程中未检测出 S、SO_2、Na_2SO_3 及 $ZnSO_4$ 等产物形式。

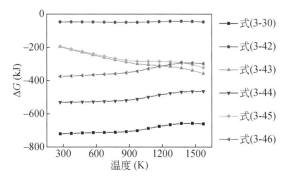

图 3-70　ZnS-Na_2O_2 体系反应吉布斯自由能变化与温度关系

由上述可知，当 Na_2O_2 与 ZnS 掺杂比例低于 3∶1 条件下，产物中有 Na_2S 出现，同时随着配比的升高，Na_2S 相的强度逐渐降低，当提高配比到 3∶1 后 Na_2S 相消失。因此，推测在该自蔓延体系中，有式（3-47）～式（3-51）系列反应发生，其与式（3-30）的反应吉布斯自由能变化在 273.15～1573.15 K 温度区间内的分布状况如图 3-71 所示。可以看出，式（3-47）～式（3-51）系列反应的吉布斯自由能均为负值，说明在自蔓延过程中，上述反应均可自发进行。

$$ZnS+Na_2O \Longrightarrow ZnO+Na_2S \qquad (3-47)$$

$$NaS+4Na_2O_2 \Longrightarrow Na_2SO_4+4Na_2O \qquad (3-48)$$

$$ZnS+Na_2O_2 \Longrightarrow \frac{3}{4}Na_2S+\frac{1}{4}Na_2SO_4+ZnO \qquad (3-49)$$

$$ZnS+2Na_2O_2 \Longrightarrow \frac{1}{2}Na_2S+\frac{1}{2}Na_2SO_4+ZnO+Na_2O \qquad (3-50)$$

$$ZnS+3Na_2O_2 = \frac{1}{4}Na_2S+\frac{3}{4}Na_2SO_4+ZnO+2Na_2O \tag{3-51}$$

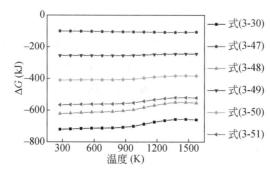

图 3-71　ZnS-Na$_2$O$_2$ 体系反应吉布斯自由能变化与温度关系

在 Na$_2$O$_2$ 与 ZnS 配比较低的情况下，过量的 ZnS 会将 Na$_2$O$_2$ 按式（3-30）反应完全，生成的 Na$_2$O 将进一步与未反应完的 ZnS 按式（3-47）进行反应，生成 Na$_2$S 与 ZnO。将式（3-30）与式（3-47）组合，得到摩尔配比为 1∶1 条件下 Na$_2$O$_2$ 与 ZnS 的总反应方程式，如式（3-49）所示。虽然式（3-30）的反应活化能远低于式（3-49），但由于反应生成的 Na$_2$O 将与残余的 ZnS 按式（3-47）反应，因此最终产物以 Na$_2$S、Na$_2$SO$_4$ 与 ZnO 形式存在。

进一步增加 Na$_2$O$_2$ 的配比，假设 ZnS 按式（3-49）（摩尔比 1∶1）反应完全，体系中将存在过量的 Na$_2$O$_2$ 和反应生成的 Na$_2$S、Na$_2$SO$_4$ 与 ZnO。强氧化性的 Na$_2$O$_2$ 与还原性的 Na$_2$S 在高温环境中必然发生氧化还原反应，如式（3-48）所示。将式（3-49）与式（3-48）进行组合后可分别获得 Na$_2$O$_2$ 与 ZnS 摩尔配比为 2∶1 和 3∶1 条件下自蔓延反应的总反应方程式，如式（3-50）与式（3-51）所示。

随着 Na$_2$O$_2$ 含量的增高，自蔓延反应体系产生的 Na$_2$S 逐渐减少，而 Na$_2$SO$_4$ 与 ZnO 的生成量逐渐增加。如图 3-71 所示，Na$_2$O$_2$ 与 ZnS 自蔓延反应体系随着其摩尔配比的增高，总反应方程的吉布斯自由能逐渐降低。当 Na$_2$O$_2$ 与 ZnS 摩尔配比增加到 4∶1 条件下，反应总方程式即为式（3-30），产物中 Na$_2$S 将消失，该反应的吉布斯自由能也降到最低，是最稳定的反应状态。

不同摩尔配比下，反应产生的 Na$_2$O 与 ZnO 比例不同，其结合获得的产物也不同。随着 Na$_2$O$_2$ 配比的增高，产物中 Na$_2$O 的比例逐渐增加，二者相结合获得的 Na$_x$Zn$_y$O$_z$ 化合物形式也随之发生变化。如图 3-72 所示，随着 Na$_2$O$_2$ 摩尔比例的增加，结合 Na$_x$Zn$_y$O$_z$ 化合物的几种常见稳定存在物相，其产物形式中 Na$_2$O 的配比也是逐渐增加。当 Na$_2$O$_2$ 与 ZnS 摩尔比例达到 4∶1 时，假设反应物料发生完全反应，则产物中 Na$_2$O 与 ZnO 比例刚好为 3∶1，反应生成 Na$_6$ZnO$_4$，即为该自蔓延反应在最佳配比下的最终产物。

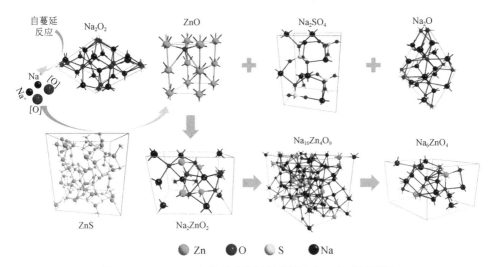

图 3-72　Na$_x$Zn$_y$O$_z$ 产物形式的过氧化钠自蔓延转变过程图

3.4.3.2　硫化锌自蔓延反应绝热温度计算

绝热温度（T_{ad}）是自蔓延反应最重要的热力学参数，是指在绝热的条件下，反应物发生反应释放的能量全部用于加热反应产物所达到的最大理论温度。绝热温度是判断自蔓延反应是否可以自我维持及产物的物相状态的定性判据。绝热温度是在假设理论热平衡条件下获得的计算结果：第一，反应率为 100%，即反应结束后反应物全部转化为生成物；第二，反应过程无热量损失；第三，反应在绝热条件下进行，即反应放出的热全部用于加热生成物。

化学反应的热效应公式如式（3-52）所示：

$$Q=\Delta H_{298}^{\ominus}+\sum_{n_i}(H_{T_x}^{\ominus}-H_{298}^{\ominus})_{i,反应产物}\qquad(3-52)$$

式中，Q 为反应余热，在绝热温度计算中为 0，即反应产生热量全部用于加热反应产物；T_x 为产物所达到的温度，即为绝热温度 T_{ad}；$\Delta H_{298}^{\ominus}$ 为反应体系在常温下的热效应，即反应在 298 K 条件下的标准摩尔生成焓；$H_{T_x}^{\ominus}-H_{298}^{\ominus}$ 为物质的标准摩尔相对焓。

依据基尔霍夫方程，$H_{T_x}^{\ominus}-H_{298}^{\ominus}$ 可通过摩尔定压热容（C_p）进行表述，见式（3-53）：

$$H_{T_x}^{\ominus}-H_{298}^{\ominus}=\int_{298}^{T_{tr}}C_p\mathrm{d}T+\Delta H_{tr}+\int_{T_{tr}}^{T_M}C_p'\mathrm{d}T+\Delta H_M+\int_{T_M}^{T_B}C_p''\mathrm{d}T+\Delta H_B+\int_{T_B}^{T}C_p'''\mathrm{d}T$$

$$(3-53)$$

式中，ΔH_{tr}、ΔH_{M}、ΔH_{B} 为物质在固相晶型转变温度（T_{tr}）、熔点（T_{M}）和沸点（T_{B}）时的转变热，C_{p}'、C_{p}''、C_{p}''' 分别为物质在第二种固相变形、液态、气态时的摩尔定压热熔。

物质的摩尔定压热熔可近似表达为式（3-54）形式：

$$C_p = A_1 + A_2 \times 10^{-3} T + A_3 \times 10^5 T^{-2} + A_4 \times 10^{-6} T^2 + A_5 \times 10^8 T^{-3} \tag{3-54}$$

通过叶大伦、胡建华编著的《实用无机物热力学数据手册（第2版）》可查阅各物质的相关热力学数据，用于绝热温度的计算。

由式（3-52）～式（3-54）可推导出自蔓延反应绝热温度的计算公式，如式（3-55）所示。

$$-\Delta H_{298}^{\ominus} = \int_{298}^{T_{ad}} C_p \mathrm{d}T + f \Delta H_M \tag{3-55}$$

式中，f 为自蔓延反应时产物中液态所占的比例分数。

通过式（3-55）计算获得 $ZnS\text{-}Na_2O_2$ 自蔓延反应体系在不同摩尔配比下反应的绝热温度 T_{ad}，如表 3-9 所示。

表 3-9 $ZnS\text{-}Na_2O_2$ 自蔓延反应体系在不同摩尔配比下反应的绝热温度

摩尔比	反应方程式	T_{ad}	$\Delta H_{298}^{\ominus}/C_{p,298}$	$T_{ad}/T_{m,L}$
1:1	$ZnS + Na_2O_2 = \frac{3}{4}Na_2S + \frac{1}{4}Na_2SO_4 + ZnO$	1689.2K	1892 K	1.46
1:2	$ZnS + 2Na_2O_2 = \frac{1}{2}Na_2S + \frac{1}{2}Na_2SO_4 + ZnO + Na_2O$	1459.5K	1925 K	1.26
1:3	$ZnS + 3Na_2O_2 = \frac{1}{4}Na_2S + \frac{3}{4}Na_2SO_4 + ZnO + 2Na_2O$	1405K	1940 K	1.21
1:4	$ZnS + 4Na_2O_2 = ZnO + Na_2SO_4 + 3Na_2O$	1405 K	1949 K	1.21

随着 Na_2O_2 摩尔比例的增加，反应体系的绝热温度呈现降低的趋势。ZnS 与 Na_2O_2 配比为 1:1、1:2、1:3 和 1:4 条件下的绝热温度分别为 1689.2 K、1459.5 K、1405 K 和 1405 K。注意到，计算获得 ZnS 与 Na_2O_2 配比为 1:4 和 1:3 条件下自蔓延反应的绝热温度相同，均为 1405 K。原因是 1405 K 为 Na_2O 的熔点温度，在绝热温度计算中涉及 Na_2O 的液相转变热，由于不同摩尔比下产物中 Na_2O 所占的比例分数不同，使得 ZnS 与 Na_2O_2 配比为 1:4 和 1:3 条件下自蔓延反应的绝热温度刚好为 Na_2O 的液相转变温度。

对于绝热温度，Merzhanov 等早在 1957 年提出了经典判据，即当且仅当 $T_{ad} \geqslant$ 1800 K 时，自蔓延反应才能自我持续完成。Munir 等在 1989 年对该判据进行了拓展，提出仅当 $\Delta H^{\ominus}_{298}/C_{p,298} \geqslant 2000\ \mathrm{K}$ 时自蔓延反应才能自我维持进行，否则需要外界补充能量，如预热。由表 3-9 中数据可以看出，本书开发的自蔓延反应体系绝热温度均小于 1800 K，同时 $\Delta H^{\ominus}_{298}/C_{p,298}$ 也小于 2000 K，不满足以上经典判据。但实验过程已经充分证明该自蔓延反应的发生及室温下自我维持，这与经典判据出现冲突，是否存在新的自蔓延反应判据？

2014 年武汉理工大学唐新峰教授课题组通过自蔓延法合成热电材料过程中也发现不符合自蔓延绝热温度经典判据的情况，揭示了经典判据的局限性，并提出新的判据：当 $T_{ad}/T_{m,L} > 1$ 时，自蔓延反应即可自我维持完成，其中 $T_{m,L}$ 为体系产物中低熔点成分的熔点温度。应用此判据对本书中自蔓延反应体系进行判定，如表 3-9 所示，不同摩尔比下自蔓延反应的 $T_{ad}/T_{m,L}$ 均大于 1，符合新的理论判据。

3.4.3.3 硫化锌自蔓延反应体系表观热力学计算

通过热重-差热分析（TG-DTA）对 ZnS 与 Na_2O_2 自蔓延反应体系进行测试，结果如图 3-73 所示。从 DTA 曲线可以看出，该自蔓延反应的起始温度为 509.5 K。同时，出现一个明显的放热峰，是由自蔓延反应在瞬间释放大量的热导致。从 TGA 曲线可以看出，在自蔓延反应过程中反应体系的质量变化在±2%范围内，可以认为是误差范围内。TGA 结果与 XRD 分析结果相吻合，自蔓延反应过程中 S 转化为 Na_2SO_4，无 SO_2 气体释放；同时反应过程中除 ZnS 与 Na_2O_2，无其他成分参与反应，因此，反应过程中体系质量保持不变。

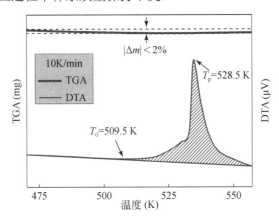

图 3-73 硫化锌自蔓延反应 TG-DTA 曲线图

采用红外热像仪对 ZnS 与 Na_2O_2 在质量比为 1∶3 条件下发生自蔓延反应进行红外热成像分析，如图 3-74 所示。图中呈现了自蔓延反应从点火到自蔓延再到反应完全过程中样品随时间变化的过程。反应从开始至蔓延结束，用时不到 0.5 s，反应速率极快，计算获得纯 ZnS 与 Na$_2$O$_2$ 发生自蔓延反应的燃烧波传播速率约 80 mm/s，符合自蔓延反应传播波速 1～250 mm/s 的范围。

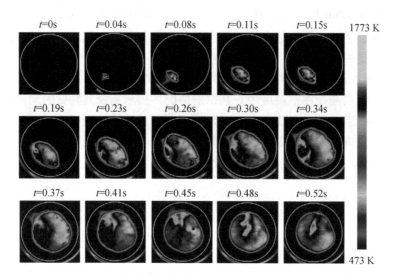

图 3-74　硫化锌自蔓延反应过程红外热像图

分别对纯 ZnS 与 Na$_2$O$_2$ 质量比为 1∶1、1∶2、1∶3 和 1∶4 条件下自蔓延反应进行红外测温，如图 3-75 所示。温度曲线为不同时间对应红外视场中的最高温度（T_{max}）。如图可见，当质量比为 1∶1 时，自蔓延反应所达到的表观最高温度为 1520 K。在质量比为 1∶1 时，自蔓延反应主要按式（3-49）和式（3-50）进行，最高理论温度为 1689.2 K 和 1459.5 K（即绝热温度），由于体系反应过程有热量损失，因此实测温度在两个绝热温度之间。随着 Na$_2$O$_2$ 配比的增加，体系表观最高温度呈现下降趋势，与理论绝热温度随 Na$_2$O$_2$ 配比的变化趋势一致。

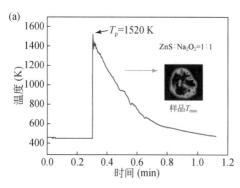 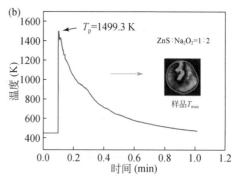

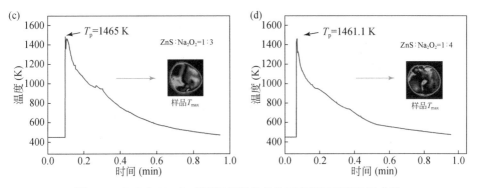

图 3-75　ZnS 与 Na$_2$O$_2$ 在不同质量比条件下自蔓延反应升温曲线

当质量比为 1∶4 时，实测表观最高温度为 1461.1 K。理论上，当质量比为 1∶4 时，若自蔓延反应完全按照反应式（3-30）进行，此时反应的理论最高温度为反应式（3-30）的绝热温度 1405 K。但测试温度却稍高于此温度，分析原因，可能是 ZnS 与 Na$_2$O$_2$ 粉末在混合过程中出现局部混合不均匀，从而出现摩尔比为 1∶1 或 1∶2 的反应区域，在这些区域中自蔓延反应按反应式（3-49）式（3-50）进行，导致局部瞬间温度高于 1405 K。

3.4.3.4　废 CRT 荧光粉自蔓延反应体系表观热力学

采用红外热成像仪对废 CRT 荧光粉自蔓延反应过程进行观察分析，结果如图 3-76 所示。不同质量比下，废 CRT 荧光粉自蔓延反应的燃烧波传播速度不同。通过计算可知，在 ZnS 与 Na$_2$O$_2$ 质量比为 1∶1 时，燃烧波速约为 20.7 mm/s；在质量比为 1∶2 时，燃烧波速约为 27.3 mm/s；在质量比为 1∶3 时，燃烧波速约为 6.5 mm/s。可见，随着 Na$_2$O$_2$ 比例的增加，废 CRT 荧光粉自蔓延反应的燃烧波速出现先增加后降低的趋势，此结果并非偶然，经多次重复实验后得到相同的测试结果。分析原因，当 Na$_2$O$_2$ 配比较低时，由于废 CRT 荧光粉中含有近 40%非 ZnS 成分，这些成分与 Na$_2$O$_2$ 无法发生自蔓延反应，其存在降低了 Na$_2$O$_2$ 与 ZnS 的接触概率，从而使 1∶1 条件下燃烧波速反而低于 1∶2 条件下。同时，废 CRT 荧光粉自蔓延波速远远低于纯相 ZnS 自蔓延反应燃烧波速（80 mm/s），这主要是由反应体系中非 ZnS 相的存在、粒度不均、ZnS 表面活性低等导致。

另一方面，当质量比增加到 1∶3 时，燃烧波速大幅降低，推测主要有两方面原因导致。其一，该比例下 Na$_2$O$_2$ 已远远过量（理论比例为 1∶1.92），出现 Na$_2$O$_2$ 过剩，未参加反应的 Na$_2$O$_2$ 阻碍了燃烧波的前进，从而使燃烧波速大幅度降低；其二，该比例下自蔓延反应主要按式（3-30）进行，在绝热温度计算中发现该比例下产物 Na$_2$O 只有部分转化为液态，从而延缓了自蔓延反应的传播速率。

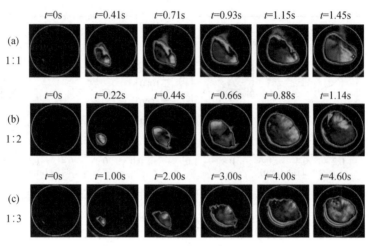

图 3-76　废 CRT 荧光粉自蔓延反应过程红外热像图

　　分别对废 CRT 荧光粉与 Na₂O₂ 质量比为 1∶1、1∶1.5、1∶2、1∶2.5、1∶3 和 1∶3.5 条件下自蔓延反应过程进行了红外测温监测，结果如图 3-77 所示。由图可知，随着 Na_2O_2 比例的增加，自蔓延反应的表观最高温度呈现降低趋势，分别为 1541.6 K、1535.7 K、1539.3 K、1502.9 K、1290.5 K 和 1121.9 K；在质量比为 1∶3 时，自蔓延反应的表观最高温度出现较大幅度下降。与此同时，在质量比为 1∶3 条件下自蔓延反应的燃烧波速也出现大幅度降低。

　　上述热力学参数测试结果合理解释了上述 XRD 分析结果，即在质量比为 1∶3 条件下，自蔓延反应体系温度大幅降低、剧烈程度大幅度减小，有效避免了废 CRT 荧光粉中 YOS 的氧化与分解。

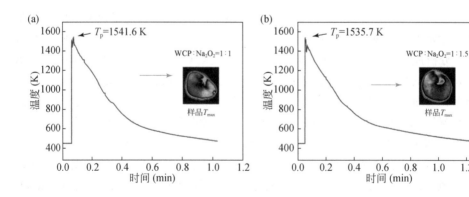

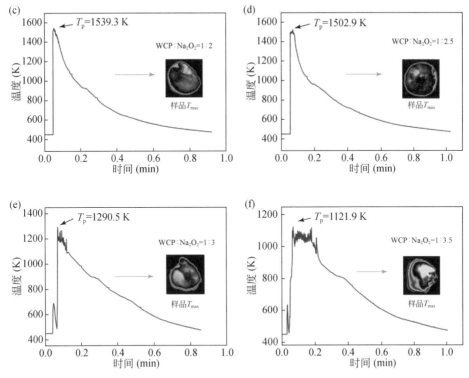

图 3-77 废 CRT 荧光粉与 Na_2O_2 在不同质量比条件下自蔓延反应升温曲线

3.5 离子液体协同萃取分离稀土机理与钇铕再生技术

有机溶解萃取（液−液萃取）已经成为稀土元素分离提纯领域最有效、最常用的工艺方法，萃取体系中的有机相通常由萃取剂和稀释剂两种组分组成。传统的稀土元素萃取剂主要为中性或酸性磷型萃取剂，如 TBP、TRPO、P204、P507 等。

离子液体是近年来兴起的新型有机溶剂，具有蒸气压低、热稳定性和化学稳定性好、不易挥发等特点，已被逐渐应用于稀土的萃取领域。目前，离子液体在稀土萃取中的应用主要有三个方向：第一类是离子液体基萃取体系，即使用离子液体替代传统有机挥发性溶剂，具有环境效益好、萃取效益高的特点；第二类是双功能团离子液体，如［A336］［P204］、［A336］［P507］等，该体系对酸度要求较低且无需皂化，但黏度较大，仍需使用挥发性有机溶剂作为稀释剂，且该类离子液体合成成本较高；第三类是功能型离子液体，如［Hbet］［NTf$_2$］，可实现稀土的同步浸出与萃取，工艺流程短且简单，但该类离子液体应用面较窄、效率较低。离子液体还可根据其阳离子或阴离子，分类为咪唑类、吡啶类、季铵类、季鏻类、吡咯烷类、哌啶类以及含有特定性官能团的功能化离子液体，如表 3-10 所示。

表 3-10　不同类型常用离子液体简要性质

种类	中文名	英文名	简称	分子结构
咪唑类	1-丁基-3-甲基咪唑六氟磷酸盐	1-butyl-3-methylimidazolium hexafluorophosphate	[BMIm][PF$_6$]	
	1-丁基-3-甲基咪唑四氟硼酸盐	1-butyl-3-methylimidazolium tetrafluoroborate	[BMIm][BF$_4$]	
	1-辛基-3-甲基咪唑六氟磷酸盐	1-octyl-3-methylimidazolium hexafluorophosphate	[OMIm][PF$_6$]	
吡啶类	N-己基吡啶六氟磷酸盐	N-hexyl pyridinium hexafluorophosphate	[HPy][PF$_6$]	
	N-己基吡啶四氟硼酸盐	N-hexyl pyridinium tetrafluoroborate	[HPy][BF$_4$]	
季铵类	三丁基甲基铵双（三氟甲烷磺酰）亚胺盐	tributylmethylammoniumbis（trifluoromethyl sulfonyl）imide	[N$_{1444}$][NTf$_2$]	
	三丁基甲基氯化铵	tributylmethylammonium chloride	[N$_{1444}$]Cl	
	三丁基己基溴化鏻	tributylhexylphosphonium bromide	[P$_{4446}$]Br	
吡咯烷类	N-丁基-N-甲基哌啶溴盐	1-butyl-1-methylpiperidinium bromide	[PP$_{14}$]Br	

　　基于现有有机溶剂萃取及离子液体应用现状，本节采用离子液体基萃取工艺对浸出溶液中的稀土 Y 和 Eu 进行萃取，通过萃取体系的选择和工艺优化，有效实现稀土元素与杂质元素的分离。同时，对萃取后的稀土混合溶液进行共沉淀，制备再生 Y$_2$O$_3$：Eu^{3+}红色荧光粉，实现其高值化利用。

　　咪唑类和季铵盐类离子液体[A336][NO$_3$]具备稀释剂和萃取剂双重功能，不仅能够有效避免有机挥发溶剂造成的污染问题，还可通过与萃取剂联合使用产生协同萃取效应，提高稀土萃取效率。因此，本节主要进行咪唑类或季铵盐类离子液体[A336][NO$_3$]与萃取剂配合萃取分离废 CRT 荧光粉酸浸液中稀土 Y 和 Eu 的研究。

3.5.1 咪唑类离子液体萃取稀土机理与过程调控优化

3.5.1.1 咪唑类离子液体及萃取剂的选择

分别采用离子液体[OMIm][PF$_6$]、[BMIm][PF$_6$]，萃取剂 P204、P507、Cyanex272、Cyanex923、TBP、TRPO 以及溶剂油单体系萃取废 CRT 荧光粉酸浸液。Y、Eu、Zn、Al 等 4 种金属元素的萃取率，结果如图 3-78 所示。

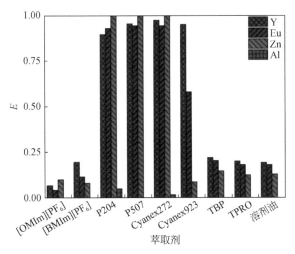

图 3-78　不同咪唑类离子液体与萃取剂协同萃取废 CRT 荧光粉酸浸液中主要
金属元素的萃取效果

对于离子液体单体系，无论是[OMIm][PF$_6$]还是[BMIm][PF$_6$]，对 4 种金属元素的萃取率都较低，不超过 20%，且[OMIm][PF$_6$]的自身萃取能力低于[BMIm][PF$_6$]；对于萃取剂单体系，基本上所有的萃取剂对 Al 的萃取能力小或不萃取，P204、P507、Cyanex272 3 种萃取剂对 Y、Eu、Zn 的萃取能力相差不大，但是依次减弱，均能达到95%以上，Cyanex923 对 Y 的萃取效果较好，对 Eu 和 Zn 的萃取效果较弱，而对于 TBP、TRPO 以及溶剂油对 Y、Eu、Zn 的萃取率均低于 25%，对 Al 不萃取。根据单体系萃取结果，可初步确定的离子液体为[OMIm][PF$_6$]，可供选择的萃取剂为 P204、P507 和 Cyanex272。

离子液体与萃取剂协同萃取体系的结果如图 3-79 所示。2 种离子液体与不同萃取剂的萃取规律较为类似，P204 对 Zn 的萃取能力低，TBP 仅对 Al 有萃取效果，其他 4 种萃取剂对 4 种主要金属元素的萃取效果差别不大。考虑到单体系萃取结果，酸浸液的酸度较高，最后确定的萃取体系：离子液体为[OMIm][PF$_6$]，萃取剂为 Cyanex272。

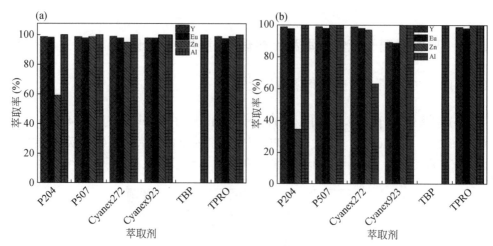

图 3-79　［OMIm］［PF$_6$］（a）与［BMIm］［PF$_6$］（b）离子液体与不同萃取剂协同萃取废 CRT 荧光粉酸浸中稀土等主要金属元素的萃取效果

3.5.1.2　萃取工艺参数优化

1. 平衡酸度对萃取过程的影响

从图 3-80 中得知，溶液酸度对萃取的影响较显著。从图 3-80（a）中可知，当溶液酸浓度从 0.1 mol/L 增加到 0.2 mol/L 时，除 Al 外，Y、Eu、Zn 的萃取率迅速地从 64%、50%、0%增加到 96%、92%、37%，然后随着溶液酸度的继续增加，它们的萃取率不断下降，当溶液酸度增加到 1 mol/L 时，Y、Eu、Zn 的萃取率分别下降到 52%、5%、0%；从图 3-80（b）中可以发现 Y、Eu、Zn 的分配比也随溶液酸度的增加先增加而后减少，当溶液酸度为 0.2 mol/L 时，Y 和 Eu 的分配比分别高达将近 113 和 60，而 Zn 的分配比仅为 2.96。由此可以得出，溶液的酸度对［OMIm］［PF$_6$］与 Cyanex272 协同萃取影响较大，应选择最佳溶液萃取酸浓度为 0.2 mol/L，在此酸度下，稀土 Y 和 Eu 能被高效萃取，而 Zn 和 Al 的萃取量极小或是不萃取，这样能较好地实现稀土元素与 Zn、Al 两种金属元素的分离与富集。

2. 萃取相比对萃取过程的影响

协同萃取变化随相比变化的规律如图 3-81 所示，当萃取相比为 1∶1 时，选择的［OMIm］［PF$_6$］与 Cyanex272 萃取系统除了对 Al 元素不萃取外，对 Y、Eu、Zn 的萃取率分别高达 100%、97%、65%。随着相比逐渐降低，Y 元素几乎不受相比减小的影响，当相比减小为 1∶50 时，其萃取率仍然高达 98%；Eu 和 Zn 的萃取率则随相比的减小而不断减小，但 Eu 下降速率慢于 Zn，当相比为 1∶50 时，

Eu 的萃取率为 70%，而 Zn 的萃取率仅为 4.7%。相比越高，有机相就越高，对金属元素的萃取能力就越大，但是会大幅度提高成本，再考虑到对稀土的萃取效果要明显高于 Zn 和 Al，因此，选择萃取相比为 1:5。

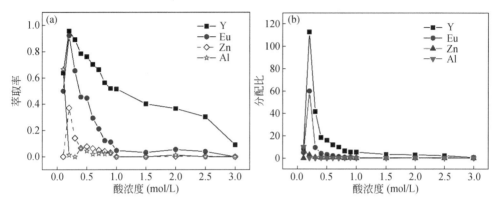

图 3-80 废 CRT 荧光粉酸浸液中主要金属元素随水相中酸浓度变化的［OMIm］［PF₆］与
Cyanex272 协同萃取的（a）萃取率和（b）分配比

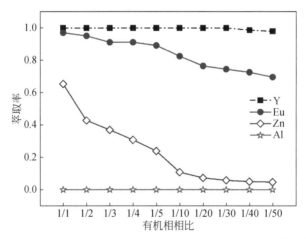

图 3-81 废 CRT 荧光粉酸浸液中主要金属元素随相比变化的［OMIm］［PF₆］与 Cyanex272
协同萃取的萃取率

3. 萃取剂与离子液体的比例对萃取过程的影响

因离子液体［OMIm］［PF₆］与萃取剂 Cyanex272 对萃取过程中各元素的亲和性有所差异，因此，有必要研究它们之间的比例或者两者之一加入体积占它们加入总体积的比例（加入萃取剂体积占总加入体积比例记为 X_C，加入离子液体体积占总加入体积比例记为 X_O）。研究结果如图 3-82 所示，可以很清晰地发现一条规律：对于 Y、Eu、Zn 等 3 种元素，随着萃取剂加入量的增加，Y、Eu、Zn 的萃取率呈现增加趋势，但增加快慢程度不一样，对于 Al 则是呈现出相反的趋势，萃取剂加入量增多，其萃取率逐渐降低。

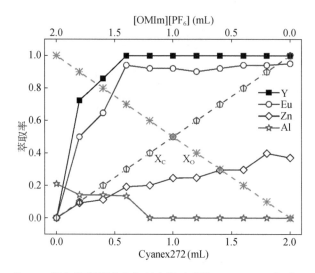

图 3-82　废 CRT 荧光粉酸浸液中主要金属元素随 Cyanex272 与［OMIm］［PF$_6$］体积比例变化的萃取率

由图可知，当 X_C 由 0 增加至 0.5 时，Y 和 Eu 的萃取率分别迅速地增加至 100% 和 94%，而 Zn 仅增至 19%，Al 的萃取率则是从 20% 降至 13%；随着 X_C 继续增大，Y 能够完全被萃取，Eu 的萃取率有微量增加，Zn 则是增加较快；当 X_C 为 1.75时，Zn 的萃取率达到 40% 左右；对于 Al，当 X_C 为 0.4 时，就不会被萃取体系萃取。进一步分析得出，Cyanex272 在萃取中占据主导地位，对 Y、Eu、Zn、Al 的亲和程度不同，其亲和顺序依次为：Y＜Eu＜Zn＜Al；但是［OMIm］［PF$_6$］在萃取体系中发挥着较强的选择性作用，能够减少 Cyanex272 对 Zn 的亲和。考虑到既要对稀土元素的萃取效果要好，又要对 Zn 和 Al 具有较高的排斥性，选取 X_C=0.4、X_O=0.6 时作为萃取剂与离子液体之间的体积比例组成。

4. 萃取时间对萃取过程的影响

萃取时间对 Y、Eu、Zn、Al 的影响如图 3-83 所示，由图可知，萃取时间对萃取的影响不是很大，随着萃取时间的增加，Y 和 Eu 的萃取率也会随之增加。

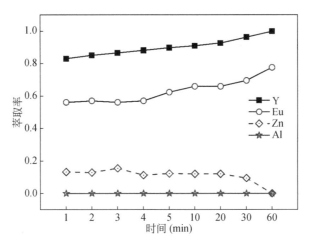

图 3-83 废 CRT 荧光粉酸浸液中主要金属元素随萃取时间变化的[OMIm][PF₆]与 Cyanex272 协同萃取的萃取率

当萃取时间从 1 min 增加至 60 min 时，Y 和 Eu 的萃取率仅分别增加 17% 和 22%；但是 Zn 随着时间的增加却呈现出相反的趋势，当萃取时间从 1 min 增加至 30 min 时，Zn 的萃取率仅下降 4%，当萃取时间为 60 min 时，Zn 的萃取率却降为 0；Al 自始至终未被萃取体系所萃取。由此可见，萃取时间对 Y 和 Eu 的影响较大，对 Zn 的影响较小，当萃取时间达到一定长度时，被萃取的少部分 Zn 也会随着平衡的移动被释放出来。总体而言，既要维持稀土元素足够高的萃取率，减少对 Zn 的萃取，缩短萃取时间，确定最佳的萃取时间为 10 min。

5. 萃取温度对萃取过程的影响

图 3-84 是废 CRT 荧光粉浸出液中各主要金属元素随萃取温度变化的[OMIm][PF₆]与 Cyanex272 协同萃取的萃取率，可知，萃取温度对 Y 元素萃取的影响较小，当温度从 25℃变为 55℃时，其浸出率仅提高 3%；但是萃取温度对 Eu 和 Zn 的影响较大，当温度从 25℃增加到 55℃时，它们的浸出率分别提高 22% 和 27%，可见萃取温度对 Zn 的影响大于对 Eu 的影响。鉴于减少萃取稀土元素中的杂质含量以及节省能耗，确定最佳萃取温度为 25℃。

6. 最佳[OMIm][PF₆]萃取工艺参数下的萃取实验

通过 8 组平行的最佳参数的萃取实验，数据结果如图 3-85 所示。从图中可以得出，在一次萃取后，Y、Eu、Zn 的平均萃取率分别为 96.7%、76.1%、9.6%，并且不会萃取 Al。通过计算协同萃取体系、[OMIm][PF₆]体系和 Cyanex272 体系下稀土与 Zn 的分离系数，可以得出 Y 和 Eu 对 Zn 的分离系数在选择的二元萃取体系中比在单萃取体系中高得多，这说明选择的萃取体系相对于 Zn 和 Al 元素而言，对 Y、Eu 具有更好的萃取选择性。

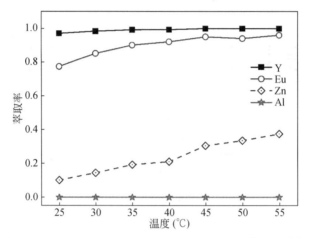

图 3-84　废 CRT 荧光粉酸浸液中主要金属元素随萃取温度变化的 [OMIm] [PF$_6$] 与 Cyanex272 协同萃取的萃取率

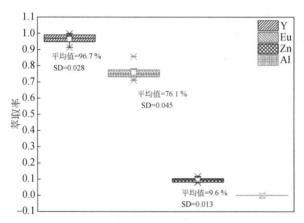

图 3-85　废 CRT 荧光粉酸浸液中主要金属元素在最佳萃取参数下 [OMIm] [PF$_6$] 与 Cyanex272 协同萃取的萃取率

同时，计算 Y、Eu、Zn 的协同萃取系数，结果列于表 3-11 中，可以发现，Y 和 Eu 的协同萃取系数分别为 4.74 和 1.35，均大于 1，具有协同萃取效应；而对于 Zn，其协同萃取系数为 0.003，远远小于 1，不具有协同萃取效应。尽管一次萃取 Eu 的萃取率偏低，且萃取体系中仍含有 9.6% 的 Zn，经过 3 次萃取后不仅 Y 和 Eu 的萃取率高达 100%；有机相中 Zn 的含量已基本为零，Y 和 Eu 的总纯度达 99.99%。

表 3-11　不同体系中稀土与 Zn 的分离系数及[OMIm][PF₆]和 Cyanex272 协同体系中 Y、Eu、Zn 的协同萃取系数

分离系数（β）	协同萃取	[OMIm]［PF₆]体系	Cyanex272 体系
$\beta_{Y/Zn}$	265.84	2.77	0.17
$\beta_{Eu/Zn}$	17.95	1.50	0.08
$\beta_{(Y+Eu)/Zn}$	141.90	2.14	0.13
金属元素	Y	Eu	Zn
协同萃取系数（R）	4.74	1.35	0.003

3.5.1.3　硫酸反萃稀土工艺优化

1.反萃试剂选择

选择的反萃剂为盐酸、硝酸、硫酸，它们的浓度分别为 1 mol/L、2 mol/L、3 mol/L。不同反萃剂、不同浓度下一次反萃的反萃率如图 3-86 所示，虽然硫酸、

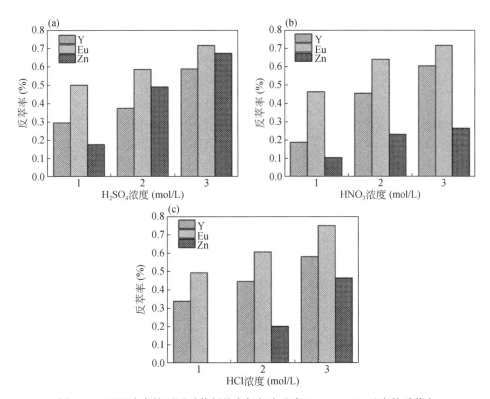

图 3-86　不同浓度的不同反萃剂从有机相中分离 Y、Eu、Zn 元素的反萃率

硝酸和盐酸在反萃 Y 和 Eu 时的差别较小，尽管硫酸对 Zn 具有较高的反萃能力，但是硫酸对 Y、Eu、Zn 的总体反萃能力均高于硝酸和盐酸这两种反萃剂。废 CRT 荧光粉酸浸液在 3 次萃取后，有机相不含有 Zn 元素，加之本身酸浸体系就是硫酸体系，采用硫酸作为反萃剂不会影响已萃取稀土纯度，因此，反萃剂选择为 3 mol/L 的硫酸。

2. 反萃相比的影响

反萃相比是影响反萃的重要因素之一，从有机相的一次反萃可以看出（图 3-87），随着反萃比的增加，Y、Eu、Zn 等 3 种元素的反萃率也随之增加，当反萃相比较小（如 1∶1）时，它们的反萃率分别仅为 58%、55% 和 17%，当反萃比增加至 3∶1 时，3 种金属元素的反萃率均有较大的提高，分别增加至 77%、80% 和 60%，随后随着反萃比的增加，各反萃元素的反萃率增加较为缓慢。因此，确定最佳的反萃相比为 5∶1。

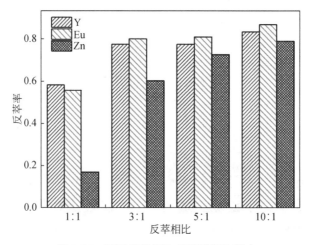

图 3-87　不同反萃相比对反萃率的影响

3. 反萃时间的影响

图 3-88 是不同反萃时间对废 CRT 荧光粉酸浸液萃取有机相一次反萃的萃取结果，由图可知，时间对反萃的影响较小。当萃取时间仅为 1 min 时，Y、Eu、Zn 的反萃率较高，分别为 86%、87% 和 82%，当反萃时间增加到 5 min 时，它们的反萃率分别增加至 95%、98% 和 90%，然后当时间再增加到 10 min 时，它们的反萃率分别增加了 4%、2% 和 10%，此时，这 3 种金属元素均能完全从有机相实现分离。综合考虑到省时以及反萃效果，选定的最佳反萃时间为 10 min。

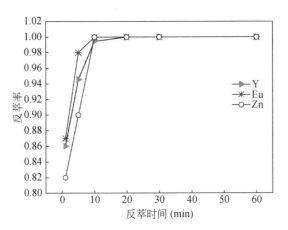

图 3-88　不同反萃时间对反萃率的影响

4. 反萃温度的影响

反萃温度对一次反萃的影响如图 3-89 所示，在室温（25℃）时，Y、Eu、Zn 的反萃率分别为 71%、69% 和 39%，当温度增加至 35℃，它们的反萃率分别增加了 9%、8% 和 11%，随着反萃温度的继续增加，反萃率增加很小，逐渐趋于平稳，可见反萃温度对反萃的影响较小。考虑到节约能量，这里选定的最佳反萃温度为 25℃（室温）。

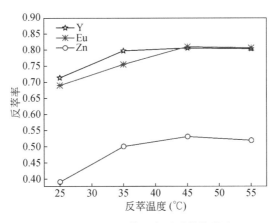

图 3-89　不同反萃温度对反萃的影响

5. 最佳工艺参数下的反萃实验

针对在最佳萃取参数下反复萃取 3 次的萃取有机负载相，在上述确定的最佳反萃参数条件下进行反萃实验，实验结果如图 3-90 所示，Y 和 Eu 的一次平均反萃率为 73.2%和 81.6%。在此工艺参数下，反复反萃 3 次，能够实现 Y 和 Eu 的完全反萃。

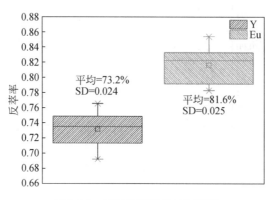

图 3-90 最佳反萃条件下反萃率

综上可知，采用 Cyanex272 和[OMIm][PF$_6$]协同萃取体系，能够实现废 CRT 荧光粉酸浸液中 Y 和 Eu 与 Zn、Al 的有效分离，其最佳的萃取条件为萃取平衡酸度为 0.2 mol/L，萃取相比为 1:5，萃取剂与离子液体之间的体积比例组成为 X_C=0.4 和 X_O=0.6，萃取时间为 10 min，萃取温度为 25℃。在前述最佳萃取条件下，仅一次萃取后，Y、Eu、Zn 的平均萃取率分别为 96.7%、76.1%、9.6%，并且不会萃取 Al，经三次萃取后，能完全实现与 Zn 和稀土的分离。对萃取后的有机相的反萃研究显示，采用 3 mol/L 的硫酸，在反萃相比 5:1，反萃时间 10 min，反萃温度 25℃的反萃条件下，可实现萃取剂与离子液体的回收再生。

3.5.1.4 稀土协同萃取机理研究

采用斜率法和恒摩尔法对 Y 和 Eu 的萃取机理进行分析，为简便起见，分别用 H$_2$A$_2$(o) 和 HB 表示萃取剂 Cyanex272 和[OMIm][PF$_6$]，主要研究以下三个方面：①单一 Cyanex272 体系在溶液中对 Y 和 Eu 的萃取反应；②单一[OMIm][PF$_6$]体系在溶液中对 Y 和 Eu 的萃取反应；③Cyanex272-[OMIm][PF$_6$]体系在溶液中对 Y 和 Eu 的萃取反应。

一般条件下，稀土离子在溶液中会与阴离子发生络合反应，针对本溶液的酸介质而言，H$_2$A$_2$(o) 和 HB 单独萃取 Y 和 Eu（以 RE^{3+}表示）的反应为

$$RE^{3+}+mH_2A_2+tSO_4^{2-} \longrightarrow RE(SO_4^{2-})_t(HA_2)_m+mH^+ \tag{3-56}$$

$$RE^{3+}+nHB+tSO_4^{2-} \longrightarrow RE(SO_4^{2-})_tB_n+nH^+ \tag{3-57}$$

式（3-56）和式（3-57）中 m、n、t 分别表示参与萃取反应的萃取剂、离子

液体的分子数以及反应释放的氢离子个数。

而 Cyanex272-[OMIm][PF$_6$]体系萃取 Y 和 Eu（以 RE^{3+}表示）的反应为

$$RE^{3+}+mH_2A_2+nHB+tSO_4^{2-}\longrightarrow RE(SO_4^{2-})_tB_n(HA_2)_m+(m+n)H^+ \tag{3-58}$$

表观协同萃取常数 K_s 为

$$K_s=\frac{[RE(SO_4^{2-})_tB_n(HA_2)_m]\cdot[H^+]^{(m+n)}}{[RE^{3+}]\cdot[H_2A_2]^m\cdot[HB]^n}=\frac{D\cdot[H^+]^{(m+n)}}{[H_2A_2]^m\cdot[HB]^n} \tag{3-59}$$

进一步可得

$$\lg D=\lg K_s+m\lg([H_2A_2])+n\lg([HB])+(m+n)\lg([H^+]) \tag{3-60}$$

由上式分析可知，保持其他因素不变，仅考查萃取剂 Cyanex272 浓度对硫酸浸出液中 Y 和 Eu 的萃取影响，以 lg$D$-lg([Cyanex272])进行线性拟合，其直线斜率即为萃取剂 Cyanex272 参与反应的分子数 m，同理，仅分别研究离子液体[OMIm][PF$_6$]、Na$_2$SO$_4$ 浓度以及浸出液酸度对萃取的影响，可分别确定参与反应的离子液体[OMIm][PF$_6$]、硫酸根分子数 n、t 及萃取放出的 H$^+$个数。

对于 Cyanex272 单体系萃取稀土而言，在同酸度下研究萃取剂浓度对萃取的影响，以此确定萃取中参与反应的 Cyanex272 分子个数，由图 3-91 中 $\lg D$ 与 lg([Cyanex272])的直线斜率可知，每萃取一个稀土离子，均有三个 Cyanex272 分子参与了反应。

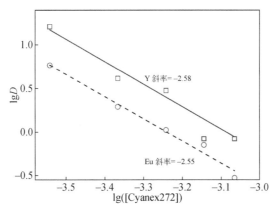

图 3-91　同酸度下 Cyanex272 萃取稀土的对数分配比与 lg([Cyanex272])的线性关系

通过研究同酸度下不同浓度硫酸钠加入量对萃取反应的影响，可以确定硫酸根是否参与反应以及参与反应的分子数。由图 3-92 中 lg$D$ 与 lg([Na$_2$SO$_4$])的直线斜率可知，每萃取一分子的稀土离子，相应地会有一分子的硫酸根离子参与萃取反应。

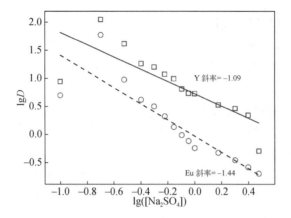

图 3-92   相同酸度不同硫酸钠浓度下 Cyanex272 萃取稀土对数分配比与 lg([Na$_2$SO$_4$])线性关系

通过研究不同酸度下 Cyanex272 对萃取的影响，可以确定萃取反应放出的氢离子个数。由图 3-93 知，无论是 Y 还是 Eu，lg$D$ 与 lg([H$^+$])的直线斜率均接近于 3，因此在萃取反应中，每萃取一分子稀土，就会释放出三分子的氢离子。

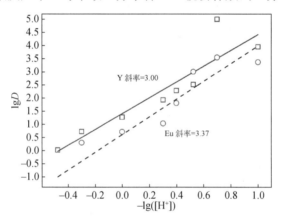

图 3-93   不同酸度下 Cyanex272 萃取稀土的对数分配比与 lg([H$^+$])的线性关系

通过以上研究可知，Cyanex272 单独萃取废 CRT 荧光粉酸浸液中 Y 和 Eu 的反应方程式为

$$Y^{3+} + 3H_2A_2 + SO_4^{2-} \longrightarrow Y(SO_4^{2-})(HA_2)_3 + 3H^+ \tag{3-61}$$

$$Eu^{3+} + 3H_2A_2 + SO_4^{2-} \longrightarrow Eu(SO_4^{2-})(HA_2)_3 + 3H^+ \tag{3-62}$$

前期研究表明咪唑类离子液体在萃取金属时主要是阳离子交换机理，对于[OMIm][PF$_6$]离子液体萃取废 CRT 荧光粉硫酸浸出液中的稀土，首先研究的是在同酸度下不同[OMIm][PF$_6$]浓度对萃取的影响。由图 3-94 知，无论是 Y 还是 Eu 在同酸度条件下，lg$D$ 与 lg([OMIm][PF$_6$])的直线斜率均接近于 2，因此，每萃

取一分子的稀土元素，就有两分子的[OMIm][PF$_6$]参与了萃取反应。

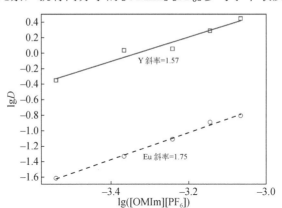

图 3-94　不同浓度[OMIm][PF$_6$]萃取稀土的对数分配比与 lg([OMIm][PF$_6$])的线性关系

为了确定硫酸根离子是否参与了离子液体[OMIm][PF$_6$]萃取稀土的反应，在相同酸度、相同[OMIm][PF$_6$]浓度条件下，在不同硫酸钠浓度下进行萃取实验。从图 3-95 中可以得出，硫酸也参与了[OMIm][PF$_6$]萃取稀土的反应，每一分子稀土被萃取，相应地需消耗一分子硫酸根离子。

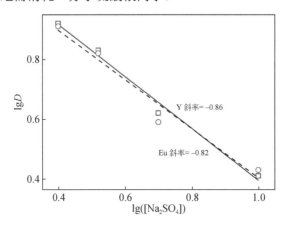

图 3-95　不同硫酸钠浓度下[OMIm][PF$_6$]萃取稀土对数分配比与 lg([Na$_2$SO$_4$])线性关系

由于咪唑类离子液体在萃取时的机理主要是阳离子交换机理，对于离子液体[OMIm][PF$_6$]，就是[OMIm]$^+$稀土取代离子。为进一步确定在萃取反应中，[OMIm]$^+$释放个数，通过在不同酸浓度下不同浓度[OMIm][PF$_6$]的萃取反应，通过图 3-96 中的直线斜率可知，每萃取一分子稀土元素，就会释放出两分子的[OMIm]$^+$。

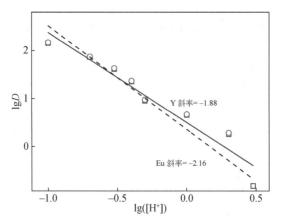

图 3-96 不同酸度下 [OMIm] [PF$_6$] 萃取稀土的对数分配比与 lg([H$^+$]) 的线性关系

综合上述研究结果，[OMIm] [PF$_6$] 单独萃取废 CRT 荧光粉硫酸浸出液中 Y 和 Eu 的反应方程式为

$$Y^{3+} + SO_4^{2-} + 2[OMIm]^+[PF_6]^- \longrightarrow (Y(SO_4)[PF_6]_2)^- + 2[OMIm]^+ \qquad (3-63)$$

$$Eu^{3+} + SO_4^{2-} + 2[OMIm]^+[PF_6]^- \longrightarrow (Eu(SO_4)[PF_6]_2)^- + 2[OMIm]^+ \qquad (3-64)$$

对于 [OMIm] [PF$_6$] 与 Cyanex272 联合萃取，则主要是针对两种反应分子数、硫酸钠反应个数以及释放的正离子的个数的确定。对于硫酸钠反应个数的确定，是萃取体系在加入不同浓度的硫酸钠浸出液中达到平衡时的斜率值。由图 3-97 可知，对于 Y 和 Eu 两种元素，它们的斜率分别接近于 4 和 1，因此在它们的各自萃取反应中，参与萃取反应的分子数分别为 4 和 1。

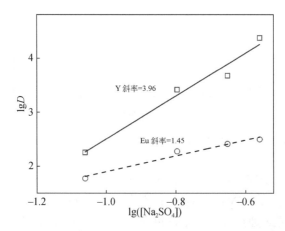

图 3-97 相同酸度不同硫酸钠浓度下 [OMIm] [PF$_6$] 与 Cyanex272 萃取稀土时的对数分配比与 lg([Na$_2$SO$_4$]) 的线性关系

　　为研究萃取反应中释放出的正离子个数，将同比例组成的萃取体系中于不同酸度中进行萃取，可根据 $\lg D$ 与 $\lg[H^+]$ 的关系得出释放出的正离子个数。由图 3-98 知，Y 和 Eu 的直线斜率均接近于 3，因此它们的萃取反应释放出的正离子个数为 3。

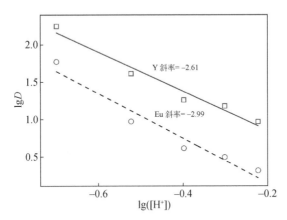

图 3-98　不同酸度下[OMIm][PF$_6$]与 Cyanex272 萃取稀土时的对数分配比与 $\lg([H^+])$ 的关系

　　为了确定萃取体系参与反应的分子数，将不同比例组成的萃取体系进行萃取，由图 3-99 得出的结论是，对于 Y 元素，参与反应的总分子数是 4，而 Eu 则为 3。

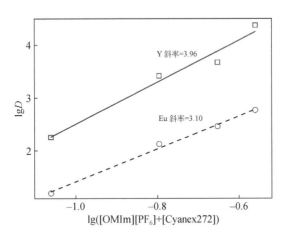

图 3-99　相同酸度不同[OMIm][PF$_6$]与 Cyanex272 比例萃取稀土时的对数分配比与 $\lg([OMIm][PF_6]+[Cyanex272])$ 的线性关系

　　因此，对于 Y 和 Eu 两种元素的协同萃取的方程可分别写为

$$Y^{3+} + 4SO_4^{2-} + x_1H_2A_2 + y_1[OMIm]^+[PF_6]^- \longrightarrow$$
$$(Y(SO_4)_4[PF_6]_{y_1}(HB_2)_{x_1})^{-(x_1+y_1+5)} + x_1H^+ + y_1[OMIm]^+ \tag{3-65}$$

$$Eu^{3+} + SO_4^{2-} + x_2 H_2 A_2 + y_2 [OMIm]^+ [PF_6]^- \longrightarrow$$
$$(Eu(SO_4)[PF_6]_{y_2}(HB_2)_{x_2})^{-(x_2+y_2+5)} + x_2 H^+ + y_2 [OMIm]^+ \tag{3-66}$$

由电荷守恒，以及萃取剂对稀土的萃取效果优于离子液体，因此确定 x_1=3、y_1=1、x_2=2、y_2=1。因此，它们的协同萃取方程可能为

$$Y^{3+} + 4SO_4^{2-} + 3H_2 A_2 + [OMIm]^+ [PF_6]^- \longrightarrow$$
$$(Y(SO_4)_4 [PF_6](HB_2)_3)^{9-} + 3H^+ + [OMIm]^+ \tag{3-67}$$

$$Eu^{3+} + 4SO_4^{2-} + 2H_2 A_2 + [OMIm]^+ [PF_6]^- \longrightarrow$$
$$(Eu(SO_4)_4 [PF_6](HB_2)_2)^{8-} + 2H^+ + [OMIm]^+ \tag{3-68}$$

3.5.2　季铵盐类离子液体萃取稀土过程调控优化

3.5.2.1　萃取体系的选择

选用几种常见的萃取剂与[A336][NO$_3$]按体积比 1∶1 组成离子液体基萃取体系，萃取剂分别为中性磷型萃取剂 TBP、TRPO、Cyanex923、CA12 和酸性磷型萃取剂 P204、P507、Cyanex272。将 ER-WCP 浸出溶液用纯水稀释至 pH 值≈2，在油液比（O/A）为 1∶10 条件下进行萃取，结果如图 3-100 所示。

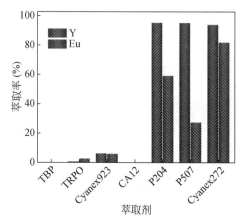

图 3-100　[A336][NO$_3$]萃取体系萃取剂的选择

由图 3-100 可知，酸性磷型萃取剂对 Y 和 Eu 的萃取效率明显高于中性磷型萃取剂。[A336][NO$_3$]与 TBP 或 CA12 组成的萃取体系对 Y 和 Eu 几乎不萃取，而[A336][NO$_3$]与 TRPO 或 Cyanex923 组成的萃取体系对 Y 和 Eu 的一次萃取率均不足 10%，萃取效果不佳。[A336][NO$_3$]与四种酸性磷型萃取剂组成的萃取体系对 Y

的萃取效果较好，一次萃取率均达到 95%，但对 Eu 的萃取效果存在较大差异。[A336][NO₃]+Cyanex272 萃取体系对 Eu 的一次萃取率最高，可达 82%，而 P204 和 P507 的萃取体系分别为 59.2% 和 27.9%。综合考虑，稀土 Y 和 Eu 的萃取效率，选择[A336][NO₃]和 Cyanex272 组成的离子液体基萃取体系。

3.5.2.2 [A336][NO₃]萃取工艺参数优化

水相的 pH 值（或酸度）和油液比是影响萃取效率的两个最重要因素。ER-WCP 浸出液中影响稀土 Y 和 Eu 分离提纯的主要杂质元素为 Ca、Fe、Zn、Co 和 Mg。通过添加 NaOH 调节 ER-WCP 浸出液的 pH 值，在不同 pH 值下水相中稀土及杂质元素的浓度如表 3-12 所示。在 O/A 为 1∶5 条件下，分别考察不同 pH 值条件下[A336][NO₃]+Cyanex272 萃取体系对稀土 Y 和 Eu 及主要杂质元素的萃取率的影响，结果如图 3-101 所示。

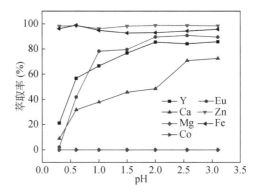

图 3-101 pH 值对不同金属萃取率的影响

表 3-12 不同 pH 值下水相中主要元素的浓度

pH	Y（mg/L）	Eu（mg/L）	Ca（mg/L）	Zn（mg/L）	Co（mg/L）	Mg（mg/L）	Fe（mg/L）
0.3	3018.4	207.6	236.4	31.47	15.09	6.12	13.11
0.6	2504.4	203.4	241.6	26.13	13.02	5.2	9.91
1	2401.2	186.4	196.8	26.01	12.41	5.15	9.3
1.5	2385.6	165.2	186.8	25.55	12.19	5.06	9.26
2	2237.6	152.4	182.4	25.32	11.9	4.64	9.15
2.5	2213.4	150.6	180	24.95	11.7	4.54	8.71
3.1	2124.4	142.8	173.6	23.23	11.58	4.53	8.53

杂质 Zn 和 Fe 的一次萃取率在 pH 为 0.3 时已达到 98.3% 和 96.3%，且随着水

相 pH 的增加，其萃取率出现小幅度波动，pH 对其影响较小。杂质 Mg 和 Co 在 [A336][NO₃]+Cyanex272 萃取体系中不被萃入有机相，且随水相 pH 值的增加，Mg 和 Co 一直保持不被萃取的状态。pH 值对稀土 Y、Eu 及杂质 Ca 的萃取效果影响较明显，随着水相 pH 值的增加，稀土 Y、Eu 及杂质 Ca 的一次萃取率逐渐增加。当水相 pH=0.3 时，Y、Eu 及 Ca 的一次萃取率分别为 21.2%、2.12% 和 8.97%；当水相 pH 增加到 1.0 时，Y、Eu 及 Ca 的一次萃取率分别提高到 66.6%、78.3% 和 37.9%；继续增加水相 pH 至 2.0 时，Y、Eu 及 Ca 的一次萃取率分别提高到 85.5%、89.5% 和 48.6%；进一步提高水相的 pH，稀土 Y 和 Eu 的一次萃取率趋于平衡，Ca 的一次萃取率仍在缓慢增长。综合考虑稀土的萃取效率和杂质的分离效率，选择 pH=2.0 为最佳酸度用于后续工艺参数优化。

在水相 pH 为 2.0 条件下，探讨不同油液比下 [A336][NO₃]+Cyanex272 萃取体系对稀土 Y 和 Eu 及主要杂质元素的萃取率的影响，结果如图 3-102 所示。在不同 O/A 条件下，Mg 和 Co 依然保持不被萃取，而 Zn 和 Fe 保持着高的萃取率，这与 pH 对其影响结果相似。O/A 对稀土 Y、Eu 及杂质 Ca 的萃取效果影响较明显，随着 O/A 的增加，稀土 Y、Eu 及杂质 Ca 的一次萃取率逐渐增加。当 O/A=1：10（0.1）时，Y、Eu 及 Ca 的一次萃取率仅为 35.9%、45.6% 和 18.6%；当 O/A 增加到 1：3（0.333）时，Y、Eu 及 Ca 的一次萃取率分别提高到 96.4%、92.8% 和 58.1%；继续增加 O/A=1：1（1.0）时，Y、Eu 及 Ca 的一次萃取率分别提高到 99.97%、99.1% 和 68.1%。

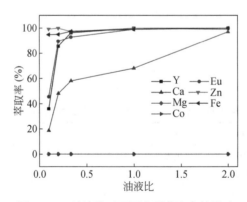

图 3-102　油液比对不同金属萃取率的影响

基于上述 pH 及 O/A 的探讨，确定在 pH=2.0、O/A=1：1 的条件下，ER-WCP 浸出液中主要元素 Y、Eu、Zn、Fe 和 Ca 的一次萃取率分别为 99.97%、99.1%、99.9%、99.1% 和 68.1%，而 Co 和 Mg 不被萃取残留在水相中。通过该萃取步骤，可实现稀土元素与杂质 Co 和 Mg 的分离。

3.5.2.3　硝酸反萃稀土工艺优化

采用 1 mol/L 硝酸溶液为反萃水相对稀土负载[A336][NO$_3$]+Cyanex272 萃取体系进行反萃。对比分析了不同 O/A 条件下的一次反萃效率,结果如图 3-103 所示。

由图可知,在反萃过程中,杂质 Zn 和 Fe 仍然存留在有机相中;而 Ca 能够很容易进入到水相中,在不同 O/A 比下其一次反萃率均能达到 100%。稀土 Y 和 Eu 的反萃效率随着 O/A 的减小 (有机相比例增加)而增加,当 O/A 为 1：2(0.5)时,稀土 Y 和 Eu 的一次反萃率为 59.9%和 59.4%;当 O/A 减小到 1：10(0.1)时,稀土 Y 和 Eu 的一次反萃率分别增加到 89.9%和 90.4%。在 O/A 为 1：10 条件下,经过三次反萃,可将稀土 Y 和 Eu 从有机相中全部剥离。

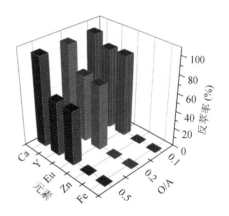

图 3-103　油液比对不同金属反萃率的影响

综上所述,采用[A336][NO$_3$]+Cyanex272 萃取体系对 ER-WCP 浸出液中稀土 Y 和 Eu 进行分离提纯,经过萃取与反萃步骤,可实现主要杂质组分 Zn、Fe、Mg 和 Co 的去除,但通过一次萃取仍然有部分 Ca 残留在稀土提纯溶液中。只能通过多级萃取才能实现稀土与 Ca 的充分分离。上述离子液体基萃取体系虽可实现稀土 Y 和 Eu 的分离,但仍然存在工艺过程复杂、Ca 分离困难等问题,接下来将探讨新型萃取剂对稀土 Y 和 Eu 的分离提纯。

3.5.2.4　DODGAA 萃取体系探索

DODGAA 是一种新型的绿色萃取剂,主要由 C、H、O 和 N 四种元素组成,在水溶液中具有很低的溶解度,但可以稳定地溶解在离子液体中。本节通过探讨稀土 Y、Eu 及主要杂质元素在 DODGAA 萃取剂与离子液体组成的萃取体系中的萃取效果,提出一种高效、绿色的离子液体基萃取体系,以实现废 CRT 荧光粉和荧光灯用 BAM 蓝色荧光粉中稀土 Y 和 Eu 的萃取分离。

为充分探讨 DODGAA 萃取体系对废 CRT 荧光粉中稀土元素的分离提纯效果,将体系中可能存在的所有杂质元素进行汇总,并配制模拟浸出液。废 CRT 荧光粉中稀土浸出溶液主要包括稀土 Y、Eu 和杂质元素 Ca、Al、Fe、Mg、Zn、Ba、Pb、Sr、Co。针对荧光粉浸出液的元素种类,配制模拟液,其中稀土及各杂质元素的浓度均为 20 mg/L。

将 DODGAA 分别溶解在 [A336][NO₃]、[A336][Cl]、[BMIm][BF₄]、[BMIm][NTf₂]、[OMIm][PF₆] 和 [BMIm][PF₆] 五种离子液体中，其中萃取剂 DODGAA 的浓度为 10 mmol/L。模拟浸出液 pH 调节为 2.5，O/A 为 1∶1（1.0），考察不同离子液体基萃取体系对稀土及杂质元素的萃取效果，结果如图 3-104 所示。其中，[BMIm][BF₄]+DODGAA 萃取体系的萃取过程中无法实现有机相与水相的分离，且萃取过程有白色块状物出现，故不做讨论。

如图 3-104 所示，仅从对稀土 Y 和 Eu 的萃取效果来看，一次萃取率由高到低分别为 [BMIm][PF₆]＞[BMIm][NTf₂]＞[A336][Cl]＞[OMIm][PF₆]＞[A336][NO₃]。从杂质萃取效果分析，[BMIm][PF₆]+DODGAA 的萃取体系对杂质 Ca、Fe 和 Pb 进行同步萃取，一次萃取率分别为 6.94%、60.14% 和 13.05%；[BMIm][NTf₂]+DODGAA 的萃取体系对杂质 Fe 进行同步萃取，一次萃取率达到 53.21%；[A336][Cl]+DODGAA 的萃取体系对杂质 Zn 和 Pb 的同步萃取效果很好，一次萃取率分别达到 98.31% 和 92.20%；[A336][NO₃]+DODGAA 的萃取体系不仅对杂质 Zn 和 Co 进行同步萃取，一次萃取率分别为 20.27% 和 9.09%。[OMIM][PF₆]+DODGAA 的萃取体系对浸出液中杂质元素均不进行萃取，同时该体系对 Y 和 Eu 的萃取效果良好，一次萃取率可达 83.18% 和 78.20%。综合考虑稀土的萃取效果及杂质的分离效率，选择 [OMIM][PF₆]+DODGAA 的萃取体系对废 CRT 荧光粉模拟浸出液中稀土元素进行分离提纯为最佳。

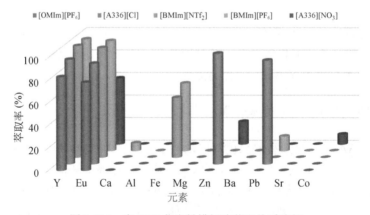

图 3-104 废 CRT 荧光粉模拟液萃取体系选择

综上所述，[OMIm][PF₆]+DODGAA 的离子液体基萃取体系对稀土 Y 和 Eu 具有良好的萃取分离效果。可通过调整溶液 pH 值、体系 O/A 等参数，进一步提高 Y 和 Eu 的萃取效率，实现 Y 和 Eu 的绿色、高效共萃与提纯。

3.5.3　稀土三基色红粉 Y_2O_3：Eu 再生过程调控优化

Eu^{3+} 激活的 Y_2O_3（Y_2O_3：Eu）红色荧光粉因其具有优异发光性能、良好稳定性，已成为发光器件中应用最多的红粉。目前，Y_2O_3：Eu 红粉的制备工艺主要有燃烧法、溶胶-凝胶法、共沉淀法等。基于 ER-WCP 的稀土浸出溶液中存在 Y 和 Eu 稀土元素，本节采用草酸共沉淀法直接制备 Y_2O_3：Eu 红粉，可避免进一步对 Y 和 Eu 进行分离提纯，大大缩短荧光粉制备工艺流程，实现废稀土荧光粉的高值利用。

3.5.3.1　再生 Y_2O_3：Eu 红粉制备工艺流程

ER-WCP 浸出液中稀土 Y 和 Eu 的摩尔比为 24：1，Eu 的配比不足，将导致再生 Y_2O_3：Eu 红粉的发光性能无法满足应用要求。故，将稀土三基色蓝粉（$BaMgAl_{10}O_{17}$：Eu^{2+}，简称 BAM）的碱熔-酸浸提取液添加至 ER-WCP 浸出液中，调制混合溶液中稀土 Y 和 Eu 的摩尔比为 19：1。由于杂质 Ca、Ba、Al 等杂质离子易于与稀土在草酸沉淀时发生共沉淀，从而影响再生荧光粉的纯度，需要对配制稀土溶液进行分离提纯。采用［OMIm］［PF_6］+DODGAA 离子液体基萃取体系对混合溶液中 Y 和 Eu 进行共萃，同时实现其与杂质离子的高效分离。经过多次萃取将混合溶液中 Y 和 Eu 全部萃入有机相，采用稀硝酸反萃获得高纯 Y、Eu 的混合溶液，溶液中两种稀土元素的摩尔比仍然为 19：1。采用 ICP 检测经萃取提纯后的稀土溶液，主要杂质元素的含量均低于检测限。随后，进行草酸共沉淀获得草酸稀土前驱体，煅烧后获得再生 Y_2O_3：Eu 红粉，其制备工艺流程如图 3-105 所示。采用 ICP 精确测定再生荧光粉的纯度，Y_2O_3 和 Eu_2O_3 的总含量达 99.95%。

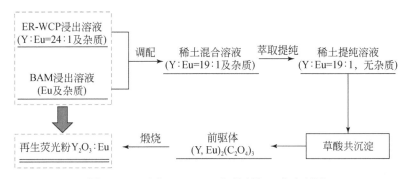

图 3-105　再生 Y_2O_3：Eu 红粉制备工艺流程图

3.5.3.2 再生 Y_2O_3：Eu 红粉性能分析表征

对制备的再生 Y_2O_3：Eu 红粉进行物相、形貌和发光性能等分析测试，并与商用 Y_2O_3：Eu 红粉进行对比。图 3-106 为再生 Y_2O_3：Eu 红粉与商用红粉的 XRD 分析结果对比。从图中可以看出，再生 Y_2O_3：Eu 红粉与商用红粉的物相均为 $(Y_{0.95}Eu_{0.05})_2O_3$（PDF# 25-1011），各衍射峰强度基本一致。

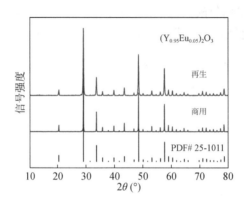

图 3-106　再生 Y_2O_3：Eu 红粉与商用红粉的 XRD 图

图 3-107 为再生 Y_2O_3：Eu 红粉与商用红粉的激发光谱（PL）和发射光谱（PLE）分析对比。左侧较宽的峰是在监控波长为 614 nm 时获得的激发光谱，再生红粉和商用红粉的最强激发峰均位于 254 nm 附近，二者强度及最强峰位置相近。该激发峰为电荷从 O^{2-} 的 2p 轨道迁移至 Eu^{3+} 的 4f 轨道所致，因此 Y_2O_3：Eu 可以吸收汞在 253.7 nm 处的紫外线辐射。右侧为再生红粉和商用红粉在紫外波长为 254 nm 激发下的发射光谱。可见，再生红粉的激发光谱的特点与商用粉一致。其中，在 614 nm 处最强发射峰对应 Eu^{3+} 内部 $^5D_0$-$^7F_2$ 的电子跃迁，从而导致发射红光，这是由 Eu^{3+} 并未占据反演对称中心位置引起的。另外，在 583 nm 处的发射峰对应 $^5D_0$-$^7F_0$ 的电子跃迁；在 509 nm、595 nm 和 602 nm 处的发射峰均对应 $^5D_0$-$^7F_1$ 的电子跃迁；在 653 nm 处的发射峰对应 $^5D_0$-$^7F_3$ 的电子跃迁。以 614 nm 处最强发射峰为基准，对比两种荧光粉的发射强度，发现再生红粉的发射强度可达到商用红粉的 98%，表明再生红粉具有良好的发光特性。

图 3-108 为再生 Y_2O_3：Eu 红粉与商用红粉的 SEM 分析结果对比。从图 3-108（c）和（f）高倍率 SEM 图对比可以看出，再生红粉与商用红粉形貌相似，均接近球形，且表面光滑；再生红粉的单个颗粒粒度在 300 nm 左右，而商用红粉单个颗粒尺寸偏大，约 600 nm。从图 3-108（b）和（e）中倍率 SEM 对比可以看出，再生红粉与商用红粉均出现团聚现象，视场中团聚后颗粒尺寸均在 2～3 μm 左右。

由于再生红粉单个颗粒粒径较小，故其团聚颗粒中包含的单个颗粒较多，且颗粒间边界不明显，有明显黏结现象；而商用红粉单个颗粒粒径较大，团聚颗粒中包含单个颗粒较少，且颗粒间边界明显。从图 3-108（a）和（d）低倍率 SEM 对比可以看出，再生红粉较商用红粉团聚现象较明显，且团聚后颗粒尺寸大小不均。

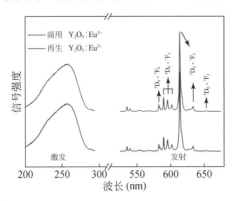

图 3-107　再生 Y_2O_3：Eu 红粉与商用红粉激发和发射光谱图

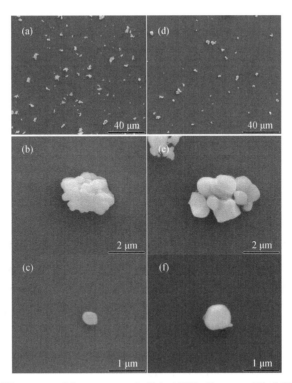

图 3-108　再生 Y_2O_3：Eu 红粉与商用红粉 SEM 对比分析

（a～c）不同倍数下再生红粉形貌分析；　（d～f）不同倍数下商用红粉形貌分析

再生 Y_2O_3：Eu 红粉在颗粒尺寸、团聚特性方面与商用红粉的差距，可能是导致其发光特性略低于商用红粉的原因。可以通过进一步优化工艺过程提高再生红粉的性能，如添加煅烧助剂、煅烧温度的控制、Y 和 Eu 摩尔比的调配、共沉淀试剂的选择等。

3.6　废阴极射线管荧光粉解构再生技术评价案例

为了更好地推进废 CRT 荧光粉解构再生技术推广应用，有必要进行全生命周期评价。在前述研发的废 CRT 荧光粉"自蔓延+氧化浸出"解构再生技术基础上，形成一种新工艺流程，如图 3-109 所示：通过 ZnS-Na_2O_2 自蔓延反应体系，将废 CRT 荧光粉中的 ZnS 转化为 SO_4^{2-} 和 ZnO_4^{6-}，ZnO_4^{6-} 溶液可在除铅工艺后通过电解回收利用锌；去除 ZnS 的稀土富集废荧光粉通过"HCl+H_2O_2"氧化浸出体系将 YOS 中 S^{2-} 转化为 SO_4^{2-}，得到稀土等主要金属离子的浸出溶液，再通过萃取分离得到富含 Y^{3+}、Eu^{3+} 的溶液，进一步使用草酸沉淀法制备 Y_2O_3 和 Eu_2O_3。

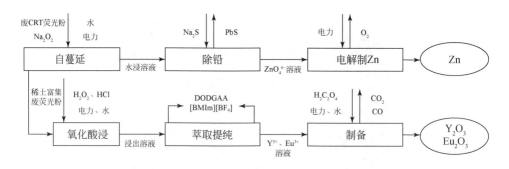

图 3-109　废 CRT 荧光粉典型解构再生技术工艺流程

以上述工艺处理 1 t 废 CRT 荧光粉为例，经初步测算，一般需要添加 3 t Na_2O_2、0.45 t H_2O_2、49.07 t 水和 2.94 MWh 电力，并产出 0.28 t Y_2O_3、0.02 t Eu_2O_3 和 0.29 t Zn。基于 Eco-indicator 99 方法，对解构再生技术与生产相同质量 Y_2O_3、Eu_2O_3 和 Zn 的原生技术的环境影响进行了全生命周期评价。结果表明：解构再生技术呈现出较大的减污降碳优势，大约可降低 54.6% 的碳足迹和 31.0% 的环境影响。如图 3-110 所示，原生技术的富营养化、生态毒性、气候变化、化石和矿产资源损耗等环境指标均高于解构再生技术，如原生技术对生态毒性及气候变化的影响分别是解构再生技术的 12.1 倍及 2.1 倍。

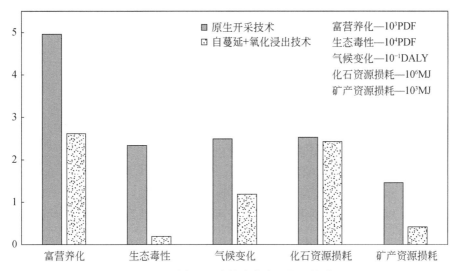

图 3-110 原生和再生技术生命周期评价结果

选取 CO_2、NO_x、SO_x、COD、BOD、VOCs、悬浮物、重金属等典型污染物进行全生命周期环境成本核算。其中，CO_2 根据 2023 年全国碳市场成交均价核算环境成本，其余污染物均参照我国《环境保护税法》中单位污染当量的平均税额进行核算。结果表明，解构再生 1 t 废 CRT 荧光粉的环境成本为 1303.0 元，其中 49.5% 的环境成本来自 CO_2 排放、34.1% 来自 VOCs 排放；而原生技术的环境成本达到了 2803.6 元，为解构再生技术的 2.2 倍。建议根据原生与再生技术的环境成本差异，加强不同工艺污染物实时监测和数据获取，加快推进资源环境税费改革；如针对稀土原生矿产开发技术，应进一步扩大我国环境税中应税污染物范围、优化污染当量及其税额比例；针对稀土城市矿产解构再生技术，建立减污降碳效应监测、跟踪和评价体系，通过合理设定再生原料的退税比例，将碳减排纳入国家核证自愿减排量范围等手段，推动解构再生技术应用获得适当补偿，以激励其资源节约和减污降碳等生态价值实现。

参 考 文 献

邓友全. 2006. 离子液体-性质、制备与应用. 北京: 中国石化出版社, 23-202

刘志雄. 2012. 氨性溶液中含铜矿物浸出动力学及氧化铜/锌矿浸出工艺研究. 长沙: 中南大学, 4-60

马荣骏. 2007. 湿法冶金原理. 北京: 冶金工业出版社, 15-147

田祥焱. 2017. 废 CRT 荧光粉中稀土等主要金属元素的回收利用研究. 北京: 北京工业大学, 1-50

王莲贞. 2014. 废 CRT 荧光粉中提取稀土的研究. 西安: 西北大学, 1-45

王志颖. 2019. 废 CRT 荧光粉中钇的分离与回收. 西安: 西北大学, 1-56

许越. 2005. 化学反应动力学. 北京: 化学工业出版社, 11-205

杨显万. 2011. 湿法冶金. 北京: 冶金工业出版社, 3-111

叶大伦, 胡建华. 2002. 实用无机物热力学数据手册. 2 版. 北京: 冶金工业出版社, 3-302

殷晓飞. 2019. 典型废荧光粉中稀土等有价元素绿色回收研究. 北京: 北京工业大学, 1-121

张承龙, 刘清, 赵由才, 等. 2008. 碱浸电解生产金属锌粉技术. 有色金属, 3: 66-69

张锁江. 2009. 离子液体与绿色化学. 北京: 科学出版社, 9-209

张胤, 李霞, 许剑轶. 2015. 稀土功能材料. 北京: 化学工业出版社, 2-215

Adebayo A O, Ipinmoroti K O, Ajayi O. 2003. Dissolution kinetics of chalcopyrite with hydrogen peroxide in sulphuric acid medium. Chemical and Biochemical Engineering Quarterly, 17(3): 213-218

Antonijevic M M, Dimitrijevi M, Jankovi Z. 1997. Leaching of pyrite with hydrogen peroxide in sulphuric acid. Hydrometallurgy, 46(1): 71-83

Antonijevic M M, Jankovic Z D, Dimitrijevic M D. 2004. Kinetics of chalcopyrite dissolution by hydrogen peroxide in sulphuric acid. Hydrometallurgy, 71(3): 329-334

Baba Y, Kuboto F, Kamiya N, et al. 2011. Selective recovery of dysprosium and neodymium ions by a supported liquid membrane based on ionic liquids. Solvent Extraction Research and Development, 18: 193-198

Dexpert-Ghys J, Regnier S, Canac S, et al. 2009. Re-processing CRT phosphors for mercury-free applications. Journal of Luminescence, 129(12): 1968-1972

Dimitrjevic M, Antonijevic M M, Jankovic Z. 1996. Kinetics of pyrite dissolution by hydrogen peroxide in perchloric acid. Hydrometallurgy, 42(3): 377-386

Diniz V, Volesky B. 2005. Biosorption of La, Eu and Yb using sargassum biomass. Water Research, 39(1): 239-247

Dupont D, Binnemans K. 2015. Recycling of rare earths from NdFeB magnets using a combined leaching/extraction system based on the acidity and thermomorphism of the ionic liquid [Hbet][Tf$_2$N]. Green Chemistry, 17(4): 2150-2163

Forte F, Yurramendi L, Aldana J L, et al. 2019. Integrated process for the recovery of yttrium and europium from CRT phosphor waste. RSC Advances, 9(3): 1378-1386

Gong Y, Tian X, Wu Y, et al. 2016. Recent development of recycling lead from scrap CRTs: A technological review. Waste Management, 57(SI):176-186

He G, Zhao Z, Wang X, et al. 2014. Leaching kinetics of scheelite in hydrochloric acid solution containing hydrogen peroxide as complexing agent. Hydrometallurgy, 144: 140-147

Innocenzi V, De Michelis I, Ferella F, et al. 2013. Recovery of yttrium from cathode ray tubes and lamps' fluorescent powders: Experimental results and economic simulation. Waste Management,

33(11): 2390-2396

Kahruman C, Yusufoglu I. 2006. Leaching kinetics of synthetic $CaWO_4$ in HCl solutions containing H_3PO_4 as chelating agent. Hydrometallurgy, 81(3-4): 182-189

Kalpakli A O, Yusufoglu I. 2007. The investigation of the oxidation kinetics of phosphotungsten suboxide. Metallurgical and Materials Transactions B, 38(2): 279-285

Larsson K, Binnemans K. 2014. Selective extraction of metals using ionic liquids for nickel metal hydride battery recycling. Green Chemistry, 16(10): 4595-4603

Li Q, Zhao Y, Jiang J, et al. 2012. Optimized hydrometallurgical route to produce ultrafine zinc powder from industrial wastes in alkaline medium. Procedia Environmental Sciences, 16: 674-682

Makino A. 2001. Fundamental aspects of the heterogeneous flame in the self-propagating high-temperature synthesis (SHS) process. Progress in Energy and Combustion Science, 27(1): 1-74

Mariscal L, Vazquez R, Balderas U, et al. 2017. Luminescent characteristics of layered yttrium oxide nano-phosphors doped with europium. Journal of Applied Physics, 121(12): 125111

Merzhanov A G, Borovinskaya I P. 2008. Historical retrospective of SHS: An auto review. International Journal of Self-Propagating High-Temperature Synthesis, 17(4): 242-265

Munir Z A, Anselmi U. 1989. Self-propagating exothermic reactions: The synthesis of high-temperature materials by combustion. Materials Science Reports, 3(6): 279-365

Pant D, Singh P, Upreti M K. 2014. Metal leaching from cathode ray tube waste using combination of *Serratia plymuthica* and EDTA. Hydrometallurgy, 146: 89-95

Resende L V, Morais C A. 2010. Study of the recovery of rare earth elements from computer monitor scraps-leaching experiments. Minerals Engineering, 23(3): 277-280

Shen L, Chen J, Chen L, et al. 2016. Extraction of mid-heavy rare earth metal ions from sulphuric acid media by ionic liquid [A336][P507]. Hydrometallurgy, 161: 152-159

Su X, Fu F, Yan Y, et al. 2014. Self-propagating high-temperature synthesis for compound thermoelectrics and new criterion for combustion processing. Nature Communications, 5: 4908

Sun X, Yang J, Hu F, et al. 2010. The inner synergistic effect of bifunctional ionic liquid extractant for solvent extraction. Talanta, 81(4): 1877-1883

Tian X, Yin X, Gong Y, et al. 2016. Characterization, recovery potentiality, and evaluation on recycling major metals from waste cathode-ray tube phosphor powder by using sulphuric acid leaching. Journal of Cleaner Production, 135(11): 1210-1217

Wu D, Wen S, Deng J. 2015. Leaching kinetics of cerussite using a new complexation reaction reagent. New Journal of Chemistry, 39(3): 1922-1929

Wu Y, Yin X, Zhang Q, et al. 2014. The recycling of rare earths from waste tricolor phosphors in fluorescent lamps: A review of processes and technologies. Resources Conservation and

Recycling, 88: 21-31

Yang F, Baba Y, Kuboto F, et al. 2012. Extraction and separation of rare earth metal ions with DODGAA in ionic liquids. Solvent Extraction Research and Development, 19: 69-76

Yin X, Tian X, Wu Y, et al. 2018. Recycling rare earth elements from waste cathode ray tube phosphors: Experimental study and mechanism analysis. Journal of Cleaner Production, 205: 58-66

Yin X, Wu Y, Tian X, et al. 2016. Green recovery of rare earths from waste cathode ray tube phosphors: Oxidative leaching and kinetic aspects. ACS Sustainable Chemistry & Engineering, 4(12): 7080-7089

Yin X, Yu J, Wu Y, et al. 2018. Reclamation and harmless treatment of waste cathode ray tube phosphors: Novel and sustainable design. ACS Sustainable Chemistry & Engineering, 6(3): 4321-4329

Zhao Y, Stanforth R. 2000. Integrated hydrometallurgical process for production of zinc from electric arc furnace dust in alkaline medium. Journal of Hazardous Materials, 80(1): 223-240

Zhao Y, Stanforth R. 2000. Production of Zn powder by alkaline treatment of smithsonite Zn-Pb ores. Hydrometallurgy, 56(2): 237-249

Zhao Y, Stanforth R. 2001. Selective separation of lead from alkaline zinc solution by sulfide precipitation. Separation Science and Technology, 36(11): 2561-2570

Zheng G, Su X, Liang T, et al. 2015. High thermoelectric performance of mechanically robust n-type $Bi_2Te_{3-x}Se_x$ prepared by combustion synthesis. Journal of Materials Chemistry A, 3(12): 6603-6613

Zhu P, Wang W, Zhu H, et al. 2018. Optical properties of Eu^{3+}-doped Y_2O_3 nanotubes and nanosheets synthesized by hydrothermal method. IEEE Photonics Journal, 10(1): 1-10

第4章

废液晶面板铟锡等复合氧化物解构原理与稀散金属再生技术

进入 21 世纪以来，液晶显示器产业呈现了高速而稳定的发展态势。液晶显示器（LCD）具有轻薄、色彩饱和、清晰度高等特点，已经被广泛地应用于液晶电视、平板电视、智能手机等电子产品。LCD 稳步替代了 CRT 显示器，成为显示屏幕市场的绝对主导产品。虽然科技的飞速进步发展，不断更新的电子产品为我们带来便利的生活。然而，随之而来的废电子产品对资源环境造成了巨大的威胁。液晶产品使用寿命相对较短，如液晶电视的寿命一般为 7 年。

铟作为一种稀散金属，在全球范围内储量极少，其探明储量仅为 1.1 万吨。在地壳中的丰度仅与银相似，范围为 $10^{-9} \sim 10^{-5}$，已被美国、日本等多个国家列为战略资源储备。因具有优良的导电性和透光性，铟及其化合物可被用于液晶显示、电子半导体以及焊料合金等多个领域，尤其是铟锡氧化物（ITO）薄膜（In_2O_3：SnO_2=9：1），应用最为广泛，其使用量超过了铟产量的 3/4，被广泛用于液晶显示和太阳能薄膜电池。独立的金属铟矿极其少见，绝大部分铟都伴生在含硫的铅、锌矿和闪锌矿中，而铟都是从锌铅矿生产的副产品中提纯得到的。然而，伴随着近年来液晶显示屏以及光伏产业的发展，铟的供需矛盾将会被进一步激化。实际生产中对铟的需求不断增多，铟矿藏的含量却已大幅度减少，原生矿藏采选能力也在不断萎缩。为了缓解铟矿产资源的供需矛盾，回收利用二次铟资源势在必行。目前，再生铟的回收和冶炼在日本等地已经全面得以开展，而在我国相关产业和研究仍然没有得到充分研究和实践。实则，再生铟资源不仅来源广泛，而且其品位和含量远远高于原生铟矿中的铟含量。以废 LCD 为例，其平均铟含量可达0.03%，远远高于生产原生矿生产标准的 0.002%。目前，日本的铟产量均来源于再生铟资源，而且已经开展的二次铟资源的回收研究主要是集中在 ITO 生产过程中产生的废料和边角料。

废 LCD 作为危险电子废物的一种，包含的有毒有害物质，直接废弃会对环境和人体健康产生潜在的威胁与风险。虽然大部分液晶单体不显示毒性，但是有些液晶产品包含氰基、氟、溴等有毒有害基团，而且难以实现生物降解，长期可能会造成水体污染等；而其中含有的 ITO 薄膜，直接废弃可能会在土壤中形成高浓度的铟盐及铟锡氧化物，其本身长期暴露在环境中，也会对人体呼吸道、消化系统造成生物危害。然而实则，这些废物中蕴含着大量的可循环利用资源，包括很多稀贵金属，是品位较高的"城市矿山"。废 LCD 中的 ITO 薄膜主要成分就是铟锡氧化物，其回收价值很高。如若这部分再生铟资源得以回收利用，可以有效缓解铟资源的应用紧张的局面，废 LCD 中铟回收行业的发展前景相当可观。由此可见，废液晶显示器中铟再生回收有利于保障国家资源安全、减污降碳，废液晶面板铟高效再生技术开发将为其提供重要的科技支撑，对于构建资源循环型社会有重要意义。

4.1　废液晶面板铟锡等复合氧化物再生利用现状

4.1.1　铟分离提取与再生技术

4.1.1.1　铟的分离提取

目前，有关废液晶面板铟回收相关研究以酸浸出法为主。常见的无机酸，包括王水、盐酸、硝酸、硫酸以及形成的混酸等，都已被用于废液晶显示面板中铟的浸出。刘猛等采用 7.0～7.5 mol/L 盐酸浸出 4 h，铟浸出率达到 95%。聂耳等采用 200 g/L 硫酸、0.5 g MnO_2 在 90℃条件下处理废液晶面板，铟浸出率为 89%。Lee 等分别利用 0.1 mol/L、1 mol/L 和 6 mol/L 的盐酸、硝酸、硫酸，固液比为 0.1 g/mL，浸出 1 h 至 4 d，结果表明：利用 1 mol/L 盐酸和 1 mol/L 硫酸浸出 8 h，均可实现废液晶显示器中超过 90% 的铟的浸出；当使用的酸浓度较大时（＞1 mol/L），盐酸对铟的浸出效率最高；使用低浓度的酸（＜1 mol/L）浸出时，硫酸的浸出效果强于盐酸。

近年来，湿法冶金领域出现了很多新兴的技术，物理场耦合强化就是目前用于浸出强化的手段之一，其中最为常用的两种物理场就是微波和超声波。尤其是超声波，对设备要求较低，在湿法冶金领域有较大发展前景。在原矿浸出方面，超声波有助于有效浸出低品位和复杂的难处理矿石。张玉梅等利用超声波辅助浸出氧化锌矿，实验证明超声波的加入有效缩短了锌的浸出时间。王贻明等在浸出含铜尾矿的过程中施加了超声波，与同等条件下未施加超声的实验组相比，浸出率提高了 13.5%。超声波也被用于强化固废中有价金属的浸出过程。张琛等在碳酸钠焙烧-水浸处理废 SCR 催化剂的过程中，引入了超声波用于强化 V、W 的浸出，液固比 12∶1 条件下浸出 90 min，500 W 超声波辅助，V、W 的浸出率分别可达到 89.01% 和 96.05%。金玉健等利用超声辅助硫酸浸出 $LiCoO_2$ 电极，发现低硫酸浓度下（＜1.0 mol/L）强化浸出效果显著。嵇佳伟和 Zhang 等分别采用微波焙烧预处理和超声协同辅助浸出废液晶面板,铟浸出率分别为 92.3%和 96%。Wang 等通过响应表面方法（RSM）中的中心复合设计（CCD）,获得了硫酸浓度0.6 mol/L、浸出 42.2 min、反应温度 65.6℃条件下铟浸出率接近 100%的研究结果。

　　废液晶面板基体玻璃主要是由硅铝硼等组成,表面附着铟锡氧化物薄膜,浸出反应不仅发生在铟锡氧化物薄膜与浸出酸之间,而且基体玻璃中的组成元素也会参加,但是现有研究报道主要集中在获取较高的铟浸出率的工艺条件方面,对不同浸出条件下杂质离子同步浸出情况报道较少。Virolainen 等发现：低浓度酸条件下有利于抑制锡的浸出,对铟的选择性更好。杨冬梅等研究了不同种类浓酸体系下面板主要浸出元素浸出率,得出 In、Fe 在不同酸体系下溶出率差异不大,在浓硫酸体系下,Al、Sn 等杂质浸出率得到明显抑制。蒲丽梅等通过测定浓盐酸、浓盐酸-双氧水、浓硝酸、王水-浓盐酸-浓硝酸、浓硫酸体系下各元素的浸出率,得出不同酸体系下 In 的浸出浓度最大差异在 0.22 mg/L,主要浸出杂质为 Al 和Fe。由于铁、铝等离子在含铟浸提液萃取过程中与铟存在竞争性吸附和同步转移,影响到铟再生回收过程,因此废液晶面板铟浸提工艺应考虑铟与杂质离子浸出调控,这对于提高铟回收率、降低生产成本有重要意义。

4.1.1.2　铟的萃取纯化

　　铟制品生产使用时对铟的纯度要求很高,浸出后必须要进一步分离纯化,将铟离子与杂质离子分离开来,获得高纯铟的溶液或者直接得到铟产品。萃取分离法最为常用,是富集纯化金属离子的有效方法。对于铟的萃取,ITO 废料酸浸体系下的研究很多。酸性膦型萃取剂 P204、P507、P538、Cyanex923 应用广泛,胺类、中性氧磷类萃取剂 TBP 也已被用于铟的萃取分离。

　　目前,常用的酸性膦型萃取剂 P204、Cyanex923、螯合剂 EDTA 等也被用于分离纯化液晶显示器中的铟；在萃取形式上,液膜分离技术以及均相萃取技术均有应用。P204 是一种现今萃铟工业生产中最常用的酸性膦型萃取剂,又称为D2EHPA,具有化学稳定性好、价格低廉、萃铟效率高等特点,同时因其对铟的负载容量高和其他金属离子如 Zn^{2+}、Fe^{2+}、Cd^{2+}、As^{3+}、Cu^{2+}等选择性好,P204被广泛应用于金属的分离实践中。P204 对于三价金属具有很好的萃取性,在浸提液铟的萃取过程中,同为三价的 Fe^{3+}、Al^{3+}也将伴随 In^{3+}进入萃取液。虽然有许多文献报道了 P204 萃取 In^{3+}的研究,但罕有文献报道废液晶面板硫酸浸提液萃取In^{3+}过程中杂质离子的转移情况。杂质离子不仅直接影响铟的萃取率,也容易导致萃取剂老化,甚至影响反萃液的纯度,不利于生产高纯铟。与 ITO 浸出液相比,液晶显示面板浸出液体系更为复杂,伴随杂质离子明显更多,萃取剂及相关萃取条件的选择还需要进一步研究。

杨东梅利用 P204 研究了废液晶显示器硫酸体系浸出液中铟的萃取，发现铁作为浸出液中的主要杂质，易于与铟实现共萃，但铟、铁的萃取平衡时间存在差异，In^{3+}萃取平衡时间为 3～5 min，而杂质 Fe^{3+}萃取平衡需要达到 5 h 之久，控制较短的萃取时间，有助于杂质元素的去除，同时实现铟的富集纯化。调节浸出液酸度至 0.5～1.5 mol/L 时，控制油液相比（O/A）为 1∶5 的情况下，以 3000 r/min 进行离心萃取，保持两相接触时间为 3～5 min，铟的一次离心萃取剂萃取率已达 100%；选取 4 mol/L 的盐酸作为反萃剂，相比 O/A=5/1，两相接触时间为 15 min，三次反萃时铟的反萃率可达 97.06%。Ruan 等在硫酸体系下研究了 P204 对 In 的最优萃取与反萃的条件，对酸度为 1 mol/L 和 0.1 mol/L 的硫酸浸出液体系，使用 30% D2EHPA+70%航空煤油，相比（O/A）1∶5 的条件下萃取，萃取 5 min 后铟萃取率>92%；利用 4 mol/L 盐酸进行反萃，铟的反萃率高达 97%。

也有研究报道采用微波辅助结合螯合剂直接萃取的方法回收废液晶显示器中的铟。Hasegawaa 等将废液晶显示器的面板剪切为 1 cm×1 cm 的小块后（不经过粉碎处理）直接进行萃取，在微波辐照的条件下，以螯合剂 EDTA 或 NTA 为萃取剂，在酸性条件下萃取回收废显示器中的铟，研究结果表明，当 pH<5，温度在 120～135℃，在 5 MPa 压力下，施加微波辐射时，铟的回收率可以达到 80%。Inoue 等利用树脂负载不同的萃取剂开展废液晶显示面板浸出液中铟的选择性吸附研究，比较了三烷基磷氧化合物 Cyanex923 和 Aliquat336 的萃取分离效果，发现饱含 Cyanex923 的树脂可以实现铟的选择性吸附，而含有 Aliquat336 的树脂对于铁、锡等杂质也会大量吸附，难以实现此体系下铟的分离纯化；高浓度的盐酸和王水，会极大地促进 Cyanex923 对铟的萃取；对于选择性吸附在树脂中的铟，可以用稀硫酸淋洗回收得到富含铟的溶液。

废液晶显示器中铟的萃取分离，目前仍是选择传统的有机萃取剂，但这些萃取剂易挥发，挥发产物对环境存在潜在威胁，而新兴的液膜、树脂分离技术萃取分离效率低。因此，如何选择低挥发性、环境友好且萃取效率高的萃取剂进行纯化分离，是废液晶显示器中铟高效回收的关键技术之一。

4.1.1.3 铟的精炼再生

电解精炼是最为常用的高纯铟的冶炼方法之一，传统方法是利用较为活泼的金属铝、锌等置换制得粗铟后，再进一步电解精炼，以制得高纯的铟产品。这一置换过程中，需要消耗大量的金属，生产的成本很高。萃取得到的含铟溶液，经调控后伴随杂质含量极低，通过控制电极电势可以有效去除杂质，在阴极沉积得到高纯铟；通过进一步提高电流效率，可实现铟的高效沉积和余液循环利用。只有高纯度铟才能被用于 ITO 靶材的生产，进一步冶炼提纯再生高纯铟是铟生产的必要环节。周智华等研究了硫酸铟体系中铟的电解回收，以高纯铟板为阴极、粗铟板作阳极进行电解精炼，粗铟阳极板中的杂质离子会沉积在阳极泥中，金属铟也同时转变为铟离子进入电解液中，定向移动到阴极并在阴极得以沉积，使用明胶可以增大阴极极化值来提升电流效率，通过这种方法，可生产得到纯度为 5～6N 的精铟。

4.1.2　面板玻璃再生利用技术

面板玻璃质量占 LCD 显示屏质量 80%左右，在报废 LCD 显示屏中占质量最大部分，关于报废 LCD 显示屏的面板玻璃，以下简称废液晶玻璃，自 2000 年之后才逐步引起重视，对于废液晶显示屏的资源化处理，依然是将其作为固体废物进行简单的填埋处理或者将其用于再生简单的建筑材料，资源利用率、产品附加值均较低，潜在价值未能实现最大化。

目前，大部分废液晶玻璃用于生产建筑用红砖的掺配原料、水泥及混凝土添加剂。另外，基于面板玻璃的优异的耐热性、化学稳定性等性能，亦可用作建筑材料的添加料，如向混凝土、水泥、瓷砖和玻璃陶瓷中添加一定量的废液晶玻璃，不仅能满足材料建筑性能的指标，还能增加一定的强度。这种利用方式添加量较小，附加值低，难以消耗大量的废液晶玻璃。

我国台湾学者对废液晶显示器面板玻璃资源化研究较多。林凯隆等将废液晶面板玻璃替代火山灰材料配制水泥砂浆，对制品进行毒性特征浸出测试、水化程度分析，结果表明：镉、铅、锌、铜和铬等重金属的浸出浓度均符合台湾省环保局的监管标准；废液晶面板玻璃添加量为 10%时水泥浆体的强度没有明显降低，但添加量超过 10%时，水泥浆体的强度明显下降。林凯隆还用废液晶面板玻璃替代黏土再生生态砖，添加适量（30%）废液晶面板玻璃时可再生性能优异的生态砖。用废液晶面板玻璃再生玻璃陶瓷时，添加量超过 50%时制品性能变差。Wang往混凝土中掺入一定量（0～30%）的废液晶面板玻璃，发现该混凝土的超声波脉冲速度快于早强型混凝土，28 天后的电阻率也是早强型混凝土的 2 倍，透气性低于正常混凝土和早强型混凝土，结果表明：往混凝土中添加适量（0～30%）的废液晶显示器面板玻璃时，可再生出高流动性、低强度、高磁导率、低电阻率的混凝土，符合工程性能要求。

由于泡沫玻璃的优异性能和广泛适用性，以固体废物为主要原料（>80%，质量分数）来再生泡沫玻璃一直是国内科研的研究热点。张婕等详细研究了温度制度、助剂添加量等因素对硼硅酸盐泡沫玻璃结构及性能的影响；田英良等以废显像管玻璃为原料，通过合理的烧成制度再生泡沫玻璃制品；方荣利等以粉煤灰、碎玻璃为主要原料，通过控制发泡温度制成气孔均匀分布的泡沫玻璃。因此，再生泡沫玻璃为废液晶面板玻璃的回收利用提供了新的思路。

Lee 研究了废液晶显示器面板玻璃在添加各种不同碳发泡剂、金属盐发泡剂和黏结剂的发泡效果，同时也分析了化学成分、发泡温度和废液晶显示器面板玻璃原料粒径的影响。当废液晶显示器面板玻璃破碎至 43 μm（325 目）以下，添加适量碳发泡剂、金属盐发泡剂和 SiO_2 时，在 975℃ 条件下烧结 40 min，可烧制性能优异的泡沫玻璃制品。结果表明，液晶显示器面板的粒径显著影响泡沫玻璃烧结温度及其性能，而破碎至 43 μm 以下需要耗费大量能量和时间，生产成本较高，因此，选择合适的玻璃破碎粒径是影响该技术能否推广的关键。

李龙珠等以废液晶屏玻璃基板为主要原料，加入石墨发泡剂，采用粉末烧结法再生发泡材料。配合料最佳工艺条件为烧结温度 900℃，保温时间 20 min，制品体积密度为 450 kg/m³，吸水率为 1.0%，抗压强度为 4.7 MPa。该制品气孔率较低，会影响其导热系数，限制该发泡材料在保温隔热方面的应用。

综上所述，我国对废液晶玻璃的回收利用仅限于基础研究阶段，尚未实现工业化处理的能力，但我国废液晶玻璃还在持续增加，因此，对于面板玻璃的资源化利用仍需进行深入的研究，迫切期待在资源和的工业化方面实现突破。

4.2　物料特性及其分析表征

4.2.1　废液晶玻璃的特性及其分析表征

1. 化学成分分析

对于废液晶玻璃首先需要进行必要的化学组成分析，一般主要采用等离子体光谱仪和湿化学分析方法相结合。

全谱直读型电感耦合等离子体发射光谱仪（ICP-OES），能对七十多种金属和非金属元素进行定性和定量分析。ICP-OES 属于液体测量系统，需要把固态玻璃试样转化成无机液体，要求在转化处理过程中测试元素含量不变，一般采用湿法进行消解，称取一定质量的试样，精确至 0.0001 g，置于铂坩埚中，加入硝酸（密度 1.42 g/mL）、高氯酸（70%）和氢氟酸（40%），置于低温电炉上加热分解，然后加入盐酸和水，加热至试样完全溶解，移入 100 mL 容量瓶中，稀释至标线并摇匀，然后用于测试分析。

B_2O_3 是废液晶玻璃的重要组成之一，在测定 B_2O_3 含量时不同于常量、微量元素的测量方法，一般使用湿化学滴定法。一般将试料经碱熔融和酸中和后，溶液中的硼均转变为硼酸盐，加入碳酸钙使溶液中的硼元素转化形成更易溶于水的硼酸钙，与其他杂质元素分离。加入甘露醇，使硼酸定量地转变为离解度较强的醇硼酸，以酚酞为指示剂，用氢氧化钠标准滴定溶液滴定。通过式（4-1）计算得到三氧化二硼的质量分数，数值以%表示。

$$w(B_2O_3) = \frac{cV \times 34.81 \times 100}{m \times 1000} = \frac{cV \times 3.481}{m} \tag{4-1}$$

式中，c 为氢氧化钠标准滴定溶液的标定浓度，mol/L；V 为减去空白实验后的滴定用氢氧化钠标准滴定溶液的体积，mL；m 为试料的质量，g；34.81 为 $0.5B_2O_3$ 摩尔质量，g/mol。

将直接拆解液晶显示器，经 0.5% NaOH 溶液浸泡，剥离偏光片、保护膜、彩色滤光片、氧化铟锡膜后，处理干净的玻璃基板经清洗干燥，通过球磨机充分研磨至粉末状。对除去了绝大部分的杂质，通过电感耦合等离子体发射光谱仪和化学滴定法测得废液晶面板玻璃化学组成，如表 4-1 所示。结果显示玻璃组成符合液晶显示器所用无碱铝硼硅酸盐玻璃。

表 4-1　废液晶玻璃化学组成

废液晶玻璃组成	SiO₂	B₂O₃	Al₂O₃	MgO	CaO	BaO	SrO	Sb₂O₃	SnO₂	ZnO	ZrO₂
含量（%，质量分数）	61.41	9.54	16.74	1.74	6.19	0.44	3.57	0.16	0.10	0.08	0.03

2. 杂质成分分析

1）烧失量

同步热分析是将热重分析（TG）与差热分析（DTA）或差示扫描量热（DSC）结合为一体的高级热分析仪器，对于同一个试样可同步得到热重与差热信息。相比单独的 TG 与/或 DSC 测试，其通过一次测量即可获取质量变化与热效应两种信息，不仅方便且节省时间，能够实时跟踪样品质量随温度/时间的变化，在计算热焓时可以样品的当前实际质量为依据，有利于相变热、反应热等的准确计算。同步热分析仪广泛应用于陶瓷、玻璃、金属/合金、矿物等各种领域。如图 4-1（a）所示为直接拆解获得的废液晶玻璃 TG-DSC 热分析结果。

热重曲线表征了样品在程序加热过程中试样质量随温度变化的情况，20～224℃试样质量基本没有发生改变，而在 224～554℃范围内质量下降了 9.60%，说明该温度区间内有物质分解和挥发。另外一组测量，将直接拆解液晶显示器所得的面板玻璃，放置在马弗炉内，加热至 600℃保温 6 h，并进行水洗烘干，然后对试样进行热分析，其 TG-DSC 分析结果如图 4-1（b）所示，测试样品质量总体变化小，说明经过热解后，废液晶玻璃中的易挥发物基本分解完毕，能够有效去除有机物等杂质，并且表明液晶显示器面板玻璃样品具有很高的热稳定性。

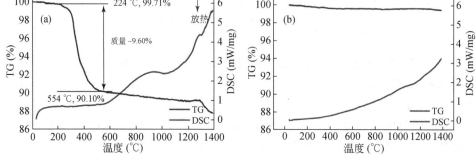

图 4-1 （a）拆解后未进行热解和（b）经过热解处理后的废液晶玻璃同步热分析结果

2）碳、硫含量

将测试样品清洗干燥后，通过玛瑙研磨机将其研磨至粉末状，称取 0.1～0.2 g，加入 1.5 g 超低碳硫的钨助溶剂和 0.2 g 超低碳硫纯铁助溶剂，使样品和助溶剂平铺在瓷坩埚底部，放入 WF-88 型高频感应燃烧炉，进行测试分析。分别对 600℃后保温 6 h 热解处理和未热解处理的废液晶玻璃进行测试分析，结果如表 4-2 和表 4-3 所示。

表 4-2 经热解处理 LCD 玻璃碳硫分析结果

序号	质量（g）	碳含量（%）	碳平均值（%）	标准偏差（%）	硫含量（%）	硫平均值（%）	标准偏差（%）
1	0.1003	0.0165			0.00224		
2	0.0985	0.0168			0.00231		
3	0.0971	0.0174	0.0172	0.0004	0.00220	0.00217	0.00011
4	0.1020	0.0176			0.00212		
5	0.1053	0.0175			0.00200		

表 4-3 未热解处理 LCD 玻璃碳硫分析结果

序号	质量（g）	碳含量（%）	碳平均值（%）	标准偏差（%）	硫含量（%）	硫平均值（%）	标准偏差（%）
1	0.1036	0.617			0.00278		
2	0.1184	0.602			0.00293		
3	0.1015	0.638	0.620	0.013	0.00379	0.00312	0.00044
4	0.1055	0.629			0.00313		
5	0.1008	0.613			0.00347		

　　图 4-2 显示了废液晶玻璃试样的碳、硫热解曲线图，表明碳、硫含量随时间的变化，其曲线面积为碳、硫总含量。图中显示在 13 s 左右达到峰值，表明该处热分解速率最快，30 s 左右不再有 CO_2、SO_2，表明碳、硫热分解基本结束。

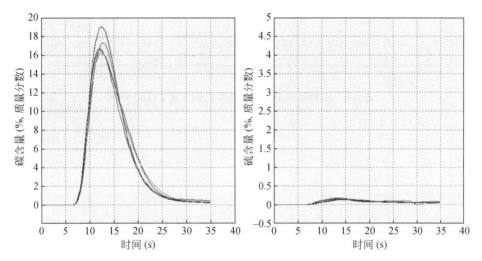

图 4-2　废液晶玻璃的碳含量（左图）和硫含量（右图）燃烧分析曲线

　　横向对比可知，碳含量变化大，硫含量变化小，未处理干净的表面物质主要是有机碳。获取废液晶显示器中的碳、硫含量，可以对研究废液晶显示器面板玻璃中的杂质对玻璃熔化澄清过程的影响提供指导。

　　3）有机碳含量

　　玻璃原料的有机碳含量一般采用化学耗氧量（chemical oxygen demand，COD）来表示，COD 值是指原料中所含还原性物质的量，表示在原料起着和碳同样作用的含碳物质及有机物含量。在浓硫酸的强酸性条件下，以硫酸银作催化剂，用硫酸汞消除氯离子的干扰，试样中还原性物质（有机的和无机的）与过量的重铬酸钾标准溶液反应，经加热沸腾回流充分反应后，过量的重铬酸钾用试亚铁灵作指示剂，用硫酸亚铁铵标准溶液回滴，根据消耗的硫酸亚铁铵的用量计算出试样中还原性物（有机的和无机的）的质量分数，折合成碳（COD_C）表示。表 4-4 和表 4-5 分别是拆解获得废液晶玻璃和经过热解处理后的废液晶玻璃，经过多次测量获得的 COD 值。

　　实验结果显示废液晶玻璃的 COD_C 值过高，这对玻璃熔化澄清以及成品的透光度会有很大影响，后期应用时应重点考虑其对玻璃质量的影响。

表 4-4　未热解的废液晶玻璃有机碳含量 CODc 分析

样品	硫酸亚铁铵体积 V_1-V_2（mL）	硫酸亚铁铵浓度（mol/L）	质量（g）	CODc（mg/kg）	均值（mg/kg）
1	2.48		0.5121	2193	
2	2.47	0.1505	0.4992	2237	2180
3	2.33		0.5008	2101	
4	2.20		0.4998	1989	

表 4-5　热解后的废液晶玻璃有机碳含量 CODc 分析

样品	硫酸亚铁铵体积 V_1-V_2（mL）	硫酸亚铁铵浓度（mol/L）	质量（g）	CODc（mg/kg）	均值（mg/kg）
1	0.24		0.5005	218	
2	0.26	0.1505	0.5039	233	224
3	0.25		0.4997	226	
4	0.24		0.4994	217	

4）光谱分析

微晶处理的废液晶玻璃表层具有偏光片、氧化铟锡膜、彩色滤光片等膜层，使得玻璃的透率过降低。将丙酮浸泡和加热法得到的废液晶玻璃基板进行对比，同样测试环境，由于丙酮的浸泡仅能得到去除偏光片的玻璃基板，而加热法可以得到绝大多数有害膜层去除后的纯净玻璃基板，两者可明显看出透过率的不同，为精确表达，测试结果如图 4-3 所示，丙酮处理后的玻璃基板透过率仅为 30 %，加热法处理后的玻璃基板透过率高达 92 %。

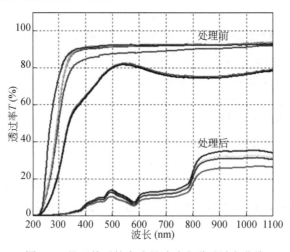

图 4-3　处理前后的废液晶玻璃光谱透过率曲线

综上所述，热解后的废液晶面板玻璃的物质组成为无碱铝硼硅玻璃，回收的废液晶显示器经过分离提取稀贵金属后得到玻璃基板含有不可忽略的杂质。热分析显示直接拆解的废液晶玻璃杂质的烧失量在 9.61%左右，含有较多的杂质成分，热解后的废液晶玻璃碳含量 17.2 mg/g、硫含量 2.17 mg/g，COD 测试转算的有机碳含量约为 224 mg/kg。

4.2.2　铟的特性及其分析表征

液晶面板玻璃铟锡氧化物（ITO）薄膜的厚度约为 150～200 nm，磁控溅射附着在面板玻璃上，其主要成分为 In_2O_3 与 SnO_2。面板玻璃以硅、铝等为主要组成元素，以 SiO_2、Al_2O_3 形式存在，Fe 是面板常用的栅、源、漏电极材料。

通过 XRF 扫描分析玻璃镀膜面，其主要组成元素如表 4-6 所示，玻璃主要成分硅、钙等约占 65%，铟含量仅为 3%。

表 4-6　ITO 玻璃板表面元素组成成分分析

元素	浓度（质量比）	元素	浓度（质量比）
Si	55.10%	Mg	0.57%
Al	10.50%	Fe	0.02%
Ca	9.24%	Mo	0.06%
In	3%	O	19.30%
Sr	1.36%	其他	0.45%
Sn	0.40%		

XRD 分析物相如图 4-4（a）所示，Al、Mo 为其表面的主要物相，ITO 是由

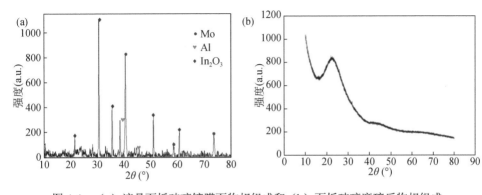

图 4-4　（a）液晶面板玻璃镀膜面物相组成和（b）面板玻璃磨碎后物相组成

氧化锡掺杂氧化铟形成的复合物，因为锡的半径相对较小，所以锡原子会掺杂进入氧化铟的晶格中，所以 XRD 检测到的仍为氧化铟相。由此也可以推测，ITO 薄膜是附着在 ITO 玻璃表面，而非掺杂进入玻璃相中。破碎后的玻璃表面物相成分如图 4-4（b）所示，表面所有晶相消失，呈现出玻璃非晶相。从这个角度考虑，采用非破碎整体浸出方式，也可达到酸与 ITO 膜充分接触目的。

4.3　氧化铟锡多场强化解构原理与铟提取技术

近年来，废液晶面板中铟浸出技术比较有代表性的主要有 2 种，一个是面板破碎后硫酸浸出，另一个是面板整体被浓盐酸浸出，使用低浓度酸减少浸出过程酸雾污染和废酸产生量，具体分别概述如下。

4.3.1　氧化铟锡低酸解构过程调控优化

废液晶面板破碎有利于增大颗粒与浸出酸的接触面积，提高铟的浸出效率，常见的破碎粒径为 10 μm～15 mm 左右。以破碎、过 20 目筛的废液晶面板为材料，低浓度硫酸浸出工艺及优化调控研究概述如下。

4.3.1.1　酸浓度的影响

硫酸浓度对铟、铁、铝、硅的浸出率影响如图 4-5 所示。可以看出，铟、铁、铝、硅这 4 种元素均可溶于硫酸，但其浸出率大小和变化规律受硫酸浓度的影响。

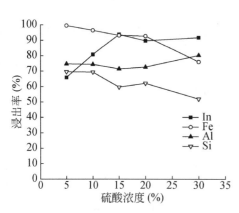

图 4-5　硫酸浓度对主要元素浸出率的影响

其中铟的浸出率随着硫酸浓度增加呈上升趋势。当硫酸浓度为 15%时，浸出率达到最高值 93.77%,其后进一步提高硫酸浓度对铟浸出率影响较小；铝的浸出率虽然随硫酸浓度增加略有提高，但总体变化不大，大致保持在 72.62%～80.19%之间。硫酸浓度从 5%增加到 30%，铁的浸出率、硅的浸出率分别降低了 23.59%、17.61%。铁的浸出率随着硫酸浓度的增加呈下降趋势，这可能与 Fe 在硫酸强氧化性作用下在水溶液中形成钝化膜有关。

Foley 等认为在较高硫酸浓度条件下，Fe 表面形成γ-Fe$_2$O$_3$钝化膜，阻止铁的浸出。硅浸出率随着硫酸浓度的增加呈下降趋势，且较高浓度硫酸浸提样品的浸提液抽滤过程较为困难，这可能是因为硅浸出后以硅酸的形式聚合成为硅胶，硅胶凝聚成网状硅凝胶，抽滤过程中被滤纸截留堵塞滤纸，导致最终浸出液中硅浸出浓度随着硫酸浓度的增加而降低，形成的硅溶胶会吸附铟离子。李遥认为铟离子在高浓度酸下浓度降低是由于与其他阴离子产生沉淀、络合物等作用导致的。这也可能是浓度在 15%以上硫酸铟浸出率反而降低的原因。由分析可知，高浓度硫酸条件下有利于抑制杂质铁、硅离子的浸出，但从铟回收率和回收成本考虑，认为 15%是最佳硫酸浓度。

4.3.1.2　浸出时间的影响

在硫酸浓度 15%、液固比 5、搅拌速度 350 r/min、浸出温度为 20℃条件下，探讨了浸出时间对铟、铁、铝、硅的浸出率的影响，结果如图 4-6 所示。在硫酸浓度为 15%时，铟浸出率随浸出时间变化较大，而铁、铝、硅的相对较为平稳。铟浸出率随时间增加呈上升趋势，在反应时间 5 h 时基本达到稳定，铟浸出率为95.72%，之后随着反应时间的增加浸出率略有降低，铁、铝、硅的浸出率随时间变化浮动差异均在 10%以内，可认为其在 1 h 以内这 3 种元素的浸出反应已经基本达到平衡，1 h 以上反应时间对其影响较小。因此从获取更高的铟回收率考虑，认为 5 h 是最佳浸提反应时间。

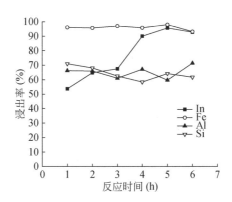

图 4-6　浸出时间对主要元素浸出率的影响

4.3.1.3　液固比的影响

在硫酸浓度 15%、反应时间 5 h、搅拌速度 350 r/min、浸出温度为 20℃的条件下，铟的浸出率（图 4-7）随液固比的增加先增高后降低，在液固比 10 时浸出率最大，达到 98.11%；液固比 20 时铟的浸出率略有降低。液固比增加有利于溶液保持较高的酸浓度，更有利于硫酸和氧气的扩散，但在液固比较高情况下硫酸过剩，浸出的大量可溶性硅容易团聚成硅胶吸附铟离子；铁浸出率随液固比变化较小，一直保持较高浸出率；硅的浸出率随液固比增加而降低；铝在液固比 5 时浸出率达到最低；在液固比 10 和 15 的情况下，铟浸出率基本一致，各杂质浸出率也差异较小；液固比 20 情况下杂质浸出率较低。因此，从经济效益和铟回收率较高的角度考虑，将液固比 10 作为最佳反应条件。

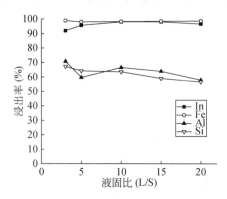

图 4-7　液固比对主要元素浸出率的影响

4.3.1.4　温度的影响

在硫酸浓度 15%，反应时间 5 h，液固比 10 条件下，铟和铁浸出率（图 4-8）随温度增加变化不大，不同温度条件下其浸出率变化范围不超过 0.5%。该条件下温度对铝、硅浸出略有影响，铝的浸出率随着温度的增加呈上升趋势；硅的浸出率随着温度的增加先增加后减小。

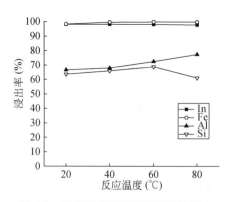

图 4-8　温度对主要元素浸出率的影响

4.3.2　氧化铟锡低酸解构过程动力学

4.3.2.1　不同浸出条件对多元素浸出率的影响

1. 硫酸浓度的影响

在液固比 10、搅拌速度 350 r/min，浸出温度为 303.15 K 条件下，不同硫酸浓度下铟、铁、铝、硅、锡的浸出率随时间的影响如图 4-9 所示。在不同硫酸浓度下铟的浸出率均随时间的增加呈稳步上升趋势。铁的浸出在硫酸浓度为 0.9388 mol/L 和 2.8162 mol/L 时，1 h 内浸出率均达到 90 % 以上。硅的浸出随硫酸浓度增加受到抑制，在 0.9388 mol/L 和 2.8162 mol/L 硫酸浓度条件下浸出曲线基本一致，硫酸浓度在 5.6327 mol/L 下浸出率随时间变化较小。铁和硅浸出率在高浓度硫酸下受到抑制，可能是由于高浓度硫酸下形成含有 γ-Fe_2O_3 的钝化膜和硅胶，分别导致铁和硅的浸出率降低。

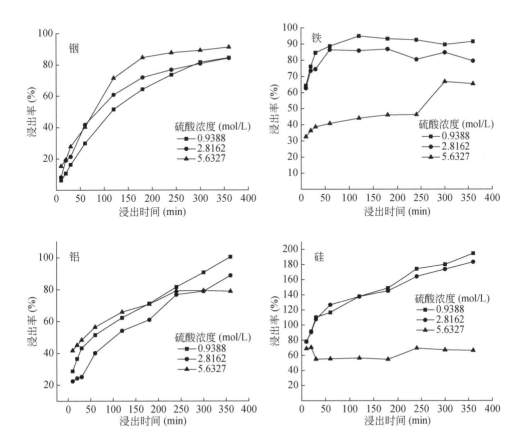

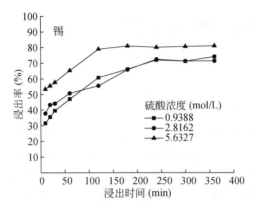

图 4-9　硫酸浓度对各元素的浸出率影响

铝在 6 h 内浸出率持续增加，且在相同的浸出时间内不同硫酸浓度铝浸出率差异较小，总体来看在 0.9388 mol/L 硫酸浓度下能更快达到更高的浸出率，同时 5.6327 mol/L 硫酸浓度下铝的浸出受到抑制。这是由于硫酸属于油状液体，随着硫酸质量分数的升高，体系黏度增加从而抑制生成物向外扩散，导致浸出反应速率和浸出率反而降低。锡的浸出率随时间的变化而平稳增加，可能是由于液晶面板中锡以铟锡氧化物形式存在，因此与铟浸出规律相似。从铟回收率和回收成本考虑，认为 2.8162 mol/L 时最佳硫酸浓度。

2. 液固比的影响

在硫酸浓度 2.8162 mol/L，搅拌速度 350 r/min，浸出温度为 303.15 K 条件下，不同液固比下铟、铁、铝、硅、锡的浸出率随时间的影响如图 4-10 所示。各液固比下铟浸出率均呈随时间缓慢上升趋势。在液固比 10 情况下，铁的浸出率较高，铝的浸出率较低。因此，固液比对浸出率总体影响较小。

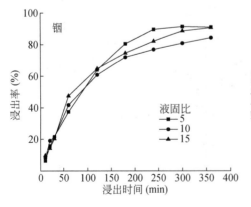
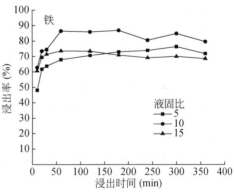

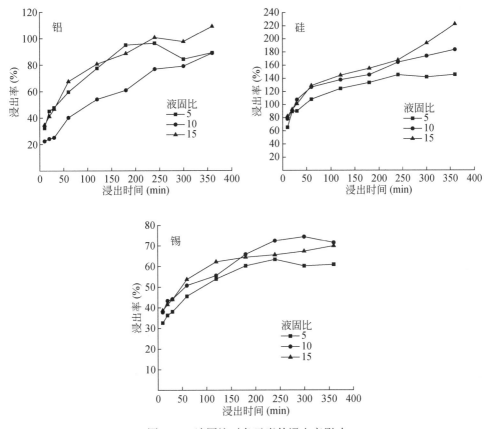

图 4-10 液固比对各元素的浸出率影响

3. 浸出温度的影响

在硫酸浓度 2.8162 mol/L，搅拌速度 350 r/min，液固比 10 条件下，铟的浸出率随时间的增加不断上升，同时随着温度的增加，铟的浸出速率明显增快，结果如图 4-11 所示。当温度为 303.15 K 时，在经过 6 h 的酸浸出后，铟的浸出率仅为 85%。323.15 K 时在 2 h 内保持较高浸出速率，之后转为平稳增长，2~6 h 保持浸出率增长约 3 %/h，在 6 h 时浸出率达到 99%以上。343.15 K 时 1 h 浸出率达到 92.7%，之后浸出速率明显放缓，5 h 浸出率即达到 99%以上。

铁与硫酸反应较为迅速，各温度下均在 1 h 以内基本达到反应平衡；高温对铁、铝、硅、锡的浸出均有促进作用，特别是锡的浸出效果最为显著。铁、铝、硅在 343.15 K 时相较其他两个温度差异较大。由前述分析可知，温度对铟的浸出率和浸出速率均有促进作用，综合考虑效率和成本，认为 323.15 K 为浸出最佳温度。

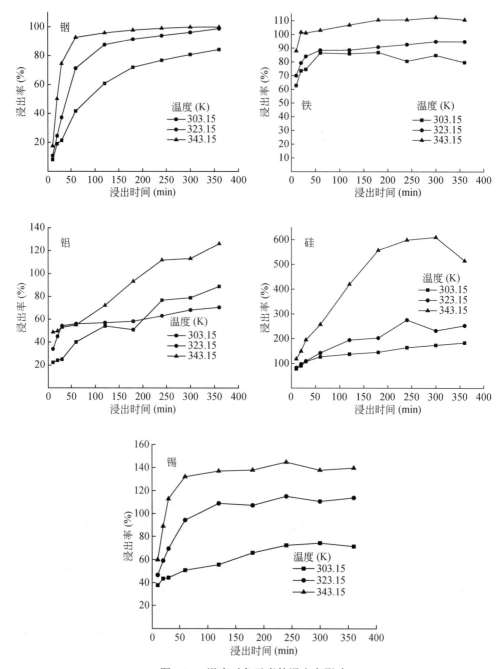

图 4-11 温度对各元素的浸出率影响

4.3.2.2 不同浸出条件对多元素浸出速率的影响

对不同硫酸浓度下主要元素浸出率（图 4-9）对浸出时间进行求导计算，结果如图 4-12 所示。从图中可知，同一硫酸浓度下主要元素的反应速率在反应开始即达到最大值，在浸出反应前 30 min 内，浸出速率随着时间的增加而减少，在 30 min 后反应速率趋于平稳。这是由于反应开始初期，体系中 H⁺ 浓度较高，随着浸出反应的进行，硫酸中 H⁺ 被消耗。同时在前 30 min 内，同一时刻不同硫酸浓度下各金属浸出反应速率存在一定差异,高浓度酸可以提升初期铟浸出反应速率，硫酸浓度 5.6237 mol/L 情况下 30 min 内浸出速率随时间明显降低，而 0.9388 mol/L 和 2.8162 mol/L 条件下反应速率在区间内波动，认为呈稳定反应阶段。5.6327 mol/L 硫酸对铁的浸出有抑制作用，反应速率明显低于另外两组，该硫酸浓度下 H⁺ 优先和铝反应，铝浸出速率较高，而硫酸浓度 2.8162 mol/L 条件下铁浸出速率较高，H⁺ 与铁快速反应，可能是导致该条件下铝反应速率较慢的原因。硫酸浓度对硅的反应速率影响较小，均保持较高反应速率。综上可以看出酸浸出反应初期，硫酸浓度对铟的浸出反应速率影响较大。

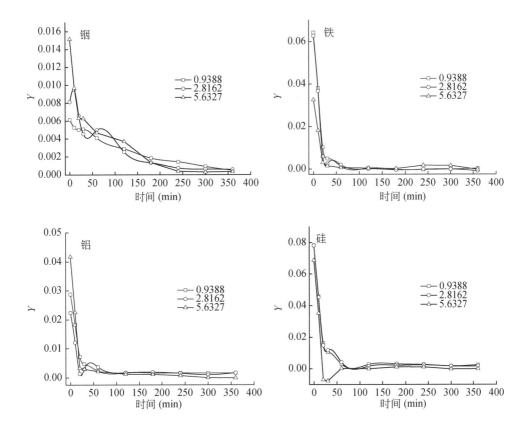

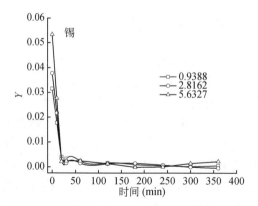

图 4-12　不同硫酸浓度条件下主要元素浸出率对浸出时间求导结果图

　　不同液固比条件下主要元素浸出率（图 4-10）对浸出时间进行求导计算，结果如图 4-13 所示。从图中可以看出，在同一液固比下，随着浸出体系中 H^+ 的消耗，主要元素的浸出反应速率在前 30 min 内下降较快，但不同液固比在同一时刻对主要元素的反应速率影响差异性较小，微分总体曲线基本重合，因此可以得出液固比下总体对废液晶面板各元素浸出影响较小。

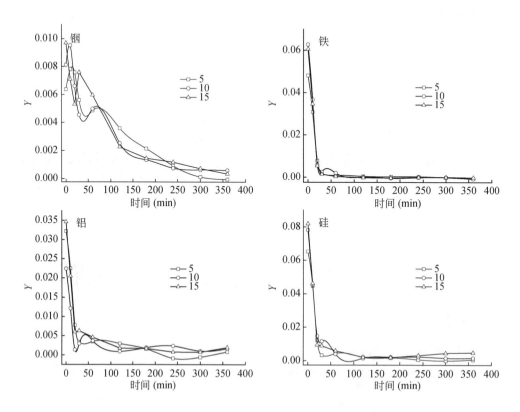

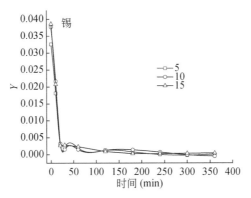

图 4-13　不同固液比条件下主要元素浸出率对浸出时间求导结果图

　　将不同温度下主要元素浸出率（图 4-11）对浸出时间进行求导计算，得到图 4-14。由图可以看出，除铟外，前 30 min 内铁、铝等的浸出率随着酸浸出体系中 H^+ 浓度的减少而下降，而铟的浸出速率出现先升高而后降低的趋势。同时，主要元素在同一反应时刻的不同加热温度下浸出速率存在明显差异，加热温度越高浸

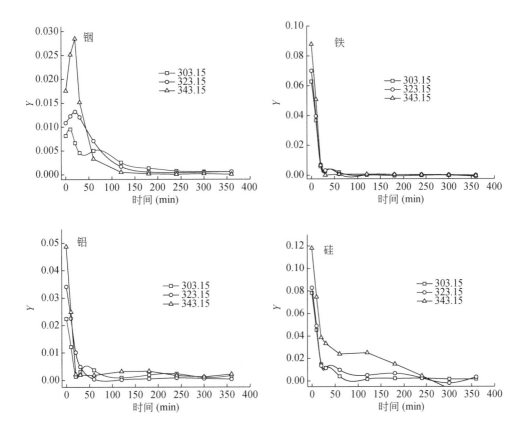

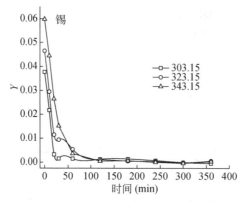

图 4-14　不同温度条件下主要元素浸出率对浸出时间求导结果图

出反应速率越大，这是由于升高温度反应物分子的能力增加，活化分子浓度增大，有效碰撞次数增多。综上，加热对废液晶面板中金属浸出速率的影响较大，升高温度对于各元素的浸出速率提升都有明显促进作用。

4.3.2.3　铟浸出动力学方程拟合分析

1. 动力学拟合分析

铟的浸出过程属于液-固多相反应过程，根据未反应收缩核模型（SCM）可认为反应速率主要由两个方面决定：一是浸出剂与含铟颗粒接触面的化学反应控制，二是浸出剂在产物层的扩散控制，若两者反应速率大体相同，则属于两者共同作用的混合控制。各浸出过程速率方程如下：

化学反应控制：
$$1-(1-x)^{\frac{1}{3}}=k_1 t \tag{4-2}$$

扩散控制：
$$1-\frac{2}{3}x-(1-x)^{\frac{2}{3}}=k_3 t \tag{4-3}$$

混合控制：
$$1-(1-x)^{\frac{1}{3}}=\frac{k_1 k_2}{k_1+k_2}\frac{C_0 M}{r_0 \rho}t \tag{4-4}$$

式中，x 为铟的浸出率，%；k_1、k_2 和 k_3 为不同控制阶段的表观速率常数，$\mathrm{h^{-1}}$；t 为反应时间，min；C_0 为硫酸浓度，mol/L；M 为颗粒的摩尔分子质量，g/mol；r_0 为颗粒的初始直径，mm；ρ 为颗粒的密度，$\mathrm{g/cm^3}$。

为确定浸出过程中不同条件下各反应阶段的控制步骤，将不同硫酸浓度下铟的浸出率数据代入式（4-2）和式（4-3）中进行拟合，分别如图 4-15 所示。

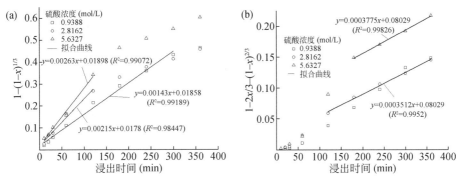

图 4-15　不同硫酸浓度下对 $1-(1-x)^{1/3}$ 和 $1-2x/3-(1-x)^{2/3}$ 与浸出时间的拟合

由图中可以看出，浸出过程的控制步骤呈阶段性。在 5 h 内硫酸浓度 0.9388 mol/L 和 2 h 内硫酸浓度 2.8162 mol/L、5.6237 mol/L 与式（4-2）拟合度较好。而在硫酸浓度 2.8162 mol/L 反应时间 2～6 h 和硫酸浓度 5.6237 mol/L 反应时间 3～6 h 的情况下与式（4-3）有更高拟合度。

将不同反应温度下铟的浸出率数据代入式（4-2）和式（4-3）中进行拟合，分别如图 4-16 所示。

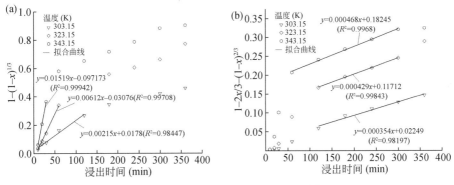

图 4-16　不同反应温度下对 $1-(1-x)^{1/3}$ 和 $1-2x/3-(1-x)^{2/3}$ 与浸出时间的拟合

在硫酸浓度 2.8162 mol/L，303.15 K、323.15 K 和 343.15 K 情况下，分别对应前 2 h、1 h、0.5 h 下与式（4-2）有较高拟合度。而在对应反应时间 2～6 h、2～5 h 和 1～5 h 阶段与式（4-3）拟合度更高。拟合方程 R^2 均达到 0.98 以上，液晶面板中的铟浸出过程符合未反应收缩核模型。认为液晶面板中铟的浸出过程是由先化学反应控制，后转化为产物层的扩散控制。

2. 铟浸出动力学方程

当浸出时间超过化学反应控制期后，铟的浸出率随时间增长速率明显降低，可知化学反应控制阶段过程是影响液晶面板铟浸出速率的最主要过程，混合控制阶段和扩散控制阶段对浸出率影响较小。在化学反应控制阶段，液晶面板中铟浸出的宏观动力学方程可表述为

$$1-(1-x)^{\frac{1}{3}} = Kc^{n_1}e^{-\frac{E_a}{RT}}t \tag{4-5}$$

式中，K 为与温度有关的速率常数；c 为硫酸浓度，mol/L；n_1 为硫酸浓度的反应级数；E_a 为表观活化能，kJ/mol；R 为气体平衡常数，$R=8.314$ J/mol；T 为热力学温度，K。

为确定硫酸浓度的反应级数，根据图 4-15 中的拟合直线的斜率 k_r，以 $\ln k_r$ 对 $\ln c$ 作图，结果如图 4-17 所示。

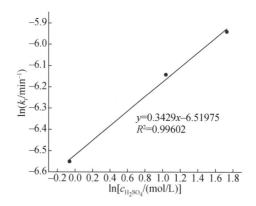

图 4-17　不同初始硫酸浓度下的拟合结果

可确定硫酸的反应级数 n_1 为 0.3429。将拟合得到的不同温度下的反应速率常数 k_T 代入阿伦尼乌斯方程。

$$\ln k = -\frac{E_a}{RT} + \ln A \tag{4-6}$$

以图 4-17 中的 $\ln k_T$ 对 $1000/T$ 作图，拟合结果如图 4-18 所示。

根据图 4-18 中的斜率可知，两个控制阶段的反应活化能分别为 42.28 kJ/mol（＞42 kJ/mol）和 6.08 kJ/mol（4～12 kJ/mol），符合化学反应控制阶段和扩散控制阶段。将 n_1、E_a 数值代入铟浸出的宏观动力学方程，将化学反应控制阶段的数据代入宏观动力学方程拟合，结果如图 4-19 所示，$R^2=0.9925$，认为浸出过程符合宏观动力学方程：

$$1-(1-x)^{\frac{1}{3}} = 1.8245E6c^{0.3429}e^{-\frac{42281.43}{8.314T}}t \tag{4-7}$$

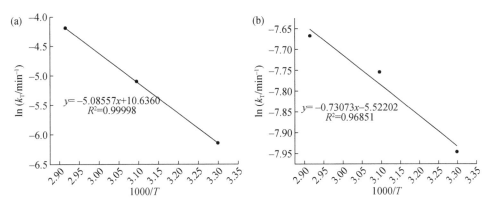

图 4-18　化学反应控制阶段的阿伦尼乌斯方程拟合结果

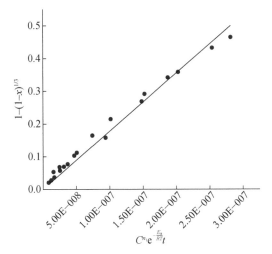

图 4-19　化学反应控制阶段的数据与宏观动力学方程拟合结果

　　液晶面板中的铟含量较低，在反应初期符合化学反应控制，反应后期转为固体产物层的扩散控制。随着硫酸浓度和温度的增加，化学反应控制过程变短且反应速度增加。随着温度的增加，扩散过程速度变快，但反应速度变化相较化学反应控制过程变化不大。认为硫酸浓度和温度变化主要通过影响化学反应过程来增加反应速率，其中温度影响更为明显。总反应过程混合控制阶段时间不长且与化学反应控制阶段和扩散控制阶段有交叉。结合上述分析，化学反应控制部分与反应速率较快过程区间基本重合，化学反应控制期间（前 250 min）铟浸出率能基本达到 70%，也验证了化学反应控制过程是废液晶面板铟浸出过程中的最主要过程，因此在具体的生产实践中可通过调节硫酸浓度和升温的方法保证前期化学反应控制阶段的反应高速进行，后期可通过长时间反应为扩散控制阶段提供平稳反应时间，从而在保证反应速率的同时避免因长时间加热造成的浪费。

铟动力学方程及影响因素分析结果表明：在硫酸浓度 2.8162 mol/L、反应时间 6 h、液固比 10、转速 350 r/min、温度 323 K 条件下，铟的浸出可以达到 99.9%以上。通过微分分析可知，提高硫酸浓度和温度都能提升铟的浸出速率，高浓度酸对铁、锡浸出速率有抑制作用，对硅影响较小。提升温度能明显促进各元素的浸出速率，但固液比影响较小。铟的浸出过程符合未反应收缩核模型，浸出过程前期符合化学反应控制，后期符合扩散控制。化学反应控制阶段过程是影响液晶面板铟浸出速率的最主要过程，改变硫酸浓度和温度主要影响化学反应速率。提高温度能显著提高铟的浸出效率。化学反应控制过程的宏观动力学方程为

$$1-(1-x)^{\frac{1}{3}} = 1.8245E6c^{0.3429}e^{-\frac{42281.43}{8.314T}}t \tag{4-8}$$

4.3.2.4　工艺优化调控

废液晶面板组成元素 Si、Al、Fe、In、Sn 等，在酸性条件下发生如下反应：

$$In_2O_3 + 6H^+ === 2In^{3+} + 3H_2O \tag{4-9}$$

$$2InO + 6H^+ === 2In^{3+} + 2H_2O + H_2 \tag{4-10}$$

$$In_2O + 6H^+ === 2In^{3+} + H_2O + 2H_2 \tag{4-11}$$

$$SnO_2 + 4H^+ === Sn^{4+} + 2H_2O \tag{4-12}$$

$$SiO_2 + 4H^+ === Si^{4+} + 2H_2O \tag{4-13}$$

$$Al_2O_3 + 6H^+ === 2Al^{3+} + 3H_2O \tag{4-14}$$

$$2Fe + 6H^+ === 2Fe^{3+} + 3H_2 \tag{4-15}$$

$$Fe_2O_3 + 6H^+ === 2Fe^{3+} + 3H_2O \tag{4-16}$$

酸浓度约为 1.0～3.0 mol/L 条件下，硫酸浓度、浸提时间、液固比、温度等对废液晶面板铟、铁、铝、硅的浸出率均有影响。刘猛等使用较高酸浓度（5.5～10.0 mol/L）浸提 ITO 靶材，通过改变酸浓度可提高铟浸出率约 10%、浸出时间由 2 h 延长至 4.5 h，可提高铟浸出率约 20%。由此可见，酸浓度、浸出时间对铟的浸出率影响较大，为获取较高的铟浸出率应对其进行优先调控。本节同步研究了铁、铝、硅浸出情况，发现适当提高硫酸浓度，可降低铁、硅浸出率（参见图 4-9），理论上有利于控制二者的同步浸出。虽然适当提高液固比有利于减少铝、硅浸出，但是液固比越大，得到的浸出液中铟离子浓度越低，不利于铟的富集及后续电沉积再生。判断最佳硫酸浓度基准是较高的铟浸出率，尽可能低的铁、硅浸出率。浸提温度对铟浸出率影响很小，但对铝、硅浸出率有一定的影响，其调

控最终服务于获得较高的铟浸出率。从动力学研究结果可以看出，适当提高反应温度，将加快铟浸出反应速度，尤其是化学反应控制阶段。

综上所述，废液晶面板铟的浸提受到硫酸浓度、浸提时间、液固比以及温度等影响，浸提反应应优先调控硫酸浓度，适当提高硫酸浓度，有利于提高铟浸出率和降低铁、硅、铝的浸出率。延长浸提时间有利于提高铟浸提率，对铁、硅、铝的浸出率影响不大。最佳铟浸提条件为：硫酸浓度 15%、浸出时间 5 h、液固比 10、浸出温度 20℃，铟浸出率为 98.11%。

4.3.3　氧化铟锡超声强化酸浸解构过程调控优化

超声波作为一种高频机械波，广泛用于超声清洗和过程强化。功率波段为 16～60 kHz 的中低频超声波，常被用于过程强化，在湿法冶金浸出领域已得到了初步应用，在废液晶面板铟浸出方面也尝试了相关研究。在低浓度盐酸、常温、超声辅助条件下液晶面板整体浸出铟的实验研究中，探讨了超声功率、浸出时间和酸浓度对铟的浸出效率的影响，并优化了工艺参数。

通过 3 因素 3 水平正交实验（表 4-7），探索酸浓度、超声功率和反应时间的影响，以确定最优浸出工艺参数，实验参数与对应的浸出率结果如表 4-8 所示。分别比较不同水平对酸浓度、超声功率、反应时间的浸出结果，发现三个因素对浸出率的影响均是正面的，实验证明在各因素的选取范围内，各因素应选择对应的水平最大值；比较不同因素的 R 值大小，反应时间影响最大，超声功率次之，酸浓度的影响最小。而实验 3、5、7 的结果也显示了很高的铟浸出率，在其中优先选择低浓度的酸，以减少对环境的影响；在此基础上，施加更低的超声功率，以减少反应过程中的能量消耗。在实验 5 的条件下，施加的辅助超声功率为 300 W、酸浓度达到 0.8 mol/L、反应 60 min 时，铟浸出率已经达到 98.58%，初步确定其为最佳反应条件。

表 4-7　超声辅助整体酸浸正交实验设计表

水平 因素	浓度（mol/L）	超声功率（W）	反应时间（min）
1	0.6	225	30
2	0.8	300	45
3	1.0	375	60

表 4-8 超声酸浸 ITO 玻璃实验因素水平表

No.	浓度（mol/L）	超声功率（kW）	反应时间（min）	浸出率（%）
1	1（0.6）	1（225）	1（30）	24.32
2	1（0.6）	2（300）	2（45）	73.14
3	1（0.6）	3（375）	3（60）	100.00
4	2（0.8）	1（225）	3（45）	56.53
5	2（0.8）	2（300）	2（60）	98.58
6	2（0.8）	3（375）	1（30）	82.11
7	3（1.0）	1（225）	3（60）	100.00
8	3（1.0）	2（300）	1（30）	75.76
9	3（1.0）	3（375）	2（45）	100.00
I	65.8192%	60.2840%	60.7276%	
II	79.0748%	82.4934%	76.5578%	78.94
III	91.9192%	94.0358%	99.5277%	
R	26.1000%	33.7518%	38.8001%	—

4.3.3.1 盐酸浓度的影响

将液晶面板浸出 1 h，施加的辅助超声功率为 300 W，而浸出使用的盐酸浓度在 0.2～1 mol/L 之间变化，选择合适的盐酸浓度。主要元素的浸出量随酸度变化如图 4-20 所示，其中实线对应的各元素的浸出量，虚线对应 In 的浸出率。

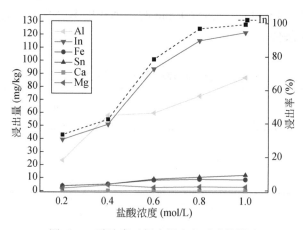

图 4-20 酸浓度对超声浸出各元素的影响

前述的 XRF 检测结果中有金属钼，但是采用低浓度盐酸（<1 mol/L）在室温下浸出时，浸出液中 ICP 没有检测到钼，这与 XRF 半定量分析方法有关。使用低浓度的盐酸室温浸出，可有效减少杂质含量。随着酸浓度的增加，各元素的浸出量也在相应增加，采用超声辅助整体方式进行浸出时，$InCl_n$ 是浸出液中的优势成分，Al^{3+} 是最主要的杂质组分。酸浓度为 0.8 mol/L 时，$InCl_n^-$ 占浸出液的 52.32%（摩尔分数，下同），Al^{3+} 在浸出液中的比例超过 37.42 mol%；当酸浓度为 1 mol/L 时，$InCl_n^-$ 占浸出液的 54.57%，Al^{3+} 在浸出液中的比例超过 41.22%。随着酸浓度增加，铟在浸出液的比例也增加，但是杂质元素也增多。当盐酸浓度达到 0.8 mol/L 时，铟的浸出量的曲线趋于平缓，相应的浸出率达到 96.82%，而盐酸浓度达到 1 mol/L 时，液晶面板玻璃上的 In 全部浸出，为了减少反应中酸消耗量，尽可能使用浓度更低的酸，且使用 0.8 mol/L 的盐酸浸出时，铟的浸出率已达 95% 以上。因此，在实验中优先选择 0.8 mol/L 盐酸为最佳浸出酸度。

4.3.3.2　反应时间的影响

在室温下利用 0.8 mol/L 的盐酸浸出，施加的辅助超声功率为 300 W，随着反应的进行，玻璃上的 ITO 镀膜逐渐被溶解，如图 4-21 的柱状图所示，对应的各元素的总浸出量不断上升；但是反应进行到 60 min 后，溶液中主要金属离子总浓度变化量较小，这与表面镀膜大量溶解、浸出反应强度逐渐降低有关。根据图 4-21 的折线，铟在浸出液中占比所示，当反应进行至 60 min 时，铟元素占比也达到最大，此时对应的铟的浸出率为 96.8%；尽管反应时间达到 75 min 时，相应的铟浸出率达到 100%，但是 60 min 之后铟的占比呈下降趋势。由此可知，60 min 之后浸出反应不再以 ITO 的浸出为主。而表面金属铝层的浸出量曲线显示，在反应初期前 15 min 时，可能是以铝层的浸出为主，Al^{3+} 是浸出液中最为主要的成分；之后 15～30 min 时，铟会大量浸出，Al^{3+} 浸出液中所占的比例有所下降，而反应进行至 60～90 min 时，Al^{3+} 在浸出液占比的曲线仍在上升，表明 60 min 后的浸出反应以铝的浸出为主。因此，优先选定 60 min 为最佳反应时间，实现了 96.8% 的铟浸出，而且保证了铟浸出作为主要的浸出反应，有效减少了杂质元素的浸出。

4.3.3.3　超声功率的影响

使用 0.8 mol/L 的盐酸浸出 1 h，施加的辅助超声功率包括 150 W、225 W、300 W、375 W、500 W，以选择合适的超声功率。ITO 玻璃中的主要元素浸出量随超声功率的变化如图 4-22 的柱状图所示。随着超声功率的增加，In、Al 的浸出量增大，且 In、Al 的浸出被极大程度地促进了。但是随着超声功率的增大，杂质元素 Fe、Mg 的浸出量变化很小，超声对杂质元素的浸出影响很小。

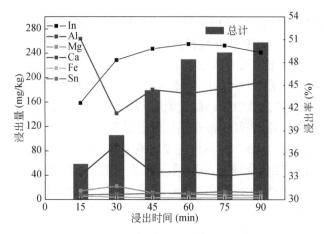

图 4-21　时间对超声酸浸 ITO 玻璃板各元素浸出的影响（20 mL 盐酸，25℃）

　　铟的浸出率随超声功率的变化如图 4-22 所示的折线图所示，施加的超声功率为 150~300W 时，铟浸出率增曲线增幅很大，但是当超声功率达到 300 W 时，铟浸出率曲线就趋于平缓，而当超声功率达到 375 W 时，In 的浸出率已超过 95%。虽然当超声功率达到 500 W 时，60 min 内 ITO 玻璃上的铟被全部浸出。但是选用更大的超声功率时，对铟的促进效果并不明显，这样的能量消耗不经济，因此优先选择 375 W 为最佳的超声功率，相应的铟浸出率可以达到 96.82%。

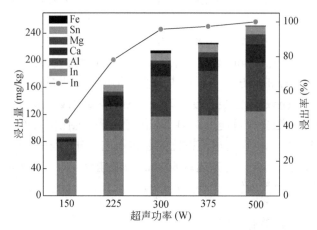

图 4-22　超声功率对铟浸出效果的影响（20 mL 盐酸，25℃）

4.3.4　氧化铟锡超声强化酸浸解构反应机制

　　如图 4-23（d）所示，进一步对比超声浸出与同等酸浓度（0.8 mol/L），浸出 1 h，而无超声作用的条件下 ITO 玻璃上各主要元素浸出量。结果表明在施加辅助超声波之后，In、Al 的浸出量变化很大，超声波辅助可以有效促进 In、Al 的浸出。而 Sn 作为 ITO 的另一主要成分，虽然其含量仅为铟的 1/9，其浸出量也变为原来的 5 倍左右，超声波辅助下，Sn 的浸出也得到了很大程度的促进；但是杂质元素 Fe、Mg 的浸出量在施加超声波后基本没有变化，施加的辅助超声波对杂质元素的浸出影响很低。需要结合 ITO 玻璃板的结构与超声的表面作用，才可使超声对各组分的浸出的不同影响机制得以解释。如图 4-23（a）的酸浸超声反应示意图所示，超声变幅杆作为超声波发生器，其底端产生的超声波直接作用于 ITO 玻璃的镀膜面，其表面的微观形貌可在扫描电镜下显示，如图 4-23（b）所示。ITO 镀膜是由重复的功能性像素单元组成，相应的成分和组成如图 4-23（c）所示，不同颜色分别对应薄膜层、Gate 层和 Data 层。Gate 层与 Data 层是由交叠的 Mo、Al 层交替层叠组成的，两者相隔有多层含硅复合物（SiO_x、SiN_x）。超声对 ITO 玻璃的微观作用机制如图 4-23（e）所示，由于超声空化作用，盐酸溶液中的微气核空化泡在超声作用下不断震动，在声压达到阈值时，气泡将不断膨胀，在极短的瞬间 0.1 μs 内，气泡破裂，瞬间在局部形成了数千帕的高压，液相反应区温度达到 1900 K，极大地促进了薄膜层及 Al 层的溶解，提高了铟的浸出效率。同时玻璃基板中的 Ca、Si 也会与超声波作用，促进其浸出。在未达到超声饱和功率时，随着超声波强度增大时，空化作用强度也增强，因此，随着超声功率的不断增大，浸出效率也随之提高。

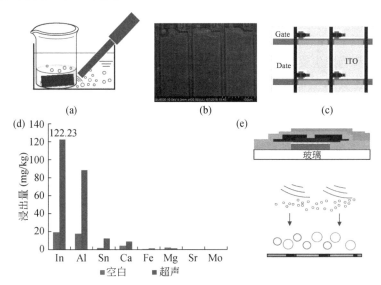

图 4-23　超声波对 ITO 玻璃浸出的影响机制

（a）超声反应示意图；（b）ITO 玻璃微观形貌；（c）ITO 玻璃表面形貌示意图；（d）超声波对主要元素浸出
量的影响对比；（e）超声空化作用示意图（20 mL，0.8 mol/L 盐酸，25℃，60 min）

超声辅助下采用不破碎整体浸出，可实现铟从面板玻璃的高效浸出，使用 0.8 mol/L 盐酸整体浸出面板玻璃 1 h，超声功率为 300 W 铟浸出率可达 96.82%；通过整体浸出，使得 $InCl_n^-$ 是浸出液中的优势组分，占浸出液的 48.12%；Al^{3+} 是最主要的杂质组分，在浸出液中的比例超过 38.76%，其他离子浸出浓度较低。浸出液在超声过程中产生的大量气泡，在破裂瞬间产生的瞬时高温高压作用于面板玻璃表面，超声波强化浸出效果显著，有效促进了其表面成分 ITO 薄膜、Al 以及玻璃主要成分的溶解。

4.4 含铟浸提液萃取-电解原理与铟再生技术

4.4.1 铟 P204 萃取机理与过程调控优化

4.4.1.1 P204 萃取铟机理

P204 为二（2-乙基己基磷酸）（也称为 D2EHPA），其分子结构式如下：

$$\begin{array}{c} \text{C}_2\text{H}_5 \\ \diagdown \\ \text{C}_4\text{H}_9 \end{array}\text{CH}-\text{CH}_2-\text{O} \diagdown \begin{array}{c} \\ \text{P} \\ \diagup \end{array} \begin{array}{c} =\text{O} \\ \\ \text{OH} \end{array}$$

（4-17）

硫酸介质中，P204 萃取机理为纯离子交换。萃取时，P204 释放—OH 上的氢离子，与被萃物发生交换反应，使金属阳离子进入有机相。P204 在苯或煤油等非极性溶剂中主要以二聚形式 H_2A_2 存在，萃取三价离子如式（4-18）：

$$M_{aq}^{3+}+3(HA)_{2o} \xrightleftharpoons{K} M(A_{2o})_3+3H_{aq}^+$$

（4-18）

式中，M 是金属，HA 是萃取剂，下表 aq 和 o 分别为无机相和有机相。

P204 萃取铟（Ⅲ）的反应如式（4-19）：

$$In_{aq}^{3+}+3(HA)_{2o} \rightleftharpoons InA_3 \cdot 3HA_o+3H_{aq}^+$$

（4-19）

TBP 为磷酸三丁酯，是一种中性含磷型萃取剂，其分子如式（4-20）：

$$\text{CH}_3(\text{CH}_2)_3\text{O}-\overset{\displaystyle\overset{\text{O}}{\|}}{\underset{\displaystyle\underset{\text{O(CH}_2)_3\text{CH}_3}{|}}{\text{P}}}-\text{O(CH}_2)_3\text{CH}_3$$

（4-20）

其萃取机理为离子缔合过程，在酸性条件下 3 个 TBP 分子分别与 3 个 H^+ 结合形成阳离子 [TBPH]$^+$，再与溶液中的金属离子作用形成离子缔合物使金属离子被萃入有机相中。

4.4.1.2　铟萃取工艺优化

影响 P204 萃取铟过程的因素多而复杂，主要包括料液 pH、相比、萃取剂浓度、伴随离子干扰等。P204 能萃取多种金属离子，其反应式如式（4-21）和式（4-22）所示：

$$M_{aq}^{3+}+3(HA)_{2o} \underset{}{\overset{K}{\rightleftharpoons}} M_{aq}(HA_{2o})_3+3H^+ \tag{4-21}$$

$$M_{aq}^{2+}+2(HA)_{2o} \underset{}{\overset{K}{\rightleftharpoons}} M_{aq}(HA_{2o})_2+2H^+ \tag{4-22}$$

萃取平衡常数 K_{eff} 由式（4-23）确定。K 表示动力平衡常数。萃取平衡常数 K_{eff} 与萃取剂本身的性质、萃取温度、稀释剂等因素有关。在压力变化范围不大的情况下，可以忽略压力对平衡常数的影响，因萃取时温度一般不会发生变化，故平衡常数为一个定值。

$$K_{eff}=K \times \frac{\gamma_{M^{3+}}(\gamma_{(HA)_2})^{\frac{3}{2}}}{\gamma_{MA_3}(\gamma_{H_+})^3}=\frac{(MA_3)(H^+)^3}{(M^{3+})((HA)_2)^{\frac{3}{2}}} \tag{4-23}$$

无机相中，带正电荷的金属离子与阴离子反应。α_0 为自由金属离子在总金属离子的浓度比例，由式（4-24）确定。金属分布系数 D 表示有机相中金属浓度与无机相金属浓度分配比，由式（4-25）确定。

$$\alpha_0=\frac{M^{3+}}{(M)_{aq,t}}=\frac{1}{1+\sum_{i=1}\beta_i(L^{n-})^i} \tag{4-24}$$

$$D=\frac{(M)_{o,t}}{(M)_{aq,t}}=\frac{(MA_3)}{(M^{3+})}\alpha_0 \tag{4-25}$$

综合以上各式，萃取分配系数 D 如式（4-26）所示：

$$\lg D=\lg K_{eff}+n\lg(HA)_{2o}+np H \tag{4-26}$$

式中，n 为金属离子的化合价。由式（4-26）可看出，D 是 pH 的函数，即萃取过程的分配系数受平衡水相中的 pH 值影响。当料液 pH 值一定，提高萃取剂浓度时可增大分配比，从而提高铟的萃取率；当有机相等条件恒定时，料液 pH 值上升，铟的萃取率也可提高。但萃取剂浓度的增大会降低料液 pH 值，同时其他金属离子也会被大量萃取；料液 pH 值的提高又受到金属离子水解 pH 值的限制，综合考虑需选择一个合适的萃取剂浓度和料液 pH 值来提高分配比，从而提高铟的萃取率。

在 P204 有机相中，各种金属离子分配系数 D 与 pH 和离子电价关系式为

$$Fe^{3+}\quad \lg D=-6.6+3p H \tag{4-27}$$

$$Cu^{2+}\quad \lg D=-7.8+2p H \tag{4-28}$$

$$In^{3+} \quad lgD =\!\!=\!\!= -7.5+3pH \tag{4-29}$$

$$Fe^{2+} \quad lgD =\!\!=\!\!= -9.6+2pH \tag{4-30}$$

$$Ga^{3+} \quad lgD =\!\!=\!\!= -9.0+3pH \tag{4-31}$$

$$Zn^{2+} \quad lgD =\!\!=\!\!= -11+2pH \tag{4-32}$$

$$Al^{3+} \quad lgD =\!\!=\!\!= -12+3pH \tag{4-33}$$

由此可以看出 P204 有机相中，金属离子转入有机相的次序是 $Fe^{3+}>In^{3+}>Cu^{2+}>Al^{3+}>Fe^{2+}>Zn^{2+}$。当料液存在分配系数 D 较大的离子时，与铟同时被萃取，因而降低了铟的萃取率。同时，料液中存在的 SiO_2 同样导致萃取乳化，控制料液中的 $SiO_2<0.5$ g/L 不影响萃取。

萃取率 E 由式（4-34）得出。

$$E = D \times 100 / \left(D + \frac{1}{O/A} \right) \tag{4-34}$$

式中，E 为萃取率，O/A 为相比，D 为分配比。

被萃物的分配比越高，相比越大，萃取率越高。增大相比可提高铟的萃取率，但增大相比会导致溶剂用量增加和被萃物在有机相的浓度降低及杂质被大量萃取，相比不可无限制的增大，须通过试验选出最佳相比。铟的萃取率与萃取次数有关，次数越多，萃取率越高。

萃取速率的决定因素为：①萃合物形成的反应速率；②萃合物在两项之间的传递速度；用 P204 将 In^{3+} 从硫酸介质萃取过程为纯离子交换，这一过程的限制阶段是形成萃合物的过程，即铟离子结合萃取剂而形成萃合物分子。In^{3+} 的萃取时间较短，利用萃取平衡时间的差异可有效地分离 In^{3+} 和伴随离子。

图 4-24 表示废液晶面板浸出液中 In^{3+}、Fe^{3+} 和 Al^{3+} 随时间的萃取率变化。萃取反应进行 1 min 时，P204 萃取 In^{3+} 就能达到反应平衡，且延长振荡时间对 In^{3+} 的萃取影响很小。Fe^{3+}、Al^{3+} 的萃取率较低，最大萃取率约为不到 10%，且随时间的变化趋势小。从萃取试验看出，尽管 In^{3+}、Fe^{3+} 和 Al^{3+} 都是三价离子，但 P204 对废液晶面板浸出液中 In^{3+} 的选择性高，但 Fe^{3+} 和 Al^{3+} 也会少量伴随萃取。从图 4-24 可以看出，延长萃取时间到 3 min，In^{3+} 的萃取率只提高了 0.83%，萃取率基本达100%。

废液晶面板酸浸液中铟浓度较低，加热浓缩处理可以成倍地增加铟浓度，但是溶液酸度也将增加。试验结果表明：当废液晶面板酸浸液浓缩 4 倍时（图 4-25），In^{3+} 的萃取率仅为 67.96%，通过调节 pH 可以提高铟萃取率。浸提液的酸度对 P204 萃取废液晶面板酸浸液中的 In^{3+} 有十分重要的影响。

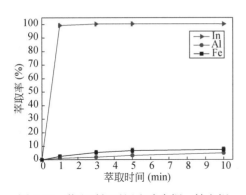

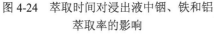

图 4-24　萃取时间对浸出液中铟、铁和铝萃取率的影响

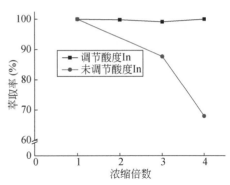

图 4-25　废液晶面板酸浸浓缩液 pH 调整前后 In^{3+} 萃取率变化

4.4.1.3　铟反萃工艺优化

反萃是萃取的相反过程，能将有机相中铟交换出来进入无机相中，进一步富集。采用一定浓度的盐酸将铟从 P204 中反萃出来，其化学反应式如下：

$$InA_3 \cdot 3HA_{(o)} + 4HCl_{(aq)} \Longrightarrow HInCl_{4(aq)} + 3H_2A_{2(o)} \quad (4\text{-}35)$$

反萃是萃取的逆反应，主要受到反萃剂浓度、有机与无机相比的影响。

实验获得的废液晶面板硫酸浸出液中主要离子的萃取率和反萃率如表 4-9 所示。可以看出，In^{3+} 的反萃率达 100%，可从 P204 有机相中完全转移出来。Sn^{2+} 萃取率较高，而反萃率仅为 5.36%，回收过程 Sn^{2+} 在 P204 有机相中富集，但由于 Sn^{2+} 在废液晶面板硫酸浸出液中含量低，且 P204 对于 Sn^{2+} 的饱和容量为 0.39 g/L，因此 Sn^{2+} 造成萃取剂老化的影响较小。Fe^{3+}、Al^{3+} 和 B^{3+} 的萃取率不到 10%，反萃率不到 5%。因此，可利用 P204 选择性分离 In^{3+} 与其他杂质离子。

表 4-9　废液晶面板硫酸浸出液中主要离子的萃取反萃效率

元素	In	Fe	Sn	Al	B
萃取率（%）	100	4.12	89.60	9.87	2.05
反萃率（%）	108.35	5.20	5.36	0	0

4.4.1.4　铟的离心萃取/反萃工艺

HT1-CTL 离心萃取机如图 4-26 所示，其萃取原理为利用离心力实现液-液两相的萃取和分离，通过联轴器带动转鼓高速旋转，产生了强大离心力场，通过变频器改变电机转速，从而改变离心力场的大小，以适应不同的物系。在此离心力场中，多相混合液由于其密度不同，因此所受离心力亦不同，从而产生分层现象，以达到萃取或分离的目的。萃取过程中，不互溶的两个液相分别从轻相和重相入口进入转子的外腔，通过转子的旋转而迅速混匀。接着液体通过转子底部的通道进入转子内部。这样的转子具有自吸泵功能，其内部有 4 个竖直的腔体，外部进入的液体体系相互平衡。在转子内的混合液体从下而上流动过程慢慢分离。分离区从挡流盘直到轻相堰，保证有足够的时间形成液-液分界面。分离开的液-液相分别通过轻、重相汇集到各自的收集腔，并分别由各自出口排出。离心萃取机相平衡建立快，易于实现单次或多次串联的萃取和反萃取，萃取效率高。

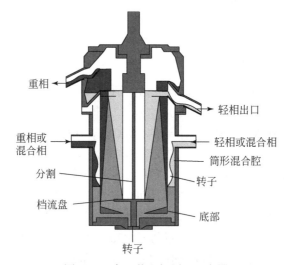

图 4-26　离心萃取机原理示意图

实验结果表明：废液晶面板硫酸浸出液调节 pH 值为 0.25～0.30 时，1 次离心萃取的萃取率＞99%，3 次反萃的反萃率为 90%，说明离心萃取机具有可用于从大批量样品中富集铟的潜力，可大幅度缩短萃取时间，提高萃取环节生产效率，但该设备是否适用于反萃还有待深入研究。

4.4.2　铟离子液体萃取分离过程调控优化

离子液体萃取反应流程如图 4-27 所示，包括离子液体萃取、洗涤和洗脱三部分。选取草酸、纯水、盐酸等作为反萃剂，分步洗涤和洗脱后可得到含铟富集液，而净化后的离子液体可以重新用于萃取。

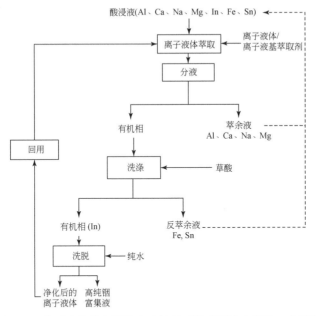

图 4-27　离子液体萃取回收废液晶显示器酸浸液中铟的工艺流程

4.4.2.1　离子液体萃取剂的选择

比较两种季铵盐类离子液体对废液晶面板酸浸液中铟等元素的萃取情况（图4-28），发现 A336Cl 体系对各元素的萃取能力明显强于 A336NO$_3$，可能是由于 Cl$^-$的电负性较强，与金属离子结合反应时更为紧密造成的。在这两个萃取体系下，Fe、Sn 的萃取率与铟很接近，甚至强于 In。虽然 Fe、Sn 在萃取液中含量较低，但是为了获得高纯铟的电解液，仍然需要通过多次分离萃取或者定向反萃以进一步去除这两种杂质金属离子。

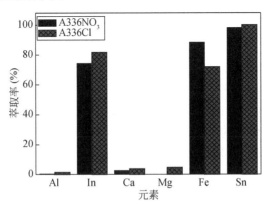

图 4-28　季铵盐类萃取体系对废液晶显示器酸浸液中各元素的萃取率

4.4.2.2 A336Cl 萃取工艺参数优化

1. 萃取时间的影响

以 A336Cl 作为萃取剂，在 O/A=1：10 的条件下，对于 0.8 mol/L 的废显示器盐酸浸出液不经过酸度调节，直接萃取分离。从图 4-29 可知，In、Fe 萃取平衡时间较短，可以很快达到平衡，而且铟的萃取率变化范围很小，随着反应时间从 3 min 延长到 30 min，铟的萃取率仅从 83.13% 增长到 87.42%。而铟萃取平衡时间更短，在 5 min 左右达到平衡，对应的萃取率达到了 83.58%；在 10 min 之后萃取就达到了平衡，在此条件下的萃取率超过 90%。锡达到萃取平衡的时间相对较长，30 min 时其萃取率达到 94%。为了降低共萃杂质元素（Fe、Sn）的萃取率，同时保证铟的萃取效果，可以选择较短的萃取时间。本次实验选择的萃取时间为 3 min，此时铟的萃取率为 83.13%、Fe 的萃取率达到了 84.65%、锡的萃取率为 58.76%。

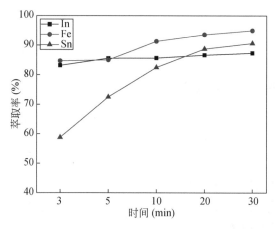

图 4-29　萃取时间对 A336Cl 萃取废显示器酸浸液中金属效果的影响

2. 萃取相比的影响

选择 A336Cl 作为萃取剂，直接萃取 0.8 mol/L 的废显示器盐酸浸出液，反应 3 min，选取合适的萃取相比（离子液体油相与待萃取溶液的体积比），结果如图 4-30 所示。当 O/A 为 1：1 时，铟、铁、锡的萃取率均超过 95%。在 O/A 从 1：1～1：5 变化时，随着 O/A 的降低，溶液中的金属离子反应时相应可接触的离子液体相相对减少，各元素的萃取率随之降低。但是铟的萃取率仍然较高，维持在 90% 以上。为了减少离子液体的消耗量，优先选择较低的 O/A。本实验中选择了 1：5 为最优萃取相比，此时铟的萃取率可达到 92.11%、锡的萃取率为 85.63%，而铁的萃取率为 89.5%。

在废液晶显示器酸浸回收铟的整体工艺设计上,为了减少酸耗和流程的简洁,不经过酸度调节的步骤,在浸出液的酸度下直接进行萃取。选取 O/A 为 1∶5 时,萃取反应进行 3 min,对应铟的萃取率可达 92%,杂质元素中铁、锡的萃取率相对较高,铁的萃取率可达 89.5%、锡的萃取率可达 80.63%,而浸出液中其他金属离子,铝、钙、镁的萃取率低于 3%。

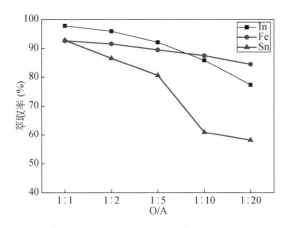

图 4-30　萃取相比对 A336Cl 萃取废显示器酸浸液中金属效果的影响

3. 酸度的影响

由于季铵盐类离子液体在铟萃取领域的工作没有得到开展,因此本实验进一步研究了季铵盐离子体系以及季铵盐基离子体系应用在铟萃取领域的实用性,研究了季铵盐离子液体萃取铟适用的酸度范围,以及对铟的负载情况。

在 O/A=1∶5 的条件下,在不同酸浓度下萃取 10 min,比较研究两种季铵盐离子液体对铟的萃取效果,如图 4-31 所示。实验选取的酸度范围很宽,从 0.1~10 mol/L。在此酸度范围内,A336Cl 对应的铟的萃取分配比均高于 A336NO$_3$,A336Cl 对铟的萃取效果强于 A336NO$_3$。A336NO$_3$ 与 A336Cl 萃取分配比 D-c(H^+)的曲线呈钟罩型,在溶液中盐酸的酸度在 0~4 mol/L 范围内,萃取分配相比随着酸度的增大而增大,在酸度达到 4 mol/L 时,相对的萃取分配比达到峰值,最佳的萃取分配比达到 400;当酸度从 4~10 mol/L 时,萃取分配相比随着酸度的增大而减小。A336Cl 作为萃取剂时,对应的酸度为 4 mol/L 时,铟萃取率高达 98%。在 A336Cl 萃取铟的反应过程中,当酸度过高时,酸的加入对萃取表现出抑制作用,这与季铵盐类离子液体对其他金属的萃取情况类似,D-c(H^+)的曲线呈钟罩型,存在一个对应的最佳萃取酸度。在利用季铵盐类离子液体对钴萃取时,有些研究者提出了相应的解释,指出过量的酸在溶液中可能呈现[HCl$_2$]$^-$的形态,会与[InCl$_n$]$^-$竞争萃取。

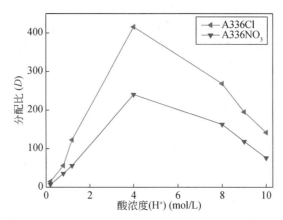

图 4-31　酸浓度对季铵盐类离子液体萃取废液晶显示器酸浸液中铟的影响

A336NO$_3$ 在不同酸度变化下，萃取分配比随时间的变化规律与 A336Cl 相似，但是在最佳酸度 4 mol/L 时，铟的萃取分配比相对较低，仅为 200。以 A336Cl 作为萃取剂萃取盐酸体系中铟，在酸度为 3～6 mol/L 时，萃取分配比大于 300，相应的萃取率大于 95%。在低酸度 0～2 mol/L 和高酸度 6～10 mol/L 的条件下，萃取分配比较低。但是，在酸度为 0.8 mol/L 的废酸浸液中，A336Cl 对铟萃取率仍可达 85%。因此，与传统有机膦型萃取剂 P204 等相比，季铵盐类离子液体不仅绿色环保，其适用酸度范围更广。

在 O/A=1∶5 的条件下，在不同酸浓度下萃取 10 min，比较季铵盐离子液基体系（离子液体与传统萃取剂组成的联合萃取剂）与离子液体单独萃取的效果，如图 4-32 所示。A336Cl 和 Cyanex923 的联合萃取体系萃取分配比 $(D)-c(H^+)$ 的曲线也呈钟罩型，在低酸度 0～1 mol/L，以及高酸度 6～10 mol/L 条件下萃取相比较低，在酸度为 3～5 mol/L 时萃取分配比大于 180，在酸度为 4 mol/L 时，相应的铟的萃取分配比可达 200。在酸度低于 1 mol/L 时，A336Cl 与 Cyanex923 的联合萃取体系对铟的萃取分配比大于 A336Cl 单独萃取的分配比。而酸度高于 1 mol/L 时，A336Cl 离子液体单独萃取效果强于这种联合萃取 A336Cl 离子液基体系。因此，在实际生产中，可以优先选择纯净的 A336Cl 萃取体系，且萃取体系相对简单，且在后续反应过程中，更易于洗涤纯化，而且酸度微调后，其萃取效果可以得到显著增强。

4.铟萃取负载量

按照一定的萃取反应方程式的比例，对应的金属和离子液体相按理想的比例进行反应，可以相应达到理想的萃取负载量。在实际反应中，随着金属离子浓度的不断增高，萃取效果会大幅下降，相应的萃取分配比很低。在实际生产中因为效率过低，很不实用。因此需要研究离子液体对金属的实际负载量，以保证反应的萃取效率。

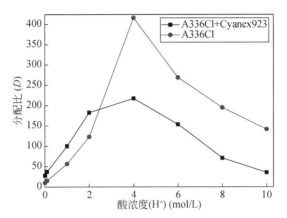

图 4-32　酸浓度对季铵盐类离子液体萃取废液晶显示器酸浸液中铟的影响

　　季铵盐类离子液体作为一种新兴的绿色离子液体，在铟的萃取回收领域应用前景十分广泛。液晶显示器中铟含量相对较低仅为 100～300 mg/L（1～3 mmol/L），远远低于 ITO 废靶浸出液中的铟含量，其铟含量可能是废显示器酸浸液的数十倍到百倍。而且实际生产中，废液晶显示器回收的浸出液在实际应用中也需要浓缩后进行萃取，后期用于电解，需要多次萃取循环实验，铟的浓度得到不断升高。

　　在 O/A 为 1∶5，盐酸酸度为 4 mol/L 的条件下，萃取 10 min，不同铟负载下，相应的萃取分配比如图 4-33 所示。随着浸出液中铟含量的增大，铟的分配比先增大后减少。铟负载量从 0～10 mmol/L，铟萃取分配比从 240 增加至 260；酸浸液

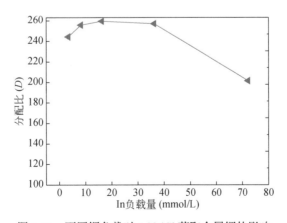

图 4-33　不同铟负载对 A336Cl 萃取金属铟的影响

中铟负载量从 10～40 mmol/L，铟的分配比高于 260，相应的萃取率保持在 95% 以上；当溶液中铟含量大于 40 mmol/L，铟的萃取分配比随之下降；当铟含量为 70 mmol/L 时，相应的萃取分配相比为 180，对应的铟萃取率为 94%。

4.4.2.3　铟的草酸反萃工艺优化

利用反萃可以使萃取物从已负载的有机相返回到水相，实现萃取的逆反应。常用的反萃剂包括主要的无机酸如盐酸、硫酸、硝酸以及常用的络合剂如柠檬酸、甲酸和强还原剂水合肼等。萃取分液之后得到的离子液体萃取相中主要包含铟、铁、锡的离子液体萃合物，通过选择性地反萃，实现铟的分离纯化。

通过选择不同的反萃剂使萃取相化合物与某些金属络合，实现选择性分离。本实验中选取了高浓度盐酸（10 mol/L）、纯水以及草酸作为反萃剂，以 A/O 为 10∶1 条件下，充分搅拌，反应 10 min，可以实现铟选择性分离。高浓度盐酸对离子液体萃取相中各元素的洗涤反萃效果如表 4-10 所示，离子液体萃取相依次加入 10 mol/L 盐酸，反萃 3 次后，大部分有机相中萃取及吸附的（Al、Na）及萃取的元素（Fe、Sn）均回到了水相；但是铟的反萃率较低，三次洗涤后铟的回收率可达 27.33%，无法实现铟与杂质元素的分离。

表 4-10　盐酸（10 mol/L）对离子液体萃取油相的洗涤反萃效果

反萃元素	盐酸（10 mol/L）		
	第一次	第二次	第三次
Al	8.08%	8.45%	83.27%
In	5.14%	6.11%	16.11%
Mg	9.12%	9.15%	32.82%
Na	24.54%	41.04%	23.06%
Fe	0.00%	75.17%	14.52%
Sn	2.86%	59.42%	20.08%

纯水对离子液体萃取油相的洗涤反萃效果如表 4-11 所示，纯水一次洗涤后，铟的反萃率就可以达到 94.14%，但是杂质元素的反萃率也较高；而经过两次反萃洗涤后，有机相中萃取及吸附的（Al、Na、Mg）及萃取的元素（Fe、Sn）均回到了水相，累积的反萃率均超过了 95%。而实验中只进行了两次，是因为离子液体在长时间搅拌的条件下，与水发生乳化反应，生产泡沫状的混合物，即使离心也无法实现两相分离。因此需要控制反应时间和次数，保证后续离子液体的回收利用。在三次洗涤后，离子液体会在水中溶解。纯水洗涤，虽然可以回收离子液

体萃取相中的铟，但是无法实现铟与共萃元素铁、锡等的进一步分离。

表 4-11　纯水对离子液体萃取油相的洗涤反萃效果

反萃元素	纯水	
	第一次	第二次
Al	74.26%	25.74%
In	94.14%	5.86%
Mg	75.70%	24.30%
Na	56.48%	43.52%
Fe	84.58%	15.42%
Sn	25.97%	74.03%

草酸（3 mol/L）对离子液体萃取油相的洗涤反萃效果如表 4-12 所示，草酸洗涤三次后，离子液体油相中的大部分（超过 98%）Al、Mg、Na、Fe、Sn 会被反萃到液相之中；而 98% 的铟离子则都留在离子液体萃取相中。通过草酸洗涤，可以选择性地分离，实现铟和其他杂质元素的分离。因此，在本实验中确定的洗涤方案为：草酸以 1∶10 的 O/A 洗脱三次，萃取相中的杂质（铁、锡）会转移到液相，之后利用纯水以 1∶10 的 O/A 洗涤一次含铟的有机萃取相，可以得到高纯铟的富集液，实现铟的选择性回收。

表 4-12　草酸（3 mol/L）对离子液体萃取油相的洗涤反萃效果

反萃元素	草酸（3 mol/L）		
	第一次	第二次	第三次
Al	0.23%	72.42%	22.08%
In	0.23%	0.18%	1.19%
Mg	14.84%	29.22%	36.72%
Na	30.19%	50.59%	27.26%
Fe	25.52%	31.72%	37.24%
Sn	0.00%	92.86%	3.68%

经过草酸和纯水洗涤，离子液体萃取有机相中的铁、锡和铟实现了分步回收，离子液体萃取剂也得到了净化。比较回收净化后的离子液体与纯净的 A336Cl 离子液体的萃取效果，用于废液晶显示器盐酸酸浸液（0.8 mol/L），优选的萃取 O/A 为 1/10，反应 10 min 后，各元素的萃取率如图 4-34 所示。回收纯化后的离子液体主要萃取铟、铁、锡，萃取率变化不大，铟的萃取率由 85% 增大至 88% 左右，

回收后的离子液体可以用于萃取反应。由此可以进一步推测，和季铵盐类离子液体萃取其他金属的反应原理相似，萃取铟的反应类型为阴离子交换，其反应原理如反应式（4-36）所示。离子液体中的含长链烷基的 C—N 官能团保留在离子液体中，可以保证多次循环，萃取质量不下降。

$$[InCl_4^-]+\overline{[A336]Cl}\longrightarrow\overline{[A336][InCl_4]}+Cl^- \tag{4-36}$$

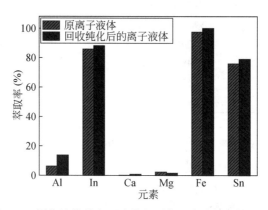

图 4-34　回收纯化的离子液体与原离子液体萃取效果比较

4.4.3　电解再生高纯铟机理与过程调控优化

铟电沉积实验通常选择纯钛极板作为阴极，选取石墨作为阳极。实验装置主要由电解槽、阳极板、阴极板和直流电源四部分组成，其装置如图 4-35 所示。电解液中的铟离子会在阴极得到还原，根据电极电位不同，金属的析出顺序也不同，电极电位高的金属优先析出。

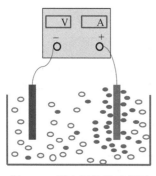

图 4-35　铟电解装置示意图

由于前述萃取/反萃得到的富集液中铟离子浓度仍偏低，需要加入氯化钠来构建稳定的电解体系，提高电流效率。在添加了合适的氯化钠、获得了稳定的电压后，采用恒流模式进行电解，电流的大小是影响电解的关键因素，需要选取合适的电解电流，以提高电流效率，同时保证铟回收率。电流效率和回收率是表征工艺结果的重要指标，其计算公式如（4-37）、式（4-38）所示。

$$\varphi=\frac{m'}{m}\times100\%=\frac{m'}{(I\times t\times K)}\times100\% \tag{4-37}$$

式中，m' 为实际电解铟的质量；m 为按照法拉第定律计算理论上的铟电解质量；I 为电流强度，A；t 为电解时间，h；K 为电化当量，g/(A·h)。

$$\theta = \frac{C_0 V - C_1 V}{C_0 V} \times 100\% \tag{4-38}$$

式中，θ 为回收率，C_0 为电解液中铟浓度，mol/L；C_1 为电解后残余铟浓度，mol/L；V 为电解液体积，mL。

实际上，电解回收过程的电流效率有限，电解结束后溶液中仍残留许多铟离子，将电解余液返回萃取工艺，在不损失铟的同时减少过程废物排放。

4.4.3.1　电解纯化的理论分析

根据溶液中的浓度（表 4-13），计算出阳极和阴极各可能反应的相应电势，初步确定阴极和阳极发生的反应。电极电位的计算公式如式（4-39）所示。其中，φ（OX/Red）表示平衡电位，$\varphi^{\ominus}$（OX/Red）是标准电极电位，C（OX）是氧化态浓度，C（Red）是还原态浓度，R 为气体常数 8.314 J/(K·mol)，T 为温度，n 为电极反应中电子转移数，F 为法拉第常数。溶液中的阳离子可在阴极发生还原反应析出，可能的阴极反应如式（4-40）～式（4-45）所示，$\varphi^{\ominus}$ 为标准电极电势，φ 为实际电极电势。

$$\varphi\left(\frac{OX}{Red}\right) = \varphi^{\ominus}\left(\frac{OX}{Red}\right) + \frac{RT}{nF} \lg \frac{\left[\dfrac{C(OX)}{C^{\ominus}}\right]}{\dfrac{C(Red)}{C^{\ominus}}} \tag{4-39}$$

$$In^{3+}(aq) + 3e^- \longrightarrow In \quad \varphi^{\ominus} = -0.3382\,eV, \quad \varphi = -0.3792\,eV \tag{4-40}$$

$$Fe^{3+}(aq) + 3e^- \longrightarrow Fe \quad \varphi^{\ominus} = -0.037\,eV, \quad \varphi = -0.325\,eV \tag{4-41}$$

$$Sn^{4+}(aq) + 2e^- \longrightarrow Sn^{2+} \quad \varphi^{\ominus} = 0.151\,eV, \quad \varphi = -0.181\,eV \tag{4-42}$$

$$Sn^{2+}(aq) + 2e^- \longrightarrow Sn \quad \varphi^{\ominus} = -0.136\,eV, \quad \varphi = -0.491\,eV \tag{4-43}$$

$$Al^{3+}(aq) + 3e^- \longrightarrow Al \quad \varphi^{\ominus} = -1.662\,eV, \quad \varphi = -1.937\,eV \tag{4-44}$$

$$2H^+(aq) + 2e^- \longrightarrow H_2 \uparrow \quad \varphi^{\ominus} = 0\,eV, \quad \varphi = -0.0296\,eV \tag{4-45}$$

表 4-13　高纯铟电解液的成分分析

元素	浓度（g/L）	摩尔浓度（mol/L）
Al^{3+}	7.04×10^{-4}	2.6×10^{-5}
In^{3+}	23.45	0.204
Fe^{3+}	8.78×10^{-4}	1.6×10^{-5}
Sn^{4+}	1.425×10^{-4}	1.2×10^{-5}

电解过程中，阳极失去电子，发生氧化反应，可能的阳极反应如式（4-46）和式（4-47）所示。

$$2H_2O+4e^- \longrightarrow 4H^+ + O_2 \uparrow \quad \varphi^\ominus = 1.299 \text{ eV} \tag{4-46}$$

$$2Cl^- - 2e^- \longrightarrow Cl_2 \uparrow \quad \varphi^\ominus = 1.299 \text{ eV} \tag{4-47}$$

根据溶液中的浓度，计算出阳极和阴极各可能反应的相应电势，初步确定阴极和阳极发生的反应。对应的析出顺序为铁、铟、锡、铝。阳极主要是氯离子失去电子，产生氯气。

电解模式可以大致分为恒流、恒压两种模式。如果采用恒压模式进行电解，随着金属铟在阴极沉积，电解液中铟浓度降低和氯气不断析出，溶液的导电性必将减弱，溶液的电阻进一步增大，电解的电流密度会随之降低，电沉积效率随之降低。根据塔菲尔方程，如公式（4-48）所示，其中 a、b 为常数，I 为电流密度的绝对值。

$$\eta = a + b\lg I \tag{4-48}$$

因此，阴极的析氢电位逐渐降低。当析氢电位达到临界水平，阴极主要是以析氢反应为主，铟的电沉积效率很低，基本上不再沉积。

当采用恒流模式进行电解时，选用石墨作为阳极极板，电流密度保持在 58～580 A/dm^2，槽压可以基本维持稳定。在电解回收铟的过程中，阴极上会沉积有银灰色的铟镀层。虽然恒流模式的电流效率相对较高，然而随着电解的进行，铟离子的浓度会下降，导致槽压升高。当槽压达到一定的条件下，阴极反应会以析氢为主，恒流模式也无法实现铟的完全电沉积，但是恒流模式相对回收率高，反应电压比较稳定。

4.4.3.2　铟的电解再生工艺优化

1. NaCl 浓度的影响

电解液为盐酸体系，但其中总体离子浓度仍然较低，溶液的导电性不好，电解反应时电阻很大，槽压很高，电解的过程中电压不稳定。在电解液中需要添加氯化钠，以增加溶液的导电性。

电流密度为 200 A/dm^2、氯化钠加入量分别为 50 g/L 和 100 g/L 时，其槽压随时间变化如图 4-36 所示。当氯化钠浓度为 50 g/L 时，溶液的导电性较低，槽压很不稳定，相应槽压变化剧烈时会发生析氢反应。增大氯化钠添加量，溶液中氯化钠浓度为 100 g/L，槽压相对较低，电解时稳定在 3.1 V 左右，电解的完成时间也较长。虽然，氯化钠浓度在 50～100g/L 时，对电流效率的影响并不是很大，电流效率仅从 75.05% 增加至 75.92%。但是，铟的回收率有明显变化，从 88.89% 提升至 92.85%。

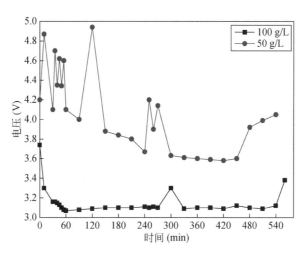

图 4-36　不同 NaCl 浓度对电解槽压的影响

2. 电流密度的影响

采用恒流模式进行电解时，电流密度的大小会直接影响电流效率、电解液中的铟回收率以及铟的沉积质量。电流增大，相应的电流密度也会增大，在短时间内可以实现更多的铟的电解。如图 4-37 所示，随着电流密度的增大，电流效率会不断增大，但是铟回收率会降低。在较短的反应时间内，由于电解液中铟浓度较高，铟电解时电流效率较高。因此，电流密度越大，电解完成的时间较短，电流效率高。而电流密度越小时完成反应需要的时间较长，后期铟浓度不断降低的情况下，铟的电流效率很低，因此整个反应过程的电流效率较低，但是铟电解液中残余铟的浓度较低，反应比较彻底，铟整体回收效率较高。

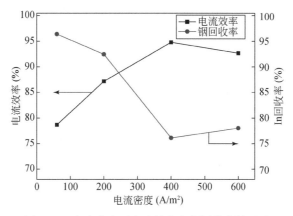

图 4-37　电流大小对电流效率和铟回收率的影响

　　铟电沉积过程电流控制非常重要，如图 4-38 所示，当电流过大时，铟不会紧贴极板生长，容易形成枝晶，从而影响极板间距，在电解时电槽压不稳定，而且快速沉积的铟表面形貌不好，晶粒尺寸相对较大，表面色泽灰暗，没有金属的光泽。最佳的实验结果表明：电流为 200 A/m²，电流效率可达 87.7%，铟回收率大于 92%。

图 4-38　不同电流下铟电沉积的形貌

（a）60 A/m²；　（b）200 A/m²；　（c）400 A/m²；　（d）600 A/m²

3. 电解异常情况分析

　　利用 XRF 进行元素成分含量分析，来辅助进行铟精度测试。结果如表 4-14 所示，仅能检测出铟和氧。检测到氧元素，是因为在电解过程中表面被氧化，形成致密氧化铟层。而杂质元素无法检测出来，这是受到 XRF 的测试精度限制，含量低于 0.05% 的成分元素无法被检测出来。由此可推测得到的精铟纯度至少可以达到 99.9%。进一步利用 ICP 进行精确的定量检测时，杂质元素的测量由于溶液总体盐浓度太高而无法进行。定量取样后直接测试铟含量时，实验结果高于理论值，测试数据无法进一步帮助计算纯度。这可能是由于样本含量过低和实验中多次稀释的客观实验误差造成的，ICP-AES 不适用于这种高纯金属的纯度分析。

表 4-14　再生铟产品的表面元素成分分析

元素	浓度（质量比）
In	98.6%
O	1.40%

　　反应的前 10 min，阴极表面在沉铟的同时会有大量的气泡产生，发生析氢反应，这可能是由电解液酸度较高（pH=1）造成的，可能需要进一步调整溶液酸度。

电解的尾液中残余铟含量（0.2～5 g/L）相对较高，需要处理尾液，实现循环回用。由于电解时阳极会产生大量的氯气，氯气会溶解在电解液中。室温下 25℃时，氯气在水中溶解度为 2.019 mL/mL，而加热至约 80℃时，氯气溶解度降低（0.683 mL/mL），之后利用 A336Cl 以 O/A（1∶5）萃取 30 min，铟的萃取率可达 95.6%，实现了尾液的循环利用。

铟电沉积过程发现：萃取循环一次后，得到的反萃液可以直接用作电解液进行铟回收。加入氯化钠可有效提高溶液的导电性、电槽压的稳定性。选择石墨作为阳极，纯钛极板为阴极，在 1 A 的恒定电流下进行电解，当溶液中的氯化钠浓度为 100 g/L，槽压可稳定在 3.10 V 左右，9.3 h 左右电解终止，阴极主要发生析氢反应，相应的电流效率可达 87.17%，对应的电解液中的铟回收率可达 92.45%。

电解液中杂质含量很低，优先采用恒流模式进行电解回收，以提高反应的电流效率。电流越大，反应完成的时间越短，相应的电流效率越高，但是沉积的铟的形貌不好，铟的回收率也很低，优先选择 1 A 的电流来进行电解。

直接电解精炼可以实现高纯铟的回收。但是电解初期阴极发生析氢反应，会导致整体电流效率的降低，需要进一步研究酸度对电解的影响；得到的金属铟需要进一步处理，进行高纯度金属铟的测试，按照国家标准，使用辉光放电质谱法（GDMS）等处理来测定纯度。

4.5 废液晶面板玻璃高质再生利用技术

4.5.1 再生制备泡沫玻璃过程调控优化

4.5.1.1 再生泡沫玻璃方案设计

分别研究了采用炭黑和碳化硅两种发泡剂再生泡沫玻璃的可能性，以及不同助熔剂对再生泡沫玻璃的影响，按表 4-15、表 4-16 开发研究泡沫玻璃再生的可行性。

表 4-15 添加不同发泡剂时样品的配方（%，质量分数）

样品编号	玻璃	发泡剂		氧化锑	助熔剂	
		炭黑	碳化硅		硼砂	六氟硅酸钠
A1	95.5	0.3	—	0.2	4	—
A2	95.5	0.3	—	0.2	—	4
A3	93	—	2	1	4	—
A4	93	—	2	1	—	4

表 4-16　再生泡沫玻璃的不同温度制度

实验编号	烧结温度（℃）	保温时间（min）	实验编号	烧结温度（℃）	保温时间（min）
B1	950	20	B4	1100	20
B2	1000	20	B5	1150	20
B3	1050	20	B6	1200	20

研究发现，采用碳化硅为发泡剂、六氟硅酸钠为助熔剂时，能够成功再生得到发泡良好的泡沫玻璃。除研究不同发泡剂和供氧剂对泡沫玻璃再生的影响外，再生了不同发泡剂和供氧剂添加量的泡沫玻璃制品，并研究了添加量变化对制品结构及物理性能的影响，即 SiC 和 Sb_2O_3 添加量的变化对再生的泡沫玻璃结构及性能的影响，进而设计了表 4-17 所示各组分使用量。

表 4-17　不同发泡剂和供氧剂添加量的配方（%，质量分数）

样品编号	玻璃粉	碳化硅	氧化锑	六氟硅酸钠
C1	94	1	1	4
C2	93	2	1	4
C3	92	3	1	4
C4	92	2	2	4
C5	91	2	3	4
C6	90	2	4	4
C7	89	2	5	4
C8	90	3	3	4

实验除研究以废液晶面板玻璃为主体原料再生泡沫玻璃以外，还考虑到加入普通玻璃可起到降低熔融温度的作用，研究了往废液晶面板玻璃中混合一定比例的普通废玻璃的情况（即废液晶面板玻璃和普通废玻璃的比例分别为 8∶2、7∶3 和 6∶4），在发泡剂、助熔剂等不变的条件下再生泡沫玻璃，观察两种废玻璃添加比例的变化对再生的泡沫玻璃的影响，以及温度制度等因素的影响。经多组烧结实验结果表明：废液晶面板玻璃和普通废玻璃以 8∶2 比例混合时发泡效果较好，所以混合玻璃按该比例进行配方。只以废液晶面板玻璃为原料和以混合玻璃为原料时两种废玻璃的组合比例如表 4-18 所示。

表 4-18　两种废玻璃的组合比例（%，质量分数）

样品编号	废液晶面板玻璃	普通废玻璃
D1	100	0
D2	80	20

4.5.1.2　再生泡沫玻璃工艺参数优化

1. 发泡剂和助熔剂的选择

分别以炭黑和碳化硅为发泡剂、以硼砂和六氟硅酸钠为助熔剂，以废液晶面板玻璃为原料，按照实验设计方案进行泡沫玻璃的再生，所得泡沫玻璃的发泡情况如表 4-19 所示。

表 4-19　A1～A4 系列再生泡沫玻璃的实验结果

试验号	配方	温度制度	制品发泡情况
1	A1	B1	致密结构，未鼓起
2	A2	B1	致密结构，未鼓起
3	A3	B1	致密结构，未鼓起
4	A4	B1	致密结构，未鼓起
5	A1	B2	粉料上半部分稍微鼓起
6	A2	B2	粉料稍微鼓起
7	A3	B2	粉料稍微鼓起
8	A4	B2	粉料稍微鼓起
9	A1	B3	粉料上半部分鼓起，形成少量小孔
10	A2	B3	粉料鼓起，形成少量孔
11	A3	B3	粉料鼓起，形成少量小孔
12	A4	B3	粉料鼓起，布满细小孔
13	A1	B4	粉料上半部分形成一个大气孔
14	A2	B4	粉料充分鼓起，形成不规则孔结构
15	A3	B4	粉料鼓起，下半部分有丝状结构
16	A4	B4	粉料鼓起，形成大量小孔
17	A1	B5	粉料形成多个大孔
18	A2	B5	粉料充分鼓起，形成大量连通孔
19	A3	B5	粉料鼓起，充满连通孔
20	A4	B5	粉料充分鼓起，形成大量孔
21	A1	B6	粉料鼓起，大量孔呈蜂窝状上下分布
22	A2	B6	粉料充分鼓起，存在连通孔和丝状结构
23	A3	B6	粉料充分鼓起，有大范围的连通孔
24	A4	B6	粉料鼓起，内部有丝状结构

选择炭黑作为发泡剂，添加不同种类的助熔剂（即 A1～A2）时，在实验设计的温度制度下（B1～B5 系列）再生泡沫玻璃。随着烧结温度的升高，粉料逐渐发泡，但是内部结构不佳。

不管混料的助熔剂为硼砂（A1）或六氟硅酸钠（A2），当烧结温度为 950℃和 1000℃时（分别形成 A1B1、A1B2、A2B1 和 A2B2 组合），混料只是稍微鼓起甚至未鼓起而呈饼状，均没有完整的气泡结构。说明 B1～B2 系列的烧结温度未达到该系列泡沫玻璃配方要求的发泡温度，当发泡剂已经发生化学反应而生成气体时粉料软化程度较差，导致生成的气体无法形成稳定气泡而逸出，从而使样品发泡失败。当烧结温度为 1050℃时，A1B3 组合只是混料的上半部分形成少量小孔，下半部分依然为饼状，说明 A1B3 样品受热不均而导致粉料结构分层，A2B3 组合粉料鼓起形成少量孔。当烧结温度为 1100℃时，A1B4 组合的粉料上半部分形成一个大气孔，下半部分依然为饼状，说明粉料熔融时热量传导速度较慢，粉料下半部分在发泡剂反应时熔融程度较差，而上半部分已经形成熔融体包裹气体。A2B4 组合充分鼓起，内部孔结构不规则，少量气泡已经连通。造成该现象的原因可能为，烧结温度已经达到此系列配方要求的发泡温度，但是由于粉料熔融过程中受热不均，导致熔融程度不一致，有些部位气泡逸出，有些部位过多气体被熔融体包裹而形成连通孔。当烧结温度升至 1150℃时，部分粉料过度发泡，形成大量大孔甚至连通孔。当烧结温度升至 1200℃时，粉料过度发泡使得内部结构不规则。

选择碳化硅为发泡剂时，添加不同种类的助熔剂（即 A3～A4）时，在实验设计的温度制度下（B1～B5 系列）再生泡沫玻璃。从表 4-19 可知，随着烧结温度的升高，粉料逐渐发泡，内部气孔数量先增加再减少，孔径逐渐变大。当组合为 A3B1、A4B1、A3B2 和 A4B2，即烧结温度为 950℃和 1000℃时，未达到这些系列配方要求的发泡温度，此时发泡剂生成的气体从熔融程度较差的粉料中逸出，导致粉料发泡失败。当烧结温度为 1050℃时，A3B3 和 A4B3 组合的粉料均鼓起，A4B3 组合的内部形成较多小孔。当烧结温度为 1100℃和 1150℃时，A3B4、A3B5、A4B4 和 A4B5 均充分鼓起，其中 A3B4 和 A3B5 内部结构不规则，具有较多连通孔，而 A4B4 和 A4B5 内部的孔结构分布均匀，孔径逐渐增大。当烧结温度为 1200℃时，A3B6 和 A4B6 均过度发泡，从而使得内部气泡在发泡过程中不断冲破孔壁，形成连通孔甚至丝状结构。

图 4-39 为不同温度下泡沫玻璃几种发泡情况的示意图。总体看来，发泡剂为炭黑时样品的发泡情况不理想，而以碳化硅为发泡剂的发泡情况较好。造成这些现象的原因，一方面，传统发泡剂炭黑的反应温度比碳化硅低，从而在相同的温度制度时，比碳化硅更早发生反应而产生大量二氧化碳，此时粉料熔融程度较差甚至未软化，导致气体逸出使得样品发泡失败；另一方面，由于配合料成分、发

泡剂和助熔剂种类的不同，导致发泡过程中形成的气泡结构和分布不同。所以在以上两种发泡剂中，选择碳化硅作为发泡剂，六氟硅酸钠作为助熔剂进行泡沫玻璃样品的发泡较为合适。

图 4-39　泡沫玻璃不同发泡情况的示意图
（a）未发泡致密结构；　（b）粉末鼓起；　（c）少量小孔；　（d）大量气孔；　（e）大量大孔；　（f）丝状结构

2. 烧结温度和玻璃粒径的影响

通过上一节对发泡剂和助熔剂种类影响泡沫玻璃结构的分析，发现以碳化硅为发泡剂、六氟硅酸钠为助熔剂的配方所得制品的发泡情况较佳。因此，在选定碳化硅为发泡剂、六氟硅酸钠为助熔剂的前提下，通过选取 950~1200℃温度区间内多个温度作为烧结温度进行泡沫玻璃的再生研究。

泡沫玻璃再生的关键在于：样品的软化温度和发泡温度范围较一致，样品在发泡温度时能完全软化以包裹发泡剂反应生成的气体，而形成气孔结构。实验中发现，以废液晶面板玻璃为原料、助剂以一定比例混合的配方（即 C2D1），选择 950~1000℃的烧结温度时，烧结温度达不到样品的软化温度，粉料还没有完全软化时发泡剂已经部分甚至全部反应，产生的气体直接从粉料中逸出，不能形成气孔结构，无法再生出发泡良好的泡沫玻璃。因此选择 1050~1200℃所得制品进行分析。

普通玻璃化学成分一般属于钠钙硅酸盐玻璃，软化温度较低（650~700℃），以一定比例和废液晶面板玻璃混合再生发泡温度，在不影响制品结构的同时能降低熔融温度。以废液晶面板玻璃和普通废玻璃为原料、助剂以一定比例混合的配方（即 C2D2），选择 1100~1200℃的烧结温度时，粉料完全熔融形成致密的烧结体，而且黏度太低而不能包裹住气体，使得气体逸出而无法形成良好的气孔结构。

因此选择 950～1050℃所得制品进行分析。

图 4-40 和图 4-41 分别是以过 160 目的废液晶面板玻璃（即 C2D1）和混合玻璃（即 C2D2）为配合料，在不同烧结温度下所得制品的体积密度及气孔率的变化趋势图。从图中可以看出，烧结温度显著影响制品的体积密度及气孔率。不管主要原料为废液晶面板玻璃还是混合玻璃，随着烧结温度的升高，制品均呈现密度先降低再升高、气孔率先升高后降低的特点。C2D1 制品在烧结温度为 1100℃时，呈现出体积密度最低、气孔率最高的特点；而 C2D2 制品在烧结温度为 1000℃时，也呈现出体积密度最低、气孔率也最高的特点，说明体积密度基本与气孔率呈完全相反的趋势，即体积密度降低时气孔率反而升高。

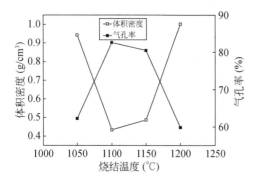 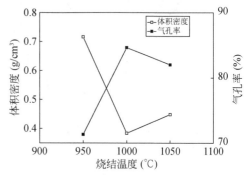

图 4-40　废液晶玻璃烧结制品密度及气孔率
随温度的变化

图 4-41　混合玻璃烧结样品密度及气孔率
随温度的变化

这种趋势与所得制品的气孔结构有直接的关系，随着烧结温度的升高，粉料软化程度逐渐增加，黏度逐渐降低，发泡剂产生的气泡得到充分成长，气孔数量逐渐变多，孔径逐渐变大（如图 4-42 所示），这种变化造成了制品密度的降低和气孔率的增加。当烧结温度继续升高，发泡剂产生的气泡数量不再增加，气泡内的气体发生膨胀而使气泡尺寸逐渐增大，最终导致气体冲破孔壁，使一定数量的小孔互相贯通形成大孔甚至连通孔，同时粉料黏度进一步降低，颗粒逐渐相互黏结而使制品结构更加紧密，从而使得制品密度的升高和气孔率的降低。

图 4-43 和图 4-44 分别为样品 C2D1 和 C2D2 在不同烧结温度下所得制品的抗压强度与体积密度变化趋势图。通常来说，抗压强度随着体积密度的升高而升高。从图可知，C2D1 制品的抗压强度随着烧结温度的升高呈先降低后升高趋势，与样品体积密度的变化趋势基本一致；但 C2D2 制品的抗压强度却随着烧结温度的升高呈先降低后平稳的趋势。图 4-42 显示了出现这种现象的原因：在烧结温度较低时，气孔数量较少、尺寸较小，内部有较多的未充分发泡甚至未发泡的玻璃液冷却形成的固体骨架，使制品表现出较大的抗压强度；随着烧结温度的升高，玻

璃液黏度降低，被玻璃液包裹住的气体逐渐增加，使得气孔数量大幅增加，同时固体骨架也减少，使得制品抗压强度降低；当烧结温度继续升高时，虽体积密度较大，但制品中出现孔径较大气孔，严重影响了制品的抗压强度。如 C2D1 制品 1100℃时体积密度为 0.434 g/cm³，抗压强度为 2.42 MPa，1150℃时体积密度为 0.4871 g/cm³，而抗压强度仅为 2.22 MPa；C2D2 制品在 1000℃的体积密度和抗压强度分别为 0.384 g/cm³ 和 2.02 MPa，而在 1050℃的体积密度和抗压强度分别为 0.448 g/cm³ 和 2.07 MPa。

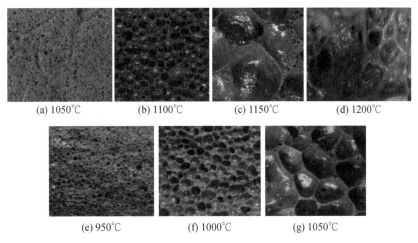

(a) 1050℃　　(b) 1100℃　　(c) 1150℃　　(d) 1200℃

(e) 950℃　　(f) 1000℃　　(g) 1050℃

图 4-42　不同烧结温度下 C2D1（a～d）和 C2D2（e～g）制品的内部 SEM 图

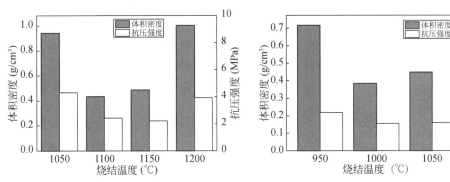

图 4-43　不同烧结温度下 C2D1 制品的密度与　　图 4-44　不同烧结温度下 C2D2 制品的密度与
　　　　　抗压强度的变化　　　　　　　　　　　　　　　抗压强度的变化

对比样品 C2D1 和 C2D2 所得制品，可以发现，C2D1 在 1100℃时密度最低且气孔率最高，分别为 0.434 g/cm³ 和 82.60%，此时抗压强度为 2.42 MPa；C2D2

在 1000℃时密度最低且气孔率最高，分别为 0.384 g/cm³ 和 84.62%，此时抗压强度为 2.02 MPa。由此可知，C2D1 体积密度在发泡温度 1100℃处出现拐点，C2D2 体积密度在发泡温度 1000℃处出现拐点，后续研究的烧结温度可分别以此为基础进行。

上述实验中，均采用粒径小于 160 目的废液晶面板玻璃进行烧结。图 4-45 为不同粒径的废液晶面板玻璃在相同配比（2%碳化硅、1%氧化锑、4%六氟硅酸钠）时，在 1100℃的烧结温度下保温 20 min 所得制品的结构。比较后可以发现，不同粒径的废液晶面板玻璃得到的泡沫玻璃制品的结构差别较大。试样（a）的照片显示气孔分布不均、大小不一，可能原因是玻璃粒径较大时，升温过程中膨胀性差，配合料中液相的形成速率较慢，导致样品不能均匀地充分发泡。从试样（b）照片可以看出，样品的气孔分布明显比（a）均匀，气孔大小也比较一致，这是因为随着粒径的减小，玻璃粉末的膨胀性得到改善，发泡过程中液相的形成速度加快，使得气泡可充分成长，形成大小一致的气孔结构。而试样（c）的气孔明显过大，一方面由于粒径的继续减小，配合料中液相形成速度明显加快，导致气泡过度长大而形成连通孔甚至冲破气孔而逸出；另一方面，玻璃粒径越小，越容易熔融，玻璃颗粒相互黏接使得制品结构更加致密，导致部分结构的气孔过大，部分结构为致密结构。因为玻璃作为硅酸盐化合物具有高硬度，其研磨不易且需大量能量，所以再生泡沫玻璃时选择适当的粒径是非常重要的。根据图 4-45 中制品的气孔结构，本研究选择粒径小于 160 目的废液晶面板玻璃为原料。

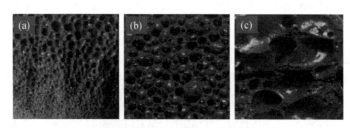

图 4-45　不同粒径的废液晶面板玻璃所得制品的结构图

（a）小于 120 目；（b）小于 160 目；（c）小于 200 目

3. 发泡剂用量的影响

图 4-46 和图 4-47 分别为以废液晶玻璃（即 D1）和以混合玻璃（即 D2）为原料时，不同 SiC 添加量的泡沫玻璃样品 C1、C2、C3 的体积密度及气孔率数据，其中 C1、C2 和 C3 中 SiC 添加量分别为 1%、2% 和 3%。

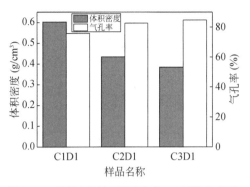
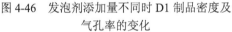

图 4-46 发泡剂添加量不同时 D1 制品密度及气孔率的变化

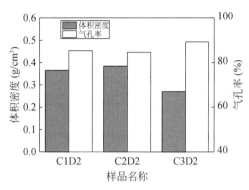

图 4-47 发泡剂添加量不同时 D2 制品密度及气孔率的变化

从图 4-46 和图 4-47 可以看出，随着碳化硅添加量的升高，制品呈体积密度下降、气孔率升高的总体趋势。以混合玻璃（即 D2）为原料，SiC 添加量从 1%增至 2%时体积密度及气孔率几乎不变，说明被包裹住的气体数量没有很大的变化，增多的发泡剂产生的额外气体大部分逸出；当 SiC 添加量增至 3%时，样品中被包裹的气体数量明显增加，导致体积密度及气孔率明显的变化。体积密度与气孔率的变化呈相反趋势，直接原因是随着 C1、C2、C3 样品中 SiC 添加量的增加，软化的玻璃中气体量增加，使得气孔的数量变多、孔径增大，直接导致制品体积密度降低、气孔率增加。因此，发泡剂添加量最多的 C3D1 和 C3D2 制品的体积密度最低，气孔率最高。C3D1 制品的体积密度为 0.384 g/cm^3，气孔率为 84.64%；C3D2 制品的体积密度为 0.269 g/cm^3，气孔率为 89.24%。

图 4-48 和图 4-49 分别为发泡剂添加量不同时，分别以废液晶面板玻璃（即 D1）和混合玻璃（即 D2）为原料的制品抗压强度的变化趋势图。以废液晶面板玻璃为原料时，其制品抗压强度随着发泡剂添加量的增大而逐渐降低。以混合玻璃为原料时，其制品抗压强度随着发泡剂添加量的增大呈先升高再降低的趋势，该现象的原因可能是，SiC 添加量为 1%时制品的气孔分布较 SiC 添加量为 2%时不均匀，导致气孔集中的地方制品的力学性能比较差，影响了抗压强度。

4. 供氧剂用量的影响

图 4-50 和图 4-51 分别为以废液晶玻璃（D1）和以混合玻璃（D2）为原料时，供氧剂氧化锑的添加量不同时制品的体积密度及气孔率的变化图。如图 4-50 所示，以 D1 为主要原料时，随着供氧剂 Sb$_2$O$_3$ 添加量的增加，体积密度前期没有明显变化，后来小幅度降低；气孔率无明显变化。这是因为少量的供氧剂即可满

足发泡剂发生反应的消耗量，当 Sb_2O_3 添加量小范围变化时，气孔数量不会增加，当氧化锑添加量增至 4% 时，气孔数量无明显变化，而孔径明显增大，导致体积密度的小幅度降低。在制品的气孔数量无明显增加，而孔径变化过大时，选择气孔小的制品，即 C2D1，此时体积密度为 0.433 g/cm^3，气孔率为 84.60%。

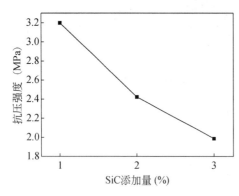

图 4-48　废液晶面板玻璃制品的抗压强度随
发泡剂添加量的变化

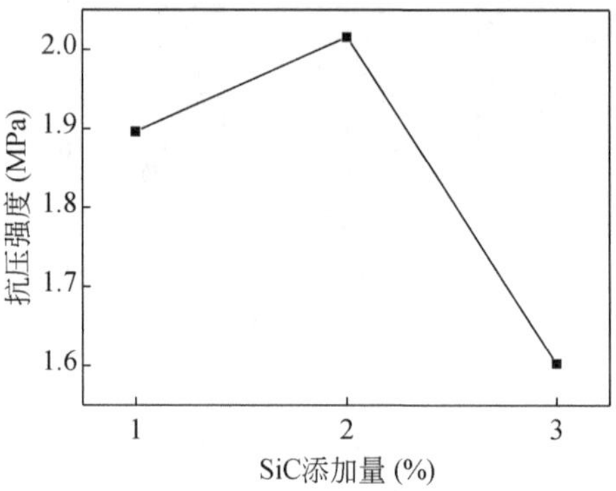

图 4-49　混合玻璃制品的抗压强度随发泡剂
添加量的变化

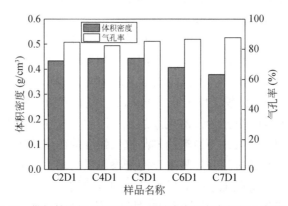

图 4-50　供氧剂添加量不同时 D1 制品体积密度与气孔率的变化

从图 4-51 可以看出，以 D2 为主要原料时，随着供氧剂添加量的增加，体积密度逐渐降低，而气孔率逐渐升高。直接原因是随着 Sb_2O_3 添加量的升高，发泡剂产生的气体数量增加，使得形成的气孔数量增加、孔径变大，导致制品体积密度的降低和气孔率的升高。C5D2 制品的体积密度为 0.255 g/cm^3，气孔率为 91.56%。

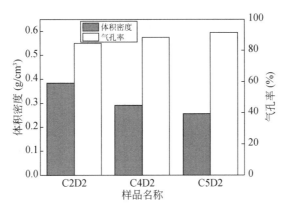

图 4-51　供氧剂添加量不同时 D2 制品体积密度与气孔率的变化

　　图 4-52 为废液晶面板玻璃和混合玻璃制品的抗压强度随供氧剂添加量的变化趋势图。从图中可以看出，制品的抗压强度随着供氧剂添加量的增加而呈升高趋势，其中，在供氧剂添加量相同的条件下，以废液晶面板玻璃为原料制品的抗压强度总是高于以混合玻璃为原料制品的抗压强度。出现此现象的原因是，液晶面板玻璃因为制造工艺的要求，其强度比普通窗户玻璃大得多，导致形成的制品比掺杂普通废玻璃的制品的机械强度高，以废液晶玻璃为原料的制品最低抗压强度为 2.17 MPa，而以混合玻璃为原料的制品最高抗压强度为 2.02 MPa，两者的力学性能有较大差距。

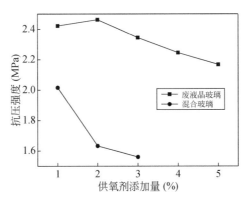

图 4-52　不同原料制品的抗压强度随供氧剂添加量的变化

5. 保温时间的影响

　　图 4-53 和图 4-54 分别为以废液晶玻璃（即 D1）和混合玻璃（即 D2）时，在不同的保温时间下所得制品的体积密度及气孔率的变化。根据上述实验结果选

取 D1 和 D2 制品的较佳配方，D1 制品配方为 2%氧化锑、1%碳化硅和 4%六氟硅酸钠，烧结温度为 1100℃；D2 制品配方为 3%氧化锑、3%碳化硅和 4%六氟硅酸钠，烧结温度为 1000℃。

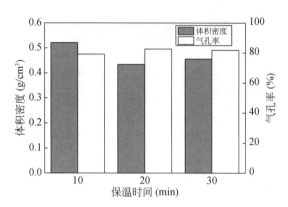

图 4-53　废液晶面板玻璃制品的体积密度与气孔率随保温时间的变化

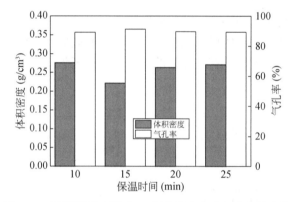

图 4-54　不同保温时间下 D2 制品的密度及气孔率的变化

如图 4-53 和图 4-54 所示，随着保温时间的增多，制品的体积密度先降低再升高，而气孔率先升高再降低，总体变化趋势不大。说明在各自选定的烧结温度下，当保温时间较短时，产生的气泡未能充分成长就被退火冷却；随着保温时间的增多，发泡剂产生的气泡可以充分成长，孔径增大，从而使得制品体积密度降低；当保温时间进一步增多，玻璃液黏度持续降低，气泡持续膨胀而导致少量小孔贯通而形成大孔，从而导致气孔率小幅度降低、体积密度小幅度升高。

图 4-55 和图 4-56 分别为以废液晶玻璃（即 D1）和混合玻璃（即 D2）时，在不同的保温时间下所得制品的抗压强度的变化。从两张图中可以看出，制品的抗压强度与体积密度的变化基本一致，即随着保温时间的延长呈先降低再升高的

趋势。对比不同保温时间下的 D1 和 D2 制品，可以发现，D1 制品在保温时间为 20 min 时体积密度最低且气孔率最高，分别为 0.434 g/cm³ 和 82.60%，此时抗压强度为 2.42 MPa；D2 制品在保温时间为 15 min 时体积密度最低且气孔率最高，分别为 0.221 g/cm³ 和 91.35%，此时抗压强度为 1.39 MPa。

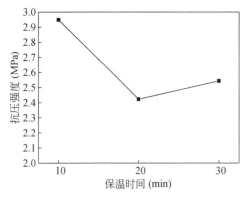

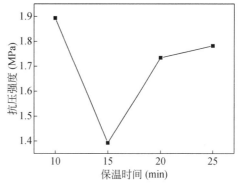

图 4-55　废液晶玻璃制品的抗压强度与保温　　　图 4-56　混合玻璃制品的抗压强度与保温
时间的关系　　　　　　　　　　　　　　　　　时间的关系

　　表 4-20 为废液晶玻璃和混合玻璃分别在各自较佳配比和温度制度下得到制品的性能，并与行业标准的比较。目前国内有相关专利，即利用废液晶显示器玻璃再生泡沫玻璃，该专利的主要内容为：将破碎后的废液晶显示器玻璃与碳酸钙、硼砂和高锰酸钾放入球磨罐中球磨至全部通过 100 目标准筛即得到配合料，将配合料经过一定的温度曲线（发泡温度为 1150～1250℃）得到泡沫玻璃，该制品的密度为 1.2 g/cm³。与该专利相比，本研究明显降低了发泡温度（1000～1100℃），而且得到的制品密度更是大幅度降低，最低仅为 0.221 g/cm³。

表 4-20　不同原料制品的性能比较

样品编号	体积密度（g/cm³）	气孔率（%）	抗压强度（MPa）
C2D1	0.434	82.60	2.42
C8D2	0.221	91.35	1.39
标准	0.200	—	≥0.8

4.5.1.3　泡沫玻璃再生机理分析

　　泡沫玻璃主要是以废玻璃为主要原料，添加发泡剂、助熔剂、供氧剂等助剂，在一定的温度制度下，发生一系列的反应再生而成。

废液晶面板玻璃一般为低碱硼硅酸盐玻璃和无碱铝硅酸盐玻璃，其中的形成体氧化物如 SiO_2、B_2O_3 等形成的配位多面体为 [SiO_4]、[BO_4] 四面体，每个多面体中平均桥氧数大，网络连接程度紧密，玻璃的机械强度高，黏度大。而普通废玻璃一般为钠钙玻璃（组成为 SiO_2-CaO-Na_2O），其中的外体氧化物如 Na_2O、CaO 中氧离子易摆脱阳离子束缚，为形成体提供"游离氧"，增加了玻璃中的 O/Si 比，导致原来互相连接的 [SiO_4] 四面体网络断裂，"桥氧"变为"非桥氧"，硅氧四面体失去了原有的完整性和对称性，使结构疏松，导致玻璃熔融温度和黏度变小。

当温度升高时，[SiO_4] 四面体群的空隙较多，有利于容纳小型的硅氧四面体群穿梭活动，使得黏度变小；而高温时 B^{3+} 从 [BO_4] 四面体变成 [BO_3] 三角体，不能形成玻璃网络结构，同样使得黏度变小。

助熔剂 $Na_2B_4O_7 \cdot 5H_2O$ 或 Na_2SiF_6 中均含 Na^+，加入可使玻璃的硅氧四面体 [SiO_4] 断裂，玻璃结构疏松，玻璃骨架强度降低，导致弹性模量、硬度、化学稳定性降低，从而使得原料的高温区和低温区黏度均降低，达到助熔的目的。

4.5.1.4　再生过程关键影响因子调控

玻璃液的黏度和表面张力对气泡的孔径及分布有重要作用，是决定泡沫玻璃结构及性能的内因。黏度和表面张力不但取决于原始配合料的化学组成、各添加剂的种类和性能，还取决于温度制度。

1. 原料调控

当以废液晶显示器面板玻璃为原料时，因网络连接紧密，使其软化温度较高，所需的烧结温度也比较高；往其中添加普通废玻璃时，加入的 Na_2O 可分化 Si—O 和 B—O 键而形成 Na—O 键，因为 Na—O 键的键能比 Si—O 键和 B—O 键的键能小，可有效降低原料的软化温度，所以往废液晶面板玻璃中加入普通废玻璃时可降低配合料的熔融温度，使得最佳发泡温度从 1100℃降至 1000℃。

2. 助剂调控

1）发泡剂

碳化硅和炭黑都属于氧化还原型发泡剂，反应时夺取配合料中供氧成分中的氧，生成 CO_2、CO 等气体。需要注意的是，炭黑在 500℃左右就易被炉内的空气所氧化，一般可通过配合料与炉内气体隔离、加入还原物质等方法来解决该问题。实验室条件下该问题不可避免，导致本研究采用炭黑为发泡剂时，炭黑提前大量反应而逸出，导致发泡失败，因此选用碳化硅为发泡剂。

2）供氧剂

三氧化二锑具有低温耗氧、高温释放氧的特性，添加量增加时发泡剂在高温条件下可充分发泡；同时，Sb_2O_3 极化力较大，对（Si—O 键）氧离子极化、变形大，减弱 Si—O 键的作用大，能使配合料黏度下降。当 Sb_2O_3 添加量过多时，甚至可能导致玻璃液中气泡的过度长大，使得气孔结构遭到破坏。

3）助熔剂

助熔剂硼砂（$Na_2B_4O_7 \cdot 10H_2O$）或六氟硅酸钠（Na_2SiF_6）中所含碱金属离子 Na^+ 能降低配合料的黏度，达到助熔目的。笛采尔（Dietzel）认为硼在玻璃内部的配位是 4，在玻璃表面配位数经常是 3，形成的［BO_3］三角体为层状结构，平行排列于玻璃表面从而形成新的表面，使表面张力降低，因此硼氧化物的加入也能有效降低配合料的软化温度。氟化物中的氟离子能替换氧离子生成弱 Si—F 键，有效降低配合料的软化温度，起到助熔的作用。

3. 温度调控

通常黏度和表面张力均随着温度的升高而降低。当烧结温度过低时，达不到配合料的软化温度，使配合料仍以粉末状存在，导致发泡剂产生的气体全部逸出，发泡失败；当烧结温度增加时，配合料能够软化，但黏度和表面张力比较高，抑制气泡的长大，使得泡沫玻璃中气孔过小；当烧结温度过高时，配合料的黏度和表面张力过低，不足以包裹住发泡剂产生的气体，使得气体冲破孔壁而形成连通孔，泡沫玻璃的气孔结构被破坏。因此，气孔结构好坏取决于烧结温度是否合适。升温速度也是一个关键因素，可通过加快升温速度，缩短配合料升温至发泡温度的持续时间，从而尽可能避免瓷化层生成；但是，升温速度过快时，制品内部易出现较大空穴，所以选择合适升温速度尤为重要。

4.5.2　再生制备耐热玻璃过程调控优化

废液晶玻璃资源化问题一直未能得到有效解决，大多停留在基础研究阶段，很难具有产业化实施前景，主要是因为转化流程复杂、生产成本高、产品性能变差，因此需要一种废液晶玻璃高值化的转化方案。将废液晶玻璃再生成耐热玻璃既可以实现大掺量，又可以实现产品高值化。将其与石英砂、硼砂和纯碱等原料按一定配比混合，设计研制一种新型耐热硼硅玻璃 SiO_2-B_2O_3-Al_2O_3-RO-R_2O。

4.5.2.1　耐热玻璃组成设计

将废液晶显示器经拆解、热解可得到相对纯净的废液晶玻璃,破碎至 1～10 mm 碎片状。废液晶玻璃主体成分为 SiO_2、Al_2O_3、B_2O_3、MgO、CaO、SrO、BaO,还有少量的 Sb_2O_3、SnO_2、ZnO、ZrO_2 等。其中 Al_2O_3 为 16.74%(质量分数,下同),碱土金属氧化物总和为 12.02%,其相对现有 3.3 耐热玻璃和 95 耐热玻璃具有氧化铝和碱土金属含量高的特点。

目前,3.3 耐热玻璃和 95 耐热玻璃是广泛流行的两种耐热玻璃。3.3 玻璃是一种国际上广泛应用于实验室玻璃仪器,其膨胀系数为 $3.3\times10^{-6}/℃$,耐热稳定性和化学稳定性很好;95 玻璃是中国改良的高硼硅玻璃,与 3.3 玻璃相近的玻璃品种,膨胀系数稍大些。两种耐热玻璃均为 SiO_2-B_2O_3-Al_2O_3-Na_2O 体系,如表 4-21 所示,其中 Na_2O=4%～6%、B_2O_3=12%～15%,碱金属和氧化硼含量高。同时耐热玻璃具有以下特点:耐水性能达到 HGB1 级,耐碱性能达到 A2 级,线膨胀系数(20～300℃)不大于 $4.2\times10^{-6}/℃$,耐酸性能达到 H1 级,内应力不大于 180 nm/cm。

表 4-21　现有两种耐热玻璃化学组成（%,质量分数）

玻璃品种	SiO_2	B_2O_3	Na_2O	Al_2O_3	MgO	CaO	SrO
3.3 玻璃	80.50	12.60	4.50	2.10	—	—	—
95 玻璃	78.40	14.20	5.40	1.70	0.18	0.44	0.12

从表 4-21 中可以看出,两种玻璃虽然同属于硼硅玻璃,但化学组成相差甚远,几乎很难进行等同转化。因此只能发挥智慧优势,设计开发一种新型耐热玻璃,使性能满足现有耐热玻璃指标,另外还应满足大掺量废液晶玻璃应用。

在设计开发新型耐热玻璃组成时,遵循质量含量 100%原则,为了提高废液晶玻璃的有效回收利用,掺量按最大化原则,分别按 60%、70%,其余以 SiO_2、Na_2O、B_2O_3 三者补充,按正交设计进行优化,如表 4-22 所示。当废液晶玻璃掺量为 60%时,外加 B_2O_3 含量为 4%～9%,外加 Na_2O 含量为 1%～3%,外加 SiO_2 含量为 28%～35%;如表 4-23 所示,当废液晶玻璃掺量为 70%时,外加 B_2O_3 含量为 4%～8%,外加 Na_2O 含量为 1%～3%,外加 SiO_2 含量为 19%～25%。

表 4-22　废液晶玻璃掺量 60%的正交设计表

序号	废液晶玻璃掺量（%）	B_2O_3（%）	Na_2O（%）	SiO_2（%）
1	60	4	1	35
2	60	4	2	34

续表

序号	废液晶玻璃掺量（%）	B_2O_3（%）	Na_2O（%）	SiO_2（%）
3	60	4	3	33
4	60	6	1	33
5	60	6	2	32
6	60	6	3	31
7	60	7	1	32
8	60	7	2	31
9	60	7	3	30
10	60	8	1	31
11	60	8	2	30
12	60	8	3	29
13	60	9	1	30
14	60	9	2	29
15	60	9	3	28

表 4-23 废液晶玻璃掺量 70% 的正交设计表

序号	废液晶玻璃掺量（%）	B_2O_3（%）	Na_2O（%）	SiO_2（%）
1	70	4	1	25
2	70	4	2	24
3	70	4	3	23
4	70	5	1	24
5	70	5	2	23
6	70	5	3	22
7	70	6	1	23
8	70	6	2	22
9	70	6	3	21
10	70	7	1	22
11	70	7	2	21
12	70	7	3	20
13	70	8	1	21
14	70	8	2	20
15	70	8	3	19

　　耐热玻璃具有很好的理化性能，但是玻璃生产却面临极大的挑战与困难，难点包括熔化难、澄清难、成型难，因此合理化学组成可以平衡工艺性能和理化性能关系。按照废液晶玻璃化学组成和耐热玻璃性能特点，将其转化再生出具有高

铝、高碱土金属氧化物和高碱金属氧化物的高硼硅耐热玻璃，一种全新的玻璃品种。在玻璃熔制中常常加入 Na_2O、B_2O_3，可以降低玻璃熔化澄清温度，但同时又会使玻璃线膨胀系数增大、硬度降低，影响玻璃热性和力学性能，所以耐热玻璃的 Na_2O 一般不能大于 4%，B_2O_3 一般不小于 9%等。耐热玻璃主要以线性热膨胀系数作为评价耐热稳定关键指标，通常要求热膨胀系数不大于 $4.2×10^{-6}/℃$，其次再考虑硬度、耐酸耐碱等性质。

基于以上组成设计约束条件，优选 15 个不同化学组成的耐热玻璃，如表 4-24 所示。废液晶玻璃掺量占 60%~70%，外加 SiO_2 为 19%~33%，外加 Na_2O 为 1%~3%，外加 B_2O_3 为 4%~9%。其中废液晶玻璃掺量以总 B_2O_3 为 13%，总 Na_2O 为 2%为定值，FB60、FB65、FB70 符号意义 FB 表示废玻，60 表示质量含量 60%，其余按此类推表达；N1 符号意义 N 表示 Na_2O，1 表示质量含量 1%，其余按此类推；B10 符号意义 B 为表示 B_2O_3，10 表示 10%，其余按此类推。

表 4-24　大掺量废液晶玻璃再生耐热玻璃的化学组成（%，质量分数）

组号	废液晶玻璃掺量	补充化学成分量			探究影响因素
		SiO_2	B_2O_3	Na_2O	
FB60	60	30.72	7.28		
FB65	65	26.2	6.8	2	废液晶玻璃掺量
FB70	70	21.67	6.33		
FB60-N1		30		1	
FB60-N2	60	29	9	2	
FB60-N3		28		3	
FB70-N1		21		1	Na_2O 含量
FB70-N2	70	20	8	2	
FB70-N3		19		3	
FB60-B10		33	4		
FB60-B14	60	29	8	3	
FB60-B15		28	9		
FB70-B12		23	5		B_2O_3 含量
FB70-B13	70	22	6	2	
FB70-B15		20	8		

可以通过增加氧化钠的含量以降低玻璃熔制难度，见 FB60-N1、N2、N3 和 FB70-N1、N2、N3。FB60-B10、B14、B15 和 FB70-B12、B13、B15 是改变了耐热玻璃中 B_2O_3 的含量。设计的新型耐热玻璃氧化物组成如表 4-25 所示，其中总 SiO_2 为 62%~70%、总 Na_2O 为 1%~3%、总 B_2O_3 为 9%~15%。

表 4-25 设计新型耐热硼硅玻璃氧化物组成（%，质量分数）

组号	SiO$_2$	B$_2$O$_3$	Na$_2$O	Al$_2$O$_3$	MgO	CaO	BaO	SrO	Sb$_2$O$_3$	SnO$_2$	ZnO	ZrO$_2$
FB60	67.57			10.05	1.05	3.71	0.26	2.14	0.09	0.06	0.05	0.02
FB65	66.12	13	2	10.88	1.13	4.02	0.29	2.32	0.10	0.07	0.05	0.02
FB70	64.67			11.72	1.22	4.33	0.31	2.49	0.11	0.07	0.06	0.02
FB60-N1	66.85		1									
FB60-N2	65.85	14.72	2	10.05	1.05	3.71	0.26	2.14	0.09	0.06	0.05	0.02
FB60-N3	64.85		3									
FB70-N1	64		1									
FB70-N2	63	14.67	2	11.72	1.22	4.33	0.31	2.49	0.11	0.07	0.06	0.02
FB70-N3	62		3									
FB60-B10	69.85	9.72										
FB60-B14	65.85	13.72	3	10.05	1.05	3.71	0.26	2.14	0.09	0.06	0.05	0.02
FB60-B15	64.85	14.72										
FB70-B12	66	11.67										
FB70-B13	65	12.67	2	11.72	1.22	4.33	0.31	2.49	0.11	0.07	0.06	0.02
FB70-B15	63	14.67										

4.5.2.2 熔化再生新型耐热玻璃工艺

如图 4-57 所示，大掺量新型耐热玻璃原料包括废液晶玻璃、石英砂、硼酸、

图 4-57 新型耐热玻璃熔制原料

纯碱、二氧化铈、硝酸钠等，石英砂用于引入 SiO_2，硼酸用于引入 B_2O_3，纯碱用于引入 Na_2O，二氧化铈和硝酸钠为澄清剂，两者必须合理搭配使用，二氧化铈外用量一般为 0.3%～0.5%（质量分数），硝酸钠外用量为二氧化铈的 6 倍。

大掺量废液晶玻璃再生新型耐热玻璃熔制工艺曲线如图 4-58 所示，按照上述玻璃组成配制 600 g 配合料，在 1550℃时分两次将配合料投入铂铑合金坩埚内，升温至 1675℃熔制 6 h，应在出料前 1 h 搅拌一次，促进玻璃均匀，将熔融玻璃进行浇注成型并退火处理。熔制过程和玻璃成品如图 4-59 所示。

图 4-58 新型耐热玻璃熔制工艺曲线

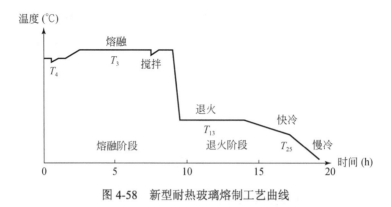

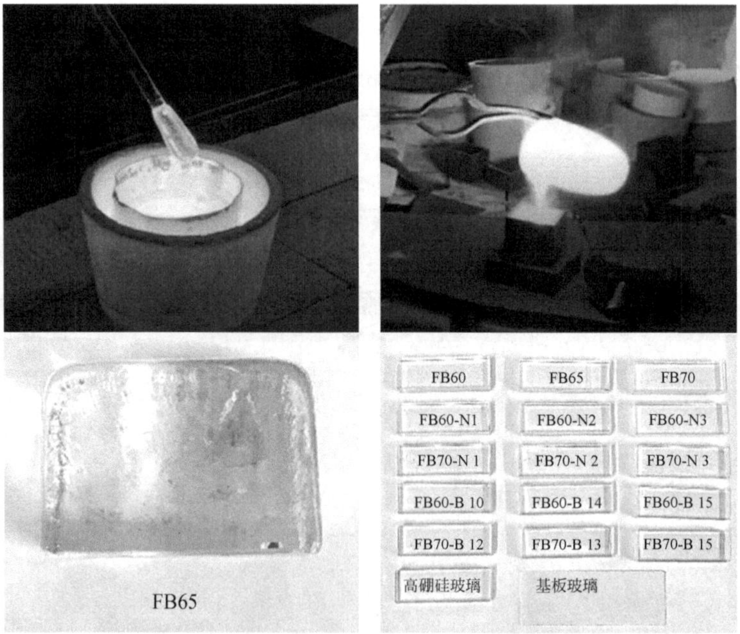

图 4-59 新型耐热玻璃熔制过程和玻璃样品

4.5.2.3　耐热玻璃力学性能测试

1. 表观密度

玻璃密度与玻璃组成、结构的变化有很大的关系，玻璃的密度取决于组成玻璃的各组分的原子量、原子堆积紧密程度和配位数等。玻璃密度的测定方法包括静水力学称重法、下沉法、比重瓶法。一般采用的是静水力学称重法。根据阿基米德原理，玻璃在水中减轻的质量等于它所受水的浮力，也等于试样所排开同体积水的质量。

$$\rho_{玻} = \frac{G_{玻}}{G_{空} - G_{水}} \times \rho_{水} \tag{4-49}$$

式中，$\rho_{玻}$ 为玻璃的密度，g/cm^3；$G_{玻}$ 为玻璃的质量，g；$G_{空}$ 为玻璃在空气中的质量，g；$G_{水}$ 为玻璃在水中的质量，g；$\rho_{水}$ 为水的密度，g/cm^3。

如图 4-60 所示，废液晶玻璃掺量和 Na_2O 含量增加，玻璃密度平均增加 0.4%～0.7%。使得玻璃中碱土金属和碱金属氧化物增加，它们的原子半径大，虽然导致

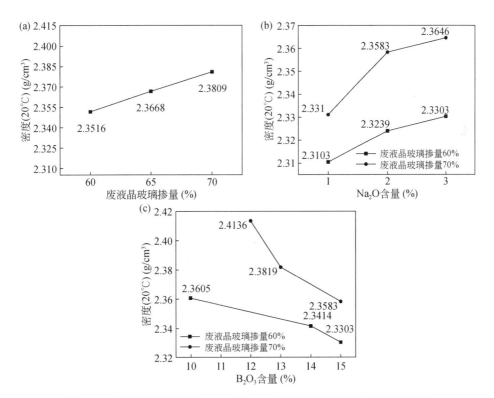

图 4-60　废液晶玻璃掺量、Na_2O 和 B_2O_3 含量（质量分数）的玻璃密度

玻璃结构网络被破坏，但作为网络外体填充于玻璃网络空隙中，充实玻璃结构网络，而且硅氧四面体的连接发生了断裂但不引起网络结构的扩张；还有氧化铝的增加，Al_2O_3更易形成铝氧八面体$[AlO_6]$，玻璃密度增加。B_2O_3的含量增加，$[BO_3]$增加，体积增大，结构疏松，玻璃密度减小。

2. 维氏硬度

耐热玻璃要求硬度相对较大，可以避免频繁使用过程表面划伤，影响产品外观效果。一般利用维氏硬度进行玻璃硬度测量表征。维氏硬度测量是通过一个金刚石正方锥以 0.2 kg（1.96133 N）的载荷压入玻璃表面，测量其压痕对角线长度计算得到，公式如下：

$$H = 1.854F/L^2 \tag{4-50}$$

式中，H 为维氏硬度，$\times 10^7$ Pa；F 为载荷，N；L 为压痕对角线长度，mm。

将大掺量废液晶玻璃再生的耐热玻璃切割抛光成 10 mm×10 mm×2 mm 规格试样，利用显微硬度仪测量玻璃的维氏硬度。废液晶玻璃掺量对维氏硬度的影响，如图 4-61 所示，Na_2O 和 B_2O_3 含量一定时，废液晶玻璃掺量由 60%增加至 65%、70%，维氏硬度呈现降低趋势，降低约 2.5%。当增加 Na_2O 含量，废液晶玻璃掺量 60%和 70%的硬度降低约 3.7%、2.2%，这是因为 Na—O 键键强小于 Si—O 键

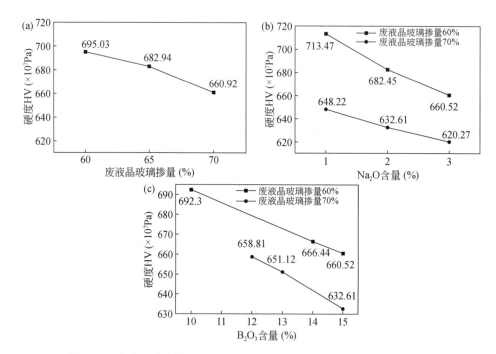

图 4-61　废液晶玻璃掺量、Na_2O 和 B_2O_3 含量（质量分数）的玻璃硬度

键强，且 Na$_2$O 含量增加，导致 SiO$_2$ 含量减少，破坏网络骨架，结构网络疏松，玻璃硬度降低。当增加 B$_2$O$_3$ 含量，废液晶玻璃掺量 60% 和 70% 的硬度降低约 0.9%、1.3%。

4.5.2.4　耐热玻璃热学性能测试

1. 线热膨胀系数

线热膨胀系数是衡量物体升高 1℃时在其原长度上所增加的长度，一般采用一定温度范围内的平均线膨胀系数来表示，按国家标准《玻璃平均线热膨胀系数的测定》（GB/T 16920—2015）及推荐仪器进行测量。

$$\alpha = \frac{L_2 - L_1}{L_1(t_2 - t_1)} = \frac{\Delta L}{L_1 \Delta t} \tag{4-51}$$

式中，ΔL 为从在加热到 t 时长度的伸长值，μm；Δt 为受热后温度的升高值，℃。

玻璃线热膨胀系数与化学组成的键强、桥氧及非桥氧数量相关。当温度上升时，玻璃中质点的热振动振幅增加，质点间距变大，因此呈现膨胀现象。但是质点间距的增大，必须克服质点间的作用力，这种作用力对氧化物玻璃来说，就是各种阳离子与氧离子的键强。键强越大，玻璃膨胀越困难，膨胀系数越小。废液晶玻璃掺量增加，碱土金属含量增加，R—O 键键强小于 Si—O 键键强，玻璃抗热震能力减弱，热膨胀系数平均增加约 1.6%。Na$_2$O 含量增加导致热膨胀系数增加理由同上，由于碱金属的键强比碱土金属的键强还小，所以碱金属对玻璃热膨胀系数的影响更大，平均增加约 9.5%、7.5%。B$_2$O$_3$ 含量增加，多余的硼形成硼氧三角体，硼氧三角体的键强大于 Si—O 键的键强，所以玻璃热膨胀系数平均减小 0.9%、1.3%，如图 4-62 所示。

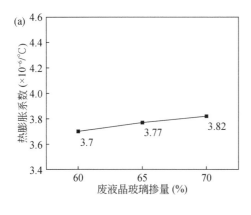
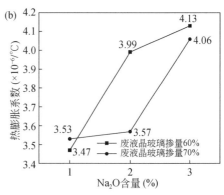

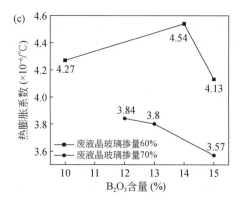

图 4-62　废液晶玻璃掺量、Na_2O 和 B_2O_3 含量（质量分数）的玻璃线热膨胀系数

2. 导热系数

玻璃的导热系数用 Q 表示，是在温度梯度等于 1℃时，单位时间内通过单位横截面积上的热量来决定，单位为 W/(m·K)，遵循公式为 $Q=\gamma S\Delta T/\delta$。

当 Na_2O 含量和 B_2O_3 含量一定时，废液晶玻璃掺量由 60%增加至 65%、70%时，玻璃导热系数平均增加约 2.23%。当 Na_2O 含量由 1%增加至 2%、3%时，废液晶玻璃掺量 60%时的玻璃导热系数平均降低约 0.38%；废液晶玻璃掺量 70%时的玻璃导热系数平均降低约 2.96%。当 Na_2O 含量和废液晶玻璃掺量一定时，B_2O_3 含量增加时，废液晶玻璃掺量为 60%时玻璃导热系数降低 4.23%，废液晶玻璃掺量为 70%时玻璃导热系数降低 1.29%，如图 4-63 所示。

和玻璃膨胀系数一样，玻璃导热系数也和化学组成的键强、桥氧及非桥氧数量等有关。液晶玻璃掺量增加，碱土金属含量增加，R—O 键键强小于 Si—O 键键强，导热系数增加。玻璃导热系数具有加和性。碱金属和 B_2O_3 的导热系数因子小于 SiO_2 的导热系数因子，Na_2O 和 B_2O_3 含量的增加，SiO_2 含量减少，热导热系数减小。

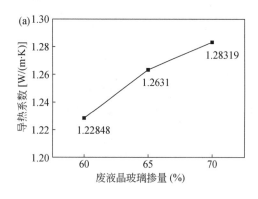

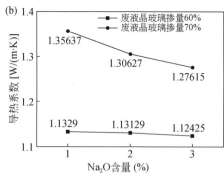

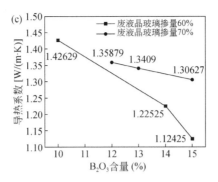

图 4-63　废液晶玻璃掺量、Na_2O 和 B_2O_3 含量的玻璃导热系数

4.5.2.5　耐热玻璃光学性能测试

1. 可见光透过率

利用紫外可见分光光度计进行透过率测试，将玻璃切割并抛光成 50 mm× 50 mm×2 mm、$R_z \leqslant 0.100$ μm 的平整片状，测量 380～780 nm 范围内的玻璃的透过率并计算色度值。

如图 4-64 所示，当 Na_2O 含量和 B_2O_3 含量一定时，废液晶玻璃掺量由 60% 增加至 65%、70%时，玻璃 550 nm 透过率由 92.77%降低至 92.46%、92.13%。当 Na_2O 含量由 1%增加至 2%、3%时，废液晶玻璃掺量 60%时的玻璃 550 nm 透过率由 92.47%升高至 92.55%、92.63%；废液晶玻璃掺量 70%时的玻璃 550 nm 透过率平均由 91.98%升高至 92.03%、92.05%。氧化钠加入使得玻璃结构转变，玻璃中桥氧含量增加，导致透过率增大。当 Na_2O 含量和废液晶玻璃掺量一定，B_2O_3 含量增加时，废液晶玻璃掺量 60%时的玻璃 550 nm 透过率由 92.91%降低至 92.66%、92.63%；废液晶玻璃 550 nm 掺量 70%时的玻璃 550 nm 透过率由 92.3% 降低至 92.19%、92.03%。B_2O_3 含量增加，以硼氧三角体形式存在，玻璃中非桥氧含量增加，导致透过率降低。

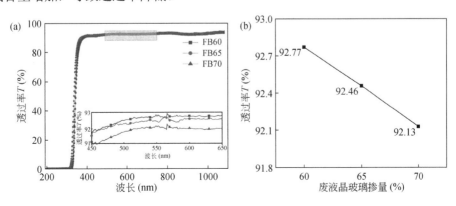

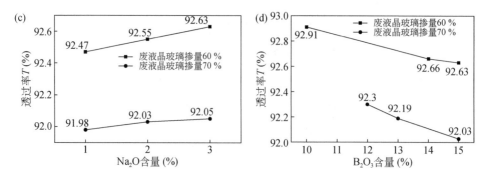

图 4-64 废液晶玻璃掺量、Na₂O 和 B₂O₃ 含量（质量分数）的玻璃透过率

2. 色度值

玻璃色度值如图 4-65 和表 4-26 所示，a 小于 0，玻璃呈现绿色，b 大于 0，玻璃呈现黄色，若玻璃整体呈现黄绿色，需要通过物理脱色实现透明白色。

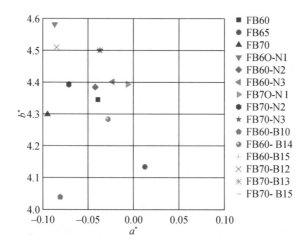

图 4-65 废液晶玻璃掺量、Na₂O 和 B₂O₃ 含量（质量分数）的玻璃色度

表 4-26 废液晶玻璃掺量、Na₂O 和 B₂O₃ 含量的玻璃色度参数

组号	$T/(\%)$	明度 L	色度 a^*	色度 b^*
FB60	92.77	97.11	−0.039	4.344
FB65	92.40	97.03	0.013	4.133
FB70	92.13	96.83	−0.095	4.298
FB60-N1	92.47	96.96	−0.087	4.581
FB60-N2	92.55	97.01	−0.042	4.384

续表

组号	$T/(\%)$	明度 L	色度 a^*	色度 b^*
FB60-N3	92.63	97.04	−0.023	4.401
FB70-N1	91.98	96.75	−0.006	4.393
FB70-N2	92.03	96.79	−0.071	4.392
FB70-N3	92.05	96.80	−0.037	4.500
FB60-B10	92.91	97.18	−0.081	4.038
FB60-B14	92.66	97.07	−0.028	4.283
FB60-B15	91.63	97.04	−0.023	4.401
FB70-B12	92.30	96.90	−0.085	4.509
FB70-B13	92.19	96.87	−0.037	4.500
FB70-B15	92.03	96.79	−0.071	4.392

3. 折射率

玻璃折射率是玻璃重要的光学性质之一,与玻璃组成结构和密度相关。图 4-66 所示,当 Na_2O 含量和 B_2O_3 含量一定时,废液晶玻璃掺量由 60% 增加至 65%、70% 时,玻璃折射率平均增大 0.48%。当 Na_2O 含量由 1% 增加至 2%、3% 时,废液晶玻璃掺量 60% 时的玻璃折射率平均减小 0.05%;废液晶玻璃掺量 70% 时的玻璃折射率平均减小 0.09%。当 Na_2O 含量和废液晶玻璃掺量一定时,B_2O_3 含量增加时,废液晶玻璃掺量 60% 时的玻璃折射率平均增大 0.02%;废液晶玻璃掺量 70% 时的玻璃折射率平均增大 0.03%。

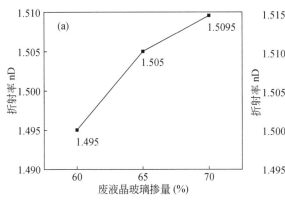
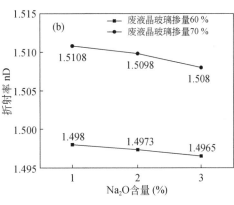

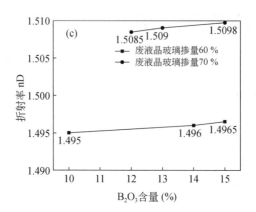

图 4-66　废液晶玻璃掺量、Na$_2$O 和 B$_2$O$_3$ 含量（质量分数）的玻璃折射率

　　玻璃的折射率与分子体积和分子折射度有关。分子体积与玻璃结构紧密程度有关，也就是与阳离子半径有关，阳离子半径越大，分子体积越大，玻璃折射率越小。分子折射度是玻璃组成中各种离子极化度的总和，离子半径越大，离子极化度越高，分子折射度越大，折射率越大。

4.5.2.6　耐热玻璃工艺性能

　　工艺性能对于耐热玻璃至关重要，涉及玻璃熔化、澄清剂再生相关工艺参数，本小节重点讨论澄清效果、高温黏度、高温电阻率和表面张力等工艺参数。

1. 温黏特性

　　玻璃属于非晶态典型特征，没有固定熔点，状态具有连续渐变特性，一般黏度随温度连续变化，因此玻璃熔化澄清、玻璃的成型、退火热处理等工艺控制，都与玻璃黏度密切相关。玻璃有一系列重要的特征黏度点温度，其中黏度为 $10^{4.0}$ dPa·s 时的温度称为工作温度，简称 T_w；黏度为 $10^{7.6}$ dPa·s 时的温度称为软化点温度，简称 T_S；黏度为 $10^{13.0}$ dPa·s 时的温度称为退火点温度，简称 T_a；黏度为 $10^{14.5}$ dPa·s 时的温度称为应变点温度，简称 T_{st}。

　　玻璃的高温温黏曲线是温度的函数。将 240 g 玻璃样品于铂金坩埚中放入如图 4-67 所示的高温黏度仪，将仪器以 10℃/min 的速率升温至 1650℃后保温 30 min，设置降温程序，降温速率为 2℃/min，随着熔体温度降低，其玻璃熔体黏度增加，测量得到 1200～1600℃的温度-黏度对应关系。

玻璃软化点一般使用吊丝法玻璃软化点测量仪，仪器型号为 TS-1000，将玻璃制品采用自动拉丝机将其拉制成直径（0.65±0.1）mm、长度 230 mm 的玻璃丝，按照 5℃/min 速率将其加热升温，追踪玻璃丝伸长速率，记录伸长速率为 1 mm/min 时的温度记为玻璃软化点温度 T_s。玻璃退火点 T_a、应变点 T_{st} 一般使用纤维负重法，仪器采用型号为 DSTA-1000 的玻璃退火点、应变点测量仪，将用于软化点测量的玻璃丝放置在加热炉内，加上负重砝码，玻璃丝随温度的升高发生形变，系统自动监控玻璃丝的变形速度，分别得出应变点温度和退火点温度。

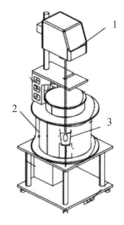

图 4-67　高温黏度仪
1. 黏度计；2. 升降机构；3. 铂金坩埚和转子

与上述高温黏度数据共同进行 VFT（Vogel-Fulcher-Tamman equation）非线性拟合分析得到完整的温黏特性曲线（图 4-68），经验公式为

$$\lg\eta = A + \frac{B}{T - T_0} \tag{4-52}$$

式中，η 为在温度 T 时的玻璃黏度，dPa·s；A 为与玻璃熔体组成有关的常数；B 为与玻璃熔体组成有关的常数；T_0 为温度常数。

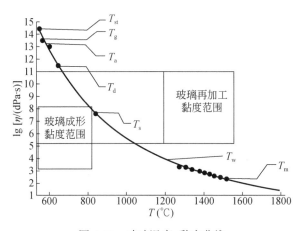

图 4-68　玻璃温度-黏度曲线

图 4-69 为再生玻璃样品的高温黏度曲线和特征黏度点温度，其黏度均呈现连续渐变趋势。对比不同废液晶玻璃掺量的高温黏度曲线可知，当 B_2O_3 含量为 13%、Na_2O 含量为 2%时，随着废液晶玻璃掺量由 60%增加至 65%、70%，玻璃黏度呈

现降低趋势，即 η_{FB60} > η_{FB65} > η_{FB70}。各特征黏度点温度也呈现规律变化，随着废液晶玻璃掺量增加，工作点 T_w 和软化点 T_s 降低、退火点 T_a 和应变点 T_{st} 升高。废液晶玻璃掺量的增加，一方面导致玻璃中 SiO_2 总量减少，即硅氧四面体减少，玻璃 R[O/(Si+B+Al)] 值由 1.9199 增加至 1.9204、1.9210，玻璃结构相对松散；另一方面由于碱土金属氧化物增加，总 RO 由 7.21% 增加至 7.81%、8.41%，Al_2O_3 更易形成铝氧八面体 [AlO_6]，作为网络外体存在于硅氧网络结构之外，因此高温下玻璃黏度和特征黏度点呈现降低趋势。但在低温下，碱土金属电价高且半径小，R—O 键强大，使玻璃特征黏度点呈现较小的升高趋势。

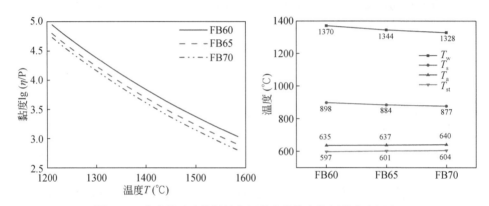

图 4-69   废液晶玻璃掺量的高温黏度曲线和特征黏度点温度

对比不同 Na_2O 含量的高温黏度曲线可知，废液晶玻璃掺量 60% 与 70% 呈现相同的规律，如图 4-70 所示。当废液晶玻璃掺量为 60% 时，增加 Na_2O 含量将会增大 R 值，R[O/(Si+B+Al)] 值分别由 1.8980 增加至 1.9065、1.9150 和由 1.8993 增加至 1.9078、1.9165，使玻璃中非桥氧的数量增加、桥氧数量减少，玻璃原有的三维网络结构解聚，网络完整性遭到破坏，随着 Na_2O 含量的增加导致玻璃高温黏度呈现整体降低趋势，并且特征黏度点 T_w、T_s、T_a 和 T_{st} 均降低，所以在再生新型耐热玻璃过程中，通过增加 Na_2O 含量来减少 SiO_2 含量，可以达到降低玻璃黏度、易于熔制的效果。

对比不同 B_2O_3 含量的高温黏度曲线可知，废液晶玻璃掺量 60% 与 70% 呈现相同的规律，如图 4-71 所示。增加 B_2O_3 含量，废液晶玻璃掺量 60% 的工作点 T_w、软化点 T_s、退火点 T_a 和应变点 T_{st} 均降低。废液晶玻璃掺量 70% 时呈现相同规律。以氧化硼代替氧化硅，多余的硼形成硼氧三角体，结构疏松，黏度下降。

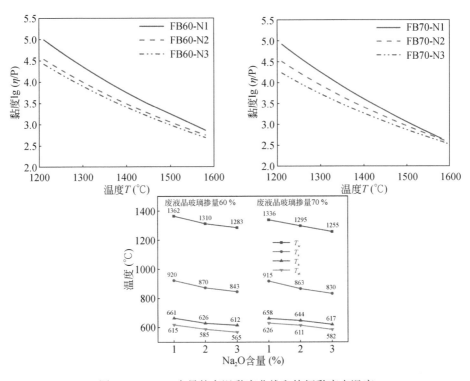

图 4-70　Na$_2$O 含量的高温黏度曲线和特征黏度点温度

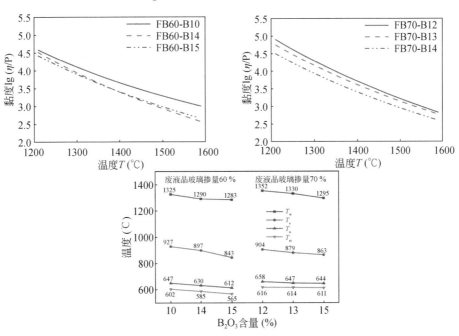

图 4-71　B$_2$O$_3$ 含量的高温黏度曲线和特征黏度点温度

2. 高温电阻率

玻璃在常温条件属于绝缘体（电阻率一般在 $10^{13} \sim 10^{18}$ Ω·cm 范围内），但随着温度的升高，玻璃从固体向熔体转变，具备离子可以发生迁移、产生导电能力成为导体，一般以体积电阻率进行表征，温度越高，体积电阻率越小，导电性能越强。将玻璃试样破碎至 10~20 目填充工字型瓷舟高度的 80%，两端插入铂金电极，将瓷舟水平移入型号为 GER-Ⅱ 的高温电阻率测量仪的管式高温电炉中，铂金电极引线引至高温电炉之外，采用高压源表测量高温度条件下的电阻值，降温后测量玻璃断面尺寸和铂金片间距，然后计算出玻璃高温条件下的高温电阻率值。测量得出 1450~1650℃ 范围内的玻璃高温电阻率，并拟合成玻璃高温电阻率与温度的关系曲线。

由图 4-72 可知，随着温度升高，玻璃熔体高温电阻率均降低，这是因为高温下玻璃熔体黏度降低，且化学键破坏，网络外体离子更容易迁移，玻璃导电能力增大。当 Na_2O 含量为 2%，废液晶玻璃掺量由 60% 增加至 65%、70% 时，1600℃下玻璃高温电阻率由 38.49 Ω·cm 升高至 39.91 Ω·cm、42.22 Ω·cm，1500℃下玻璃高温电阻率由 60.72 Ω·cm 升高至 64.09 Ω·cm、67.03 Ω·cm，玻璃高温电阻率增大（$\rho_{FB60} < \rho_{FB65} < \rho_{FB70}$）。废液晶玻璃掺量增加，$Al_2O_3$、$MgO$、$CaO$ 等碱土金属氧化物含量也增加，而 SiO_2 含量相应降低，一方面这些二价氧化物较一价氧化物电荷高，作为网络外体存在于网络结构的空隙中，阻碍 Na^+ 迁移；另一方面由于废液晶玻璃中 Al_2O_3 含量大于补充的 Na_2O 含量，使得过多 Al_2O_3 不再形成〔AlO_4〕四面体骨架，而是和 Mg^{2+} 等离子一样以 Al^{3+} 的网络外体形式填充在网络结构中，也使得 Na^+ 迁移受到阻碍，因此，玻璃高温电阻率迅速增大。整体曲线呈现平行，这是碱金属含量不变，其迁移离子量不变，高温电阻率变化也不大。

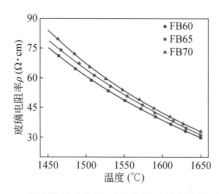

图 4-72 废液晶玻璃掺量对耐热玻璃高温电阻率影响

如图 4-73 所示，废液晶玻璃掺量为 60%，Na_2O 含量由 1% 增大至 2%、3% 时，

1600℃下的玻璃高温电阻率由 70.26 Ω·cm 降低至 39.78 Ω·cm、30.22 Ω·cm，1500 ℃ 下的玻璃高温电阻率由 106.55 Ω·cm 降低至 63.46 Ω·cm、46.31 Ω·cm，由 1600℃ 到 1500℃ 的高温电阻率升高率分别为 77%、60%、53%，说明 Na_2O 可有效降低玻璃高温电阻率，废液晶玻璃掺量为 70% 时也有同样规律。这是因为玻璃熔体高温电阻率主要与组成中碱金属含量有关，在外场作用下，玻璃中作为主要载流子的 Na^+ 含量增加，高温状态下更容易迁移；其次玻璃的键合度与 O/Si 摩尔比呈负相关，以 Na_2O 替换 SiO_2，对玻璃结构有断网作用的 Na^+ 使玻璃结构变松弛，离子迁移率（导电能力）提高，因此高温电阻率显著降低；再者碱金属增加，使得玻璃的黏度降低，同一温度下更有利于 Na^+ 迁移。

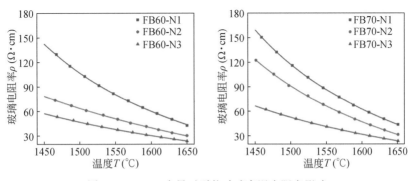

图 4-73　Na_2O 含量对耐热玻璃高温电阻率影响

如图 4-74 显示 B_2O_3 含量对高温电阻率的影响，以 B_2O_3 代替 SiO_2，硼氧四面体的体积小于硅氧四面体，结构致密，使得离子不易迁移，电阻率上升。B_2O_3 每增加 1%，60% 的 1500℃电阻率平均增加 1.27，70% 的 1500℃电阻率平均增加 2.82。

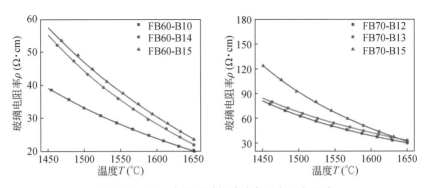

图 4-74　B_2O_3 含量对耐热玻璃高温电阻率影响

3. 表面张力

依照 GB/T 39797—2021 玻璃熔体表面张力试验方法，需要先预制 0.2～0.4 g 新鲜玻璃试样，测试前需用标准钠钙玻璃（T_w 温度下表面张力为 334 mN/m）对表面张力测量仪进行较准。在 N_2 保护环境下，使用 GST-1350 表面张力测量仪测量玻璃工作点温度（T_w）下的玻璃熔体表面张力，T_w 由高温黏度测量得知，利用图形分析计算获得表面张力参数（图 4-75）。

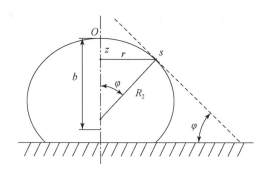

图 4-75　座滴法的玻璃液滴形态示意图

样品中的各氧化物含量影响着玻璃熔体的表面张力，比如满足一定添加量的条件下，Al_2O_3、MgO、CaO、SrO 等可以提高表面张力，碱金属氧化物可以降低表面张力。在 T_4 温度条件下测量的样品熔体表面张力结果如图 4-76 所示。在 T_4 温度下，当 Na_2O 含量为 2%，废液晶玻璃掺量由 60% 增加至 65%、70% 时，玻璃表面张力由 304.42 mN/m 提高至 306.14 mN/m、309.12 mN/m。这是因为废液晶玻璃掺量的增加使得玻璃中 Al_2O_3、MgO、CaO 等含量增加，铝与结构中的氧结合形成铝氧八面体，一部分的硅氧四面体被铝氧八面体替代，化学键增强，网络结构更加致密。此外过量的铝将以铝氧四面体的形式存在于网络结构中，阻碍离子高温迁移，玻璃表面能量高，表现为表面张力大，所以玻璃表面张力随废液晶玻璃掺量的增加而增大。

碱金属含量对玻璃表面张力影响可得到，在 T_4 温度下，当 Na_2O 含量由 1% 增加至 2%、3% 时，废液晶玻璃掺量 60% 时的玻璃表面张力由 301.22 mN/m 降低至 299.67 mN/m、298.90 mN/m；废液晶玻璃掺量 70% 时的玻璃表面张力由 305.29 mN/m 降低至 305.12 mN/m、305.08 mN/m。碱金属氧化物含量越高，玻璃中 O/Si 越大，碱金属氧化物的加入主要起到断网作用，使玻璃的硅氧四面体[SiO_4]结构断裂，结构松弛，表现为玻璃表面张力降低。

氧化硼含量对玻璃表面张力影响可得到，在 T_4 温度下，当 B_2O_3 含量由 9.72% 增加至 13.72%、14.72%，废液晶玻璃掺量 60% 时的玻璃表面张力由 313.45 mN/m

降低至301.76 mN/m、298.90 mN/m；当B_2O_3含量由11.67%增加至12.67%、14.67%，废液晶玻璃掺量 70%时的玻璃表面张力由 312.62 mN/m 降低至 310.13 mN/m、305.12 mN/m。氧化硼含量越高，硼氧三角体［BO_3］增加，表现为玻璃表面张力降低。

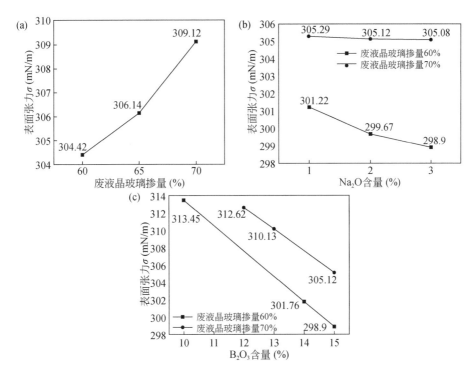

图 4-76　废液晶玻璃掺量、Na_2O 和 B_2O_3 含量（质量分数）的玻璃表面张力

4. 玻璃澄清工艺优化

在大掺量耐热玻璃熔化过程中能够促进气泡排出的物质作为澄清剂，其中选用氧化铈和氯化钠作为澄清剂探究澄清效果。

1）氧化铈澄清剂

氧化铈分子量为 172.11，外观为柠檬黄色粉末，熔点 2600℃，沸点 3500℃，对紫外线却有很好的吸收性。氧化铈属氧化还原型澄清剂，1400℃以上的高温加热可以分解生成氧气，化学反应式为 $4CeO_2 \Longrightarrow 2Ce_2O_3 + O_2\uparrow$，氧气的溶解度随着温度的升高而降低，促进气泡长大排出，从而起澄清作用，一般作为玻璃澄清剂的最佳加入量为配合料的 0.3%～0.5%（质量分数），使用时需要和硝酸盐共同使用。硝酸盐常用硝酸钠，一般按 6.5 倍氧化铈用量，用于提供氧，还可将低价铁

（Fe^{2+}）氧化成高价铁（Fe^{3+}），减少玻璃着黄绿色。

2）氯化钠澄清剂

氯化钠又称食盐，属于高温挥发型澄清剂，在高温条件下挥发，降低玻璃高温黏度，促进玻璃的熔化澄清，一般加入量为配合料的 0.2%～0.5%（质量分数，下同）。

选取废液晶玻璃掺量为 70%、氧化硼含量 14.67%、氧化钠含量 3% 的耐热玻璃组成的玻璃进行熔化澄清。澄清剂选取如表 4-27 所示。

表 4-27 澄清剂及辅料配比

组号	澄清剂	添加量（%）	$NaNO_3$（%）
Ce0.3		0.3	1.95
Ce0.4	CeO_2：$NaNO_3$=1：6.5	0.4	2.60
Ce0.5		0.5	3.25
Na0.20		0.20	—
Na0.35	NaCl	0.35	—
Na0.50		0.50	—

澄清效果中使用高温视像（HTO）作分析，可以直观地看到熔化阶段澄清现象。采用透明石英坩埚作容器，放入 20 g 配合料混合均匀，于 1000℃放入高温视像仪器中，由升温速度 5℃/min 升至 1600℃保温 3 h，观察熔体澄清效果和气泡数量。

3）氧化铈对澄清效果的影响

按表 4-27 进行配料，分别截取 0 h、1 h、2 h、3 h 的高温视像图像，如图 4-77 和表 4-28 所示。氧化铈添加量由 0.3% 增加至 0.5%，玻璃熔体开始回落时间降低均值 8 min 左右，回落温度也有 50℃ 的差值，回落用时减少，结束温度有 25℃ 左右差值，氧化铈添加量为 0.5% 可以得到最好的效果，对气泡数量的分析可认为增加氧化铈的含量可有效提高玻璃澄清效果。

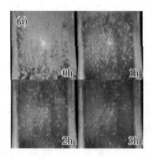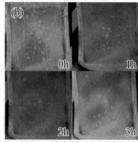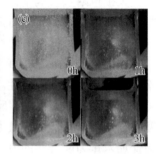

图 4-77 氧化铈澄清效果

（a）0.3% CeO_2；（b）0.4% CeO_2；（c）0.5% CeO_2

表 4-28　氧化铈澄清效果数据统计

组号	CeO$_2$ 添加量	开始回落 (℃)	回落时长 (min)	结束回落 (℃)	开始保温气泡数（个）	1 h 气泡数（个）	2 h 气泡数（个）	3 h 气泡数（个）
Ce0.3	0.3%	1441	60	1600	100+	50+	30+	20+
Ce0.4	0.4%	1399	44	1570	40+	20+	15+	15+
Ce0.5	0.5%	1340	42	1552	37+	16+	10+	8+

4）氯化钠对澄清效果的影响

图 4-78 和表 4-29 显示，随着氯化钠添加量增加，玻璃熔体开始回落时间降低均值 3 min 左右，回落温度也有 10℃的差值，回落用时减少，结束温度在保温值 1600℃处。对气泡数量的分析可得到增加氯化钠的含量在 0.20%～0.35%可有效提高玻璃澄清效果，0.35%～0.50%减少效果不明显。氯化钠添加量 0.35%时可得到相对较好的效果。

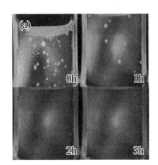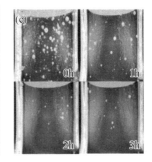

图 4-78　氯化钠澄清效果

（a）0.20% NaCl；（b）0.35% NaCl；（c）0.50% NaCl

表 4-29　NaCl 澄清效果数据统计

组号	NaCl 添加量	开始回落 (℃)	回落时长 (min)	结束回落 (℃)	开始保温气泡数（个）		1 h 气泡数（个）		2 h 气泡数（个）		3 h 气泡数（个）	
					≥2mm	<2mm	≥2mm	<2mm	≥2mm	<2mm	≥2mm	<2mm
Na0.20	0.20%	1467	39	1600	5	21	5	7	2	2	1	2
Na0.35	0.35%	1448	35	1600	5	18	6	3	0	3	4	0
Na0.50	0.50%	1440	34	1600	9	21	4	9	1	6	2	6

参 考 文 献

陈波. 2012. 泡沫玻璃的再生及性能研究. 长沙: 中南大学, 20-72

成慧杰. 2006. 硼硅酸盐泡沫玻璃发泡剂与添加剂的研究. 天津: 天津大学, 2-56

方荣利, 刘敏, 周元林. 2003. 利用粉煤灰研制泡沫玻璃. 新型建筑材料, 6: 38-40

贺山明, 吴鑫, 梁勇, 廖春发. 2020. 高硅富铟渣氧压酸浸过程中浸铟沉硅的研究. 有色金属(冶炼部分), 1: 56-59

嵇佳伟, 关杰, 苏瑞景. 2018. 采用微波焙烧预处理——硫酸浸出工艺从废液晶面板中回收铟. 湿法冶金, 37(3): 202-206

金玉健, 梅光军, 李树元. 2006. 废锂离子电池 LiCoO$_2$ 电极中钴的超声辅助浸出. 湿法冶金, 2: 97-99

李龙珠, 唐惠东, 孙媛媛. 2014. 利用废液晶屏玻璃基板再生发泡材料工艺优化. 环境工程学报, 10: 67-68

李铭涵, 赵会峰, 潘国志, 等. 2018. 不同澄清剂对高铝硅玻璃的澄清作用. 材料科学与工程学报, 36(6): 998-1002

李遥. 2020. 废旧 LCD 中铟的草酸反应器浸出工艺与扰动机制研究. 广州: 华南理工大学, 1-67

刘猛, 杨飞, 黄文孝, 等. 2017. 从 ITO 靶材中提取高纯度铟实验研究. 山东化工, 46(6): 18-19, 22

刘薇, 贾悦, 吕晓龙, 等. 2013. 萃取法提取 In(III)的研究. 天津工业大学学报, 2: 57-60

刘兴芝, 房大维, 李俊, 等. 2005. P204 萃取铟的热力学研究. 广东有色金属学报, 15(1): 4-7

马恩. 2014. 废液晶面板有机材料的热解机制及铟的提取. 上海: 上海交通大学, 2-44

马红周, 燕超, 王耀宁, 等. 2014. 微波辅助浸出含砷金矿中砷的研究. 有色金属(冶炼部分), 12: 31-33

马荣骏. 2007. 湿法冶金原理. 北京: 冶金工业出版社, 15-147

聂耳, 罗兴章, 郑正, 等. 2008. 液晶显示器液晶处理与铟回收技术. 环境工程学报, 9: 1251-1254

蒲丽梅, 杨东梅, 郭玉文. 2012. 电感耦合等离子体发射光谱在分析废液晶显示器面板主要元素中的应用. 环境污染与防治, 34(5): 76-78, 82

任兰, 陆喜红, 杨正标. 2014. 不同标准溶液对 ICP-OES 法测定钡定值样品的影响. 现代科学仪器, 3: 239-241

孙进贺, 贾永忠, 景燕, 等. 2011. P204-Cyanex923 磺化煤油用于铟的萃取和反萃研究. 有色金属(冶炼部分), 1: 26-28

田英良. 2012. 高碱铝硅酸盐玻璃熔化反应及澄清问题研究. 武汉: 武汉理工大学, 3-62

田英良, 程金树, 朱满康, 等. 2014. 高碱铝硅酸盐玻璃高温电阻特性. 北京工业大学学报, 40(1): 127-130

田英良, 李建峰, 王为, 等. 2018. 玻璃生产关键工艺性能的测量方法综述. 硅酸盐通报, 37(8): 2428-2441

田英良, 孙诗兵. 2011. 新编玻璃工艺学. 北京: 中国轻工业出版社, 95-100

田英良, 王伟来, 相志磊, 等. 2019. 玻璃熔体高温电阻率测试方法与实践. 玻璃与搪瓷, 47(2): 36-41

田英良, 张磊, 戴琳, 等. 2010. TFT-LCD 面板玻璃化学组成的发展状况与展望. 硅酸盐通报, 6: 1348-1352

王辛影. 2014. 废液晶显示器中铟的回收工艺及关键技术研究. 天津: 天津大学, 1-60

王贻明, 吴爱祥, 艾纯明. 2013. 低品位硫化铜矿超声强化浸出实验与机理分析. 中国有色金属学报, 7: 2019-2025

杨东梅. 2012. 废液晶显示器面板中铟的回收试验研究. 成都: 西南交通大学, 2-52

杨东梅, 郭玉文, 乔琦, 等. 2012. 废 TFL-LCD 中主要元素溶出特性. 环境科学研究, 25(4): 431-435

杨华玲, 王威, 崔红敏, 等. 2011. 硝酸体系中双功能离子液体萃取剂［A336］［CA-12］/［A336］［CA-100］萃取稀土的机理研究. 分析化学, 39(10): 1561-1566

张琛, 刘建华, 杨晓博, 等. 2015. 超声强化废 SCR 催化剂浸出 V 和 W 的研究. 功能材料, 20: 20063-20067

张婕. 2007. 温度制度对硼硅酸盐泡沫玻璃结构及性能的影响. 天津: 天津大学, 2-77

张楷华. 2017. 废液晶显示器中铟高效分离和再生技术研究. 北京: 北京工业大学, 1-70

张玉梅. 2009. 氧化锌矿氨性强化浸出新方法的研究. 长沙: 中南大学, 2-59

周令治. 1988. 稀散金属冶金. 北京: 冶金工业出版社, 1-288

周智华, 曾冬铭, 舒万艮, 等. 2003. 铟电解精炼中添加剂明胶的影响及其机制研究. 稀有金属, 3: 406-409

庄绪宁, 贺文智, 李光明, 等. 2010. 废液晶显示屏的环境风险与资源化策略. 环境污染与防治, 32(5): 97-99+105

Biesuz R, Pesavento M, Alberti G, et al. 2001. Investigation on sorption equilibria of Mn(Ⅱ), Cu(Ⅱ) and Cd(Ⅱ) on a carboxylic resin by the Gibbs-Donnan model. Talanta, 55(3): 541-550

De A K, Sen A K. 1967. Solvent extraction and separation of gallium(Ⅲ), indium(Ⅲ), and thallium(Ⅲ) with tributylphosphate. Talanta, 14(6): 629-635

Dzul Erosa M S, Saucedo Medina T I, Navarro Mendoza R, et al. 2001. Cadmium sorption on chitosan sorbents: kinetic and equilibrium studies. Hydrometallurgy, 61(3): 157-167

Fan S, Jia Q, Song N, et al. 2010. Synergistic extraction study of indium from chloride medium by mixtures of sec-nonylphenoxy acetic acid and trialkyl amine. Separation and Purification Technology, 75(1): 76-80

Foley C L, Kruger J, Bechtoldt C J. 1967. Electron diffraction studies of active, passive, and transpassive oxide films formed on iron. Journal of the Electrochemical Society, 114(10): 994-1001

Fortes M C B, Benedetto J S. 1998. Separation of indium and iron by solvent extraction. Minerals Engineering, 11(5): 447-451

Good M L, Bryan S E, Holland Jr. F F, et al. 1963. Nature of the hydrogen ion effect on the extraction of Co(II) from aqueous chloride media by substituted ammonium chlorides of high molecular weight. Journal of Inorganic and Nuclear Chemistry, 25(9): 1167-1173

Gupta B, Deep A, Malik P. 2004. Liquid-liquid extraction and recovery of indium using Cyanex 923. Analytica Chimica Acta, 513(2): 463-471

Hasegawa H, Rahman I M M, Egawa Y, et al. 2013. Recovery of indium from end-of-life liquid-crystal display panels using aminopolycarboxylate chelants with the aid of mechanochemical treatment. Microchemical Journal, 106: 289-294

Inoue K, Nishiura M, Kawakita H, et al. 2008. Recovery of indium from spent panel of liquid crystal display panels. Kagaku Kogaku Ronbunshu, 34(34): 282-286

Kato T, Igarashi S, Ishiwatari Y, et al. 2013. Separation and concentration of indium from a liquid crystal display via homogeneous liquid-liquid extraction. Hydrometallurgy, 137: 148-155

Lee C T. 2013. Production of alumino-borosilicate foamed glass body from waste LCD glass. Journal of Industrial and Engineering Chemistry, 19(6): 1916-1925

Lee M S, Ahn J G, Lee E C. 2002. Solvent extraction separation of indium and gallium from sulphate solutions using D2EHPA. Hydrometallurgy,63(3): 269-276

Lee S J, Cooper J. 2008. Estimating regional material flows for LCDs Proceedings of the IEEE international symposium on electronics and the environment ISEE. IEEE International Symposium on Electronics and the Environment, 1-6

Lin K L. 2007. The effect of heating temperature of thin film transistor-liquid crystal display optical waste glass as a partial substitute partial for clay in eco-brick. Journal of Cleaner Production, 15(18): 1755-1759

Lin K L, Chang W K, Chang T C, et al. 2009. Recycling thin film transistor liquid crystal display waste glass produced as glass-ceramics. Journal of Cleaner Production, 17(16): 1499-1503

Lin K L, Huang W J, Shie J L, et al. 2009. The utilization of thin film transistor liquid crystal display waste glass as a pozzolanic material. Journal of Hazardous Materials, 163(2): 916-921

Lupi C, Pilone D. 2014. In(III) hydrometallurgical recovery from secondary materials by solvent extraction. Journal of Environmental Chemical Engineering, 2: 100-104

Marinho R S, Silva C N, Afonso J C, et al. 2011. Recovery of platinum, tin and indium from spent catalysts in chloride medium using strong basic anion exchange resins. Journal of Hazardous Materials, 192(3): 1155-1160

Rocchetti L, Amato A, Fonti V, et al. 2015. Cross-current leaching of indium from end-of-life LCD panels. Waste Management, 42: 180-187

Rout A, Binnemans K. 2015. Influence of the ionic liquid cation on the solvent extraction of trivalent rare-earth ions by mixtures of Cyanex 923 and ionic liquids. Dalton Transactions, 44(3): 1379-1387

Ruan J, Guo Y, Qiao Q. 2012. Recovery of Indium from Scrap TFT-LCDs by Solvent Extraction. Procedia Environmental Sciences, 16: 545-551

Schweitzer G K, Anderson M M. 1968. The solvent extraction equilibria of some indium(III) chelates. Journal of Inorganic and Nuclear Chemistry, 30(4): 1051-1056

Silveira A V M, Fuchs M S, Pinheiro D K, et al. 2015. Recovery of indium from LCD screens of discarded cell phones. Waste Management, 45: 334-342

Virolainen S, Ibana D, Paatero E. 2011. Recovery of indium from indium tin oxide by solvent extraction. Hydrometallurgy, 107(1-2): 56-61

Wang H-Y. 2009. A study of the engineering properties of waste LCD glass applied to controlled low strength materials concrete. Construction and Building Materials, 23(6): 2127-2131

Wang X Y, Lu X B, Zhang S T. 2013. Study on the waste liquid crystal display treatment: Focus on the resource recovery. Journal of Hazardous Materials, 244-245

Yu T, Wang C, Huang Y, et al. 2015. Extraction and stripping of platinum from hydrochloric acid medium by mixed imidazolium ionic liquids. Industrial & Engineering Chemistry Research, 54(2): 705-711

Zhang K, Li B, Wu Y, et al. 2017. Recycling of indium from waste LCD: A promising non-crushing leaching with the aid of ultrasonic wave. Waste Management, 64: 236

Zhang K, Wu Y, Wang L, et al. 2015. Recycling indium from waste LCDs: A review, Resources, Conservation and Recycling, 104: 276-290

第 5 章

废线路板烟灰铜铅等复合溴化物解构原理
与稀贵金属再生技术

废线路板在热化学转化（含直接焚烧、协同冶炼、有氧或控氧热解等火法处置）过程中，产生的高温烟气经二次燃烧、冷却降温、布袋或旋风除尘、碱液吸附或活性炭吸附等其中的一步或多步后实现对尾气中所存在的挥发性有机污染物（VOCs）、飞灰、粉尘、重金属、酸性气体等污染物的合理高效洁净化处理再排放，其中收集得到的烟尘、飞灰、粉尘等统称为废线路板烟灰。废线路板烟灰典型生产流程如图 5-1 所示。

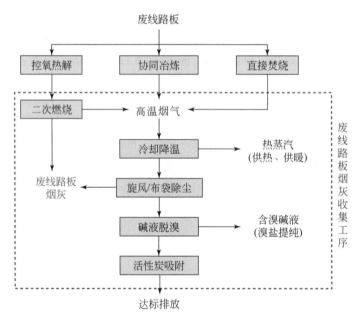

图 5-1　废线路板烟灰产生过程

受热化学转化方式、炉型及尾气净化方式等多因素的影响，废线路板烟灰产量难以统一评估。根据广东省某废线路板火法熔炼企业实际生产检测数据显示，年处理 2 万吨废线路板的火法生产线，烟气量可达 10000 Nm³/h 以上，其中烟气含尘量最高为 5 g/Nm³，高温烟气经余热锅炉收热、布袋净化收尘以及碱液吸附制溴盐等，约产生 500 t 的废线路板烟灰，约占原料总体质量的 2.5%～5%。我国废线路板产生量在百万吨以上，废线路板烟灰产量达几万吨，处理量可观。

由于废线路板中环氧树脂等聚合物材料加热到一定温度发生热分解，生成的分子量较低的溴化物与挥发性金属发生化学反应一同富集在废线路板烟灰中，导致废线路板烟灰不仅含有大量具有污染和经济价值双重属性的 Cu、Pb、Zn、Sn 等金属元素，还有较高回收价值的 Bi、Au、Ag 等稀贵金属元素。除此以外，与普通含铜烟灰相比，废线路板烟灰还具有大量的毒害金属溴化物（CuBr、PbBr₂ 等），因此具有无机溴化物难解构、重金属易污染且贵金属品位低等特点，限制了其清洁回收及安全处置。如果处置不当，极易造成重金属及毒害无机溴化物对土壤、水体及空气的污染，进而导致人体重金属中毒并危害身体健康。对废线路板烟灰安全处置，除避免环境污染以外，更重要的是回收其中具有资源经济价值的 Cu、Zn、Pb、Sn、Bi、Au、Ag 等金属，其中 Cu、Sn、Au 等属于战略性矿产资源，其含量远高于原矿品位。

开展废线路板烟灰有价组分的综合回收，对其中的有价资源进行分离富集、提纯，或通过回收直接生产制备其他高附加值的中间产品，不仅可以缓解资源短缺及环境污染问题，而且一定程度上节约了这些金属原矿的开采成本，具有可观的经济价值，因此，实现废线路板烟灰有价组分综合回收具有资源和环境双重效益。

5.1　废线路板烟灰铜铅等复合溴化物再生利用现状

5.1.1　配料循环入炉回用技术

废线路板烟灰最早的回收处置方式主要是借鉴含铜烟灰的处置方式，实践生产过程中，通常作为废杂铜的配料返回铜熔炼系统，即循环入炉回用技术。广东省某废线路板火法熔炼企业采用顶吹熔池熔炼处理废线路板，熔炼过程产生的含有机可燃烟气进行二次燃烧，燃烧后的高温烟气进行余热锅炉以及降温布袋除尘处理后得到废线路板烟灰，因其富含铜等元素，生产过程中将其作为废线路板等富铜原料的配料返回顶吹熔池熔炼系统进行回用，工艺流程如图 5-2 所示。

配料循环入炉回用技术尽管可回收废线路板烟灰中 Cu 元素，但由于废线路板烟灰中含有大量挥发性的 Br、Pb、Zn 等元素，若不预先处理脱除，直接循环入炉后进一步增大了含铜原料的杂质含量，杂质的引入不仅影响了熔炼炉的处理能力，而且增大了除尘系统的降尘压力，更重要的是导致稀贵金属在熔炼系统不断损失，造成分散。因此，废线路板烟灰循环入炉处理，尽管降低了废线路板烟灰的产量，但熔炼系统附加的综合成本以及损失远远大于单独处理废线路板烟灰产生的回收成本。

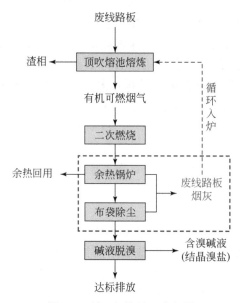

图 5-2　循环入炉处理流程图

5.1.2　碱性体系综合回收技术

本书作者课题组率先针对废线路板烟灰开展了无机溴化物定向转化及有价金属综合回收技术的开发，在实验论证的基础上先后提出了硝酸钠焙烧分离法、亚熔盐浸出法、两段碱浸强化浸出法等技术。

废线路板烟灰硝酸钠焙烧分离技术工艺流程如图 5-3 所示。将废线路板烟灰与硝酸钠按一定比例混合球磨后，采用升温焙烧方式使原料中的难溶溴化亚铜充分解离。硝酸钠在焙烧过程中将分解成氧化钠、氧气等物质，高温下对溴化亚铜具有很好的氧化作用，同时对烟灰中的重金属等有价元素具有很好的转化效果，可实现定向转化。焙烧烟气经碱液吸附、硝酸中和及蒸发结晶后可得到再生硝酸钠，避免了尾气污染。而焙烧过程中解离后的 Br 以及 Pb、Zn 等金属元素富集在焙烧砂中，后经水浸、酸解以及蒸发结晶等工序即可得到相应硫酸盐及溴盐产品。整个工艺流程可实现溴盐的回收率≥96.2%，而 Pb、Zn 金属元素的综合回收率≥95.8%。

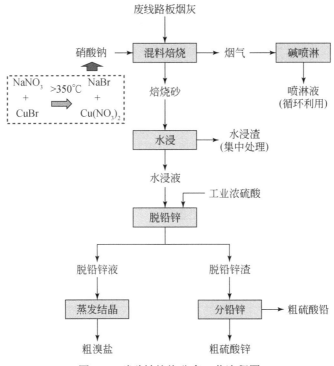

图 5-3　硝酸钠焙烧分离工艺流程图

　　废线路板烟灰亚熔盐浸出技术主要是利用高浓度碱金属离子化介质溶液能够提供高化学活性和高活度负氧离子的特性，即利用高浓度 NaOH 溶液通过高温强化（140~200℃）条件下，释放出具有高化学活性和高活度 OH⁻离子，从而实现对难溶金属溴化物强化解构与转换的目的，回收工艺流程如图 5-4 所示。

　　整体工艺主要包括亚熔盐浸出脱溴、酸解中和脱铅、膜分离以及蒸发结晶富集溴盐和硫酸锌等过程。与传统烟灰焙烧回收工艺相比，NaOH 亚熔盐强化浸出以及膜分离浓缩技术相结合，可将反应温度降低 400℃以上，实现零尾液排放，具有良好节能减排的特性。单因素研究表明，该工艺可实现溴盐回收率 99.3%、Pb 回收率 98.5%，以及 Zn 回收率 97.2%。

　　废线路板烟灰两段碱浸强化浸出技术，是以 NaOH 溶液为一段浸出脱溴剂脱除大部分相对易溶的溴化铅（相对于溴化亚铜而言）以及少部分难溶性溴化亚铜，然后二段工序在 NaOH 浸出体系中补加 Na₂O₂ 作为氧化剂，实现大部分难溶溴化亚铜的强化解构与分离。通过两步法，实现溴盐、铅及锌的高效浸出，同时对金、银等贵金属进行富集，有利于后续贵金属回收，工艺流程如图 5-5 所示。该回收工艺可实现金属溴化物分段强化分解以及 Cu、Pb 及 Zn 等金属元素的高效分离回收，整个工艺流程 Br、Pb 及 Zn 的回收率均能达到 96.1%以上。整体工艺尽管脱

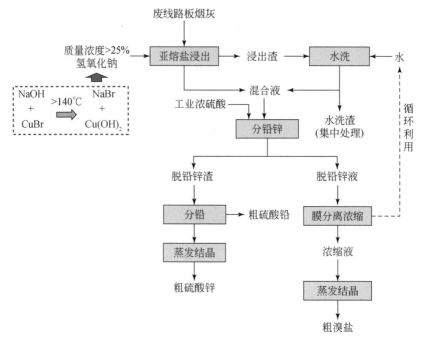

图 5-4　亚熔盐浸出工艺流程图

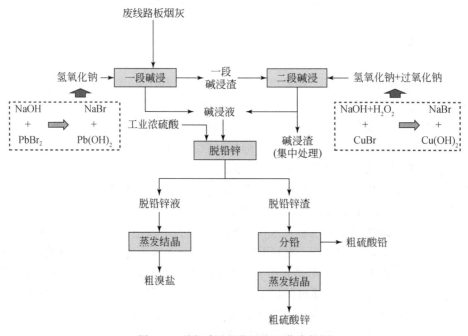

图 5-5　两段碱浸强化浸出工艺流程图

溴率较高，但强氧化碱浸体系导致除溴离子以外，也富含大量杂质金属离子，造成含溴碱浸液成分复杂，给后续溴盐提纯及金属离子的分离提纯带来困难。

广东省科学院资源利用与稀土开发研究所在上述研究基础上，围绕废线路板烟灰开展了预处理脱溴及有价金属综合回收工艺探索及实验研究工作，先后提出了碱焙烧-水浸-熔融综合回收工艺以及水浸-碱浸两段联合浸出工艺。根据含溴化锌较高的废线路板烟灰，提出的强碱焙烧-水浸-还原熔炼的联合回收方法如图 5-6 所示。

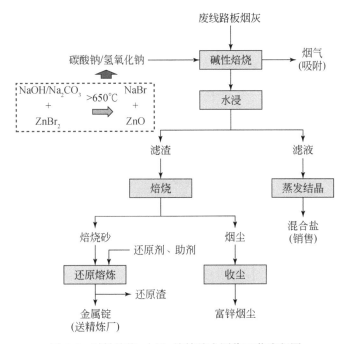

图 5-6　碱性焙烧-水浸-熔炼综合回收工艺流程图

通过向废线路板烟灰中添加氢氧化钠或碳酸钠进行焙烧，将烟灰中金属溴盐和氯盐转化为不溶于水的金属氧化物，而溴、氯分别形成易溶的溴化钠、氯化钠；然后经水浸、过滤，实现溴、氯与有价金属的分离，溴、氯主要进入到溶液；再经蒸发、结晶，可得到 90%的粗盐产品，粗盐为溴化钠和氯化钠的混合物。对滤渣进行还原焙烧，通过挥发对渣中的锌元素进行回收，得到较高纯度的氧化锌产品，从而实现锌与铜、铅、锡的有效分离；向焙烧后的焙砂中加入助剂和还原剂，改善熔渣性质，进一步升温熔炼，还原产出金属锭和还原渣，金属锭中主要含有铜、铅和锡，还原渣中铜、铅、锌、锡含量低，为无害渣，可用于生产水泥。

单因素优化实验表明，在反应温度 650～800℃，NaOH 碱性剂添加量为废线路板烟灰质量 25%的条件下，脱溴率＞90%。该工艺尽管实现了金属溴化物的有效解构，但整体回收工艺未考虑碱性焙烧及水浸过程有价金属组分的物质流向，因而水浸液组分不明，仅通过蒸发结晶未能得到高附加值溴盐产品，需进一步进行无机溴与金属组分的精细分离。且水浸后再次焙烧，导致整个工艺在能耗及回收成本等方面均比湿法回收工艺较高。

针对上述回收工艺的不足，该团队提出水浸-碱浸两段联合浸出的全湿法改进工艺，工艺流程如图 5-7 所示。通过一段水浸实现部分 Br 及 Zn 的浸出分离，然后通过强化碱浸实现 Br 的完全浸出，而大部分 Cu、Pb 和 Sn 等金属元素富集在浸出渣中用于后续冶炼回收。

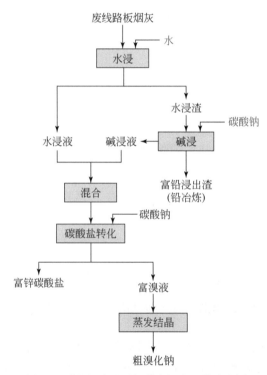

图 5-7　水浸-碱浸两段联合浸出工艺流程图

研究结果表明，水浸工序中 Br 和 Zn 浸出率分别为 63.55%和 96.34%；强化碱浸过程中，在 Na_2CO_3 添加量为 20%、液固比为 3∶1、浸出温度为 30℃，以及浸出时间为 120 min，烟灰中 $PbCl_{0.6}Br_{1.4}$ 和 $CuBr$ 分别转化为 $(PbCO_3)_2Pb(OH)_2$ 和 $Cu(OH)_2$ 而富集在渣相中，且渣相中溴含量由 33.86%降至 3.66%，综合脱溴达到 96.65%。后续通过碳酸盐沉淀法及结晶法分别制得 $Na_2Zn_3(CO_3)_4(H_2O)_3$ 和 $NaBr_2 \cdot H_2O$ 产品。该工艺尽管可以得到粗溴盐等产物，但 Zn 等组分在工艺流程中较为分散，且富锌碳酸盐杂质离子含量较高，工业利用价值较低。

除此以外，中国瑞林工程技术股份有限公司等研究人员也在碱性体系基础上开发了预处理脱溴回收工艺。其中提出的"干法球磨-碱性浸出-双效蒸发结晶"等联合工艺实现了废线路板烟灰难溶金属溴化物的综合回收，回收过程中通过控制球料比、干磨转速以及球磨时间等因素实现溴化物有效解构，然后通过氨水、碳酸钠、石灰以及氢氧化钠等碱性试剂将溴化物转入碱液，最后通过双效蒸发及液氯法提纯制备得到液溴产品，实现了溴化物的高值化利用；此外针对废线路板烟灰开发的"碱液吸附-三效蒸发-单蒸浓缩"联合工艺实现了溴盐的有效富集。

综合以上分析，针对废线路板烟灰中有价组分综合回收的研究报道较少。现有的废线路板烟灰中有价元素的综合回收工艺多数是由含铜烟灰回收工艺演变而来，以全湿法或半湿法处置工艺为主，主要回收其中的 Br、Cu、Pb、Zn 等有价组分，且大多采用碱性回收体系脱溴，然后采用蒸发结晶方式富集 NaBr，对于金属元素的分离以酸性浸出为主。因此，亟需开发适合废线路板烟灰全组分定向解构与综合回收的高效、清洁回收工艺。

5.2　物料特性及其分析表征

物料来自广东某废线路板冶炼企业产生的烟灰。采用王水体系微波消解-电感耦合等离子体原子发射光谱仪（ICP-OES）测试烟灰中金属元素含量，间接碘量法测试烟灰中无机溴元素含量，取三次结果平均值，其主要成分如表 5-1 所示。

表 5-1　废线路板烟灰主要化学成分（%，质量分数）

Br	Cu	Zn	Pb	Sn	Bi	As	Ag	Au[*]	其他
24.89	18.79	13.55	8.60	2.76	0.49	0.003	0.30	29	30.59

*：单位为 g/t。

该废线路板烟灰中主要含有 24.89%的 Br 元素，同时 Cu、Zn 和 Pb 的含量分别为 18.79%、13.55%和 8.60%，另还有少量的 Sn 以及微量的 As 等杂质元素，这主要是废线路板冶炼过程中挥发进入烟灰而产生的，除此之外，还有 0.49% Bi、0.30% Ag 和 29 g/t Au 等稀贵金属。

该废线路板烟灰成分复杂，主要是因为线路板在制作过程中添加了部分具有阻燃特性的溴化环氧树脂，溴的浓度最高可达 15%，导致溴化阻燃剂在废线路板的高温冶炼过程中分解产生了大量挥发性的 HBr 或 Br_2，并与 Cu、Pb、Zn 等金属发生化合反应生成金属溴化物进入烟尘，这些重金属、溴化物挥发过程中同时吸附了一些 Au、Ag 等贵金属，经布袋除尘后形成废线路板烟灰。废线路板烟灰成分较为复杂，属于典型的低品位稀贵金属复杂废料，具有环境污染属性的同时，还具有较高的资源回收价值。

废线路板烟灰含水率在 3.5% 左右，外观形貌呈黑色细颗粒状［图 5-8（a）］，对其进行 X 射线衍射（XRD）以分析其主要物相组成，结果如图 5-8（b）所示。其主要成分为 CuBr、PbBr$_2$、ZnO 及 SnO$_2$，其中 CuBr 和 PbBr$_2$ 为废线路板烟灰主要物相组成；因 Au 和 Ag 含量较低，未能在 XRD 结果中表征出其物相。

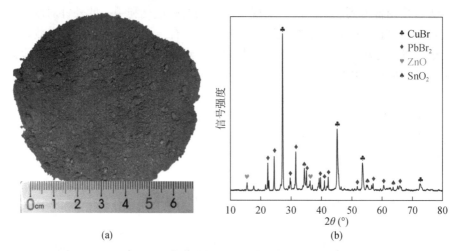

图 5-8　废线路板烟灰形貌及物相组分图

为分析废线路板烟灰中主要矿物嵌布特性，对其进行光学矿物解离度分析（MLA），结果如图 5-9 所示。由图 5-9（a）可知，废线路板烟灰矿物组成主要为 CuBr、PbBr$_2$ 以及少量的 ZnO，这与 XRD 结果一致；图 5-9（b）显示了 Au 以单质形式存在，而 Ag 则以 AgCl/Br 物相的形式存在；其 EDS 能谱分析如图 5-9(c)～(h) 所示，废线路板烟灰中 Br、Cu、Zn、Pb、Sn、O 等主要元素分布较为均匀。

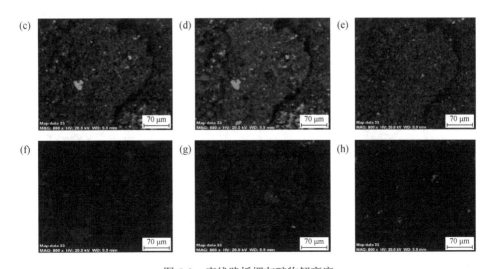

图 5-9　废线路板烟灰矿物解离度

（a）MLA；（b）EDAX；（c）Br；（d）Cu；（e）Pb；（f）Zn；（g）Sn；（h）O

为进一步确定废线路板烟灰原料中主要元素的价态分布规律，对其进行 X 射线光电子能谱（XPS）分析，结果如图 5-10 所示。图 5-10（a）显示了废线路板烟灰中主要元素 Br、Cu 和 Pb 与其他杂质元素共存的 XPS 概图；（b）显示了峰分离后 Br 3d 的详细 XPS 光谱，在 68.74 eV 和 69.67 eV 处的两个电子能结合峰均对应于 Br^-；（c）显示两个强峰出现在 932.87 eV 和 952.74 eV 处，这归因于废线路板烟灰中的 Cu^+；（d）中位于 138.78 eV 和 143.54 eV 的电子能结合峰属于 Pb^{2+} 的 Pb 4f。以上 XPS 结果进一步佐证了废线路板烟灰中 Br 主要以 CuBr 和 $PbBr_2$ 等金属溴化物的形式存在。

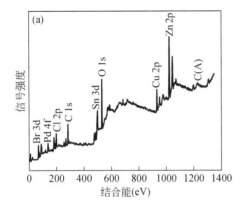

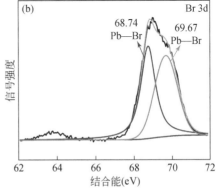

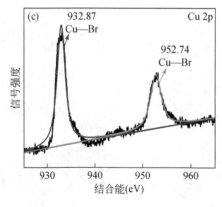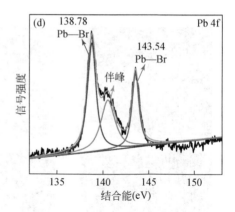

图 5-10 废线路板烟灰 XPS 分析

（a）全谱；高分辨谱：（b）Br 3d、（c）Cu 2p 和（d）Pb 4f

根据以上废线路板烟灰原料化学元素组成及其物相特性成分可知，废线路板烟灰成分复杂，主要考虑回收目标元素为 Br、Cu、Zn、Pb、Bi、Au 和 Ag。其中主要矿相 CuBr 和 PbBr$_2$ 等属难溶金属溴化物，回收过程既要关注无机溴元素的迁移转化，又要考虑金属元素强化解构，同时避免稀贵金属的分散，传统的单纯用于铜烟灰回收有色金属的技术难以满足废线路板烟灰中综合回收的要求。因此，亟需开发适用于废线路板烟灰中有价元素清洁短流的综合回收技术。

5.3 铜铅等复合溴化物硫酸焙烧解构原理与脱溴技术

5.3.1 硫酸焙烧解构过程调控优化

5.3.1.1 强化解构技术体系选择

根据对废线路板烟灰物相成分分析可知，其中的金属溴化物主要是难溶 CuBr 和 PbBr$_2$，因此本节解构脱溴实验将围绕这两种金属溴化物展开。设计了直接水浸、直接氧化焙烧、NaHCO$_3$ 浸出、NH$_3$ 浸出、NaOH 浸出以及硫酸化强化解构六种不同脱溴体系，以脱溴率为考察指标，考察废线路板烟灰中金属溴化物的脱除效果，不同脱溴体系具体实验参数如表 5-2 所示，脱溴效果如图 5-11 所示。可以看出，直接水浸脱溴效果不佳，脱溴率只有 31.69%。

表 5-2　不同脱溴体系实验条件及结果

脱溴方法	工艺参数	脱溴率（%）
水浸	液固比 10∶1，60℃，1.0 h	31.69

续表

脱溴方法	工艺参数	脱溴率　（%）
直接焙烧	300℃，2.0 h	65.83
NaHCO₃ 浸出	2 mol/L NaHCO₃，液固比 10∶1，60℃，1.0 h	82.43
NH₃ 浸出	2 mol/L NH₃，液固比 10∶1，60℃，1.0 h	90.32
NaOH 浸出	2 mol/L NaOH，液固比 10∶1，60℃，1.0 h	96.44
硫酸化焙烧	酸料比 0.8 g/g，300℃，1.0 h	98.76

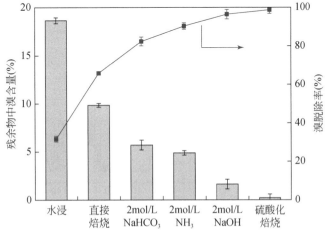

图 5-11　不同脱溴体系脱溴效果图

　　水浸后的脱溴渣 XRD 物相如图 5-12（a）所示，水浸脱溴渣的主要物相依然是 CuBr 和 PbBr₂，说明这两种金属溴化物微溶于水，仅通过水浸并不能实现其有效分解及转化；而废线路板烟灰直接焙烧后脱溴率为 65.83%，结合焙烧后的 XRD 物相如图 5-12（b）可知，焙烧砂除 CuBr 和 PbBr₂ 两种溴化物以外，产生新的物相 CuO，这有可能是焙烧过程中微量的 CuBr 被氧化产生，但 PbBr₂ 物相并没有完全转化，进一步表明这两种金属溴化物在废线路板烟灰中稳定性较好。

　　与直接水浸和氧化焙烧相比，碱性体系具有较高的脱溴率，NaHCO₃、NH₃ 体系脱溴率分别为 82.43% 和 90.32%，尤其是 NaOH 体系脱溴率能够达到 96.44%，该体系脱溴渣 XRD 物相如图 5-12（c）所示，CuBr 和 PbBr₂ 物相已消失，且未能检测到含 Br 物相存在，这表明金属溴化物转化完全。但实验中发现，碱性体系脱溴后得到的含 Br 碱液成分复杂，不仅富集溴而且 Cu、Zn、Pb 等金属元素也转化为可溶性金属盐，造成含 Br 碱液后续的分离提纯变得困难，且金属元素在碱性体系并未有较高的浸出率，导致金属元素的分散。

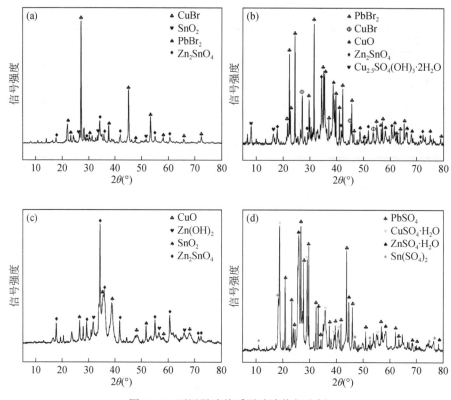

图 5-12　不同脱溴体系脱溴渣物相分析
（a）水浸；（b）直接焙烧；（c）NaOH 浸出；（d）硫酸化焙烧

　　硫酸化焙烧脱溴不仅效率高，而且脱溴率能够达到 98.76%以上，其脱溴渣 XRD 物相如图 5-12（d）所示，金属元素均转化为相应的硫酸盐，后续分离较为简单；含 Br 烟气经工业上较为简单成熟的碱液吸附技术即可实现烟气的无害化处理。因此硫酸化强化解构是一种可持续的高效转化脱溴方法。综合以上分析，选用廉价、高效的硫酸体系开展废线路板烟灰中无机溴化物的解构研究。

5.3.1.2　硫酸强化解构工艺

　　本节重点研究废线路板烟灰硫酸化强化解构过程中，酸料比、反应温度以及反应时间等工艺参数对脱溴率的影响，同步检测反应过程中 Br、Cu、Zn、Pb 等主要元素的走向，用以分析废线路板烟灰硫酸化转化效果。单因素脱溴实验研究是在实验室条件下（25℃恒温）进行的，将废线路板烟灰（50.0 g）放置于陶瓷坩埚内，按一定的酸料比（g/g）加入浓硫酸，搅拌均匀后，放入管式炉（耐腐蚀刚玉内衬），氮气保护条件下加热到预设温度，稳定反应（保温）一定时间后冷却至室温，然后将脱溴焙烧砂放入球磨机中研磨破碎，待测。实验过程中产生的烟气用 20%的 NaOH 溶液进行两段吸收富集其中的溴化物。脱溴率按照公式（5-1）计算：

$$\alpha=\left(1-\frac{W_2 \cdot X_2}{W_1 \cdot X_1}\right)\times100\% \tag{5-1}$$

式中，W_1 为原料的初始质量，g；W_2 为焙烧砂的质量，g；X_1 为原料中 Br 含量，%；X_2 为焙烧砂中 Br 含量，%。

1. 反应温度的影响

将废线路板烟灰与浓硫酸按酸料比 1∶1（g/g）混合均匀，设置 5 个不同的反应温度 400 K、450 K、500 K、550 K、600 K 条件下强化反应 2.0 h，反应结束后得到焙烧砂采用间接碘量滴定法测定焙烧砂中 Br 含量，考察反应温度对脱溴率的影响，实验结果如图 5-13 所示。

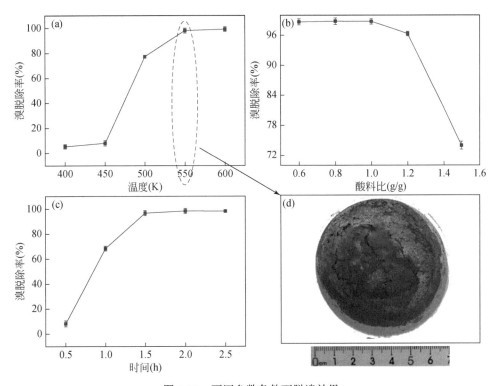

图 5-13　不同参数条件下脱溴效果

（a）温度；（b）酸料比；（c）时间；（d）550K 条件下焙烧砂的实物图

由图 5-13（a）可知，反应温度对脱溴率有着显著的影响，烟灰在反应温度低于 450 K 条件下，脱溴率极小（不足 7%），这是因为在 450 K 时，$PbBr_2$、$CuBr$ 与 H_2SO_4 反应较慢，并且浓 H_2SO_4 与烟灰混合呈黏稠状，阻碍了反应过程中 Br 的挥发，进而导致 Br 脱除率较低；随着反应温度的升高，Br 脱除率急剧上升，500 K 时，Br 脱除率增加到 77.10%，直到 550 K 时，脱溴率达到 98.71%，随着反应温度的进一步增加，脱溴率趋于稳定，600 K 条件下脱溴率没有明显的增加，维持在 98.75%，主要是因为随着反应温度的升高，烟灰中主要溴化物 $CuBr$、$PbBr_2$ 解构更加充分，此时焙烧砂中剩余 H_2SO_4 量逐渐减少，焙烧砂黏稠状逐渐消失，焙烧砂形貌图如图 5-13（d）所示，当温度达到 600 K 时，已经达到 H_2SO_4 的沸点，导致 H_2SO_4 挥发加快，进而 Br 脱除率不再明显增加。因此，后续的实验研究反应温度设定在 550 K 左右。

2. 酸料比的影响

在确定反应温度之后，将酸料比设定为 0.6 g/g、0.8 g/g、1.2 g/g、1.5 g/g，在反应温度为 550 K 的条件下焙烧 2.0 h，焙烧结束后测定焙烧砂中 Br 含量，考察酸料比对脱溴率的影响，实验结果如图 5-13（b）所示。焙烧酸料比在 0.6~1.0 g/g 区间时，具有较高的脱溴率（98.44%~98.78%之间）；而随着酸料比增大到 1.2 g/g，脱溴率出现缓慢下降的趋势，此时下降到 96.30%；酸料比继续增大到 1.5 g/g 时，脱溴率不增反降至 74%左右。这是因为酸料比 0.6~1.0 g/g 时，废线路板烟灰中金属溴化物与 H_2SO_4 按照化学计量比可完全实现转化，当继续增大酸料比，过多的 H_2SO_4 不能完全挥发，留在焙烧砂中，阻碍了 Br 的挥发，导致脱溴率降低。综合考虑，酸料比应选择在 0.8 g/g 左右。

3. 反应时间的影响

在反应温度 550 K、焙烧酸料比 0.8 g/g 条件下，反应时间设定为 0.5 h、1.0 h、1.5 h、2.0 h、2.5 h，焙烧结束后测定焙烧砂中 Br 含量，考察反应温度对脱溴率的影响，实验结果如图 5-13（c）所示。随着反应时间的延长，Br 的脱除率呈上升趋势，反应时间由 0.5 h 延长到 1.5 h 左右，Br 的脱除率由 8.77%迅速增大到 98.70%，说明在这段时间 $CuBr$、$PbBr_2$ 与 H_2SO_4 反应越来越充分，脱溴效果较好，之后随着反应时间的延长，Br 的脱除效果趋于稳定，保持在 98.70%左右，主要是因为金属溴化物在这段时间已经基本上解构为易挥发的 HBr 或 Br_2，大部分 Br 已经脱除，继续延长反应时间已无实际意义，反而造成能源浪费。综合以上分析，反应时间应该选择在 1.5 h 左右。

废线路板烟灰硫酸化强化解构脱溴过程中，由于原料自身特性，会产生部分含 Br 尾气，主要含有 HBr 和 Br_2，以及少量的 SO_2 和 H_2SO_4 蒸气，为了达到清洁生产及绿色转化的目的，本实验焙烧设备内衬材质采用耐腐蚀的陶瓷管，尾气处理采用 20% NaOH 溶液两段吸收富集其中的挥发性含 Br 气体，使其转化为可溶性的溴盐富集在碱洗液中，然后将脱溴尾气通入自来水进一步净化然后排放。该方式是一种环保可持续的处理形式。可能发生的化学反应如式（5-2）～式（5-6）所示：

$$Br_2 + 2NaOH \Longrightarrow NaBrO + NaBr + H_2O \tag{5-2}$$

$$NaOH + HBr \Longrightarrow NaBr + H_2O \tag{5-3}$$

$$SO_2 + 2NaOH \Longrightarrow Na_2SO_3 + H_2O \tag{5-4}$$

$$H_2SO_4 + 2NaOH \Longrightarrow 2H_2O + Na_2SO_4 \tag{5-5}$$

$$2NaOH + SO_3 \Longrightarrow Na_2SO_4 + H_2O \tag{5-6}$$

含溴碱液经中和净化、蒸发结晶可以得到粗溴盐，如图 5-14（a）所示。其外形呈白色粉末，粗溴盐的 XRD 物相分析结果如图 5-14（b）所示，粗溴盐主要成分为 NaBr（PDF# 36-1456）和 Na_2SO_3（PDF# 37-1488），以及少量的 NaBr·2H_2O（PDF# 36-1456），这表明溴化物经硫酸化强化解构及定向转化后生成溴化钠盐，后续可进一步纯化得到高值化的纯溴化钠产品。

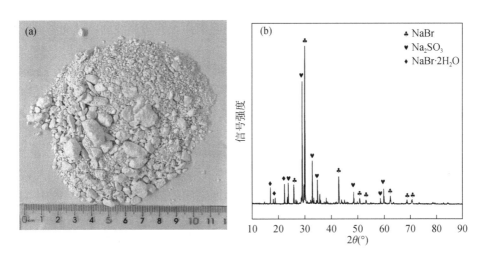

图 5-14　粗溴盐形貌图（a）和物相图（b）

5.3.1.3　强化解构工艺过程优化

响应面法（response surface methodology，RSM）是一种将试验设计与数理统计相结合用于建立模型的数学方法。在选定的参数区域范围内，通过合理设计并进行相关实验，将实验参数（影响因子）和实验结果（响应值）代入多元二次回归方程进行拟合并确定函数关系探索最佳参数条件。响应面分析作为一种最优化方法，通过一系列多个变量、确定性的试验，来模拟真实极限状态曲面，建立连续变量曲面模型，所以也被称为"爬坡模型"。该方法不仅可以确定最佳工艺参数区间建立响应面变量与影响因子之间关系的模型，还能够利用该模型进行工艺过程的优化，确定最优工艺参数，提高生产水平和质量。与正交试验设计相比，其最大优势是可以对试验各个影响因子进行连续地分析，而正交试验只能对单个影响因子进行孤立地分析。响应面法因其理论成熟，方法简便易懂，所以在各领域内都有着较为广泛的研究和应用。

在废线路板烟灰硫酸化强化解构脱溴单因素条件实验研究中，三个实验影响因素（酸料比、反应温度和反应时间）已经得到了一个比较窄的参数区域，采用式（5-7）二阶多项式数学模型建立废线路板烟灰硫酸化强化解构脱溴率与各实验影响因素之间的关系。

$$\gamma=\beta_0+\sum_{i=1}^{n}\beta_i\chi_i+\sum_{i=1}^{n}\beta_{ii}\chi_i^2+\sum_{i=1}^{n}\sum_{j>1}^{n}\beta_{ij}\chi_i\chi_j \tag{5-7}$$

式中，γ 为响应变量（脱溴率，%）；β_0 为模型常数系数；χ_i 和 χ_j 为自变量的编码值；β_i、β_{ii} 和 β_{ij} 为线性、二次和交互项的系数。

通过适当的实验设计及获得的相应的实验结果，进行拟合二次回归方程即可绘制出废线路板烟灰硫酸化强化解构脱溴的响应面及其等高线图，从而得到优化的实验参数和区域。

在废线路板烟灰硫酸化强化解构脱溴研究中，采用中心复合设计（central composite design，CCD）进行优化研究的实验设计，相关实验获得的响应值（脱溴率）与自变量（各实验因素）之间的函数关系式的确定和响应面及其等高线图的绘制采用 Design-Expert 8.0.6 软件。

1. 实验优化设计及数据处理

为探究酸料比、反应温度和反应时间两两之间的耦合关系对脱溴率的影响，本节以脱溴率为响应值，以酸料比（A=0.6～1.0 g/g）、反应温度（B=553～593 K）和反应时间（C=90～150 min）为自变量，基于中心复合设计方式设计了一个 3 因素 3 水平的优化实验方案，各实验影响因素水平如表 5-3 所示。

表 5-3　独立变量及水平

变量	编码	单位	编码赋值		
			−1	0	1
酸料比	A	g/g	0.6	0.8	1.0
温度	B	K	553	573	593
时间	C	min	90	120	150

本节借助 Design-Expert 8.0.6 软件，按式（5-8）进行中心复合优化实验的设计。其中，实验设计包括 20 组实验，包括 8 个边界点、6 个轴向点以及 6 个中心点。

$$N=2^n+2n+n_c=2^3+(2\times3)+6=20 \tag{5-8}$$

式中，N 为实验次数；n 为因子个数；n_c 为中心点重复次数。

根据表 5-3 所示的独立变量以及式（5-8）给出的实验设计，得到不同实验条件下硫酸化强化解构脱溴优化实验结果如表 5-4 所示。可以看出，溴的脱除率随着不同的实验变量参数的改变呈现不同的变化规律，且脱溴率在 96.10%～98.79% 的范围内响应变化。

表 5-4　实验设计及结果

序号	A	B	C	注	响应值［脱溴率（%）］
1	1	−1	1	全因子	97.01
2	0	0	1	轴向	98.80
3	0	−1	0	轴向	97.49
4	1	0	0	轴向	96.10
5	1	1	−1	全因子	97.88
6	0	0	0	中心	98.78
7	1	−1	−1	全因子	96.19
8	1	1	1	全因子	97.98
9	−1	1	−1	全因子	98.04
10	0	0	−1	轴向	97.07
11	−1	−1	−1	全因子	96.90
12	0	0	0	中心	98.77
13	0	0	0	中心	98.78
14	0	0	0	中心	98.79
15	0	0	0	中心	98.77
16	−1	1	1	全因子	97.39
17	0	0	0	中心	98.78
18	−1	−1	1	全因子	97.59
19	0	1	0	轴向	98.81
20	−1	0	0	轴向	96.89

2. 显著性分析与模型拟合

为验证回归方程的拟合度与显著性，通过方差分析（ANOVA），使用多元回归方程式评估实验数据，并通过 F 值和 P 值分析拟合方程回归系数的显著性。本节对硫酸化强化解构脱溴优化实验结果进行了二次模型的方差分析,结果如表 5-5 所示。

表 5-5　脱溴过程的方差分析

方差来源	平方和	自由度（DF）	均方	F 值	Prob>F	相关性
模型	15.76	9	1.75	27.04	< 0.0001	显著
A	0.35	1	0.35	5.41	0.0423	
B	2.48	1	2.48	38.28	0.0001	
C	1.10	1	1.10	16.92	0.0021	
AB	0.37	1	0.37	5.71	0.0380	
AC	0.10	1	0.10	1.49	0.2496	
BC	0.53	1	0.53	8.19	0.0169	
A^2	9.78	1	9.78	150.95	< 0.0001	
B^2	0.82	1	0.82	12.67	0.0052	
C^2	1.43	1	1.43	22.03	0.0009	
残差	0.65	10	0.06			
失拟项	0.65	5	0.13	2285.69	< 0.0001	显著
纯误差	0.000283	5	0.000057			
总回归	16.41	19				

注：R^2=0.9605；R^2_{adj}=0.9250。

由表 5-5 所示,所提出的模型是显著的,因为该模型的 F 值为 27.04。用于检验相应系数显著性的"Prob>F"值小于 0.0001,表明该模型对脱溴率具有重要意义。其中一次项 B 和 C、二次项 A^2、B^2 和 C^2 对脱溴率的影响高度显著("Prob>F"<0.01),一次项 A、交互项 AB 和 BC 对脱溴率的影响显著("Prob>F"<0.05),而交互项 AC 对脱溴率的影响不显著("Prob>F">0.05)。

由表可知,在一次项 B 中,由于较高的 F 值(38.28),反应温度(B)对脱溴率的影响比反应时间(C)和酸料比(A)更显著,对 Br 脱除率响应值的显著影响顺序为：B>C>A。同时,酸料比与反应温度(AB)之间的相互作用以及反应温度和反应时间(BC)也显著影响脱溴率。此外,与反应温度(B^2)和反应时间(C^2)相比,酸料比(A^2)的二次项由于较高的 F 值(150.95)对脱溴率的影响更大。因此,结合 ANOVA 分析,可以得出以脱溴率为响应值的二阶多项式回归方程,如式(5-9)所示。

$$Y=98.78-0.16A+0.43B+0.28C+0.22AB-0.26BC-0.82A^2-0.24B^2-0.31C^2 \quad (5-9)$$

通过 R^2 和 R^2_{adj}(调整后的 R^2)可以进行分析数据的真实性。由表可知,R^2

和 R^2_{adj} 的值分别为 0.9605 和 0.9250，均接近于 1.0，这表明实验数据与给定的二次响应面模型具有良好的相关性。

除此之外，一些重要的诊断图被用来评估硫酸化强化解构脱溴过程的实验数据是否适合给定的二次响应面模型，结果如图 5-15 所示。图 5-15（a）表明，正态分布的误差项彼此独立，因为这些点大致分布在直线上；如图 5-15（b）和（c）所示，这些点随机分布在-3.0 和+3.0 之间以及零附近，表明二次响应面准确地建立了脱溴率与强化解构脱溴过程主要变量之间的关系。脱溴率的实际值和预测值之间的关系如图 5-15（d）所示，线性分布的点表明了实际值可以被开发的模型成功预测。

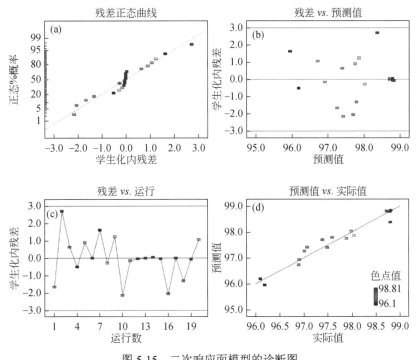

图 5-15　二次响应面模型的诊断图

3. 不同参数之间的交互影响

三维响应图和拟合模型的投影等高线如图 5-16 所示，可以有效表征各变量有效性的显著性。响应图中线条越陡表明因素对响应值的影响越显著，反之越不明显；而各影响因素之间的交互作用通常由等高线的形状和曲面的曲率来标准，经验分析表明，等高线形状越趋于椭圆或曲率越大，各因素交互作用越明显，而形状越趋于圆形或曲率越小，则交互作用越不显著。

图 5-16（a）结果清楚地表明，在一定区间内，脱溴率随着反应温度的增加

和酸料比的减少呈升高趋势，并且温度的影响较酸料比显著，继续增大反应温度或酸料比，脱溴率反而下降，这与单因素条件实验结果相符，表明存在一个反应温度和酸料比的区域，该区域可使转化脱溴的协同效果达到最优。等高线的轮廓和曲面的曲率表明，反应温度和焙烧酸料比两者间的交互作用显著。

图 5-16（b）结果表明，在优化区间内，随着酸料比的增加，脱溴率先增加后减小，而随着反应时间的延长，脱溴率逐渐增加，120 min 后逐渐下降，这与单因素实验结果不符，表明二阶模型在此处失真。从等高线的形状和曲面的曲率来看，酸料比和反应时间的交互作用不显著。

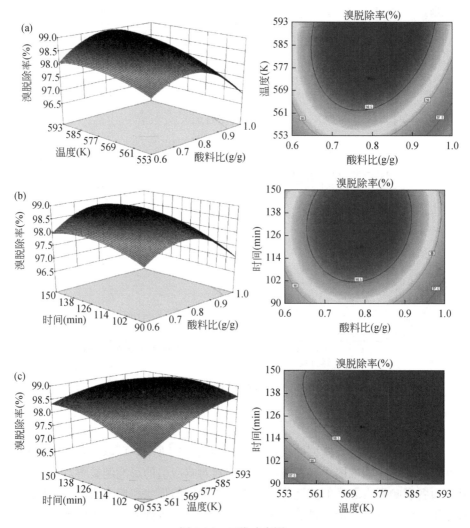

图 5-16 三维响应图

（a）温度和酸料比；（b）时间和酸料比；（c）时间和温度

图 5-16（c）结果表明，脱溴率随着反应时间的延长而增加，当超过一定区域时趋于稳定，而脱溴率随着反应温度的升高而增加，这与单因素实验结果相吻合，说明在本实验设计区间内，必然存在一个最优的参数组合，使得脱溴率达到最大。通过观察等高线的形状和曲面的曲率，可以看出反应温度和反应时间之间的交互作用显著。

4. 脱溴工艺优化及验证

响应面的最终目标是使用开发的模型获得反应过程中自变量的最佳结果，用于强化解构脱溴。在优化过程中，响应的目标值（脱溴率）选择为 100% 的预期目标。使用 Design Expert 8.0.6 软件在选定范围内选择酸料比、反应温度和时间的自变量进行优化，结果如图 5-17 所示。最佳条件如下：酸料比 0.8 g/g、反应温度 590.0 K 和反应时间 123.3 min，此时最大脱溴率为 98.97%。

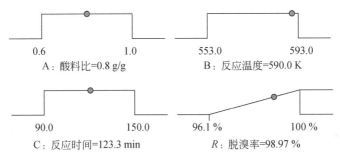

图 5-17　获得最大脱溴条件下的各种变量的优化值

为对模型得到的最佳工艺参数进行验证，进行了三次平行实验，结果如表 5-6 所示。验证实验得到的脱溴率均大于 98.90%，且相对标准偏差（RSD）为 0.02%，表明该模型准确性较好。

表 5-6　验证实验及结果

条件	A：酸料比（g/g）	B：反应温度（K）	C：反应时间（min）	脱溴率（%）
最优参数（预测值）	0.8	590.0	123.3	98.97
验证示例 1	0.8	590.0	123.3	98.94
验证示例 2	0.8	590.0	123.3	98.96
验证示例 3	0.8	590.0	123.3	98.98

5.3.2　硫酸焙烧解构机理及动力学

5.3.2.1　硫酸焙烧解构热力学

对于任意反应，在任意温度下的相对摩尔标准吉布斯自由能 $\Delta G_T^{\ominus}$ 的精确表达式如式（5-10）所示：

$$\Delta G_T^{\ominus} = \Delta H_{298}^{\ominus} - T\Delta S_{298}^{\ominus} + \int_{298}^{T} C_p \mathrm{d}T - T\int_{298}^{T}\left(\frac{C_p}{T}\right)\mathrm{d}T \qquad （5\text{-}10）$$

式中，$H_{298}^{\ominus}$ 为 298 K 下标准摩尔生成焓，J/mol；$S_{298}^{\ominus}$ 为 298 K 下标准摩尔生成熵，J/(mol·K)；C_p 为标准摩尔定压热容，J/(mol·K)。

根据各个物质的相对摩尔吉布斯自由能数据，利用式（5-11）计算出反应的吉布斯自由能 $\Delta_r G_T^{\ominus}$ 以及反应平衡常数 $\ln K_T^{\ominus}$，其计算表达式如下：

$$\Delta_r G_T^{\ominus} = \sum_i V_i G_{i,T}^{\ominus} = -RT\ln K_T^{\ominus} \qquad （5\text{-}11）$$

式中，V_i 为化学计量数；R 为摩尔气体常数，J/(mol·K)。

废线路板烟灰强化解构脱溴是一个多元、多相、多反应的复杂体系，可以认为，系统内的反应均是在恒温恒压条件下进行的复杂物理和化学反应。为简化反应过程以及尽可能清晰地呈现强化解构脱溴反应机制，结合前面的物相分析，本节以 CuBr、PbBr$_2$ 代表废线路板烟灰中的主要金属溴化物，以 ZnO 代表物料中的金属氧化物，以此考察硫酸化强化解构过程中热力学反应的可能性。废线路板烟灰中的主要物相在硫酸化强化解构过程中可能发生的反应按照式（5-10）和式（5-11），并基于 HSC Chemistry 6.0 热力学软件数据，得出的各个化学反应吉布斯自由能关系式如表 5-7 所示，并据此绘制出在 300～1000 K 的反应温度范围内，各化学反应的吉布斯自由能与反应温度的关系图，如图 5-18 所示。

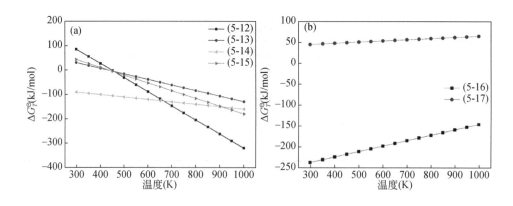

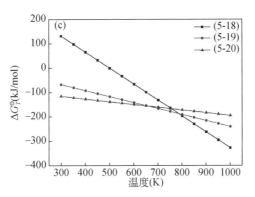

图 5-18　反应式（5-12）～式（5-20）的自由能关系

表 5-7　脱溴过程可能发生的反应及热力学关系

反应式	$\Delta G_T^{\ominus} - T$（kJ/mol）	公式编号
$2CuBr+3H_2SO_4 \rightleftharpoons 2CuSO_4+2HBr+SO_2+2H_2O$	$\Delta G_T^{\ominus} = 258.07 - 0.58T$	（5-12）
$PbBr_2+H_2SO_4 \rightleftharpoons PbSO_4+2HBr(g)$	$\Delta G_T^{\ominus} = 97.65 - 0.33T$	（5-13）
$ZnO+ H_2SO_4 \rightleftharpoons ZnSO_4+H_2O$	$\Delta G_T^{\ominus} = 61.07 - 0.10T$	（5-14）
$2HBr + H_2SO_4 \rightleftharpoons Br_2+ SO_2+2H_2O$	$\Delta G_T^{\ominus} = 137.15 - 0.32T$	（5-15）
$4HBr+O_2 \rightleftharpoons 2H_2O+2Br_2(g)$	$\Delta G_T^{\ominus} = 276.44 + 0.13T$	（5-16）
$SO_2+Br_2+H_2O \rightleftharpoons 2HBr(g)+SO_3(g)$	$\Delta G_T^{\ominus} = 39.27 + 0.03T$	（5-17）
$2H_2SO_4 \rightleftharpoons 2SO_2+2H_2O+O_2(g)$	$\Delta G_T^{\ominus} = 55.07 - 0.76T$	（5-18）
$H_2SO_4 \rightleftharpoons SO_3+H_2O$	$\Delta G_T^{\ominus} = 176.42 - 0.29T$	（5-19）
$H_2SO_4(l)= H_2SO_4(g)$	$\Delta G_T^{\ominus} = 73.43 - 0.13T$	（5-20）

　　如图 5-18（a）所示，式（5-12）和式（5-13）的吉布斯自由能 $\Delta_r G_T^{\ominus}$ 均随着温度的升高而减小，且 $PbBr_2$、CuBr 与浓 H_2SO_4 反应的吉布斯自由能 $\Delta_r G_T^{\ominus}$ 等于 0 的温度点分别是 430.15 K 和 446.2 K，说明在较低温度下金属溴化物能够在硫酸强化过程中解构；式（5-14）的吉布斯自由能 $\Delta_r G_T^{\ominus}$ 与温度的关系表明，在所示温度范围内，ZnO 很容易与 H_2SO_4 反应生成 $ZnSO_4$，因为其吉布斯自由能 $\Delta_r G_T^{\ominus}$ 均小于 0；此外，还可发现，在 432.84 K 时，式（5-15）开始进行，挥发的 HBr 气体与 H_2SO_4 加快反应，进一步产生 Br_2 与 SO_2 气体。

如图 5-18（b）中式（5-16）所示，硫酸化强化过程中金属溴化物解构产生的 HBr 容易被大气中的 O_2 迅速氧化生成 Br_2，因其吉布斯自由能 $\Delta_r G_T^\ominus$ 在反应温度范围内均小于 0；同时分析表明，后续不能仅用水洗处理尾气，因为反应式（5-17）在反应温度范围内不能自发进行（其吉布斯自由能 $\Delta_r G_T^\ominus$ 大于 0），且随着温度的升高，自由能越来越大。

此外，为了避免反应温度过高产生不必要的硫化物污染，分析了 H_2SO_4 的分解反应，如图 5-18（c）所示。H_2SO_4 分解放出 SO_2 的温度需高于 720 K，分解放出 SO_3 的温度需要高于 611 K，而 H_2SO_4 自身挥发温度需高于 555 K。因此，单因素实验以及优化实验选择的温度范围较为合理，可避免 H_2SO_4 本身分解产生大量的 SO_2 和 SO_3 等污染性气体。

5.3.2.2　硫酸化强化解构过程动力学

本节着重探讨废线路板烟灰中金属溴化物硫酸化强化解构过程的宏观动力学。废线路板烟灰金属溴化物硫酸化强化解构实质上是物料与浓 H_2SO_4 在加热条件下强化转化的复杂液-固反应，包括固、液相多相反应以及有气、液、固产生的多相反应。废线路板烟灰金属溴化物硫酸化强化解构过程特征完全符合典型的固-液相反应中的"收缩核模型"成立条件，该过程可用式（5-21）表示：

$$a\mathrm{A}(s)+b\mathrm{B}(l,g)=\!=\!=c\mathrm{C}(s)+d\mathrm{D}(l,g) \tag{5-21}$$

式中，A 为固体反应物，即废线路板烟灰；B 为液体反应物，即参加反应的浓硫酸；C 为固体生成物，即生成的难溶性硫酸盐；D 为液/气体生成物，即可溶性硫酸盐或挥发性气体。

根据收缩核模型，固体和液态反应在固-液界面的进行，固体反应物最初被流体膜包围，通过该流体膜在固体和流体之间发生传质，使得反应物的核半径逐渐缩小。对于废线路板烟灰金属溴化物硫酸化强化解构过程而言，反应历程如图 5-19 所示。

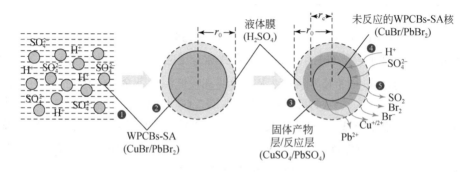

图 5-19　脱溴反应历程

主要包含以下步骤：

（1）硫酸通过固液界面向颗粒表面扩散（液膜扩散）；

（2）硫酸进一步向矿物颗粒内部扩散通过反应产物固体残留层；

（3）硫酸与烟灰中含溴化合物在一定焙烧条件下发生化学反应；

（4）反应生成的硫酸盐等产物使得固体残留层厚度不断增加，而气态或可溶性生成物扩散通过固体残留层；

（5）气态或可溶性生成物进一步扩散至硫酸介质。

其中步骤（1）和（5）称为外扩散，反应步骤（2）和（4）称为内扩散，反应步骤（3）为化学反应。废线路板烟灰硫酸化强化解构过程按上述五个步骤进行，总的反应速率取决于最慢的环节，称之为控制步骤。然而，一个反应过程的控制步骤并非固定不变，顺着反应进行和条件的改变而发生相应转换，常见的控制步骤及相应动力学方程如表 5-8 所示。

表 5-8　不同控制步骤动力学方程

控制类型	动力学方程	公式编号
外扩散控制	$x = k_1 t$	（5-22）
化学反应控制	$1-(1-x)^{1/3}=k_2 t$	（5-23）
内扩散控制	$1-2x/3-(1-x)^{2/3}=k_3 t$	（5-24）

为了准确分析废线路板烟灰中金属溴化物硫酸化强化解构宏观动力学和速率控制步骤，分别进行了纯 $CuBr$ 和 $PbBr_2$ 在不同硫酸过量系数[α-H_2SO_4]（按 H_2SO_4 与 $CuBr$ 化学反应计量比计）、不同反应温度以及不同反应时间条件下的解构脱溴模拟实验。

1. $CuBr$ 强化解构反应动力学方程的判定

实验考察反应温度为 543～588 K，硫酸过量系数[α-H_2SO_4]为 0.2～1.4 范围内，纯 $CuBr$ 硫酸化强化解构脱溴率随时间变化的规律，如图 5-20 所示。

图 5-20（a）结果表明，不同温度条件下，$CuBr$ 硫酸化强化解构脱溴率随着反应时间的延长，呈现快速反应区、缓慢反应区以及稳定区三个阶段，前 10 min 反应速率最快，10～30 min 区间反应速率缓慢，30 min 后反应速率趋于稳定。图 5-20（b）结果表明，$CuBr$ 解构过程中随着硫酸过量系数[α-H_2SO_4]的增加，脱溴率快速增长，且 25 min 后，反应速率趋于稳定，脱溴曲线趋于平缓，这表明 $CuBr$ 解构效率高且分解转化完全。

将不同温度下 $CuBr$ 中脱溴率随时间的变化规律分别按式（5-22）～式（5-24）进行拟合，结果如图 5-21 所示。由于硫酸化强化过程中 $CuBr$ 的解构是在浓酸介

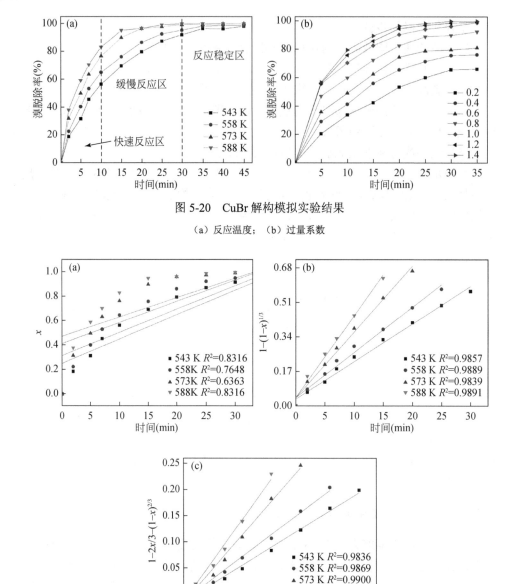

图 5-20　CuBr 解构模拟实验结果

（a）反应温度；（b）过量系数

图 5-21　CuBr 不同温度下脱溴动力学方程拟合

（a）外扩散；（b）表面化学反应；（c）内扩散控制动力学方程

质中进行，固液界面的外扩散层可以忽略，因此，图 5-21（a）外扩散控制模型给出的线性相关性较差（R^2 在 0.6363～0.8316 范围内）；对比发现，动力学方程

$1-(1-x)^{1/3}$ 和 $1-2x/3-(1-x)^{2/3}$ 对 CuBr 硫酸化强化解构过程的拟合效果较好,对应的相关系数 R^2 分别在 0.9839～0.9891 [图 5-21(b)] 和 0.9838～0.9900 [图 5-21(c)] 范围内,这表明式(5-23)和式(5-24)形式均可能适合于 CuBr 硫酸化强化解构的动力学方程,即该过程的速率控制步骤可能为化学反应控制,或内扩散控制。

除用 R^2 反映化学反应速率控制步骤外,人们普遍接受表观活化能(E_a)可以确定化学反应控制步骤。它通常是指参加反应的分子从常态转化为活跃态所需的能量,一个化学反应的发生通常是由一系列基元反应组成,计算获得的活化能即为各基元反应活化能的总和。表观活化能可由阿伦尼乌斯(Arrhenius)方程 [式(5-25)] 确定:

$$K=A_0 \times N_n \exp(-E_a/RT) \quad \text{或} \quad \ln k=\ln A_0+n\ln N-E_a/RT \quad (5\text{-}25)$$

式中,k 为反应速率常数,s^{-1};A_0 为指前因子;N 为脱溴剂过量系数因子;n 为反应级数,可通过实验确定;E_a 为化学反应的活化能,J/mol;R 为理想气体常数,8.314 J/(mol·K);T 为反应热力学温度,K。

按阿伦尼乌斯方程,分别取图 5-21(b)化学反应控制模型和图 5-21(c)内扩散控制模型在不同温度下对应的反应速率常数 k 值(即各拟合直线的斜率)的自然对数($\ln k$)为纵坐标,以 $1000/T$ 为横坐标作图,对其进行线性拟合,如图 5-22 所示。由图 5-22(a)和(b)拟合直线的斜率分别计算的 E_a 为 47.89 kJ/mol 和 50.17 kJ/mol。通常反应受化学反应控制时,其表观活化能大于 42 kJ/mol。综合以上分析,CuBr 硫酸化强化解构过程受化学反应控制。

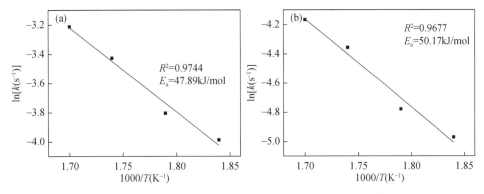

图 5-22　CuBr 脱溴过程(a)化学反应控制和(b)扩散控制的阿伦尼乌斯方程拟合结果

为了进一步探明不同硫酸过量系数 [$\alpha\text{-}H_2SO_4$] 对 CuBr 硫酸化强化解构反应的表观反应级数,将式(5-23)与式(5-25)结合,CuBr 硫酸化强化解构反应可以按照式(5-26)进行拟合:

$$1-(1-x)^{1/3}=A_0 \times [\alpha\text{-}H_2SO_4]^n \times \exp(-E_a/RT) \times t \quad (5\text{-}26)$$

根据上述确定的化学反应模型分析了图 5-22（b）的数据，并确定了速率常数，然后获得 $\ln k$ 和 $\ln[\alpha\text{-}H_2SO_4]$ 的关系图，如图 5-23 所示。图 5-23（a）表明，采用化学反应控制的动力学模型拟合，不同硫酸过量系数 $[\alpha\text{-}H_2SO_4]$ 下 CuBr 中脱溴率的线性相关系数在 0.9504～0.9862 之间，拟合度较好；图 5-23（b）拟合的结果表明，$\ln k$ 和 $\ln[\alpha\text{-}H_2SO_4]$ 呈线性关系，其线性相关系数为 0.9551，线性关系较好，直线的截距计算出 A_0 为 7.13×10^2，其表观反应级数（直线斜率）为 0.61。表明硫酸过量系数 $[\alpha\text{-}H_2SO_4]$ 对化学反应速率具有积极的影响并且不会改变化学反应，这与实验结果相符。

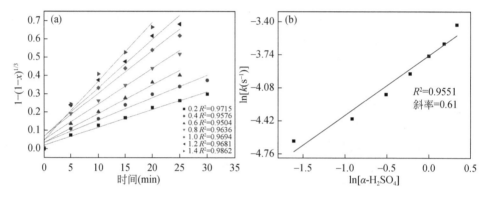

图 5-23　CuBr 硫酸化强化解构

（a）$1-(1-x)^{1/3}$ 与 $[\alpha\text{-}H_2SO_4]$ 拟合和（b）反应级数

综合以上分析，CuBr 硫酸化强化解构反应的宏观动力学方程可描述为

$$1-(1-x)^{1/3}=7.13 \times 10^2 \times [\alpha\text{-}H_2SO_4]^{0.61} \times \exp[-47890/8.314T] \times t \quad (5\text{-}27)$$

2. PbBr$_2$ 焙烧脱溴动力学方程判定

实验分别考察 543～588 K 的反应温度范围内，以及 0.2～1.4 的硫酸过量系数 $[\alpha\text{-}H_2SO_4]$（按 H_2SO_4 与 $PbBr_2$ 化学反应计量比计）范围内，纯 PbBr$_2$ 硫酸化强化解构率随时间变化的规律，结果如图 5-24 所示。

图 5-24（a）显示 PbBr$_2$ 在不同反应温度下，随着反应时间的延长，脱溴反应过程包含了快速反应阶段、反应缓慢阶段以及反应稳定阶段。25 min 后反应速率趋于稳定。图 5-24（b）结果表明 PbBr$_2$ 硫酸化强化解构过程中随着硫酸过量系数的增加，脱溴率快速增长，且 30 min 后，反应速率趋于平缓，脱溴曲线趋于平缓，这表明 PbBr$_2$ 解构效率高且分解转化完全。

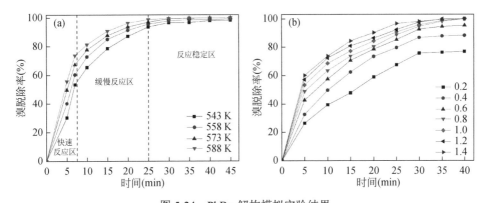

图 5-24　PbBr$_2$ 解构模拟实验结果

（a）反应温度；（b）过量系数

同样地，根据式（5-22）～式（5-24）分别对图 5-24（a）所示的 543～588 K 范围内的 PbBr$_2$ 硫酸化强化解构率随时间的变化规律进行拟合，结果如图 5-25 所示。外扩散控制模型以及化学反应控制模型拟合直线线性相关性较差，对应的相关系数 R^2 分别在 0.6190～0.8234［图 5-25（a）］和 0.9414～0.9791［图 5-25（b）］范围内，而图 5-25（c）所示的内扩散给出的线性相关性更大（R^2 均大于 0.97），这表明式（5-24）形式可能适合于 PbBr$_2$ 硫酸化强化解构的动力学方程。

图 5-25（d）为根据图 5-25（c）模型得出不同温度下 ln$k$ 与 1000/T 关系图，结果表明其相关性 R^2 为 0.9928，相应的表观活化能 E_a 为 11.11 kJ/mol。通常，内扩散控制模型的 E_a 范围为 8～12 kJ/mol，因此，综合以上分析，PbBr$_2$ 硫酸化强化解构过程受化学反应控制。

为了进一步探明不同硫酸过量系数［α-H$_2$SO$_4$］对 PbBr$_2$ 硫酸化强化解构反应的表观反应级数，将式（5-24）与式（5-25）结合，PbBr$_2$ 硫酸化强化解构反应可以按照式（5-28）进行拟合：

$$1 - 2x/3 - (1-x)^{2/3} = A_0 \times [\alpha\text{-H}_2\text{SO}_4]^n \times \exp(-E_a/RT) \times t \tag{5-28}$$

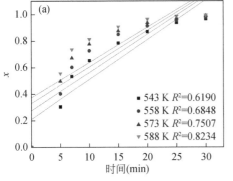

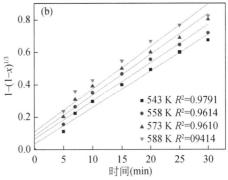

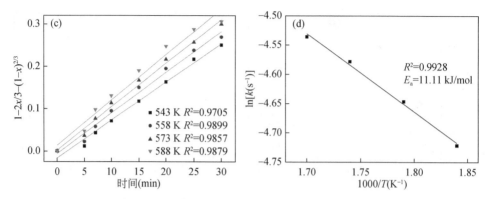

图 5-25 PbBr₂ 不同温度下解构动力学方程拟合 [（a）外扩散；（b）表面化学反应；（c）内扩散控制动力学方程] 以及（d）脱溴过程的阿伦尼乌斯方程拟合

　　根据上述确定的内扩散控制模型分析了图 5-24（b）所示的数据，并确定了速率常数，然后获得 ln$k$ 和 ln[α-H₂SO₄] 的关系图，如图 5-26 所示。由图 5-26（a）可知，采用内扩散控制的动力学模型拟合，不同硫酸过量系数 [α-H₂SO₄] 下 PbBr₂ 硫酸化强化解构的线性相关系数在 0.9555～0.9886 之间，拟合度较好；图 5-26（b）拟合的结果表明，ln$k$ 和 ln[α-H₂SO₄] 呈线性关系，其线性相关系数为 0.9849，线性关系较好，直线的截距计算出 A_0 为 0.1，其表观反应级数（直线斜率）为 0.59。

　　综合以上分析，PbBr₂ 硫酸化强化解构反应的宏观动力学方程可描述为式（5-29）：

$$1 - 2x/3 - (1-x)^{2/3} = 0.1 \times [\alpha\text{-}H_2SO_4]^{0.59} \times \exp(-1110/8.314T) \times t \qquad (5\text{-}29)$$

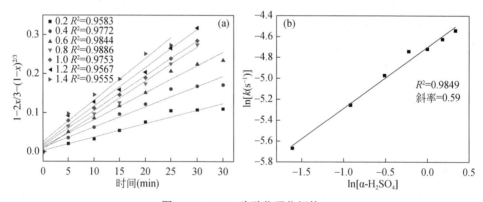

图 5-26 PbBr₂ 硫酸化强化解构

（a）$1-2x/3-(1-x)^{2/3}$ 与 [α-H₂SO₄] 拟合和（b）反应级数

　　此外，从上述纯料 CuBr 和 PbBr₂ 硫酸化强化解构动力学模拟实验还可得出，

CuBr 解构所需的 E_a（47.89 kJ/mol）高于 $PbBr_2$ 解构所需的 E_a（11.11 kJ/mol），可以合理地解释 CuBr 的分解转化比 $PbBr_2$ 的分解转化较慢，即 CuBr 比 $PbBr_2$ 更稳定。因此，在废线路板烟灰金属溴化物硫酸化强化解构过程中，CuBr 的解构比 $PbBr_2$ 需要更高的能量和更苛刻的反应条件，例如更高的反应温度和更长的反应时间。

5.3.2.3　硫酸焙烧强化解构反应机制

为探究废线路板烟灰金属溴化物硫酸化强化解构规律，在上述以纯 CuBr 及 $PbBr_2$ 为原料的解构模拟动力学分析的基础上，分别探讨了不同反应条件下纯 CuBr 及 $PbBr_2$ 物料硫酸化强化解构前后的物相、形貌以及价态等特性，用以分析废线路板烟灰金属溴化物硫酸化强化解构机制。

1. CuBr 解构过程物相转化规律

图 5-27（a）显示了不同时间条件下 CuBr 硫酸化强化解构后的 XRD 图谱，可以很清楚地发现不同时间条件下焙烧砂中仅有 CuBr（PDF# 82-2118）、$CuSO_4$（PDF# 72-1248）和 $CuSO_4 \cdot H_2O$（PDF# 80-0392）三种物相。在反应 15 min 以内时，CuBr 的特征峰较为明显，解构不完全；而随着反应时间的延长，CuBr 与 H_2SO_4

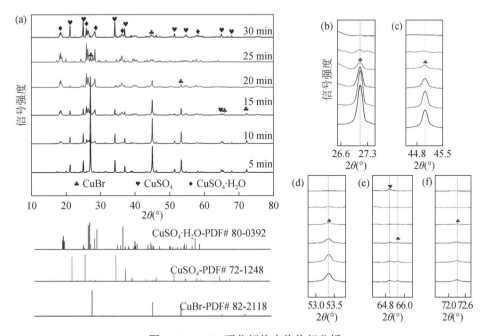

图 5-27　CuBr 强化解构产物物相分析

（a）XRD 图；（b）～（f）为图（a）中特征峰放大图

反应加快，CuBr 物相逐渐减少直至消失，25 min 后，$CuSO_4$ 物相逐渐成为焙烧砂中的主要物相，这表明反应过程中硫酸能够完全破坏 CuBr 的晶格结构，使其完全解离，反应过程由于有水生成，导致有部分结晶水 $CuSO_4$ 物相出现。

图 5-27（b）～（f）为不同反应时间条件下焙烧砂 XRD 深度对比分析图，即对图（a）中某些特征峰进行放大后的对比。图中各颜色峰及顺序代表的反应温度与图 5-27（a）保持一致。通过深入对比发现，在 2θ 为 27.1°、45.1°、53.4°、65.6°、72.3°处，均能看出随着反应时间的延长，CuBr 信号强度逐渐减弱直至消失的过程，尤其是在反应时间为 25 min 时，除在 2θ 为 27.1°处有微弱 CuBr 信号外，其他深度对比图中均未检测到其信号的存在。反应 30 min 后，物料中 CuBr 特征峰消失。

不同反应温度条件下，对反应 30 min 的焙烧砂进行 XRD 物相分析，结果如图 5-28 所示。可以明显地看出，反应温度在 573 K 以上时，CuBr 物相逐渐消失，新物相主要为 $CuSO_4$ 和 $CuSO_4 \cdot H_2O$，除此以外没有发现其他物相。

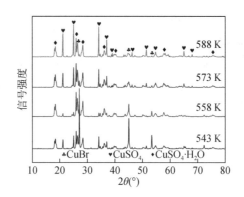

图 5-28　CuBr 在不同温度条件下的 XRD 物相图

为进一步佐证不同反应时间条件下，焙烧砂中 CuBr 的分解特性，对硫酸过量系数 [α-H_2SO_4] 为 0.8、反应温度 573 K，反应时间分别为 10 min、15 min、20 min、25 min 条件下焙烧砂进行 XPS 分析，结果如图 5-29（a）所示。不同反应时间条件下焙烧砂中主要元素为 Cu、O、S、Br。进一步对其中 Br 元素的价态进行了分析，结合美国国家标准与技术研究院（NIST）的 X 射线光电子能谱数据库绘制了不同条件下 Br 3d 图谱，如图 5-29（b）～（e）所示。

Br 3d 光谱表现出两个能量峰，在 69.2 eV 和 70.2 eV 处分别产生 Br $3d_{5/2}$ 和 Br $3d_{3/2}$（由自旋轨道分裂产生），均归属于 CuBr；此外，图 5-29（b）～（e）清楚地显示了随着反应时间的延长，Br $3d_{3/2}$ 和 Br $3d_{5/2}$ 这两个能量峰面积逐渐减少的规律，表明 CuBr 物相逐渐分解。

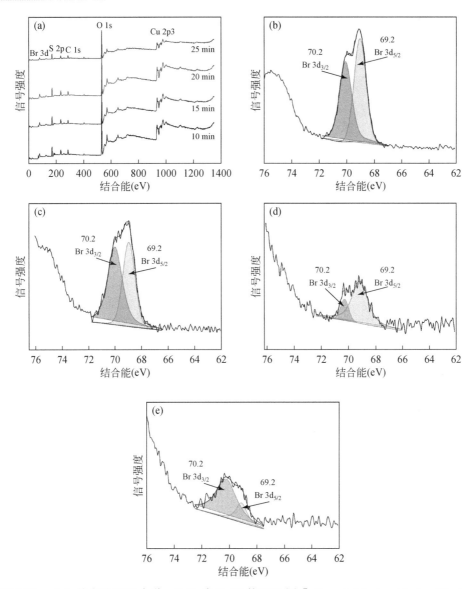

图 5-29　（a）焙烧砂 XPS 全谱；CuBr 中 Br 3d 的 XPS 图 ［（b～e）10min、15min、20min、25min］

图 5-30 为不同反应时间条件下 CuBr 焙烧砂中 S 2p 的 XPS 结果，S 2p 光谱在 168.3 eV 和 169.3 eV 处表现出两个明显特征峰，它们可以分别归属于 $CuSO_4$ 和 $CuSO_4 \cdot H_2O$；图 5-30（a）～（d）表明，不同反应时间下，焙烧砂中 S 2p 峰的宽度和位置基本不变，进一步说明 $CuSO_4$ 和 $CuSO_4 \cdot H_2O$ 是焙烧砂中仅有的含 S 相。

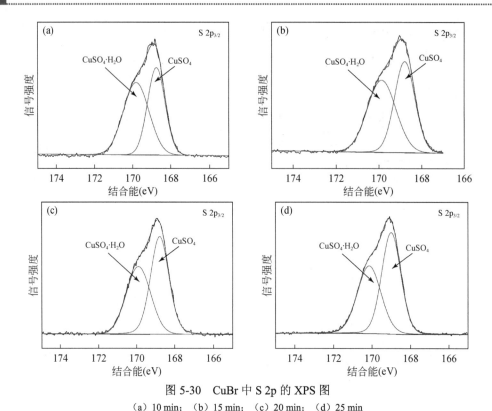

图 5-30 CuBr 中 S 2p 的 XPS 图

（a）10 min；（b）15 min；（c）20 min；（d）25 min

除此以外，还分析了在不同时间获得的样品的 O 1s 光谱，如图 5-31 所示。图 5-31（a）～（d）中 O 1s 的宽峰可由结合能分别为 532.2 eV 和 533.6 eV 的两个峰拟合。通过对比，532.2 eV 处的主峰是 $CuSO_4$ 的特征峰，大约 533.6 eV 处的另一个峰归属于其他氧组分，如·OH、H_2O 和吸附在表面上的碳酸盐物质。结合 XRD 结果，可认定为 $CuSO_4 \cdot H_2O$。

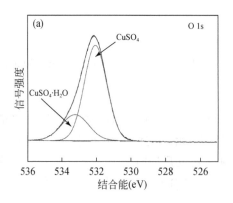
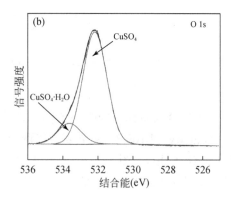

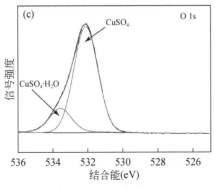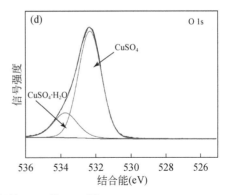

图 5-31　CuBr 强化解构 O 1s 的 XPS 图

（a）10 min；（b）15 min；（c）20 min；（d）25 min

综合以上实验结果以及物相特性分析，推测 CuBr 在硫酸化强化解构过程中被浓 H_2SO_4 氧化为 $CuSO_4$，可能的反应式如式（5-30）所示。

$$2CuBr(s)+4H_2SO_4(l) == 2CuSO_4(s)+Br_2(g)+2SO_2(g)+4H_2O \qquad (5\text{-}30)$$

反应式（5-30）是由几个基本反应组成，CuBr 在硫酸化强化解构过程中可能的反应机制如图 5-32 所示，其转化过程由以下几个部分组成：

步骤 1：共价键分解。浓硫酸氛围下，S^{6+} 具有强氧化性，Cu—Br 键本身比较脆弱（键能 331 kJ/mol），在加热过程中，共价键易断裂，CuBr 被氧化，释放出溴自由基和 Cu^{2+}，此时 S^{6+} 被还原成 SO_2，化学反应如式（5-31）所示。

$$2CuBr(s)+H_2SO_4(l)+2H^+(aq) == 2Cu^{2+}(aq)+2Br^-(aq)+SO_2(g)+2H_2O \qquad (5\text{-}31)$$

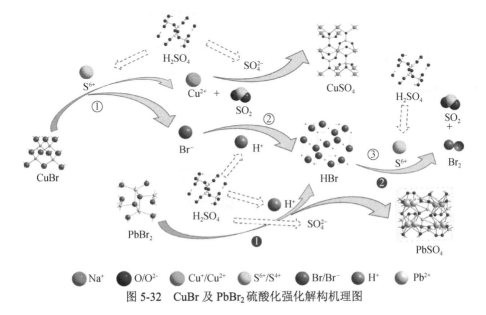

图 5-32　CuBr 及 PbBr₂ 硫酸化强化解构机理图

焙烧过程中，空气中的氧无法把 CuBr 中的 Cu⁺ 氧化为 Cu²⁺，这是因为通过对纯 CuBr 直接焙烧（空气氛围下）模拟实验发现，焙烧前后其 XRD 物相未发生变化，如图 5-33（a）所示；焙烧后其 SEM 形貌呈规则块状，如图 5-33（b）所示。由此可知，反应过程中 CuBr 易被浓 H_2SO_4 氧化。

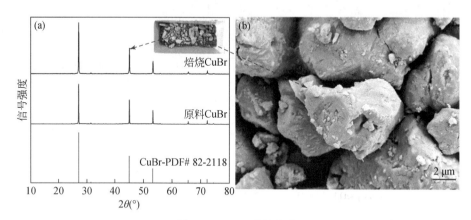

图 5-33　CuBr 焙烧产物

（a）XRD 图；（b）SEM 图

步骤 2：H⁺ 成酸及 Cu²⁺ 成盐。释放的 Br 离子自由基捕获 H_2SO_4 电离产生的 H⁺ 形成挥发性 HBr，此时 Cu²⁺ 与 H_2SO_4 完全电离产生的 SO_4^{2-} 形成可溶性硫酸盐，转化过程如式（5-32）和式（5-33）所示。

$$H^+(aq)+Br^-(aq) \Longrightarrow HBr(g) \tag{5-32}$$

$$Cu^{2+}(aq)+SO_4^{2-}(aq) \Longrightarrow CuSO_4(s) \tag{5-33}$$

步骤 3：HBr 氧化转化。生成的 HBr 不稳定，键更容易断裂，挥发性极强。高温条件下，浓 H_2SO_4 氧化性进一步把还原性的 HBr 氧化成 Br_2 和 SO_2，一同挥发进入烟气，如式（5-34）所示。

$$2HBr(g)+H_2SO_4(l) \Longrightarrow Br_2(g)+SO_2(g)+2H_2O \tag{5-34}$$

2. PbBr₂ 解构过程物相转化规律

图 5-34（a）显示了不同反应时间条件下 PbBr₂ 硫酸化强化解构后的 XRD 图谱，可以很清楚地发现不同时间条件下焙烧砂中仅有 PbBr₂（PDF# 84-1181）和 PbSO₄（PDF# 82-1855）两种物相。图 5-34（a）表明，在较短时间条件下，焙烧砂中出现 PbSO₄ 组分，随着反应时间的延长，纯 PbBr₂ 晶相逐渐解构，物相特征峰越来越不明显，而 25 min 后 PbSO₄ 特征峰成为焙烧样品主要物相。从图中还可看出，焙烧样品中除了 PbBr₂ 和 PbSO₄ 物相以外，没有其他物相，这说明硫酸化

强化解构过程 $PbBr_2$ 与 H_2SO_4 反应迅速且彻底，没有其他中间反应物的生成。

图 5-34（b）～（g）为不同反应时间条件下焙烧砂 XRD 深度对比分析图，即对图 5-34（a）中某些特征峰进行放大后的对比。图中各颜色峰及顺序代表的反应温度与图 5-34（a）保持一致。通过深入对比发现，在 2θ 为 18.6°、21.6°、23.7°、29.0°、30.6°、34.0°、38.0°、38.5° 以及 40.8° 处，均能看出随着反应时间的延长，$PbBr_2$ 信号强度逐渐减弱直至消失的过程，尤其是在反应时间为 30 min 时，除在 2θ 为 18.6° 处有微弱 $PbBr_2$ 信号外，其他深度对比图中均未检测到，这是因为 $PbBr_2$ 反应过程由于混料不均匀，导致部分未能分解；此外，在 2θ 为 23.3° 及 29.7° 处，较短的时间就能检测到较强的 $PbSO_4$ 特征峰，说明 $PbBr_2$ 的分解反应迅速。

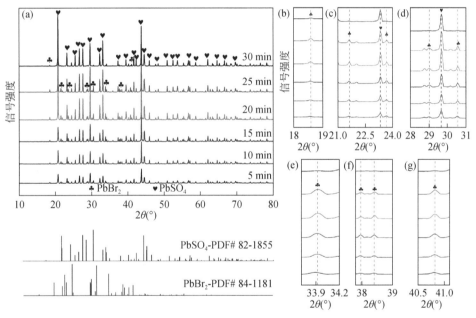

图 5-34　$PbBr_2$ 强化解构产物物相分析

（a）XRD 图；（b）～（g）为图（a）中部分特征峰放大图

（扫描封底二维码可查看本书彩图内容）

为进一步探索反应过程 $PbBr_2$ 是否解构完全，我们对硫酸过量系数 $[\alpha\text{-}H_2SO_4]$ 为 0.8、573 K 条件下反应 30 min 的焙烧砂进行了 SEM-EDS 分析，结果如图 5-35 所示。图 5-35（a）SEM 形貌图表明焙烧砂物相成规整的柱状，对其具体位置进行定量分析发现，主要成分为 Pb 74.84%、O 15.87%、S 7.29%，以及 Br 2.01%。这一结果与图 5-34 所示的 XRD 分析结果一致，且从图 5-35（c）～（f）所示 EDS 图谱不同颜色对应的元素分布情况再次得到佐证。

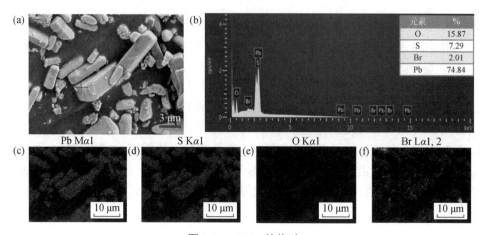

图 5-35　PbBr₂ 焙烧砂

（a）SEM 图；（b）EDS 图；（c）Pb；（d）S；（e）O；（f）Br

综合以上实验结果以及物相特性分析，推测 $PbBr_2$ 的硫酸化强化解构后转化为 $PbSO_4$ 的可能的反应式如式（5-35）所示：

$$PbBr_2(s) + H_2SO_4(l) \longrightarrow PbSO_4(s) + 2HBr(g) \tag{5-35}$$

反应式（5-35）是由几个基本反应组成，$PbBr_2$ 在硫酸化强化解构过程中可能的反应机制如图 5-32 所示，其转化过程由以下几个部分组成：

步骤 1：H_2SO_4 电离及 Pb^{2+} 成盐。与 CuBr 不同的是，离子化合物 $PbBr_2$ 可直接与 H_2SO_4 电离产生的 H^+ 反应形成挥发性 HBr，此时分解产生的 Pb^{2+} 与 SO_4^{2-} 形成不溶性 $PbSO_4$，如式（5-36）所示：

$$PbBr_2(s) + 2H^+(aq) + SO_4^{2-}(aq) \longrightarrow PbSO_4(s) + 2HBr(g) \tag{5-36}$$

步骤 2：HBr 氧化转化。此步骤 HBr 的氧化与 CuBr 第 3 步转化过程类似，HBr 易被浓 H_2SO_4 中的 S^{6+} 氧化成 Br_2 并形成 SO_2 气体。反应过程按式（5-34）反应。以上过程均是同时发生。

然而，废线路板烟灰中金属溴化物硫酸化强化解构是个复杂的化学反应过程，除按上述理想状态发生反应过程外，还会伴随其他副反应，如当体系中有空气存在时，解构转化过程生成的 HBr 也会被空气中的 O_2 所氧化，如式（5-37）所示：

$$4HBr(g) + O_2(g) \longrightarrow 2H_2O(g) + 2Br_2(g) \tag{5-37}$$

同时随着体系反应的进行，部分生成的水或水蒸气容易使 Br_2 发生歧化反应，如式（5-38）所示：

$$Br_2(g) + H_2O(g) \longrightarrow H^+ + Br^- + HBrO \tag{5-38}$$

此外，上述反应过程中，部分 H_2SO_4 分解产生的 SO_2 具有还原性，很可能与生成的氧化性 Br_2 发生反应，如式（5-39）所示：

$$H_2O(g)+Br_2(g)+SO_2(g) \Longrightarrow 2HBr(g)+SO_3(g) \qquad (5-39)$$

实验发生装置是具有耐腐蚀刚玉内衬的管式炉，反应过程中产生的烟气用 20% 的 NaOH 溶液进行两段吸收，使 Br 以溴盐的形式得到富集，从环境及资源管理角度来说，有毒有害元素得到了高效富集，避免了对环境的污染。

5.4　硫酸焙烧产物梯次解构原理与铜锌铅再生技术

废线路板烟灰经过硫酸化强化解构后，脱除了其中 98.9% 以上的溴，得到的脱溴焙烧砂的形貌如图 5-36（a）所示。经过硫酸化强化解构脱溴后，物料呈蓬松多孔的黑色块状。对其进行粒度分析，结果如表 5-9 所示，发现 99.4% 的颗粒小于 90 μm，此外，其中 96.9% 的颗粒介于 1～90 μm，这表明焙烧后矿物粒度依旧很细，没有烧结团聚，有利于后续湿法溶出分离其中的有价金属组分。

表 5-9　焙烧砂粒度分析

粒度（μm）	+90	−90～+10	−10～+1	−1
含量（%）	0.6	41.2	55.7	2.5

图 5-36　焙烧砂形貌图（a）、矿物解离度（b）、背散射（c）、矿物成分分析（d）

对硫酸化强化解构脱溴得到的焙烧砂进行化学组成分析，结果如表 5-10 所示。焙烧后 Br 含量由原来的 24.89%已降为 0.81%，焙烧砂中的主要组成为 Cu、Zn、Pb，其含量分别为 17.89%、12.81%、7.08%，另外，焙烧后其中贵金属 Au、Ag 含量分别为 27 g/t 和 0.26%，因此，废线路板烟灰经脱溴后其他金属组分整理含量未有损失。

表 5-10　焙烧砂化学组成（%，质量分数）

元素	Cu	Zn	Pb	Ag	Au[*]	Sn	Br	Bi
含量	17.89	12.81	7.08	0.26	27	2.55	0.81	0.32

*：单位为 g/t。

为进一步检验废线路板烟灰的硫酸化强化解构脱溴效果并探明焙烧砂中的矿物组成,对其进行背散射矿物解离度分析以及 XRD 物相分析,结果如图 5-36(b)～(d) 所示。由图 5-36 中背散射和 MLA 矿物解离度分析发现，焙烧砂中主要物相为 $CuSO_4$、$ZnSO_4$、$PbSO_4$ 以及少量的 Ag_2SO_4；除此以外，图 5-36 (d) 的 XRD 分析发现了 $Sn(SO_4)_2$ 的存在，由于 Au、Ag 含量相对较低，未能在 XRD 结果中显示。以上结果均表明，废线路板烟灰经硫酸化强化解构后不仅脱除了其中主要的 Br，而且其中的主要金属元素几乎完全转化为相应的硫酸盐。因此，本节着重解决如何高效选择性梯次分离回收 $CuSO_4$、$ZnSO_4$、$PbSO_4$ 为后续富集稀贵金属创造条件，实现废线路板烟灰的整体综合回收。

5.4.1　铜锌铅解构再生过程调控优化

5.4.1.1　铜锌解构再生过程调控优化

根据前面物相分析，焙烧砂主要成分为易溶性的 $CuSO_4$、$ZnSO_4$ 以及难溶的 $PbSO_4$，理论上可以采用稀酸即可实现 Cu、Zn 与 Pb 的分离。因此，本节以高效分离回收 Cu、Zn 为目的，设计比较了 4 个溶解系统，包括水浸、20 g/L H_2SO_4、50 g/L H_2SO_4 和 20 g/L H_2SO_4+H_2O_2。所有实验按液固比 10：1，室温条件下反应 2.0 h，结果如图 5-37 所示。

上述 4 个体系均可实现 Cu、Zn 的有效浸出，通过对比发现，不同浓度硫酸体系具有较高的 Cu、Zn 浸出率，但 Ag 的损失随着硫酸浓度的增加呈现增长趋势，尤其是在添加氧化剂的硫酸体系，Ag 的损失率达到 75.63%，造成 Ag 的分散，这与本研究分离 Cu、Zn 富集 Au、Ag 的目的不符；而通过尝试，直接水浸也可使 Cu、Zn 获得较高的浸出率（均大于 99.2%），经测试，浸出液体系的 pH 为 1.5，这表明焙烧砂含有部分未转化的残余 H_2SO_4 溶于水而显酸性，为 Cu、Zn 的溶出提供了必要的酸性条件，但水浸出过程中 Ag 的损失率也到达 63.2%左右。因此，从节约成本及提高浸出效率的角度出发，后续研究选择直接水浸选择性溶出 Cu、Zn，但如何实现 Cu、Zn 选择性高效分离的同时，减免贵金属 Ag 的损失是本节重点解决的技术难点。

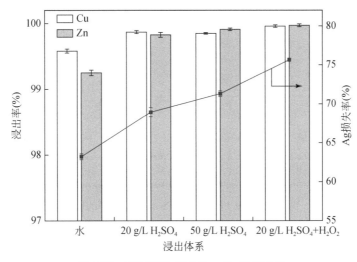

图 5-37　不同浸出体系 Cu、Zn 浸出效果

由上述分析可知，水浸过程 Cu、Zn 浸出的同时溶解了部分 Ag，主要是因为酸性体系条件下加大了 Ag_2SO_4 在水中的溶解度，导致 Ag 的分散，这就违背了本研究的初衷。常温下，K_{sp}（Ag_2SO_4=7.7×10^{-5} mol^3/L^3，而 K_{sp}（AgCl）=1.8×10^{-10} mol^2/L^2，因此水浸过程中通过添加 Cl$^-$离子可实现 Ag_2SO_4 向更难溶的 AgCl 转化，使 Ag 最大程度富集在浸出渣中。

1. 固银剂 NaCl 的添加量对浸出效果的影响

固定实验条件为：浸出温度 60℃、液固比 L/S=5∶1 mL/g、反应时间 60 min 以及搅拌速度为 300 r/min，分别考察了 NaCl 添加量为 0、2 g/L、4 g/L、6 g/L 和 8 g/L 对 Ag 固化作用以及对 Cu、Zn 浸出率的影响。结果如图 5-38 所示。

固银剂 NaCl 的添加量对 Cu、Zn 浸出率的影响较低，不同固银剂添加量条件下，Cu、Zn 浸出率均能保持在 99.55%和 99.32%以上，而随着 NaCl 的增加，Ag 的损失率逐渐降低，当 NaCl 添加量由 0 增加到 6 g/L 时，Ag 的损失率由 63.2% 迅速降低到 2.1%，继续增加 NaCl 的添加量，Ag 损失率保持稳定，变化不明显。此外，从图中还可看出焙烧砂水浸后具有较低的渣率（<16.5%），这归因于焙烧

砂中几乎全部的 CuSO$_4$ 和 ZnSO$_4$ 被溶解。综合考虑，后续单因素优化实验选择固银剂 NaCl 的添加量为 6 g/L，此时 Ag 的损失率为 2.1%、而残渣率为 16.4%。

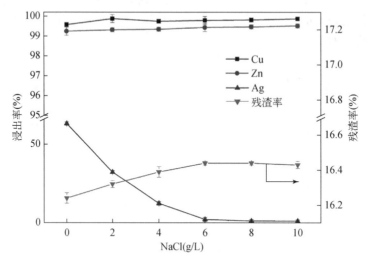

图 5-38   NaCl 添加量对 Cu、Zn 浸出率的影响

对反应过程中添加 6 g/L NaCl 得到的浸出渣进行 XRD 物相分析，结果如图 5-39 所示。可以看出，焙烧砂水浸选择性溶出后可溶性 CuSO$_4$ 和 ZnSO$_4$ 物相消失，得到的水浸渣中主要物相为难溶 PbSO$_4$，以及少量的难溶 Sn（SO$_4$）$_2$·2H$_2$O。由于 NaCl 的加入，水浸渣中有微弱的 AgCl 信号，这表明，在固银剂 NaCl 的作用下，Ag$_2$SO$_4$ 已转化为更难溶的 AgCl 沉淀，由于信号较强，其他元素的衍射峰未能在图中呈现。

2. 反应温度和时间对浸出效果的影响

固定实验条件为：固银剂 NaCl 的添加量 6 g/L、液固比 L/S=5∶1 mL/g、搅拌速度 300 r/min，分别考察了反应温度 25℃、35℃、45℃、55℃、65℃、75℃和 85℃，以及反应时间 10 min、20 min、30 min、40 min、50 min、60 min、90 min 和 120 min 对 Cu、Zn 浸出率的影响，结果如图 5-40 所示。

从图 5-40（a）可知，Cu、Zn 浸出率随着温度的升高而明显增加。在室温条件下（25℃），Cu 的浸出率在 60 min 后达到 99.5%左右，继续延长反应时间，其浸出率基本保持不变，随着温度的升高，达到浸出平衡的时间也相应地缩短，当浸出温度为 85℃时，在 30 min 即可达到浸出平衡；由图 5-40（b）可知，Zn 的浸出率随着温度和时间的变化趋势与 Cu 类似，但不同温度条件下，Zn 的浸出平衡均是在 60 min 后实现，此时浸出率为 99.3%左右，这说明在相同实验条件下，

$CuSO_4$ 在水中的溶解速率要比 $ZnSO_4$ 更快。通常，提高温度可以为浸出创造良好的动力学条件，但工业实际生产中，高温意味着高能耗，因此在满足较高浸出率的前提下要避免较高的反应温度。因此，后续浸出实验选取的反应温度为 25℃，反应时间为 60 min。

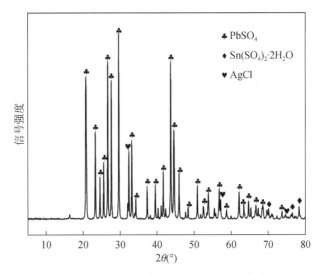

图 5-39　NaCl 6 g/L 条件下浸出渣 XRD 物相图

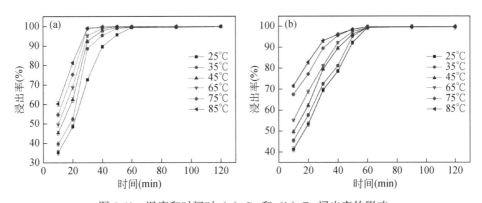

图 5-40　温度和时间对（a）Cu 和（b）Zn 浸出率的影响

3. 液固比对浸出效果的影响

固定实验条件为：固银剂 NaCl 的添加量 6 g/L、反应温度 25℃、搅拌速度 300 r/min、反应时间 60 min，分别考察了液固比（L/S）为 2∶1 mL/g、3∶1 mL/g、4∶1 mL/g、5∶1 mL/g、6∶1 mL/g 和 7∶1 mL/g 对 Cu、Zn 浸出率的影响，结果如

图 5-41 所示。

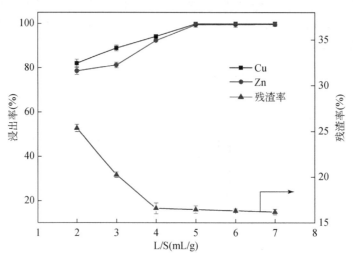

图 5-41　液固比对 Cu、Zn 浸出率的影响

随着液固比由 2∶1 增大到 5∶1 时，Cu、Zn 的浸出率呈现相同的增长趋势，分别由 82.12% 和 78.56% 增长到 99.56% 和 99.32%，其原因在于反应过程中随着液固比的增大，料浆黏度逐渐减小，浸出扩散阻力减小，有利于 Cu、Zn 的溶出；当继续增大液固比（大于 5∶1 mL/g 以后），Cu、Zn 浸出基本达到平衡，液固比过大时，Cu、Zn 浸出率不但没有增加，还会导致浸出液中 Cu、Zn 浓度下降，不利于后续浸出液中 Cu、Zn 的分离提取。从图中还可以发现，水浸出过程中残渣率受 Cu、Zn 浸出率影响较大，浸出率越高其渣率越小，当 Cu、Zn 浸出达到平衡后，残渣率也趋于稳定，此时残渣率为 16.5% 左右。因此，后续实验选择液固比（L/S）为 5∶1 mL/g。

4.搅拌速度对浸出效果的影响

固定实验条件为：固银剂 NaCl 的添加量 6 g/L、反应温度 25℃、液固比（L/S）5∶1 mL/g、浸出时间 60 min，分别考察了搅拌速度 0 r/min、150 r/min、300 r/min、450 r/min、600 r/min、750 r/min 和 900 r/min 对 Cu、Zn 浸出率的影响，结果如图 5-42 所示。实验表明，搅拌速度由 0 提高到 300 r/min 时，Cu、Zn 浸出率分别由 75.58% 和 69.69% 达到 99.55% 和 99.40%，这表明搅拌对 Cu、Zn 的溶解具有积极的影响，继续增大搅拌速度至 900 r/min，Cu、Zn 浸出率没有明显的差异，过大的搅拌速度反而需要更大的能量消耗且实验过程中还会造成料浆飞溅造成损失；此外，水浸过程中搅拌速度大于 300 r/min 后残渣率维持在 16.4% 左右，这是因为该条件下 Cu、Zn 溶解完全，残渣率保持稳定。因此，后续搅拌速率选取 300 r/min。

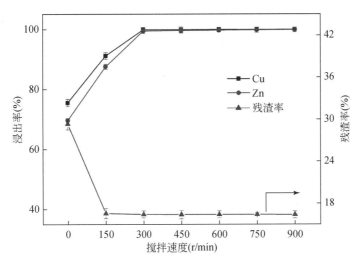

图 5-42　搅拌速度对 Cu、Zn 浸出率的影响

5. 水浸液中 Cu、Zn 分步富集

水浸液富集了 Cu^{2+} 和 Zn^{2+} 等可溶性金属离子后需要对其进行分步分离提取。目前，从酸性浸出液中分离回收 Cu、Zn 的方法主要有硫化沉淀法、中和沉淀法、萃取反萃法、置换-结晶法以及电沉积法等，其中锌粉置换 Cu 蒸发结晶 $ZnSO_4$ 回收工艺作为一种传统的 Cu、Zn 分离方法，具有操作简单、沉 Cu 效率高且得到的 $ZnSO_4$ 纯度高的特点，至今仍是湿法冶金工艺中常用的回收方法。

本节基于低碳循环经济且易于工业化应用推广的角度，采用锌粉置换 Cu 结晶提纯 $ZnSO_4$ 的传统工艺提取水浸液中的 Cu^{2+} 和 Zn^{2+}。采用的含 Cu、Zn 水浸液是由上述实验产生的混合浸出液，其 pH 稳定在 0.8 左右，主要成分如表 5-11 所示。其主要成分为 Cu 和 Zn，相应含量分别为 25.25 g/L 和 18.33 g/L，此外，还有少量的杂质离子如 0.21 g/L 的 Ag、0.03 g/L 的 Ni 和 0.16 g/L 的 Pb，相比于 Cu 和 Zn，这些杂质离子可忽略不计，不影响 Cu 和 Zn 的分离富集。

表 5-11　水浸液的主要成分分析（g/L）

Cu	Zn	Ni	Pb	Ag
25.25	18.33	0.03	0.16	0.21

1）锌粉置换 Cu 分析

置换是利用电极电位更负的金属将电极电位较正的金属离子还原为金属单质

的过程。置换过程具有反应速度快、设备简单、操作方便等特点。金属置换能力的大小主要取决于体系中金属的电极电位的次序。标准状态下，Zn 的标准电极电位 Zn^{2+}/Zn 为 -0.763 V，Cu 的标准电极电位 Cu^{2+}/Cu 为 0.337 V，因而，理论上向含 Cu^{2+} 溶液中添加锌粉可以得到 Cu 单质，化学反应如式（5-40）所示：

$$Zn(s)+Cu^{2+} = Zn^{2+}+Cu(s) \tag{5-40}$$

对于硫酸体系用锌粉置换 Cu^{2+} 的研究，科研工作者开展了大量的工艺参数优化、置换过程控制机理以及工业化层次的研究，因此本节对其置换工艺参数及应用机理不再进行赘述，参照常规置换条件即可得到粗铜产品。

但实验中发现，在弱酸性条件下，尤其是锌粉添加量不足时（按化学计量比计算，锌粉过量系数小于 1.0 时），置换得到的粗铜渣含有 Cu_2O 物相，其物相分析如图 5-43 所示。

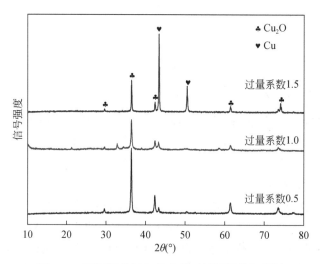

图 5-43　不同锌粉添加量条件下的粗铜物相分析

这是因为置换得到的铜粉为纳米级，活性大，与 Cu^{2+} 发生歧化反应，生成 Cu^+，然后 Cu^+ 再与溶液中的溶解氧反应生成不溶物 Cu_2O 沉淀进而导致得到的铜粉纯度降低，可能发生的化学反应如式（5-41）所示：

$$CuSO_4+Cu(s)+H_2O = Cu_2O(s)+H_2SO_4 \tag{5-41}$$

因此，实际生产中应该保证足够的锌粉添加量，避免粗铜中 Cu_2O 的生成，以提高粗铜的纯度。

2）$ZnSO_4$ 蒸发结晶分析

上述含 Cu、Zn 浸出液经锌粉置换除 Cu 后，由于锌粉的溶解，导致其中锌离子浓度提升，本节选取含 Zn 浓度为 29.71 g/L 的脱铜液进行 Zn 回收的蒸发结晶实验。将 200 mL 脱铜液置于 500 mL 蒸发皿中，60℃预热后加热至 90～100℃浓缩结晶，并用玻璃棒不断搅拌，使含 Zn 溶液不断浓缩。当产生白色晶膜时，取下蒸发皿置于石棉网上自然冷却至室温后，边抽滤边用无水乙醇淋洗得到 $ZnSO_4$ 晶体。将其置于鼓风干燥箱中，于 85℃干燥 12 h，得 $ZnSO_4$ 结晶，放入密封袋中，之后进行物相分析。提取锌后的结晶母液可返回水浸出工序循环利用。

对结晶物进行 XRD 物相分析，如图 5-44 所示，样品中主要物质是 $ZnSO_4 \cdot H_2O$（PDF# 74-1331），其他杂质衍射峰强度较小，很难分辨出物相，表明产品纯度较高，杂质含量低。

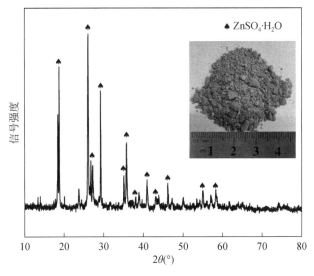

图 5-44　硫酸锌结晶物的 XRD 图谱

5.4.1.2　铅络合解构分离工艺优化

废线路板烟灰经硫酸化强化解构脱溴、水浸选择性溶出分离 Cu 和 Zn 后，对得到的浸出渣进行成分分析，其结果如表 5-12 所示。脱除 Br、Cu、Zn 后，其主要成分为 Pb，含量达到了 49.56%（XRD：$PbSO_4$），同时还含有少量的 Sn、Cu、Bi 等杂质离子，此外，Ag 和 Au 得到了进一步的富集，其含量分别为 0.66%和 174 g/t，因此，如何实现 Pb 的定向脱除进一步富集稀贵金属是本节重点解决的技术难题。

表 5-12　浸出渣成分（%，质量分数）

元素	Pb	Ag	Au*	Sn	Cu	Zn	Bi	Sb
含量	49.56	0.66	174	4.13	0.59	0.36	0.43	0.14

*：单位为 g/t。

低酸高氯体系中通过控制合适的氯离子浓度、pH 以及温度，可实现 Pb 离子的络合转化。因此，本节主要分析氯盐体系中脱除 Cu 和 Zn 的浸出渣中 PbSO$_4$ 的络合转化，探究了浸出温度、时间、络合剂 NaCl 添加量、液固比、反应 pH 以及抑制剂铅粉添加量对 Pb 脱除率的影响。

1）反应温度和时间的影响

固定实验条件为：络合剂 NaCl 添加量 200 g/L、CaCl$_2$ 添加量 50 g/L、液固比（L/S）12∶1 mL/g、pH 0.5（HCl 条件，下同），分别考察了不同反应温度 55℃、65℃、75℃、85℃在 0～90 min 的反应时间条件内对 Pb 脱除率的影响，结果如图 5-45 所示。

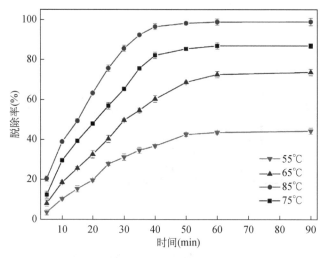

图 5-45　反应温度和时间对 Pb 脱除率的影响

随着反应温度的升高，浸出渣中 Pb 的脱除率明显增加，当反应温度从 55℃升高到 85℃，反应 5 min 时，Pb 脱除率由 3.6%提高到 20.4%，60 min 后，Pb 脱除率从 43.6%显著提高到 98.8%，此时脱铅渣中 Pb 含量从 3.2%降低到 1.37%，这表明高温条件下，PbSO$_4$ 在高氯体系中反应加快，而温度高于 85℃的操作条件导致溶液蒸发加快且高温导致能耗增加不利于浸出反应；此外，在同一反应温度条件下，浸出渣中 Pb 的脱除率随着反应时间的延长呈现先增大后趋于平稳的趋势，由图中趋势线可知，反应 60 min 基本达到反应平衡。综上，后续实验的反应温度为 85℃，反应时间为 60 min。

2）络合剂 NaCl 添加量的影响

固定实验条件为：反应温度 85℃、CaCl$_2$ 添加量 50 g/L、液固比（L/S）为 12∶1 mL/g、pH 0.5、反应时间 60 min，考察了络合剂 NaCl 添加量分别为 50 g/L、100 g/L、

150 g/L、200 g/L 和 250 g/L 时对 Pb 脱除率的影响，结果如图 5-46（a）所示。络合剂 NaCl 添加量由 50 g/L 增加到 200 g/L 时，Pb 的脱除率由 52.4% 迅速增加到 98.6%，之后趋于稳定，稳定状态下脱铅渣中残余 Pb 含量约为 1.12%。这主要是因为随着络合剂 NaCl 添加量的增加，提高了 Pb 的溶解度，当络合剂 NaCl 添加量增大到一定程度，浸出渣中的 $PbSO_4$ 最大限度地转化为 $PbCl_2$ 进而转化为可溶性铅氯络合物；实验过程中发现，当络合剂 NaCl 添加量过高时，必须维持较高的过滤温度才能获得较佳的液固分离，否则体系中 NaCl 溶解度随过滤温度的降低而减小，进而导致 NaCl 与 $PbCl_2$ 一同在滤饼表面结晶析出。综合考虑，后续实验选择络合剂 NaCl 的添加量为 200 g/L。

3）液固比的影响

固定实验条件为：络合剂 NaCl 添加量 200 g/L、$CaCl_2$ 添加量 50 g/L、反应温度 85℃、pH 0.5、反应时间 60 min，分别考察了液固比（L/S）为 6∶1 mL/g、8∶1 mL/g、10∶1 mL/g、12∶1 mL/g 和 14∶1 mL/g 对 Pb 脱除率的影响，结果如图 5-46（b）所示。浸出渣中 Pb 的脱除率随着液固比的增加呈现先增加后趋于稳定的趋势，当液固比由 6∶1 mL/g 增大到 12∶1 mL/g 时，Pb 的脱除率由 76.1% 迅速增加到 98.6%，当液固比继续增加，Pb 脱除率保持稳定，此时脱铅渣中残余 Pb 含量约为 1.25%。这也表明 Pb 的转化需要足够的 Cl 离子，较大的液固比可以提供足够的 Cl 离子，同时较大的液固比降低了浸出体系的黏度并增强了传质从而有利于 Pb 的络合转化。从实验效果来看，液固比为 12∶1 mL/g 时基本满足浸出渣中 Pb 的络合浸出。

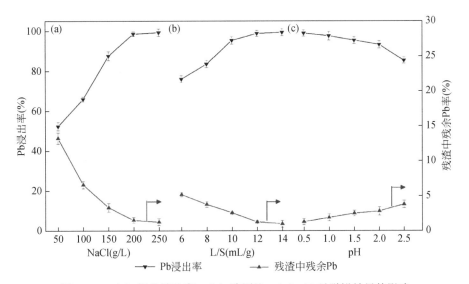

图 5-46　（a）氯化钠浓度；（b）液固比；（c）pH 对脱铅效果的影响

4）pH 的影响

固定实验条件为：络合剂 NaCl 添加量 200 g/L、CaCl$_2$ 添加量 50 g/L、反应温度 85℃、液固比（L/S）为 12∶1 mL/g、反应温度 85℃、反应时间 60 min，分别考察了反应 pH 0.5、1.0、1.5、2.0 和 2.5 对 Pb 脱除率的影响，结果如图 5-46（c）所示。较高的反应 pH 不有利于 Pb 的络合浸出。随着 pH 由 0.5 增加到 2.5，Pb 脱除率由 98.6%降低到 85.4%，Pb 脱除率降低导致脱铅渣中 Pb 残存量升高，此时残余 Pb 含量由 1.25%提高到 3.8%。这主要是因为高氯体系溶液中游离 H$^+$ 与 PbSO$_4$ 中的 SO$_4^{2-}$ 存在质子平衡，如式（5-42）所示：

$$H^+ + SO_4^{2-} \Longrightarrow HSO_4^- \tag{5-42}$$

[SO$_4^{2-}$]、[HSO$_4^-$] 与 pH 关系如图 5-47 所示，当 pH 低于 1.0 时，加质子反应正向进行，有利于 PbSO$_4$ 转化为 PbCl$_2$，进而有利于 Pb 的络合浸出。综合考虑，实验过程脱 Pb 反应的 pH 维持在 0.5～1.0 为宜。

5）抑制剂铅粉添加量的影响

在上述高氯体系脱 Pb 单因素工艺优化探讨过程中发现，Pb 脱除的同时，Ag 也会部分进入氯化液（上述最佳脱 Pb 条件下，Ag 损失率约为 10.2%），造成贵金属 Ag 的分散，同时后续对含 Pb 氯化液进行 PbCl$_2$ 析出时容易吸附氯化液溶解的 Ag 离子，进而导致铅渣纯度降低。因此，为了避免氯化脱 Pb 过程中 Ag 的络合浸出，氯化脱铅过程中通过添加铅粉来抑制 Ag 的溶解，使溶出的 Ag 按式（5-43）进行转化成沉淀富集在脱铅渣中。

$$2Ag^+ + Pb(s) \Longrightarrow Pb^{2+} + 2Ag(s) \tag{5-43}$$

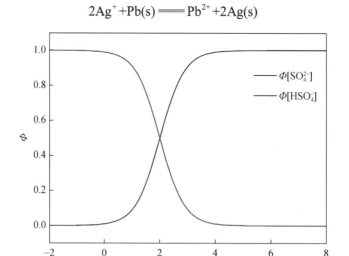

图 5-47　室温条件下 [SO$_4^{2-}$]、[HSO$_4^-$] 与 pH 关系

在上述获得的最佳实验条件下：络合剂 NaCl 添加量 200 g/L、$CaCl_2$ 添加量 50 g/L、反应温度 85℃、液固比（L/S）12∶1 mL/g、反应温度 85℃、pH 0.5、反应时间 60 min，分别探索了抑制剂铅粉添加量 0 g/L、1.0 g/L、3.0 g/L、5.0 g/L、7.0 g/L 对 Pb 脱除率及 Ag 损失率的影响，结果如图 5-48 所示。

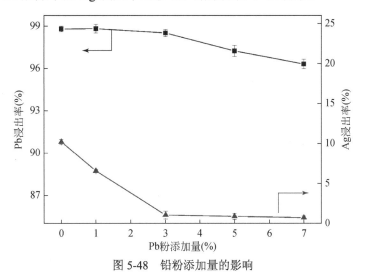

图 5-48　铅粉添加量的影响

可以看出，铅粉添加量对 Ag 损失率具有明显的抑制效果，在不添加抑制剂铅粉时，体系中 Ag 损失率约为 10.2%，随着铅粉添加量由 1.0 g/L 增加到 3.0 g/L，其损失率逐渐降低到 0.97%，继续增加铅粉添加量对 Ag 的抑制效果不再明显，基本保持在 0.56%～0.97%；与之相反，由于过多铅粉的加入，导致 Pb 脱除率有所下降。综合以上分析，选择抑制剂铅粉添加量为 3.0 g/L，此时 Pb 的脱除率为 98.6%，Ag 的损失率约为 0.97%。

上述实验反应结束后，均需对料浆进行热过滤以防止料浆冷却后溶出的 Pb 因温度降低而析出沉淀，进而导致 Pb 的脱除率降低。过滤结束后，富含 Pb 的热氯化液经冷却后其中的 $PbCl_2$ 结晶析出，再次过滤后得到 $PbCl_2$ 渣后经纯净氯化液洗涤、105℃条件下烘干 12 h 后得到纯净 $PbCl_2$ 结晶沉淀物，如图 5-49（a）所示。对其物相组成检测分析，结果如图 5-49（b）所示，其主要成分为 $PbCl_2$（PDF# 26-1150），还有少量杂质 $CaSO_4·2H_2O$（PDF# 76-1746），杂质主要来源于脱硫剂 $CaCl_2$ 与料浆中的 SO_4^{2-} 形成的 $CaSO_4$ 沉淀物。

脱 Pb 后的氯化液主要成分如表 5-13 所示，其主要成分为 Pb 离子（3.63g/L），含有少量的 Cu、Zn 以及稀散元素 Bi 离子，同时有微量的 Ag（35.4 mg/L）。由于杂质离子含量较低，不需除杂，可按照上述最佳实验参数补加脱硫剂 $CaCl_2$ 和络合剂 NaCl 以及适当添加 HCl 调整其酸度，实现脱 Pb 液循环再生，实现无废液产生并避免 Pb 污染等问题。高氯体系络合脱铅具有工艺过程简单、脱铅率高、能量消耗低且易于低碳工业应用推广的优势。

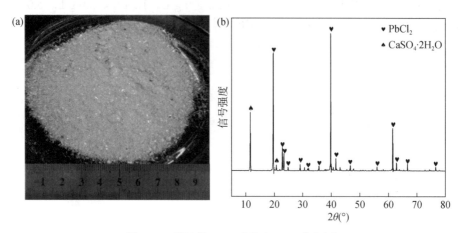

图 5-49 铅渣的（a）形貌和（b）物相图

表 5-13 脱 Pb 液主要成分（g/L）

Ag*	Pb	Cu	Zn	Bi
35.4	3.63	0.57	0.20	0.52

*：单位为 mg/L。

5.4.2 铜锌铅梯次解构反应机制

5.4.2.1 铜锌定向解构反应机制

分别将焙烧砂经不同反应温度 25℃、65℃和 85℃条件下获得的水浸渣进行 XRD 分析，如图 5-50 所示。图 5-50（a）所示为不同反应温度条件下得到的水浸渣物相与脱溴焙烧砂的物相相比，其中可溶性 $CuSO_4$ 和 $ZnSO_4$ 物相均消失，难溶 $PbSO_4$ 成为水浸渣中的主要物相，不同温度条件下其衍射特征峰均较强。图 5-50（b）～（e）为（a）中某些特征峰进行放大后的对比。图中各颜色峰及顺序代表的反应温度与之保持一致。在 2θ 为 39.35°、44.60°、53.82°和 58.85°处均能看出微弱的 AgCl（PDF#22-1326）衍射峰，这表明脱溴焙烧砂中 Ag_2SO_4 在固银剂 NaCl 的作用下已转化为 AgCl 沉淀，且在常温条件下即可实现转化。

进一步对 25℃条件下得到的浸出渣进行 SEM-EDS 分析，结果如图 5-51 所示。由图 5-51（a）可知，水浸渣呈颗粒状团聚体，形状规则，对其 1#位置进行的 EDS 分析 [图 5-51（b）] 表明 S、O 和 Pb 是其主要成分，另有少量的 Sn 和 Si，此外，

EDS 显示的 C 为测试制样过程中引入的杂质。

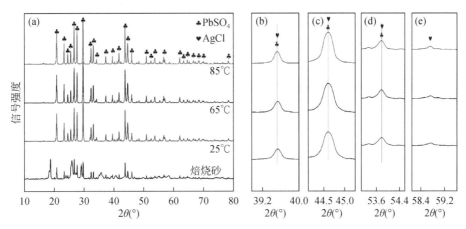

图 5-50　不同温度下水浸渣物相分析的（a）XRD 及局部放大图 [（b）39.35°；（c）44.60°；（d）53.82°；（e）58.85°]

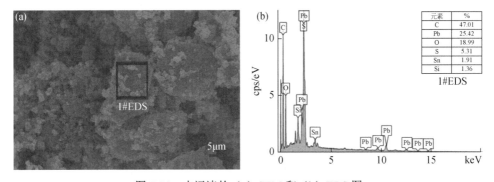

图 5-51　水浸渣的（a）SEM 和（b）EDS 图

综合以上分析，废线路板烟灰经过硫酸化强化解构后，不仅实现了溴元素高效脱除，而且实现了 Cu、Zn 等元素转化为了相应的可溶性的硫酸盐，由于脱溴焙烧砂中的主要成分为 $CuSO_4$ 和 $ZnSO_4$ 且其溶解度均较大，常温下，溶解度分别为 $S_{CuSO_4, 25℃}=20.5$ g/100 g 和 $S_{ZnSO_4, 25℃}=53.8$ g/100 g，因此水浸选择性溶出 Cu、Zn 的实质就是 $CuSO_4$ 和 $ZnSO_4$ 在水中溶解的过程。

5.4.2.2　铅络合解构反应机制

1. 铅络合解构分离过程动力学

废线路板烟灰经硫酸化强化解构脱溴、水浸选择性溶出 Cu、Zn 后得到的浸出渣中 Pb 的主要存在形式为 PbSO$_4$，在低酸高氯体系中主要是通过高浓度氯离子使其转化为可溶性铅的氯化络合物的形式，可归属于液固多相反应。络合转化过程中率先在固体颗粒表面进行，随着反应的进行，颗粒表面逐渐溶解，进一步向固体颗粒内部缩聚，导致未反应核逐渐缩小，因此低酸高氯体系铅的络合转化过程符合典型液固反应收缩核模型。

本节主要借助液固反应收缩核模型考察低酸高氯体系铅的络合浸出动力学方程及其过程控制步骤，并通过阿伦尼乌斯方程得到相应的表观活化能。将 55～85℃温度下的 Pb 脱除率与反应时间的关系数据（图 5-45）分别按照表 5-8 中式（5-22）～式（5-24）进行拟合，绘制了如图 5-52 所示的动力学关系图。

外扩散控制模型以及内扩散控制模型拟合直线线性相关性较差，对应的相关系数 R^2 分别在 0.936～0.961 [图 5-52（a）] 和 0.928～0.966 [图 5-52（b）] 范围内，而图 5-52（c）所示动力学方程 $1-(1-x)^{1/3}$ 对 Pb 脱除过程的拟合效果较好，对应的 R^2 在 0.955～0.991 范围内，这表明式（5-23）形式可能适合于 Pb 脱除过程的动力学方程，即该过程的速率控制步骤可能为化学反应控制。

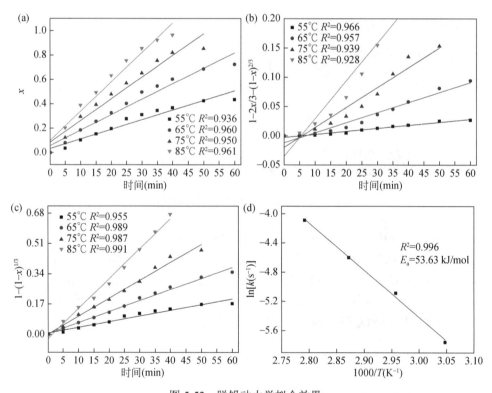

图 5-52　脱铅动力学拟合效果

（a）x、（b）$1-2x/3-(1-x)^{2/3}$、（c）$1-(1-x)^{1/3}$ 在不同温度下与时间的关系；（d）$\ln k$ 与 $1000/T$ 关系图

根据阿伦尼乌斯方程，从图 5-52（c）所示的各拟合直线的斜率可计算出 Pb 脱除过程的反应速率常数（k），取各反应速率常数的自然对数（$\ln k$）为纵坐标，以 $1000/T$ 为横坐标作图，对其进行线性拟合，如图 5-52（d）所示，可得出其表观活化能 E_a 为 53.63 kJ/mol。综合以上分析，低酸高氯体系络合脱 Pb 过程受化学反应控制。

2. 铅络合解构分离机制

分别对含 Pb 水浸渣经不同反应温度 25℃、65℃和 85℃条件下获得的脱铅渣进行 XRD 分析，如图 5-53 所示。和水浸渣相比，不同温度条件下得到的脱铅渣中难溶性的 $PbSO_4$ 物相均消失，而生成大量 $CaSO_4·2H_2O$ 晶相，这主要来源于脱硫剂 $CaCl_2$ 与料浆中的 SO_4^{2-} 形成的 $CaSO_4$ 沉淀物；此外，不同温度下脱铅渣中另一主要衍射峰是 $PbCl_2$，而不是 $PbSO_4$，这表明温和的条件下 $PbSO_4$ 即可实现向 $PbCl_2$ 的转化，而 $PbCl_2$ 的存在是因为过滤过程中液固分离较慢，料浆不断冷却，导致以溶出的铅氯络合离子析出，生成 $PbCl_2$ 沉淀，成为脱铅渣主要物相之一。因此，脱铅过滤过程一方面要保持较高的温度，避免 $PbCl_2$ 的析出；另一方面，可用热水对脱铅渣多次洗涤进一步溶解析出的 $PbCl_2$。

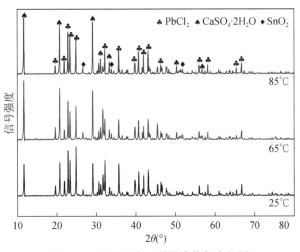

图 5-53　不同温度下脱铅渣物相表征图

进一步地，借助 HSC Chemistry 6.0 分析软件，绘制了 85℃下 4.0 mol/L Cl 离子条件下 $Pb-Cl-H_2O$ 系统的 E-pH 图，如图 5-54 所示。可以看出，Pb 在低酸高氯体系中与 Cl^- 络合主要形成 $PbCl_4^-$ 的可溶性络合离子（红线区域内），且其稳定区域较大，进一步表明保持合适的温度以及 pH 等反应条件，可实现 Pb 的有效转化脱除。

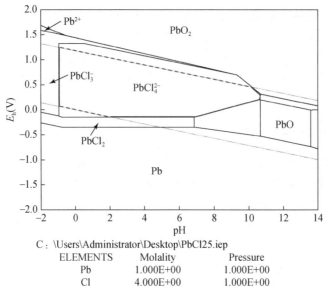

C：\Users\Administrator\Desktop\PbCl25.iep

ELEMENTS	Molality	Pressure
Pb	1.000E+00	1.000E+00
Cl	4.000E+00	1.000E+00

图 5-54　Pb-Cl-H_2O 体系的 E-pH 图

根据以上分析，低酸高氯条件下，水浸渣中 $PbSO_4$ 的络合转化主要分为以下几个步骤：$PbSO_4$ 酸解、Pb^{2+} 与 Cl^- 的配位反应、$PbCl_2$ 结晶析出，反应示意图如图 5-55 所示。

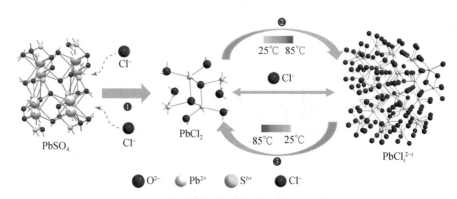

图 5-55　低酸高氯体系脱铅反应机理示意图

步骤 1：$PbSO_4$ 酸解。$PbSO_4$ 在水溶解中存在溶解平衡，如式（5-44）所示，常温条件下，其溶度积仅为 $10^{-7.42}$。但在酸性条件下，HCl 电离产生的 H^+ 与 SO_4^{2-} 反应生成 HSO_4^-，这促进了 $PbSO_4$ 的溶解，释放出 Pb^{2+}，高氯条件下 Pb^{2+} 与 Cl^- 初步形成 $PbCl_2$ 沉淀。

$$PbSO_4 \rightleftharpoons Pb^{2+}+SO_4^{2-} \qquad K_{sp}=[Pb^{2+}][SO_4^{2-}] \tag{5-44}$$

步骤 2：Pb^{2+} 与 Cl^- 的配位反应。高氯体系中，升高体系的反应温度，$PbCl_2$ 进一步络合形成较为稳定的 $PbCl_4^{2-}$ 络合离子。这一络合物反应是通过式（5-45）完成的。

$$Pb^{2+}+iCl^- \rightleftharpoons PbCl_i^{2-i} \ (i=1,2,3,4) \qquad K_i=\frac{PbCl_i^{2-i}}{[Pb^{2+}][Cl^-]^i} \tag{5-45}$$

由上式可以计算出溶液中 Pb 的总浓度$[Pb]_T$，如式（5-46）所示：

$$[Pb]_T=[Pb^{2+}]+[PbCl^+]+[PbCl_2^0]+[PbCl_3^-]+[PbCl_4^{2-}]=[Pb^{2+}]\left(1+\sum_1^4 K_i[Cl^-]^i\right) \tag{5-46}$$

由于 Pb 的各级配合离子在高氯体系中的稳定性不同，且呈现稳定性随配位数的增大而提高的规律，因此高氯体系中 $[Cl^-]$ 浓度对 i 级铅氯配合离子的摩尔分数如式（5-47）所示：

$$\varphi_i=\frac{[Pb(Cl)_i^{2-i}]}{[Pb]_T}=\frac{K_i[Pb^{2+}][Cl^-]^i}{[Pb]_T}=\frac{K_i[Cl^-]^i}{1+\sum_1^4 K_i[Cl^-]^i} \tag{5-47}$$

由上式可知，在稳定常数一定的情况下，配体浓度（$[Cl^-]$）对各级铅配合离子摩尔分数有直接的影响。可以绘制不同 $[Cl^-]$ 浓度条件下Pb^{2+}络合浸出反应过程中各级铅氯配合离子百分含量，如图 5-56 所示。进一步表明，Pb 在高氯体系中，高级铅氯配合离子的摩尔分数含量随 $[Cl^-]$ 浓度的增大而提高。

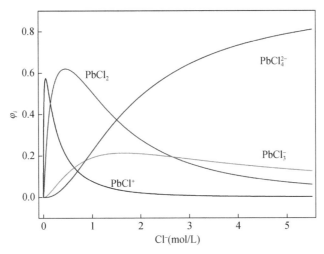

图 5-56　不同 $[Cl^-]$ 浓度下各级铅氯配合离子百分含量

步骤 3：$PbCl_2$ 结晶析出。水浸渣在高氯络合脱铅反应结束后，热过滤获得富铅热氯化液，通过降低温度，可打破上述铅氯络合平衡，使 Pb 以 $PbCl_2$ 形式结晶析出，反应过程如式（5-48）所示：

$$PbCl_i^{2-i} \longrightarrow PbCl_2 \downarrow +(i-2)Cl^- \quad (i=3,4) \tag{5-48}$$

5.5 稀贵金属富集渣定向解构原理与金银再生技术

近年来，氯盐体系在稀贵金属富集等湿法冶金领域得到广泛应用。但氯盐氧化浸出选择性较差，得到的氯化液 pH 高且成分复杂，从含稀贵金属氯化液中提取 Au、Ag 得到高品位精矿的难度较大。因此，从含稀贵金属氯化液中如何高效、绿色分离回收稀贵金属是广大科研工作者急需攻克的难题。

废线路板烟灰经硫酸化强化解构脱溴、水浸选择性溶出铜锌以及低酸高氯络合脱铅后，得到了富集 Ag、Au 等贵金属的脱铅渣。本节以脱铅渣为原料，基于氯盐体系对稀贵金属高效浸出的特性，探索 Au、Ag 氯盐氧化浸出的最佳工艺条件，随后以含稀贵金属氯化液为研究对象，重点研究 Au、Ag 分离富集工艺及反应机理。

5.5.1 稀贵金属解构过程调控优化

废线路板烟灰经过硫酸化强化解构脱溴、水浸选择性溶出 Cu、Zn，以及低酸高氯络合脱 Pb 后，得到了富含 Ag、Au 贵金属的脱铅渣，主要成分如表 5-14 所示。脱铅渣中除了富集 233.4 g/t 的 Au、1.63% 的 Ag，还含有 1.02% 的 Pb 以及 5.25% 的难溶 Sn，除此以外，还有少量的稀散元素 Bi，约为 0.42%。对其进行物相分析，其结果如图 5-57 所示，脱铅渣中主要物相为 $CaSO_4 \cdot 0.5H_2O$、NaCl、$PbCl_2$ 和 SnO_2，同时出现微弱的 AgCl 信号，由于贵金属 Au 和稀散元素 Bi 含量较少，因此未能表征其特征峰。

表 5-14　脱铅渣主要元素（%，质量分数）

元素	Pb	Au*	Ag	Sn	Sb	Bi
含量	1.02	233.4	1.63	5.25	0.02	0.42

＊：单位为 g/t。

本节主要研究脱铅渣中贵金属 Au、Ag 在氯盐体系络合浸出过程，重点研究浸出过程中 NaCl 浓度、反应 pH、氧化剂 $NaClO_3$ 添加量、反应温度以及液固比等参数对 Au、Ag 浸出率的影响。

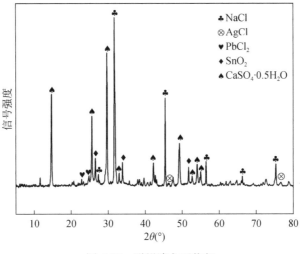

图 5-57　脱铅渣主要物相

1. NaCl 浓度对 Au、Ag 浸出率的影响

固定实验条件：反应 pH 为 0.5（用浓盐酸调节，下同），$NaClO_3$ 添加量 20%（按原料脱铅渣质量百分比计算，下同），液固比 5∶1 mL/g，反应温度 85℃，反应时间 3.0 h。分别探索了 NaCl 浓度为 50 g/L、100 g/L、150 g/L、200 g/L 和 250 g/L 对脱铅渣中 Au、Ag 浸出率的影响，结果如图 5-58 所示。

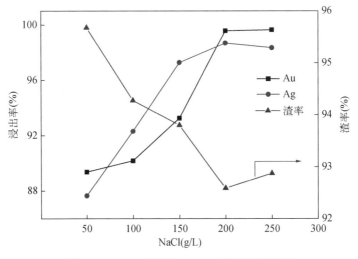

图 5-58　NaCl 浓度对 Au、Ag 浸出率的影响

由图可知，NaCl 浓度的增加对 Au、Ag 元素浸出产生促进作用，当 NaCl 浓度为 50 g/L 时，Au、Ag 的浸出率分别为 89.36% 和 87.63%，随着 NaCl 浓度的增

大，Au、Ag 浸出率逐渐增加，当 NaCl 浓度增加到 200 g/L 时，Au、Ag 的浸出率分别达到 99.61%和 98.72%，此后，Au、Ag 的浸出率保持稳定，变化不大，这是因为氯盐体系已经具有足够的 Cl 离子能够满足 Au 和 Ag 的完全浸出。另一方面，随着 NaCl 的浓度增加，渣率由 95.5%逐渐降低到 92.6%，之后趋于稳定，这主要是氯化浸出达到平衡后对渣率影响不大。综合考虑，后续浸出过程 NaCl 浓度选择 200 g/L。

2. 反应 pH 对 Au、Ag 浸出率的影响

固定实验条件：NaCl 200 g/L，NaClO$_3$ 添加量为 20%，液固比 5∶1 mL/g，反应温度 85℃，反应时间 3.0 h。分别探索了反应 pH 0、0.5、1.0、1.5、2.0 和 2.5 条件下对脱铅渣中 Au、Ag 浸出率的影响，结果如图 5-59 所示。

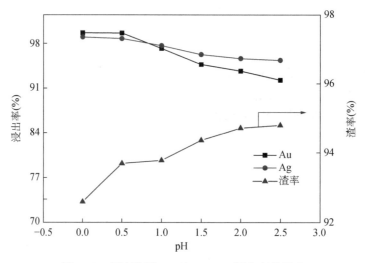

图 5-59 反应体系 pH 对 Au、Ag 浸出率的影响

由图可知，当其他实验条件一定时，反应 pH 的升高对 Au、Ag 元素浸出率产生不利的影响。pH 小于 0.5 时，Au、Ag 均能保持较高的浸出率，分别维持在 99.6%和 98.7%以上，随着 pH 的增大，Au、Ag 均有下降的趋势，且 Ag 浸出率下降速度略低于 Au，这表明 Au 浸出过程受体系中酸度影响较大，随着 pH 增加为 1.5 时，Au、Ag 浸出率均低于 96.2%，不能满足 Au、Ag 较高的浸出率，且 Au、Ag 浸出率的降低使得渣率略有上升的趋势。综合考虑，反应 pH 不高于 0.5。

3. NaClO$_3$ 添加量对 Au、Ag 浸出率的影响

固定实验条件：NaCl 200g/L，反应终点 pH 为 0.5，液固比 5∶1 mL/g，反应

温度 85℃，反应时间 3.0 h。分别探索了氧化剂 $NaClO_3$ 添加量为 5%、10%、15%、20% 和 25% 对脱铅渣中 Au、Ag 浸出率的影响，结果如图 5-60 所示。

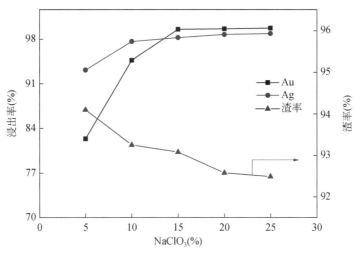

图 5-60　$NaClO_3$ 添加量对 Au、Ag 浸出率的影响

随 $NaClO_3$ 添加量的增加，Au 浸出率呈现快速上升然后趋于稳定的趋势，当 $NaClO_3$ 添加量由 5% 增加到 20% 时，Au 浸出率由 82.34% 迅速增长到 99.62%，之后保持稳定。这主要是因为氧化剂 $NaClO_3$ 的添加，使得氯盐体系产生更多的新生态 [Cl]，加快与 Au 的反应速度，进而其浸出率增加，当 Au 的浸出反应达到平衡后，过多的 $NaClO_3$ 添加量会产生过多的挥发性氯气，造成试剂的浪费和环境的污染。$NaClO_3$ 的添加量反而对 Ag 的浸出率影响不大，当 $NaClO_3$ 添加量由 5% 增加到 10% 时，Ag 浸出率由 93.12% 增加到 97.62%，而后随着 $NaClO_3$ 添加量的增加增长速率缓慢，这是因为脱铅渣中 Ag 主要是以 AgCl 形式存在，它的浸出主要受氯离子浓度的影响，而脱铅渣可能存在的 Ag 单质（上一节脱铅过程中由于抑制剂 Pb 粉的添加而产生）的浸出仅需少量的氧化剂 $NaClO_3$ 即可满足。当体系浸出达到平衡后，其渣率亦趋于稳定，维持在 92.5%～93.2% 之间。综合考虑，氧化剂 $NaClO_3$ 添加量为 20% 为宜。

4. 反应温度和时间对 Au、Ag 浸出率的影响

固定实验条件：NaCl 200g/L，pH 0.5，氧化剂 $NaClO_3$ 添加量为 20%，液固比 5∶1 mL/g。分别探索了反应温度 55℃、65℃、75℃ 和 85℃ 条件下，每隔 30 min 取样检测浸出体系 Au、Ag 浓度变化情况，据此做出不同反应温度条件下 Au、Ag 浸出率与时间的关系图，结果如图 5-61 所示。

由图 5-61（a）可知，随着反应温度的升高，脱铅渣中 Au 的浸出率可以明显

提高，浸出 30 min 时，55℃条件下 Au 浸出率只有 20%左右，而 85℃时已经达到 60%左右，随着反应时间的延长，Au 的浸出率快速增加，反应 150 min 后，85℃ 条件下 Au 浸出率基本达到平衡 99.54%，而后趋于稳定，温度的升高增强了 Au 的络合转化的能力；相同条件下，Ag 浸出受温度的影响略小于 Au 的浸出，如图 5-61（b）所示，55℃升高到 85℃的条件反应 60 min 后，Ag 浸出率仅由 49.99% 提升为 70.23%，而随着实验的延长，不同温度下 Ag 的浸出均在 150 min 后达到 平衡，可能的原因是 Ag 在氯化过程形成可溶性的络合物是一个复杂的过程，仅 靠温度的升高难以使 Ag 转化完全。实验过程发现，过高的温度导致氧化剂分解 加快，产生过多的氯气挥发，降低了氧化剂的利用率，因此后续实验采用 85℃的 浸出温度反应 3.0 h。

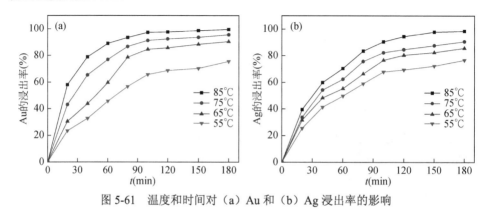

图 5-61　温度和时间对（a）Au 和（b）Ag 浸出率的影响

5. 液固比对 Au、Ag 浸出率的影响

固定实验条件：NaCl 200 g/L，pH 为 0.5，$NaClO_3$ 添加量 20%，反应温度 85 ℃，反应时间 3.0 h。分别探索了液固比 3：1 mL/g、4：1 mL/g、5：1 mL/g、6：1 mL/g 和 10：1 mL/g 对脱铅渣中 Au、Ag 浸出率的影响，结果如图 5-62 所示。由图可知，液固比的增加对 Au、Ag 浸出产生促进作用。液固比为 3：1 mL/g 时，Au、Ag 的浸出率分别为 85.3%和 90.6%，随着液固比增大为 5：1 mL/g 时，分别达到最大，为 99.62%和 98.73%，继续增大液固比，浸出率保持稳定，此后渣率变化不大。通常，液固比的增加会在反应界面处提供更高的浓度差，从而导致反应物种的扩散驱动力更大，从动力学的角度出发促进了浸出过程。过大的液固比反而导致浸出液中贵金属浓度降低，不利于后续贵金属的提取，综合考虑，液固比选择 5：1 mL/g。

6. 氯化液循环性能分析

根据上述单因素实验分析，得出氯化浸出的最佳工艺参数：NaCl 200 g/L、反应 pH 0.5、NaClO$_3$ 添加量 20%、反应温度 85℃、液固比为 5∶1 mL/g，以及反应时间 3.0 h 氯化条件下，Au、Ag 浸出率分别为 99.62% 和 98.73%。按照上述最佳工艺参数，通过分析 5 次循环浸出过程 Au、Ag 浸出率变化情况，考察氯化液对贵金属浸出效果。实验过程 1 次（初次）循环是以新鲜氯化液（NaCl 200 g/L，pH 0.5）为浸出剂，后续第 2～5 次循环实验均是以上一次的浸出液为浸出剂按上述最佳实验的液固比进行氯化浸出反应，反应过程不改变体系的 NaCl 浓度、氧化剂 NaClO$_3$ 添加量以及 pH，结果如图 5-63 所示。

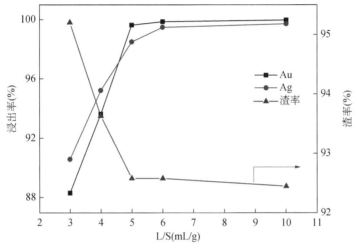

图 5-62　液固比对 Au、Ag 浸出率的影响

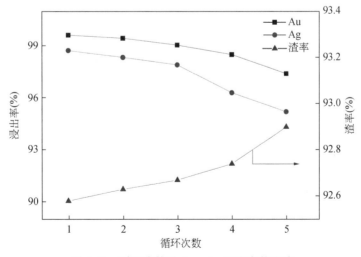

图 5-63　循环次数对 Au、Ag 浸出率的影响

在保持其他实验条件不变的情况下，氯化循环 3 次时，Au、Ag 浸出率依然能达到 99.01%及 97.92%以上，这表明氯盐体系具有足够的氯离子和氧化剂使得 Au、Ag 具有较高的浸出率；而随着循环次数增加到 5 次时，Au、Ag 浸出率下降明显，此时分别降低到 97.34%和 95.21%，这主要是因为随着循环次数的增加，脱铅渣中除 Au、Ag 以外，其他元素 Pb 和 Bi、Cu、Zn 等元素均会消耗体系的氯离子、氧化剂以及氢离子，导致 Au、Ag 浸出率下降的同时致使氯化液中添加了大量的杂质离子，不利于后续氯化液中贵金属的提取。

脱铅渣经氯盐氧化后得到的氯化渣物相组成如图 5-64 所示。其主要成分为 $CaSO_4$（PDF# 89-1458）、NaCl（PDF# 75-0306），除此以外还检测到了 SnO_2（PDF# 72-1147）的衍射峰。其中，$CaSO_4$ 是由上一节脱铅过程脱硫剂和 SO_4^{2-} 形成的难溶沉淀物，而 NaCl 是由于氯盐氧化过程络合剂析出沉淀造成，可通过多次热水洗涤脱除，其中的 SnO_2 是一种难溶稳定化合物，是由废线路板烟灰整体回收过程累积而来，根据其化学性质，后续可由熔融苛性碱进行回收制备高值化的锡酸盐产品，实现废线路板烟灰中有价组分的综合回收。

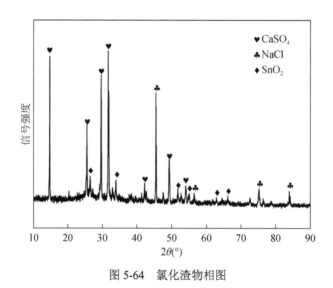

图 5-64　氯化渣物相图

5.5.2　氯化液中和脱铋过程调控优化

氯化过程的强氧化性，导致氯化液不仅富集大量的 Au、Ag 等贵金属，同时还会引入其他杂质元素，通过将上述各个条件下得到的氯化液进行混合得到了富集 Au、Ag 的混合氯化液，其 pH<0.5，主要成分如表 5-15 所示。混合氯化液中 Au、Ag 含量分别为 208.2 mg/L 和 994.8 mg/L，主要杂质成分为 Pb，以及少量的

Cu、Zn 等，此外还含有 322.1 mg/L 的稀散元素 Bi。

表 5-15　氯化混合液主要元素含量（mg/L）

元素	Ag	Au	Cu	Zn	Bi	Pb
含量	994.8	208.2	67.2	55.69	322.1	1512.1

上述混合氯化液中杂质 Pb 离子含量高于其他杂质元素，但并不是优先脱除的元素，因后续置换贵金属过程中需要加入铅粉，可在置换过程累积富集以后返回至低酸高氯脱 Pb 工序；因 Bi 离子在氯盐体系易水解，导致贵金属 Au、Ag 被吸附一同沉淀，造成贵金属分散。因此，需在 Au、Ag 回收之前对 Bi 离子进行优先脱除。本节主要探讨不同除沉淀剂种类、超声辅助功率、酸度、温度、时间等工艺条件对 Bi 元素沉淀脱除的影响规律，以确定最佳工艺条件。

1. 沉淀体系选择

通过对混合氯化液含杂质特性分析，设计了 4 种沉淀体系，分别为去离子、饱和 NaOH、饱和 Na_2CO_3、饱和 $NaHCO_3$，分别用这几种沉淀剂调节混合氯化液 pH 5.5，室温条件下中速搅拌反应 30 min，然后离心过滤。对比这 4 种沉淀剂的脱 Bi 效果，如图 5-65 所示。直接采用水稀释进行杂质离子的水解，体系中 Cu、Bi 脱除率分别为 57.45% 和 96.33%，但去离子水稀释水解容易导致水解液量过大，降低氯盐体系中 Au、Ag 浓度，不利于后续贵金属富集；对比发现，碱性沉淀剂对体系杂质元素均具有良好的效果，其中饱和 NaOH 中和沉淀至 pH 为 5.5 时，Cu 和 Bi 的脱除率分别为 69.54% 和 99.22%，脱除率较高，饱和 Na_2CO_3、饱和 $NaHCO_3$ 体系中和沉淀过程中均有 CO_2 气泡产生，在大规模生产实践中大量 CO_2 温室气体的产生不符合碳达峰、碳中和"双碳"经济的要求。后续沉 Bi 实验选用 NaOH 作为沉淀剂。但不论用哪种中和沉淀剂，置换过程均有 Au 和 Ag 的损失，分别为 5% 和 15% 左右，因此在探索较佳的工艺参数实现 Bi 元素最大限度优先脱除同时，还应兼顾 Au 和 Ag 贵金属的损失率，使其降到最低。

2. 超声辅助对中和沉淀脱铋过程的影响

在上述沉淀脱 Bi 过程中，Au、Ag 的损失主要是 Bi 形成水解沉淀物过程中吸附一部分 Au、Ag 导致其损失，另一部分是 pH 的升高导致 Ag 的络合物本身水解形成 AgCl 沉淀，因此，是否可通过外力干扰减少因 Bi 离子吸附夹带而造成的贵金属的损失，是本节需要解决的技术难题。文献研究发现，利用超声"空化效应"减少中和沉淀水解过程沉淀物攒聚，可降低 Au、Ag 因吸附造成的损失。本实验所使用的超声波发生器功率范围为 0～1000 W，频率为 20 kHz。

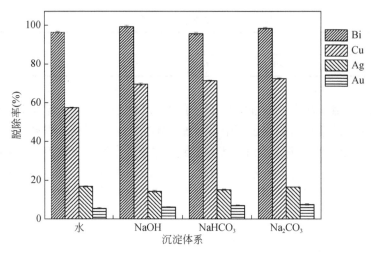

图 5-65　不同沉淀剂的脱 Bi 效果

固定实验反应条件：反应 pH 4.5、反应温度 25℃、搅拌速度 200 r/min 以及反应时间 30 min。考察了超声功率 0 W、50 W、100 W、150 W、200 W、250 W、300 W 下对 Bi 脱除率及 Au、Ag 损失率的影响，结果如图 5-66 所示。随着超声功率的提高，对 Bi 元素的脱除率影响较小，当超声功率由 0 增加到 300 W，Bi 脱除率维持在 99.22%～99.49%之间，而 Au、Ag 损失率随着超声功率的增加呈现

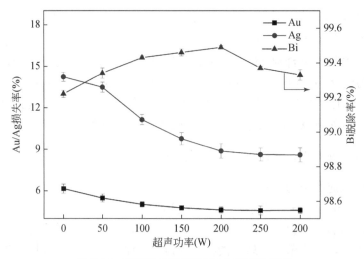

图 5-66　超声功率对沉淀脱 Bi 过程的影响

出先降低后趋于稳定的趋势，在功率为 0 W 时 Au、Ag 损失率分别为 6.15%和 14.23%，当功率升高到 200 W 时，Au、Ag 损失率分别下降到 4.62%和 8.87%，继续增加超声功率，Au、Ag 损失率变化不明显。因此，在不影响 Bi 脱除率的前提下，可以通过增加超声功率来有效降低 Au、Ag 损失率，综合考虑后续实验选定超声功率为 200 W。

3. 反应 pH 对中和沉淀脱铋的影响

固定实验反应条件：超声功率 200 W、反应温度 25℃、反应时间 30 min、反应搅拌速度 200 r/min。分别探索了用饱和 NaOH 溶液调 pH 至 1.0、1.5、2.5、3.0、3.5、4.0、4.5、5.0、5.5，对 Bi 离子脱除率以及 Au、Ag 损失率的影响，结果如图 5-67 所示。

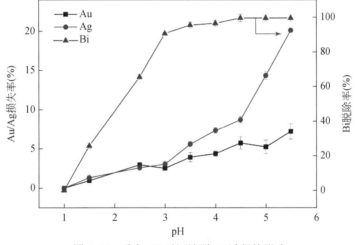

图 5-67　反应 pH 对沉淀脱 Bi 过程的影响

当其他实验条件一定时，随着反应 pH 的增加，Bi 的脱除率增加迅速，当中和 pH 为 1.0 时，Bi 的脱除率和 Au、Ag 损失率基本为 0，此时氯化液的酸度足够维持体系离子平衡，继续增加 NaOH 添加量以增大反应 pH，Bi 脱除率增长较为迅速，当反应 pH 为 3.0 时，Bi 的脱除率增长到 90.25%，当继续增大反应 pH，Bi 脱除率增长缓慢，pH 为 4.5 时，Bi 的脱除率基本达到最大为 99.52%；而体系 pH 对 Au 损失率影响不大，pH 小于 5.0 时，Au 的损失率均小于 5.5%，pH 由 1.0 增加到 4.5 时，Ag 损失率由 0 缓慢增加到 8.71%，而随着反应 pH 的继续增加，Ag 损失率增加速率变大，pH 为 5.5 时，Ag 损失率超过 20%，这是因为 pH 的增加导致溶液体积变大，体系氯离子浓度减小进而导致银离子络合平衡被打破。综合考虑，选择反应 pH 为 4.5 左右。

4. 反应温度对沉淀脱铋过程的影响

固定实验反应条件：超声功率 200 W、反应 pH 4.5、反应时间 30 min、以及搅拌速度 300 r/min。分别探索了反应温度 25℃、40℃、50℃、60℃，对 Bi 离子脱除率以及 Au、Ag 损失率的影响，结果如图 5-68 所示。

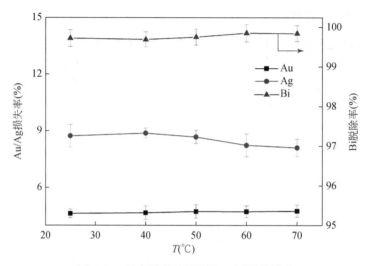

图 5-68　反应温度对沉淀脱 Bi 过程的影响

当其他实验条件一定时，反应温度对 Bi 脱除效果以及 Au、Ag 损失率均不大，室温（25℃）条件下 Bi 的脱除率达到 99.52%，Au、Ag 损失率分别控制在 4.63% 和 8.72%，增加温度对反应过程意义不大，反而增加能耗，综合考虑，反应温度选择 25℃。

5. 反应时间对沉淀脱铋过程的影响

固定实验反应条件：超声功率 200 W、反应 pH 4.5、反应温度 25℃、搅拌速度 300 r/min。探索了反应时间分别为 5 min、10 min、20 min、30 min、40 min、50 min、60 min 对 Bi 离子脱除率以及 Au、Ag 损失率的影响，结果如图 5-69 所示。当其他实验条件一定时，中和沉淀脱除过程的反应速率可在短时间内完成，30 min 基本达到反应平衡，此时 Bi 脱除率为 99.52%，继续延长反应时间至 60 min 左右，Bi 脱除率基本不变；而随着 Bi 沉淀平衡，Au、Ag 损失率也在 30 min 左右达到平衡，分别为 4.63% 和 8.72%。因此反应时间选择 30 min 为宜。

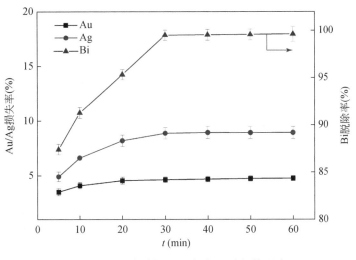

图 5-69　反应时间对沉淀脱 Bi 过程的影响

6. 搅拌速度对沉淀脱铋过程的影响

固定实验反应条件：超声功率 200 W、反应 pH 4.5、反应温度 25℃、反应时间 30 min，探索了磁力搅拌速度分别为 50 r/min、100 r/min、150 r/min、200 r/min、250 r/min、300 r/min、350 r/min 对 Bi 离子脱除率以及 Au、Ag 损失率的影响，结果如图 5-70 所示。当其他实验条件一定时，Bi 脱除率随着搅拌速度的增加呈现先增加后趋于稳定的趋势，当搅拌速度为 50 r/min 时，Bi 损失率为 91.18%，搅拌速度增大到 200 r/min 时，Bi 脱除率达到最大为 99.52%，此后 Bi 脱除率达到稳定；

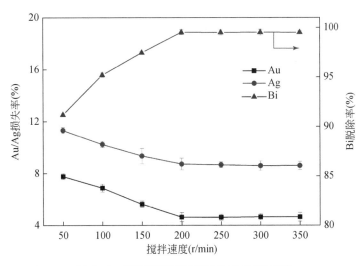

图 5-70　搅拌速度对沉淀脱 Bi 过程的影响

在搅拌速度为 50～200 r/min 范围内，Au、Ag 损失率与 Bi 脱除规律相反，呈现逐渐下降的趋势，200 r/min 时 Au、Ag 损失率分别为 4.63%和 8.72%，此后趋于稳定。综合分析，反应搅拌速度以 200 r/min 为宜。

综合以上分析，Bi 元素中和沉淀最佳工艺参数为：超声功率 200 W、反应 pH 4.5、反应温度 25℃，搅拌速度 200 r/min、反应时间 30 min 时，Bi 脱除率达到 99.52%，此时 Au、Ag 损失率分别为 4.63%和 8.72%。

将上述中和水解沉淀得到的含 Bi 沉淀渣（如图 5-71 所示黄色沉淀物）经 105℃ 干燥 12 h 后对其组分进行分析，结果显示含 Bi 52.47%、Cl 33.2%、Cu 1.4%、Ag 1.5%及 Na 0.36%。并对其进行 XRD 物相分析，如图 5-71 所示，含 Bi 沉淀渣主要物相为 BiOCl（PDF# 82-0485）以及少量的 $Na_{0.9}Ag_{0.1}Cl$（PDF# 77-2065），除此以外，还可看出另有其他杂质成分的微弱信号，但由于其含量较少，受主要物相衍射峰的干扰，未能显示出具体杂质物相明显的特征峰。

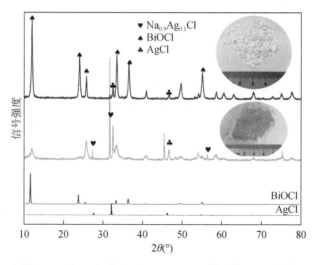

图 5-71　含 Bi 沉淀渣及 AgCl-BiOCl 样品的 XRD 图谱

文献调研可知，BiOCl 为一种催化半导体材料，可用于有机污染物的降解，而 AgCl 一定程度上可增加 BiOCl 材料的催化效果，因此，本节在此基础上提出一种"沉淀渣再酸解-超声辅助二次共沉淀-离心提纯"的有效组合工艺，用于制备 AgCl 负载 BiOCl 复合催化材料。

AgCl-BiOCl 复合材料的制备及表征：将上述含 Bi 沉淀渣用 3 mol/L 盐酸溶液充分溶解，加热至 60℃用去离子水调节至 pH 至 3.0 形成白色悬浊液，超声反应 2 h，离心得到白色沉淀（图 5-71），将白色沉淀用去离子水和无水乙醇分别洗涤 3～5 次，60℃干燥 24 h，得到 AgCl-BiOCl 复合材料，对其进行 XRD 物相分析，结果如图 5-71 所示。由 XRD 结果可知，含 Bi 沉淀渣经上述"沉淀渣再酸解-超声辅助二次共沉淀-离心提纯"制得的材料主要物相为 BiOCl（PDF# 82-0485），以及少量的 AgCl（PDF# 13-1236）物相，除此以外，未能检测到其他杂质物相的存在。

为进一步表征上述中和沉淀制备得到材料的形貌特征，对其进行 SEM-EDS 分析，结果如图 5-72（a）和（b）所示。其 SEM 形貌如图 5-72（a）所示，可知制备的 AgCl-BiOCl 复合材料外观形貌规则，呈片状，属于典型的纳米花状。图 5-72（b）的 EDS 能谱分析了其中元素组成，结果显示，制备的材料中主要成分为 O 47.61%、Bi 44.57%、Ag 5.92%，以及 Cl 1.89%，佐证了 AgCl-BiOCl 复合材料的成功制备。

XPS 谱用于进一步分析上述中和沉淀制备得到的 AgCl-BiOCl 复合材料的表面组成和各元素的化学状态。图 5-72（c）～（f）为 AgCl-BiOCl 复合材料中主要元素 Bi、O、Cl 及 Ag 的高分辨 XPS 图谱，在 Bi 4f 的高分辨 XPS 图谱中，显示了两个强特征峰，其中 159.1 eV 处的特征峰源于 Bi $4f_{7/2}$，而 164.15 eV 处的特征峰来自 Bi $4f_{5/2}$，这表明 Bi^{3+} 存在于所制备的 BiOCl 中；在 O 1s 图谱中可以明显地观察到两处特征峰，分别位于 530.17 eV 和 531.56 eV 处，前者源于 BiOCl 中的

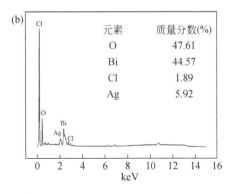

元素	质量分数(%)
O	47.61
Bi	44.57
Cl	1.89
Ag	5.92

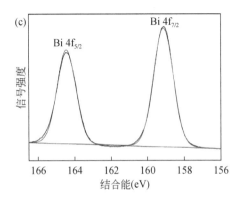

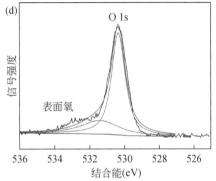

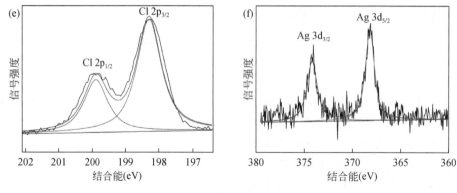

图 5-72　AgCl-BiOCl 复合材料

（a）SEM 图；（b）EDS 能谱图；XPS 图谱：（c）Bi 4f、（d）O 1s、（e）Cl 2p、（f）Ag 3d

Bi—O 晶格氧，而后者表明了在 BiOCl 的表面可能形成了氧空位；此外在 Cl 2p 图谱中，198.2 eV 和 199.9 eV 处的特征峰分别源于 Cl $2p_{3/2}$ 和 Cl $2p_{1/2}$；由 Ag 3d 的高分辨 XPS 光谱的分峰结果可知，位于 368.1 eV 和 374.18 eV 的峰值分别归属于 Ag $3d_{5/2}$ 和 Ag $3d_{3/2}$，这表明 Ag^+ 存在于 AgCl 之中。以上结果均佐证"沉淀渣再酸解-超声辅助二次共沉淀-离心提纯"对 AgCl-BiOCl 复合材料的成功制备。

5.5.3　铅粉置换再生金银过程调控优化

置换反应主要是根据金属离子在水溶液中的电极电位的不同，电极电位较负的金属（置换金属）能置换出电极电位较正的金属（被置换金属），而本身进入溶液中。被置换金属与置换金属的电势差越大，置换的趋势就越大。研究表明，金属 Cu、Zn 和 Fe 均能从氯盐体系置换贵金属，通过对比发现，Zn 置换推动力最大，除能置换出贵金属外，还可把体系中杂质离子 Pb、Cu 等一同置换，且 Zn 较为活泼，若置换体系 pH 较低，易于与 H^+ 反应释放 H_2；相比之下，Fe 和 Cu 推动力较小，置换效果差；而铅粉不易把体系中其他相对活泼的金属置换出来，同时置换后铅离子进入置换后液，不用作为杂质离子，仅需调整 pH 和氯离子浓度即可返回高氯脱铅工序，形成闭环工序，因此考虑选择铅粉置换氯化液中的贵金属。

本节采用的置换设备与上一节 Bi 脱除工序设备相同，探讨铅粉在氯盐体系中置换贵金属 Au、Ag 的规律，主要考察不同铅粉添加量、反应温度、搅拌速度、反应时间、pH、超声辅助等参数对 Au、Ag 置换率的影响。

1. 铅粉加入量对 Au、Ag 置换率的影响

固定实验条件：pH 为 4.5、反应温度 65℃、磁力搅拌速度 250 r/min，以及超

声功率 300 W。分别探索了铅粉添加量 3.0 g/L、4.0 g/L、5.0 g/L、6.0 g/L 的条件下，反应 5 min、10 min、15 min、20 min、25 min、30 min 对 Au、Ag 置换率的影响，结果如图 5-73 所示。

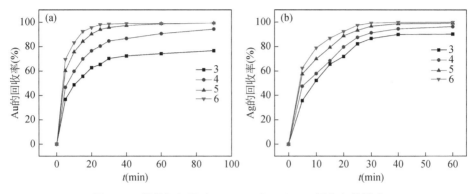

图 5-73　铅粉加入量对（a）Au 和（b）Ag 置换率的影响

由图 5-73（a）可知，Au 的置换率受铅粉添加量的影响较大，很短的时间内即可达到平衡，反应 30 min 时，在铅粉添加量为 3.0 g/L 时，体系中 Au 的置换率已达到 70.3%，而铅粉添加量为 5.0 g/L 时，Au 的置换率达到最大为 95.63%，随着铅粉添加量的继续增大，Au 的置换率保持稳定，变化不明显；60 min 时，Au 在不同铅粉添加量条件下均能达到稳定值；图 5-73（b）显示了 Ag 的置换率随铅粉加入量增大也呈现逐渐增加的趋势，反应 60 min 时，当铅粉添加量由 3.0 g/L 增加到 5.0 g/L 时，Ag 的置换率由 90.2%迅速增加到 99.3%，当铅粉添加量继续增加，Ag 的置换率变化不大，而是趋于平稳。但反应体系中 Pb 离子浓度随着铅粉添加量的增加而逐渐升高，溶液中 Pb 离子浓度过高，不利于 Au、Ag 的置换，综合考虑铅粉添加量选择 5.0 g/L。

2. 反应温度对 Au、Ag 置换率影响

固定实验条件：铅粉条件量 5.0 g/L、pH 为 4.5、磁力搅拌速度 250 r/min，以及超声功率 300 W。分别探索了反应温度 25℃、45℃、65℃、85℃条件下，对 Au、Ag 置换率的影响，结果如图 5-74 所示。

随着反应温度的升高，Au 的置换率受温度的影响较 Ag 置换率大，常温（25℃）条件下，置换反应 60 min，Au、Ag 置换率分别维持在 68.9%和 92.3%，当反应温度升高至 65℃时，Au、Ag 置换率分别升高至 99.80%和 98.63%。这可能是由于低温条件下，置换生成的 $PbCl_2$ 会在铅粉表面生成阻碍层，阻碍置换反应的进行，根据 $PbCl_2$ 在高温条件下溶解度较大的特性，因此置换过程可提高置换温度，有利于减少 PbCl$_2$ 的干扰。通过实验检测发现，温度由室温升高至 65℃时，氯化液中 Pb 的浓度由 1069.3 mg/L 升高至 1178.1 mg/L，继续升高温度，Au、Ag 置换率保持稳定，综合考虑置换温度选择 65℃为宜。

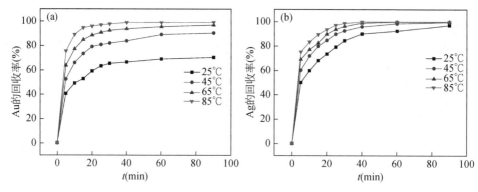

图 5-74 反应温度对（a）Au 和（b）Ag 置换率的影响

3. 反应 pH 对 Au、Ag 置换率的影响

固定实验条件：铅粉添加量 5.0 g/L、反应温度 65℃、反应时间 60 min、磁力搅拌速度 250 r/min，以及超声功率 300 W。分别探索了 pH 为 0.5、1.0、2.0、2.5、3.0、3.5、4.0、4.5、5.0 条件下，对 Au、Ag 置换率的影响，结果如图 5-75 所示。初始 pH 对 Au、Ag 置换率影响较大，主要是因为体系中 pH 过低时，铅粉与其中的 H 离子反应，而且存在的氧化性［Cl］将铅粉氧化成 PbO 消耗铅粉，导致置换

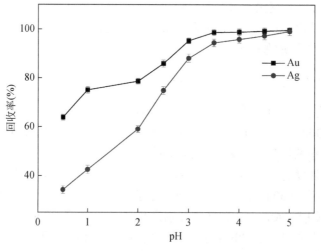

图 5-75 反应 pH 对 Au、Ag 置换率的影响

率低。pH 大于 4.0 时，Au、Ag 具有较高的置换率，均能达到 98.50%以上。综合前面中和除杂的控制条件，置换 pH 选择 4.5。

4. 搅拌速度对 Au、Ag 置换率的影响

固定实验条件：铅粉添加量为 5.0 g/L、pH 为 4.5、反应温度 65℃、反应时间 60 min，以及超声功率 300 W。分别探索了搅拌速度 0、50 r/min、100 r/min、150 r/min、200 r/min、250 r/min、300 r/min、350 r/min、400 r/min、450 r/min，对 Au、Ag 置换率的影响，结果如图 5-76 所示。当其他实验条件一定时，Au、Ag 的置换率均随着搅拌速度的增加而增大，搅拌速度由 0 增加到 250 r/min 时，Au、Ag 的置换率分别由 37.32%和 25.54%迅速增加到 99.80%和 98.63%，这主要是因为增加搅拌强度，外力作用下能使铅粉表面的沉淀物及时除去，暴露出铅粉的新表面，加强搅拌更有利于被置换离子的扩散；之后继续增大搅拌速度，置换率趋于稳定变化不大，综合分析，反应搅拌速度为 250 r/min 为宜。

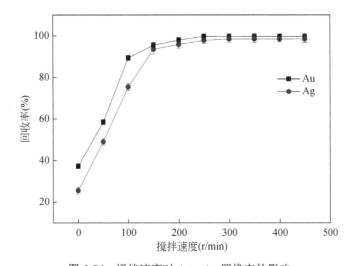

图 5-76　搅拌速度对 Au、Ag 置换率的影响

5. 超声辅助对 Au、Ag 置换率的影响

超声波机械效应可以辅助机械搅拌提高 Au、Ag 的置换效果，铅粉添加量为 5.0 g/L、pH 为 4.5、反应温度 65℃、反应时间 60 min、磁力搅拌速度 250 r/min 的实验条件，分别探索了超声功率 0、50 W、100 W、150 W、200 W、250 W、300 W、350 W 条件下，对 Au、Ag 置换率的影响，结果如图 5-77 所示。在不采用超声辅助的条件下，Au、Ag 置换率分别为 93.50%和 90.30%，当超声功率由 0 增加到 300 W 时，Au、Ag 置换率均稳步增加到 99.80%和 98.63%，之后趋于稳

定,主要的原因可能是超声机械强化可以减小铅粉外扩散层厚度并提高传质效率,进而调高置换率,采用超声强化技术对脱除过程是有益的,故将超声波功率选定为 300 W。

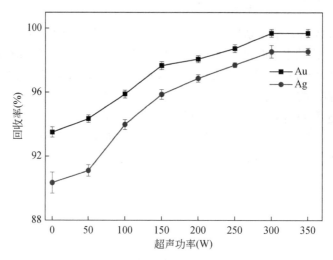

图 5-77 超声辅助对 Au、Ag 置换率的影响

通过以上单因素实验分析,控制置换过程参数条件,可实现 Au、Ag 有效回收,最佳工艺条件为:铅粉添加量为 5.0 g/L、pH 为 4.5、反应温度 65℃、时间 60 min、磁力搅拌速度 250 r/min,以及超声波功率 300 W,此时 Au、Ag 置换率分别为 99.80%和 98.63%。

6. 置换后液再生利用分析

富含稀贵金属氯化液经中和沉淀脱 Bi 以及铅粉置换 Au、Ag 后得到置换后液,溶液 pH 为 5.0 左右,主要成分如表 5-16 所示,可以看出置换后液主要组分为 Cl、Na、Ca 以及 Pb 等元素,除此以外,还有微量的 Cu、Bi、Sb、Ag 以及 Au 等元素。

表 5-16 置换后液主要成分 (g/L)

元素	Na	Cl	Ca	Pb	Au*	Ag*	Sb	Cu	Bi
含量	63	105	12.2	4.06	<0.01	0.2	0.005	0.08	0.04

*:单位为 mg/L。

由于置换后液中含有较多的 Ca 离子和 Cl 离子,且其他杂质元素较少,结合上一节低酸高氯络合脱 Pb 工序浸出体系富含 HCl、NaCl 以及 CaCl$_2$ 的特性,本节提出将置换后液补充相应的 H、Cl 及 Ca 离子返回低酸高氯络合脱 Pb 工序，实现高氯浸出液的闭路循环利用。

通过添加 HCl 调整再生氯化液的酸度（pH＜0.5），再补加 CaCl$_2$ 使体系脱硫剂 CaCl$_2$ 达到脱铅工序最佳条件要求（50 g/L），最后补充 NaCl 满足脱铅工序最佳条件要求（200 g/L），按照脱铅工序参数：反应温度 85℃、液固比 12∶1 mL/g、反应时间 60 min 的条件下，Pb 的脱除率可达到 97.20%，这与本书 5.4 节低酸高氯络合脱 Pb 最佳工艺条件下脱铅率 98.6% 相差不大。以上实验结果这表明，置换后液再生后完全满足脱铅工序技术要求，在实现铅离子有效脱除的同时，达到了氯盐体系无尾液排放的效果。

5.5.4　金银氯盐解构与铅粉置换机理

氯盐体系中贵金属的分离提取通常采用萃取提取、树脂或活性炭吸附、SO$_2$ 还原沉淀、电沉积等方法，而置换反应尽管也有研究，但大多只是对锌粉、铜片、铅片等置换工艺进行分析，对置换机理的研究不够深入，或者没有进行量化，基本上没有形成统一的认识。目前，有关氯盐体系铅粉置换 Au、Ag 的动力学及机理的研究基本属于空白。本节基于氯盐体系 Au、Ag 浸出原理，铅粉置换过程热力学基础以及置换贵渣物相组分等矿物工艺，重点探讨了铅粉置换 Au、Ag 的宏观动力学规律及置换转化机理。

5.5.4.1　金银氯盐解构机理

1. 金的络合浸出原理

根据废线路板烟灰的物相分析可知，Au 主要以单质形式存在。Au 的电极电位如式（5-49）和式（5-50）所示：

$$Au^+ + e \Longrightarrow Au \qquad E_0 = 1.691\,V \qquad (5\text{-}49)$$

$$Au^{3+} + 3e \Longrightarrow Au \qquad E_0 = 1.498\,V \qquad (5\text{-}50)$$

$$AuCl_2^- + e \Longrightarrow Au + 2Cl^- \qquad E_0 = 1.113\,V \qquad (5\text{-}51)$$

$$AuCl_4^- + 3e \Longrightarrow Au + 4Cl^- \qquad E_0 = 0.994\,V \qquad (5\text{-}52)$$

这意味着，在水溶液中 Au 的溶解需要电极电位高的活性氧化剂。仅从标准电极电位的角度考虑，Cl$_2$（E_0=1.36 V）、HClO（E_0=1.49 V）、NaClO$_3$（E_0=1.43 V）的标准电极电位均低于 Au 的氧化电位，不足以将 Au 氧化为 Au 或 Au^{3+} 而浸出。但在有氯离子存在的溶液中，由于 Au 可以和氯离子生成稳定的络合离子 AuCl$_2^-$［式（5-51）］、AuCl$_4^-$［式（5-52）］，使其活度降低，从而使 Au 的溶解电位大幅度降低。

Au 的氯化浸出是指在氯盐体系中以 Cl_2、$NaClO_3$、$NaClO$、$KMnO_4$、H_2O_2 等作为氧化剂进行溶解 Au 的过程，有关氯盐体系 Au 的浸出过程、浸出热力学以及动力学规律的研究，科研工作者开展了大量的研究工作，其浸出理论研究相对成熟，因此本书不再进行具体探讨。

2. 银的络合浸出原理

氯化脱铅过程中 Ag 基本转化为 AgCl。AgCl 是一种难溶化合物，在水中的溶解度很小，25℃和100℃时仅为 1.95 mg/100 g 水和 21 mg/100 g 水。因其溶解度随温度的升高而增大，在含氯离子的水溶液中其溶解度会明显的增大，这是因为 Ag^+ 和 Cl^- 产生一系列的单核络合物（$AgCl_i^{1-i}$，$i=1,2,3,4$），反应过程如式（5-53）和式（5-54）所示：

$$Ag_2SO_4(s)+2Cl^- \Longrightarrow 2AgCl(s)+SO_4^{2-} \qquad \Delta G^{\ominus}=-83.5 \text{ kJ/mol}(T=293\text{ K}) \quad (5\text{-}53)$$

$$AgCl^-+3Cl^- \Longrightarrow AgCl_4^{3-} \qquad \Delta G^{\ominus}=-80.3 \text{ kJ/mol}(T=293\text{ K}) \quad (5\text{-}54)$$

由上式可知，AgCl 在氯盐溶液中的溶解反应在热力学上是可行的，而 Ag 在 NaCl-HCl 体系中主要以 $AgCl_2^-$、$AgCl_3^{2-}$ 和 $AgCl_4^{3-}$ 形式存在。在 298 K 时，体系中 Ag 的各级配离子反应分别如式（5-55）～式（5-59）所示：

$$AgCl(s) \Longrightarrow Ag^+ + Cl^- \qquad K_{sp}=1.8\times10^{-10} \quad (5\text{-}55)$$

$$Ag^+ + Cl^- \Longrightarrow AgCl_1^0 \qquad K_1=10^{3.04} \quad (5\text{-}56)$$

$$AgCl_1^0 + Cl^- \Longrightarrow AgCl_2^- \qquad K_2=10^{5.04} \quad (5\text{-}57)$$

$$AgCl_2^- + Cl^- \Longrightarrow AgCl_3^{2-} \qquad K_3=10^{5.04} \quad (5\text{-}58)$$

$$AgCl_3^{2-} + Cl^- \Longrightarrow AgCl_4^{3-} \qquad K_4=10^{5.3} \quad (5\text{-}59)$$

其反应通式可以用式（5-60）表示：

$$Ag^+ + iCl^- \Longrightarrow AgCl_i^{1-i}(i=1,2,3,4) \qquad K_i=\frac{AgCl_i^{1-i}}{[Ag^+][Cl^-]^i} \quad (5\text{-}60)$$

由上述反应 K_i 值可知，溶液中 Ag 的总浓度$[Ag]_T$ 可用式（5-61）所示：

$$[Ag]_T=[Ag^+]+[AgCl_1^0]+[AgCl_2^-]+[AgCl_3^{2-}]+[AgCl_4^{3-}]=[Ag^+]\left(1+\sum_1^4 K_i[Cl^-]^i\right) \quad (5\text{-}61)$$

由于 Ag 的各级配离子在 NaCl-HCl 体系中的稳定性不同，且呈现稳定性随配位数的增大而提高的规律，NaCl-HCl 体系中 $[Cl^-]$ 浓度对 i 级银氯配离子摩尔分数表达式如式（5-62）所示：

$$\varphi_i=\frac{[Ag(Cl)_i^{1-i}]}{[Ag]_T}=\frac{K_i[Ag^+][Cl^-]^i}{[Ag]_T}=\frac{K_i[Cl^-]^i}{1+\sum_1^4 K_i[Cl^-]^i} \quad (5\text{-}62)$$

由上式可知，在稳定常数一定的情况下，Ag 的各级配离子摩尔分数只与体系中 $[Cl^-]$ 配体浓度有关。298 K 时，不同 $[Cl^-]$ 浓度下各级银氯配离子百分含量如图 5-78 所示。

由图可知，在 $lg[Cl^-]=-2.5$，即 $[Cl^-]=3\times10^{-3}$ mol/L 处于热力学平衡态的水溶液中，银离子以 AgCl 沉淀形式在体系中稳定存在。当体系中氯离子浓度不断增加时，AgCl 沉淀逐渐向其多核配合物（可溶性）形式转化，导致体系中可溶性银离子浓度增加；当 $[Cl^-]$ 增加到 9×10^{-2} mol/L 时，体系中的 AgCl 沉淀最大程度上转化为可溶性 $AgCl_2^-$ 络合物，继续增大 $[Cl^-]$ 浓度，体系中 $AgCl_3^{2-}$ 和 $AgCl_4^{3-}$ 逐渐增加，当 $[Cl^-]$ 增大为 1.0 mol/L 以上时，体系中主要是可溶性 $AgCl_4^{3-}$。因此，增大 $[Cl^-]$ 浓度有利于 Ag 的浸出。为简化反应过程，以 $AgCl_4^{3-}$ 代表 Ag 的存在形式进行讨论反应机制。

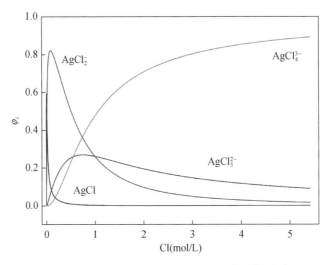

图 5-78　水溶液中 AgCl 络合物组分和 $[Cl^-]$ 关系图

5.5.4.2　铅粉置换金银动力学分析

通过分析氯盐体系中铅粉置换贵金属反应动力学，可厘清置换反应的控制步骤，为生产过程中小试、扩大化及中试试验提供理论依据。铅粉置换贵金属 Au、Ag 是典型的液-固两相反应，可按经典液固反应动力学模型（未反应收缩核模型）对其置换过程进行拟合，三种反应速率控制步骤已详细讨论，本节分别对氯盐体系中铅粉置换 Au、Ag 的宏观动力学进行分析。

1. 铅粉置换 Au 的动力学分析

为了确定氯盐体系铅粉置换 Au 的宏观动力学参数和速率控制步骤，检测了不同温度和时间条件下 Au 的置换率［图 5-74（a）］，铅粉置换 Au 的反应过程中，初始反应速率较快，随着时间的延长，反应速率逐渐减小，直至达到平衡。反应速率较快的时间段为 40 min 以内，因此，本节主要研究此工艺条件内铅粉置换 Au 的宏观动力学。

根据三种典型未反应核收缩模型方程拟合不同温度和时间条件下 Au 置换数据，绘制了如图 5-79（a）～（c）所示的动力学关系图及表 5-17 所示的相应动力学关系式线性相关系数。结果表明三种形式拟合所获得的线性相关系数值均较差（$R^2 < 0.90$），这表明，氯盐体系条件下铅粉置换 Au 过程不符合这种经典的液固反应动力学模型，需要寻求其他模型来描述该动力学方程。

Avrami 模型最早用于研究多相化学反应中其晶核生长的动力学，后来又被广泛应用于多种金属或金属化合物的浸出动力学研究中，其表达形式如式（5-63）所示：

$$-\ln(1-x) = kt^n \tag{5-63}$$

式中，k 为表观反应速率常数；x 为铅粉置换 Ag 的置换率；t 为反应时间；n 为 Avrami 反应特征参数。

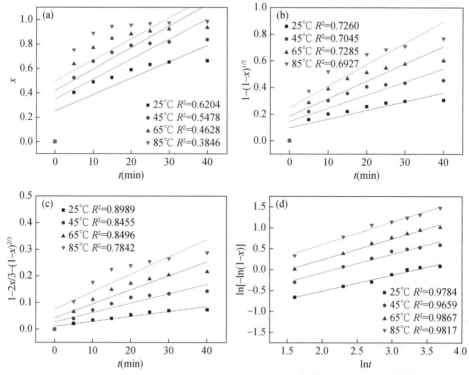

图 5-79　铅粉置换金动力学拟合效果：（a）x；（b）$1-(1-x)^{1/3}$；（c）$1-2x/3-(1-x)^{2/3}$
和（d）$\ln[-\ln(1-x)]$ 不同温度下与时间的关系

表 5-17　未反应收缩核模型拟合置换 Au 所获得的线性相关系数值

温度（℃）	典型动力学模型的 R^2		
	x	$1-(1-x)^{1/3}$	$1-2x/3-(1-x)^{2/3}$
25	0.6204	0.7260	0.8989
45	0.5478	0.7045	0.8455
65	0.4628	0.7285	0.8496
85	0.3846	0.6927	0.7842

　　Avrami 方程中反应特征参数 n 可以反映置换过程的控制步骤。根据廖亚龙等研究表明，当反应受化学反应控制时，n 无限接近于 1；当反应受扩散控制时，n 小于等于 0.5；当反应受混合控制时，其特征参数 n 小于 1 且大于 0.5。

　　根据不同温度下 Au 的置换率与时间数据代入式（5-63），对其作图拟合，结果如图 5-79（d）所示。在不同温度条件下，线性相关系数 R^2 均大于 0.9859，具有很好的线性关系，表明该氯盐体系中铅粉置换 Au 的反应符合 Avrami 模型。通过计算图 5-79（d）中拟合直线斜率的平均值得到 n 的均值为 0.47，说明在 Avrami 模型，反应受扩散控制。

　　氯盐体系中铅粉置换 Au 反应的表观活化能 E_a 可用阿伦尼乌斯方程进行计算，可进一步判断铅粉置换 Au 的控制方程。阿伦尼乌斯方程如式（5-64）所示。

$$k=A_0 C_{[\alpha\text{-Pb}]}^n \exp\left(-\frac{E_a}{RT}\right) \tag{5-64}$$

式中，A_0 为前指因子；n 为铅粉过量系数的反应级数；T 为反应温度，K；R 为气体常数，8.314 J/mol。

　　进一步地，根据图 5-79（d）中各拟合直线斜率可得到铅粉置换 Au 过程在不同温度条件下对应的反应速率常数 k 值，代入能斯特方程，以 $\ln k$ 对 $1000/T$ 作图，结果如图 5-80 所示。

　　结果表明其线性回归方程为 $y=-0.596x+1.0522$，相关系数 R^2 为 0.9884，根据其斜率计算出相应的表观活化能 E_a 为 4.96 kJ/mol，活化能较低，进一步表明内扩散为该氯盐体系铅粉置换 Au 反应的控制步骤。

　　进一步地，利用铅粉添加量与时间对 Au 浸出率的规律数据代入动力学方程，可以计算铅粉添加量对 Au 置换率的表观反应级数，结果如图 5-81 所示。由图 5-81（a）可知，在不同铅粉添加量条件下，以 Avrami 模型拟合所得到的曲线拟合的线性相关系数 R^2 均大于 0.9812，具有良好的线性关系，由图 5-81（b）所给出的数据计算可得，铅粉置换 Au 反应中铅粉添加量的反应级数 n 为 0.46（斜率）。

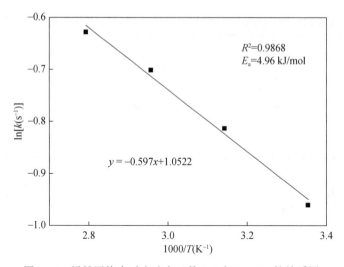

图 5-80　铅粉置换金反应速率函数 ln k 与 1000/T 的关系图

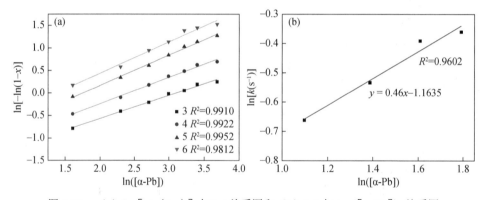

图 5-81　（a）ln［-ln(1-x)］与 ln$t$ 关系图和（b）ln$k$ 与 ln（[α-Pb]）关系图

因此，氯盐体系中铅粉置换 Au 反应的宏观动力学方程如式（5-65）所示：

$$-\ln(1-x)=A_0 C_{[\alpha\text{-Pb}]}^{0.46}\exp\left(-\frac{496.3}{8.314T}\right)t^{0.47} \tag{5-65}$$

2. 铅粉置换 Ag 的动力学分析

根据动力学公式分别绘制不同温度和时间条件下 Ag 的置换数据，并绘制了如图 5-82（a）～（c）所示的动力学关系图。图 5-82（a）所示的外扩散控制模型线性拟合曲线的相关系数较小（R^2 在 0.4491～0.6951 范围之内），图（b）所示的化学反应控制模型给出的线性相关性也较差（R^2 在 0.8618～0.8938），而图（c）所示的内扩散控制模型给出的线性相关性较好（R^2 均大于 0.9536），这表明内扩散可能适合于氯盐体系铅粉置换 Ag 过程的宏观动力学。

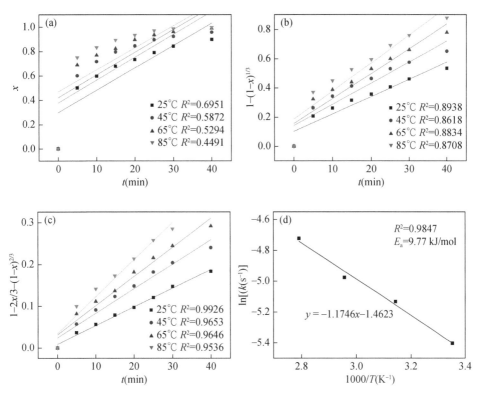

图 5-82　铅粉置换银动力学拟合效果：（a）x；（b）$1-(1-x)^{1/3}$；（c）$1-2x/3-(1-x)^{2/3}$ 不同温度下与时间的关系和（d）$\ln k$ 与 $1000/T$ 关系图

进一步地，根据图 5-82（c）拟合直线斜率可得到氯盐体系中铅粉置换 Ag 过程在不同温度条件下对应的反应速率常数 k 值，结果如表 5-18 所示。

表 5-18　铅粉置换 Ag 过程中不同温度下的反应速率常数

反应温度（℃）	25	45	65	85
k	0.0049	0.0065	0.0077	0.0096

将表 5-18 中的数据代入阿伦尼乌斯方程，以 $\ln k$ 对 $1000/T$ 作图，结果如图 5-82（d）所示。结果表明其相关性 R^2 为 0.9847，根据其截距计算出相应的表观活化能 E_a 为 9.77 kJ/mol。通常，内扩散表观活化能范围为 8～12 kJ/mol，因此，内扩散为该氯盐体系铅粉置换 Ag 反应的控制步骤。其动力学方程如式（5-66）所示。当其他条件保持不变，只改变铅粉添加量时，通过考察 Ag 置换率随铅粉

添加量的变化规律，进行动力学方程拟合，可得到铅粉添加量对 Ag 置换过程的表观反应级数。

$$1-\frac{2}{3}x-(1-x)^{2/3}=A_0C_{[\alpha\text{-Pb}]}^{n}\exp\left(-\frac{E_a}{RT}\right)t \qquad (5\text{-}66)$$

将不同铅粉添加量时 Ag 置换率随时间变化相关数据代入动力学方程 $1-2x/3-(1-x)^{2/3}$ 进行拟线性拟合，结果如图 5-83（a）所示。采用内扩散控制的动力学模型拟合效果良好（相关 R^2 均大于 0.9507）。

将图 5-83（a）中不同拟合直线的斜率（表观反应速率常数 k）与各个拟合直线对应的铅粉添加量进行线性拟合，即可得到铅粉添加量对 Ag 置换过程的表观反应级数，结果如图 5-83（b）所示。得到的拟合直线相关系数 R^2 为 0.9863，线性关系较好，其表观反应级数为 0.77。

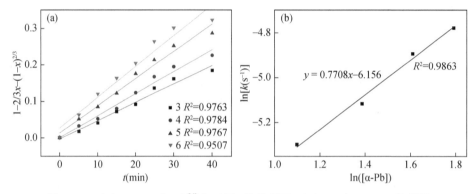

图 5-83   （a）$1-2x/3-(1-x)^{2/3}$ 和时间 t 的关系图；（b）$\ln k$ 与 $1000/T$ 关系图

因此，该氯盐体系铅粉置换 Ag 的宏观动力学方程可用式（5-67）表示：

$$1-\frac{2}{3}x-(1-x)^{2/3}=A_0C_{[\alpha\text{-Pb}]}^{0.77}\exp\left(-\frac{9765.6}{8.314T}\right)t \qquad (5\text{-}67)$$

5.5.4.3   铅粉置换金银反应机制

通过不同条件下铅粉置换得到的贵渣的物相组分等矿物工艺分析，判定置换过程反应产物形式，确定置换过程可能发生的反应方程，进而得出铅粉置换 Au、Ag 过程反应机制。

1. 置换贵渣物相分析

将铅粉添加量为 6.0 g/L、反应温度 65℃、反应时间 60 min、搅拌速度 250 r/min、超声功率 300 W、反应 pH 分别为 2.0 和 3.5 条件下的置换贵渣进行烘干研磨至粒径为 200 目左右，进行 XRD 物相分析，结果如图 5-84 所示。不同反应 pH 条件下均能置换出贵金属 Au 和 Ag，且特征峰明显，另外由于铅粉过量，导致 Pb 成为置换贵渣的主要特征峰。但通过对比可以发现，较低 pH 条件下，出现了 PbO 物相，如图 5-84 放大后的 1#和 2#位置所示，PbO 物相特征峰明显，而用饱和 NaOH 溶液调反应 pH 为 3.5 后得到的置换贵渣中没有检测出 PbO 物相，相比之下，该条件下 PbCl$_2$ 物相特征峰要比 pH 2.0 条件下的特征峰信号较强。

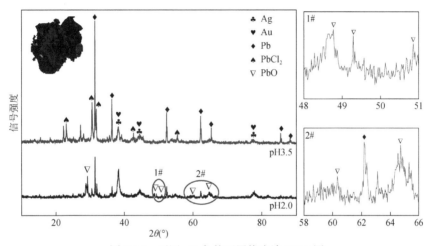

图 5-84　不同 pH 条件下置换贵渣 XRD 图

为了进一步探明贵渣主要物相的嵌布特性，对其进行背散射分析，如图 5-85 所示。由 MLA 分析可知，Au 和 Ag 连生在一起形成 [AgAu] 连生体为贵渣主要物相，另检测到杂质 Bi 吸附在 [AgAu] 之中；其中 PbO 等矿物成片状、条状、不规则状与 [AgAu] 物相相互穿插形成密切的嵌布关系，尤其是生成的 PbO 对铅粉形成包裹，这进一步解释了低 pH 条件下铅粉置换贵金属 Au、Ag 效果变差的原因。

较低 pH 反应条件下得到的贵渣中出现 PbO 物相可能的原因是，氯化反应过程中加入强氧化剂 NaClO$_3$，其分解产生的具有氧化性的 Cl$_2$ 在溶液中有残留，在较低 pH 的氯盐体系中加入粒度较细的铅粉，极易反应生成 PbO，可能的反应如式（5-68）～式（5-70）所示。

$$2NaClO_3+4HCl =\!\!=\!\!= 2ClO_2(g)+Cl_2(g)+2NaCl+2H_2O \tag{5-68}$$

$$NaClO_3+6HCl =\!\!=\!\!= NaCl+3Cl_2(g)+3H_2O \tag{5-69}$$

$$2Pb+2Cl_2(g)+H_2O =\!\!=\!\!= PbO+PbCl_2+2HCl \tag{5-70}$$

因此置换过程适当调高反应 pH，使氯盐体系中的氧化性 Cl$_2$ 分解，添加的铅粉不被额外消耗，一方面有利于减少置换过程铅粉消耗量，另一方面可以提高贵金属的置换率。

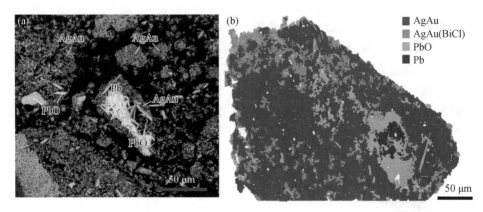

图 5-85   pH 为 2.0 条件下置换贵渣

（a）背散射图；（b）矿相粒度分布图

实验研究同时发现，当铅粉添加量较少时，铅粉不足以将氯化液中的 Au 和 Ag 完全置换出来。图 5-86 为不同铅粉添加量下得到的贵渣物相图。

铅粉添加量为 3.0 g/L 时，XRD 物相图中发现 Au（PDF# 04-0784）、Ag（PDF# 04-0783）为主要物相，另有 $Na_{0.7}Ag_{0.3}Cl$ 的微弱特征峰，主要是因为随着置换反应的进行，体系中的 Cl^- 与 Pb^{2+} 络合，导致 AgCl 络合平衡逆向进行，生成 AgCl 沉淀，沉淀过程夹杂 Na 离子一起沉淀。进一步表明，铅粉添加量提高，有利于贵金属 Au、Ag 的置换，当铅粉添加量为 6.0 g/L 时，置换体系生成大量的 $PbCl_2$，同时过量的 Pb 成为贵渣中的主要物相。

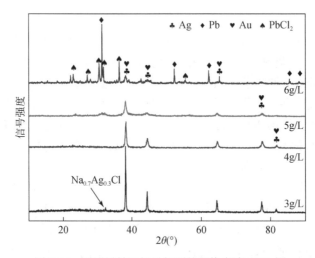

图 5-86   不同铅粉添加量得到的置换贵渣 XRD 图

图 5-87 为铅粉添加量 3.0 g/L 条件下置换贵渣的 MLA 矿物解离度分析，铅粉添加量不足时，置换贵渣主要组分为单质 Ag、连生体［AgAu］以及置换产生的 $PbCl_2$，除此以外，检测到微量未反应的铅粉被其他矿物组分包裹。

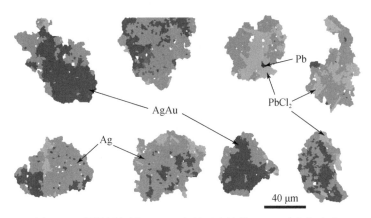

图 5-87　铅粉添加量 3.0 g/L 条件下贵渣的 MLA 矿物解离度

图 5-88 为铅粉添加量 6.0 g/L 条件下贵渣的 MLA 矿物解离度分析，贵渣主要组分为粒度很细的单质 Ag、Au、连生体［AgAu］以及置换产生的 $PbCl_2$，除此以外，贵渣中还有大量的未反应铅粉与其他组分相互嵌布在一起。结合上一节铅粉置添加量对置换率影响的分析，足够的铅才能实现氯盐体系中 Ag、Au 高置换率，但反应生成的 $PbCl_2$ 对贵金属形成二次包裹，不仅降低铅粉利用率而且降低了 Au、Ag 的置换效果。提高反应的温度、加快搅拌及超声辅助外力条件下，生成的 $PbCl_2$ 可在氯盐体系中溶解，有效提高贵金属置换率。

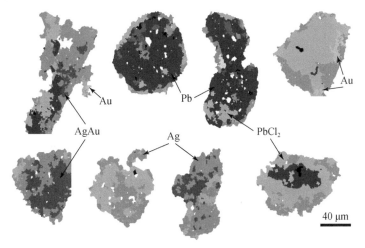

图 5-88　铅粉添加量 6.0 g/L 条件下贵渣 MLA 矿物解离度

2. 铅粉置换贵金属机制

从以上分析可以推断出，在铅粉置换 Au、Ag 的过程中，Au 比 Ag 较容易进行，其原因一方面是 Au 和 Pb 的标准电势相差较大，另一方面是置换 Ag 所需的表观活化能略大于置换 Au 所需的表观活化能，但由于铅粉置换贵金属 Au 和 Ag 的反应均受内扩散控制，同时由置换贵渣物相及矿物解离度分析发现置换后 [AgAu] 物相基本连生在一起，因此本节对铅粉置换 Au、Ag 反应机制的讨论按同一个模型，其化学置换过程按式（5-71）进行：

$$Me^{n+} + Pb \longrightarrow Me + Pb^{2+} \tag{5-71}$$

式中，Me^{n+} 代表高氯体系中的 $AuCl_4^-$ 和 $AgCl_4^{3-}$。

在置换过程中，铅粉一进入氯化液，置换反应便开始，起初置换速度迅速，当达到一定程度后逐渐减慢直至最后趋于平稳。因为在开始时铅粉与溶液中贵金属接触充分且没有其他阻碍，因此能够迅速反应，随着反应的进行，置换后的贵金属以及 AgCl 沉淀均对铅粉有包裹的副作用，这些沉淀吸附在铅粉表面阻碍与贵金属的进一步反应，同时溶液中含有较高的 Pb 离子使溶液的黏度增大，使置换反应扩散层厚度增大，降低反应速度。

综合以上反应过程，铅粉置换贵金属的过程实质上是一个电化学传质过程，整个置换过程如图 5-89 所示，分以下几个步骤完成。

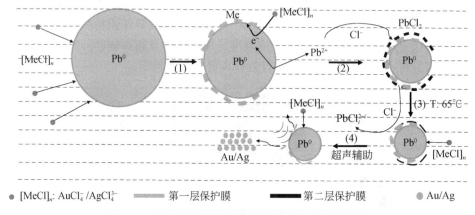

图 5-89　氯盐体系铅粉置换贵金属反应过程示意图

步骤 1：铅粉扩散及吸附成膜。铅粉进入氯化液中后，溶液中的贵金属离子 Me^{n+} 向铅粉表面扩散，贵金属离子 Me^{n+} 到达铅粉表面迅速被铅粉还原成贵金属单质，而铅粉本身被氧化成 Pb^{2+}，形成的贵金属单质吸附在铅粉表面，形成第一层阻碍膜。

步骤 2：$PbCl_2$ 沉淀成膜。氯盐体系的铅粉被氧化成 Pb^{2+} 后进入氯化液与溶液中 Cl^- 形成 $PbCl_2$ 沉淀，在贵金属外层形成第二层阻碍膜，主要反应方程如式（5-72）和式（5-73）所示；

$$2HAuCl_4+3Pb \Longrightarrow 2Au+3PbCl_2+2HCl \tag{5-72}$$

$$2H_3AgCl_4+Pb \Longrightarrow 2Ag+PbCl_2+6HCl \tag{5-73}$$

步骤 3：阻碍膜高温络合转化溶解。反应过程中受温度的影响，形成的 $PbCl_2$ 又会与氯盐体系中游离的 Cl 离子进一步络合溶出，按式（5-74）形成可溶性铅氯络合物，第二层阻碍膜被打破，此时贵金属单质裸露出来。

$$PbCl_2+iCl^- \longrightarrow PbCl_i^{2-i} \tag{5-74}$$

步骤 4：贵金属外力剥离。反应过程受外力的影响，通过机械搅拌及超声波的空化作用，吸附在铅粉表面的贵金属单质产物层被破裂并剥落，形成贵金属团聚体沉淀，此时不断暴露出新的铅粉反应界面继续与氯盐体系中的贵金属离子 Me^{n+} 发生置换反应，直至反应完成。

参 考 文 献

艾元方, 何世科, 孙彦文, 等. 2014. 短回转窑-立窑型废线路板高温焚烧冶炼炉. 矿冶, 23（5）：86-91

邓强. 2021. 线路板冶炼烟灰中溴的机械强化浸出及纯化工艺研究. 北京：北京工业大学, 1-80

段振兴, 张兴勇, 曹自喜, 等. 2022. 电子废料冶炼烟尘中溴盐提取方法. CN202111172910.4

桂双林. 2008. 废铅蓄电池中铅泥浸出特性及氯盐法浸出条件研究. 南昌：南昌大学, 20-60

胡意文, 何强, 王日, 等. 2017. 控制电位还原法回收氯化浸出液中的贵金属. 中国有色金属学报, 27（3）：621-628

金创石, 张廷安, 牟望重, 等. 2012. 液氯化法浸金过程热力学. 稀有金属, 36（1）：129-134

柯家骏, 陈淑民. 1991. 氯水溶液中锌粉置换金的研究. 湿法冶金, 4：7-10

雷洁珩. 2013. 基于案例推理的除铜过程锌粉添加量优化方法研究. 长沙：中南大学, 2-53

李彬. 2015. 废旧线路板无氰全湿回收工艺及其机理研究. 北京：北京科技大学, 10-85

李广义, 孙鹏, 于立娟, 等. 2014. 含溴废液中溴离子测定方法的研究. 山东化工, 43（3）：76-77

李宏鹏. 2016. 低温焙烧-高温熔炼法回收废旧线路板中有价金属. 马鞍山：安徽工业大学, 8-56

李学鹏. 2018. 从高砷铜烟尘中综合回收有价金属的应用基础研究. 昆明：昆明理工大学, 9-58

廖亚龙, 彭志强, 周娟, 等. 2015. 高砷烟尘中砷的浸出动力学. 四川大学学报（工程科学版）, 47（3）：200-206

刘风华, 黄文, 丁勇, 等. 2019. 富氧顶吹熔池熔炼处理废线路板初探. 有色金属（冶炼部分）, 9：92-96

刘功起. 2022. 废线路板冶炼烟灰有价组分回收路径及其适应性评估研究. 北京：北京工业大

学，1-152

刘杰，李德忠，刘凤华，等. 2017. 熔池熔炼技术处理废电路板的工业化应用. 资源再生，1：54-56

刘志宏，夏隆巩，纪宏巍，等. 2020. 湿法碱性体系回收电子废料冶炼烟尘中溴的方法. CN201811339834.X

鲁兴武，何国才，程亮，等. 2015. 铜冶炼白烟灰选择性浸出新工艺研究. 昆明理工大学学报（自然科学版），40（4）：1-5

鲁妍. 2018. 废旧电子元器件镀覆金的剥离及金的控电位氯化浸出-萃取-还原提取. 上海：上海交通大学，1-100

罗伟，冯晓青，黄影，等. 2020. 微波水热合成花球状 BiOCl 光催化降解甲硝唑. 中国环境科学，40（4）：1545-1554

吕建芳，洪庆寿，刘勇，等. 2020. 废电路板烟灰脱溴工艺研究. 有色金属（冶炼部分），4：17-21

马荣骏. 2007. 湿法冶金原理. 北京：冶金工业出版社，3-207

潘德安，吴玉锋. 2018. 一种从含溴烟灰中回收溴盐的方法. CN201811083203.6

潘德安，吴玉锋. 2018. 一种线路板协同烟灰硝酸钠焙烧分离溴的方法. CN201811083241.1

潘德安，吴玉锋. 2019. 两步法分离回收线路板焚烧烟灰中溴的方法. CN201811083253.4

邱明建，陈士朝. 2021. 贵屿循环经济园区废电路板精细资源化技术展望. 再生资源与循环经济，14（6）：31-33

师启华. 2018. 钒页岩硫酸焙烧-协同萃取提钒工艺及机理研究. 武汉：武汉科技大学，3-76

唐谟，杨天足. 2011. 配合物冶金理论与技术. 长沙：中南大学出版社，6-405

田欢，张梦龙，赖莉，等. 2019. 硫酸化焙烧-水浸处理废稀土荧光粉工艺. 过程工程学报，19（1）：144-150

王倩，郭莉，陈绍华，等. 2017. 微波氧化辅助铜烟灰选择性浸出脱砷. 有色金属（冶炼部分），5：5-10

王倩，郭莉，吴晨捷，等. 2017. 微波作用下氧化碱浸铜烟灰脱砷的动力学. 环境工程学报，11：292-297

王欣欣. 2017. 铜阳极泥氯化脱铅后金的提取工艺研究. 太原：太原理工大学，12-77

吴艳新. 2013. 从铜阳极泥分银渣中综合回收利用锡的研究. 赣州：江西理工大学，11-56

武文粉. 2020. 废脱硝催化剂回收钒钨及载体循环利用过程基础研究. 北京：中国科学院大学，4-100

肖菡曦. 2012. 废印刷线路板高温燃烧特性及溴迁移转化特性. 杭州：浙江大学，9-77

肖力. 2019. 铜阳极泥中硒银金分离的应用基础研究. 北京：中国科学院大学，4-101

徐欣欣. 2016. 硫酸浸出铜熔炼烟灰中 Cu、Zn 元素实验研究. 马鞍山：安徽工业大学，4-66

许越. 2005. 化学反应动力学. 北京：化学工业出版社，11-176

杨坤彬，范兴祥，刘大方，等. 2017. 从艾萨炉烟尘硫酸浸出液中萃取分离铜锌试验研究. 湿法冶金，36（6）：485-488

杨利姣，陈南春，钟夏平，等.2015. NaCl-HCl 体系浸出铅渣中铅的动力学分析. 中国有色金属学报，25（6）：1705-1712

易宇，郭学益，田庆华.2016. 高砷烟尘湿法处理理论及工艺研究. 北京：冶金工业出版社，5-104

余建民.2006. 贵金属分离与精炼工艺学. 北京：化学工业出版社，1-288

张保平，沈博文，师沛然，等.2018. 盐酸和氯酸钠浸出铜阳极泥中金的研究. 武汉科技大学学报，41（6）：422-428

张帆，李相良.2018. 从竖炉烟灰中综合回收锌和铜的工艺研究. 中国资源综合利用，36（4）：5-8

张福元，徐亮，赵卓，等.2020. 贵金属熔炼烟尘综合处理富集稀贵金属研究. 稀有金属，44（9）：988-995

赵俊学，李林波，李小明，等.2012. 冶金原理. 北京：冶金工业出版社，1-203

郑蒂基，傅崇说.1981. 关于铅-氯离子-水系在高离子强度及升温条件下的平衡研究. 中南矿冶学院学报，（4）：5-13

周立杰，刘风华，邹结富，等.2020. 废线路板富氧顶吹熔池熔炼实践. 有色金属（冶炼部分），9：35-38

朱来东，鲁兴武.2016. 铜冶炼电收尘烟灰综合回收工艺. 中国冶金，26（6）：6-11

俎翔，刘建新，胡颖媛，等.2018. BiOCl/AgCl 复合材料可见光光催化活性和稳定性研究. 人工晶体学报，47（8）：1577-1583

Astuti W，Hirajima T，Sasaki K，et al. 2015. Kinetics of nickel extraction from Indonesian saprolitic ore by citric acid leaching under atmospheric pressure. Minerals and Metallurgical Processing，32（3）：176-185

Aydogan S，Aras A，Canbazoglu M. 2005. Dissolution kinetics of sphalerite in acidic ferric chloride leaching. Chemical Engineering Journal，114（1-3）：67-72

Bakhtiari F，Atashi H，Zivdar M，et al. 2011. Bioleaching kinetics of copper from copper smelters dust. Journal of Industrial and Engineering Chemistry，17（1）：29-35

Behnamfard A，Salarirad M M，Veglio F. 2013. Process development for recovery of copper and precious metals from waste printed circuit boards with emphasize on palladium and gold leaching and precipitation. Waste Management，33（11）：2354-2363

Blazso M，Czegeny Z，Csoma C. 2002. Pyrolysis and debromination of flame retarded polymers of electronic scrap studied by analytical pyrolysis. Journal of Analytical and Applied Pyrolysis，64（2）：249-261

Calban T，Kaynarca B，Kuslu S，et al. 2014. Leaching kinetics of Chevreul's salt in hydrochloric acid solutions. Journal of Industrial and Engineering Chemistry，20（4）：1141-1147

Chen S，Feng Z，Wang M，et al. 2020. Leaching kinetic study of sulfuric acid roasted mixed-type rare earth concentrate for reducing the solid-waste production and chemical consumption. Journal of Cleaner Production，260：120989

Chen Y，Liao T，Li G，et al. 2012. Recovery of bismuth and arsenic from copper smelter flue dusts after copper and zinc extraction. Minerals Engineering，39：23-28

Chmielewski T，Gibas K，Borowski K，et al. 2017. Chloride leaching of silver and lead from a solid residue after atmospheric leaching of flotation copper concentrates. Physicochemical Problems of Mineral Processing，53（2）：893-907

Du J，Lu Y，Xu Z. 2018. Valuable resource recovery from waste tuning fork crystal resonators via an integrated and environmentally friendly technique：Pyrolysis of organics and chlorination leaching-extraction-reduction of gold. ACS Sustainable Chemistry and Engineering，6（10）：13237-13247

Ghafarzadeh M，Abedini R，Rajabi R. 2017. Optimization of ultrasonic waves application in municipal wastewater sludge treatment using response surface method. Journal of Cleaner Production，150：361-370

Golzary A，Abdoli M A. 2020. Recycling of copper from waste printed circuit boards by modified supercritical carbon dioxide combined with supercritical water pre-treatment. Journal of CO_2 Utilization，41：101265

González A，Font O，Moreno N，et al. 2017. Copper flash smelting flue dust as a source of germanium. Waste and Biomass Valorization，8（6）：2121-2129

He G，Zhao Z，Wang X，et al. 2014. Leaching kinetics of scheelite in hydrochloric acid solution containing hydrogen peroxide as complexing agent. Hydrometallurgy，144-145：140-147

Hong T，Wei Y，Li L，et al. 2020. An investigation into the precipitation of copper sulfide from acidic sulfate solutions. Hydrometallurgy，192：105288

Huang F，Liao Y，Zhou J，et al. 2015. Selective recovery of valuable metals from nickel converter slag at elevated temperature with sulfuric acid solution. Separation and Purification Technology，156：572-581

Huang H，Li H，Wang A，et al. 2014. Green synthesis of peptide-templated fluorescent copper nanoclusters for temperature sensing and cellular imaging. Analyst，139（24）：6536-6541

Javed U，Farooq R，Shehzad F，et al. 2018. Optimization of HNO_3 leaching of copper from old AMD Athlon processors using response surface methodology. Journal of Environmental Management，211：22-27

Jin Y，Tao L，Chi Y，et al. 2011. Conversion of bromine during thermal decomposition of printed circuit boards at high temperature. Journal of Hazardous Materials，186（1）：707-712

Kemori N，Shibata Y，Tomono M，et al. 1986. Measurements of oxygen pressure in a copper flash smelting furnace by an EMF method. Metallurgical Transactions B，17（1）：111-117

Kilic M，Putun E，Putun A E. 2014. Optimization of *Euphorbia rigida* fast pyrolysis conditions by using response surface methodology. Journal of Analytical and Applied Pyrolysis，110：163-171

Levenspiel O. 1999. Chemical reaction engineering. Industrial and Engineering Chemistry Research，11：4140-4142

Liu G，Pan D，Wu Y，et al. 2021. An integrated and sustainable hydrometallurgical process for enrichment of precious metals and selective separation of copper，zinc，and lead from a roasted sand. Waste Management，131：132-144

Liu G，Wu Y，Li B，et al. 2020. A new facile process to remove Br⁻ from waste printed circuit boards smelting ash：Thermodynamic analysis and process parameter optimization. Journal of Cleaner Production，254：120176

Liu G，Wu Y，Li B，et al. 2024. A combined and sustainable approach and a novel mechanism for recovering Bi，Au and Ag from high-chloride leachate of waste printed circuit board smelting ash. Journal of Hazardous Materials，465：133349

Liu G，Wu Y，Tang A，et al. 2020. Recovery of scattered and precious metals from copper anode slime by hydrometallurgy：A review. Hydrometallurgy，197：105460

Liu W，Fu X，Yang T，et al. 2018. Oxidation leaching of copper smelting dust by controlling potential. Transactions of Nonferrous Metals Society of China，28（9）：1854-1861

Liu W，Yang T，Xia X. 2021. Behavior of silver and lead in selective chlorination leaching process of gold-antimony alloy. Transactions of Nonferrous Metals Society of China，20（2）：322-329

Liu X，Lu X，Wang R，et al. 2012. Silver speciation in chloride-containing hydrothermal solutions from first principles molecular dynamics simulations. Chemical Geology，294：103-112

Lorenzo J，Romero A，Iglesias N，et al. 2021. A novel hydrometallurgical treatment for the recovery of copper，zinc，lead and silver from bulk concentrates. Hydrometallurgy，200：105548

Lu Y，Song Q，Xu Z. 2017. Integrated technology for recovering Au from waste memory module by chlorination process：Selective leaching，extraction，and distillation. Journal of Cleaner Production，161：30-39

Luo W，Feng Q，Ou L，et al. 2010. Kinetics of saprolitic laterite leaching by sulphuric acid at atmospheric pressure. Minerals Engineering，23（6）：458-462

Lyu J，Liu Y，Lyu X，et al. 2021. Efficient bromine removal and metal recovery from waste printed circuit boards smelting flue dust by a two-stage leaching process. Journal of Cleaner Production，322：129054

Mohagheghi M，Askari M. 2016. Copper recovery from reverberatory furnace flue dust. International Journal of Mineral Processing，157：205-209

Mohammed I Y，Abakr Y A，Yusup S，et al. 2017. Valorization of Napier grass via intermediate pyrolysis：Optimization using response surface methodology and pyrolysis products characterization. Journal of Cleaner Production，142：1848-1866

Montenegro V，Sano H，Fujisawa T. 2013. Recirculation of high arsenic content copper smelting dust to smelting and converting processes. Minerals Engineering，49：184-189

Morales A，Cruells M，Roca A，et al. 2010. Treatment of copper flash smelter flue dusts for copper and zinc extraction and arsenic stabilization. Hydrometallurgy，105（1-2）：148-154

Nazari E，Rashchi F，Saba M，et al. 2014. Simultaneous recovery of vanadium and nickel from power plant fly-ash：Optimization of parameters using response surface methodology. Waste Management，34（12）：2687-2696

Neto I，Soares H. 2021. Simple and near-zero-waste processing for recycling gold at a high purity level from waste printed circuit boards. Waste Management，135：90-97

Ni M，Xiao H，Chi Y，et al. 2012. Combustion and inorganic bromine emission of waste printed circuit boards in a high temperature furnace. Waste Management，32（3）：568-574

Olmez T. 2009. The optimization of Cr（Ⅵ）reduction and removal by electrocoagulation using response surface methodology. Journal of Hazardous Materials，162（2-3）：1371-1378

Ooi T Y，Yong E L，Din M，et al. 2018. Optimization of aluminium recovery from water treatment sludge using response surface methodology. Journal of Environmental Management，228：13-19

Peng X，Wang Y，Chai L，et al. 2009. Thermodynamic equilibrium of $CaSO_4$-$Ca(OH)_2$-H_2O system. Transactions of Nonferrous Metals Society of China，19（1）：249-252

Pérez-Moreno S M，Gázquez M J，Ríos G，et al. 2018. Diagnose for valorisation of reprocessed slag cleaning furnace flue dust from copper smelting. Journal of Cleaner Production，194：383-395

Pritzker M D. 1996. Shrinking-core model for systems with facile heterogeneous and homogeneous reactions. Chemical Engineering Science，51（14）：3631-3645

Priya J，Randhawa N S，Hait J，et al. 2020. High-purity copper recycled from smelter dust by sulfation roasting，water leaching and electrorefining. Environmental Chemistry Letters，18（6）：2133-2139

Puvvada G，Murthy D. 2000. Selective precious metals leaching from a chalcopyrite concentrate using chloride/hypochlorite media. Hydrometallurgy，58（3）：185-191

Qiu S，Wei C，Li M，et al. 2011. Dissolution kinetics of vanadium trioxide at high pressure in sodium hydroxide-oxygen systems. Hydrometallurgy，105（3-4）：350-354

Rao S，Chen L，Liu W，et al. 2015. Leaching of low grade zinc oxide ores in NH_4Cl-NH_3 solutions with nitrilotriacetic acid as complexing agents. Hydrometallurgy，158：101-106

Rath S S，Nayak P，Mukherjee P S，et al. 2012. Treatment of electronic waste to recover metal values using thermal plasma coupled with acid leaching：A response surface modeling approach. Waste Management，32（3）：575-583

Shi G，Liao Y，Su B，et al. 2020. Kinetics of copper extraction from copper smelting slag by pressure oxidative leaching with sulfuric acid. Separation and Purification Technology，241：116699

Shu J，Lei T，Deng Y，et al. 2021. Metal mobility and toxicity of reclaimed copper smelting fly ash and smelting slag. RSC Advances，11（12）：6877-6884

Sik H P，Jae Y K. 2018. A novel process of extracting precious metals from waste printed circuit boards：Utilization of gold concentrate as a fluxing material. Journal of Hazardous Materials，365：659-664

Sinadinovi D，Kamberovi E，Uti A. 1997. Leaching kinetics of lead from lead（Ⅱ） sulphate in aqueous calcium chloride and magnesium chloride solutions. Hydrometallurgy，47（1）：137-147

Söderström G，Marklund S. 2002. PBCDD and PBCDF from incineration of waste-containing brominated flame retardants. Environmental Science and Technology，36（9）：1959-1964

Sun Y，Li G，Wang W，et al. 2019. Photocatalytic defluorination of perfluorooctanoic acid by surface defective BiOCl：Fast microwave solvothermal synthesis and photocatalytic mechanisms. Journal of Environmental Sciences，10：69-79

Tyagi M，Rana A，Kumari S，et al. 2018. Adsorptive removal of cyanide from coke oven wastewater onto zero-valent iron：Optimization through response surface methodology，isotherm and kinetic studies. Journal of Cleaner Production，178：398-407

Vakylabad A B. 2011. A comparison of bioleaching ability of mesophilic and moderately thermophilic culture on copper bioleaching from flotation concentrate and smelter dust. International Journal of Mineral Processing，101（1-4）：94-99

Wan X，Fellman J，Jokilaakso A，et al. 2018. Behavior of waste printed circuit board （WPCB） materials in the copper matte smelting process. Metals，8（11）：887-888

Wang R，Zhu Z，Tan S，et al. 2020. Mechanochemical degradation of brominated flame retardants in waste printed circuit boards by ball milling. Journal of Hazardous Materials，385：121509

Wu Y，Liu G，Pan D，et al. 2021. A new mechanism and kinetic analysis for the efficient conversion of inorganic bromide in waste print circuit board smelting ash via traditional sulfated roasting. Journal of Hazardous Materials，413：125394

Xiao H，Zhou Z，Zhou H，et al. 2017. Conversion of HBr to Br_2 in the flue gas from the combustion of waste printed circuit boards in post-combustion area. Journal of Cleaner Production，161：239-244

Yuan Y，Zhang Y，Liu T，et al. 2019. Optimization of microwave roasting-acid leaching process for vanadium extraction from shale via response surface methodology. Journal of Cleaner Production，234：494-502

Zhang E，Zhou K，Zhang X，et al. 2021. Selective separation of copper and zinc from high acid leaching solution of copper dust using a sulfide precipitation-pickling approach. Process Safety and Environmental Protection，156：100-108

Zhou K，Pan L，Peng C，et al. 2018. Selective precipitation of Cu in manganese-copper chloride leaching liquor. Hydrometallurgy，175：319-325